■杨少光　主编

机电一体化设备的组装与调试

亚龙智能装备集团股份有限公司组织编写
杜从商　李兴莲　龚魏清　滕士雷　王钱盛　编写

GEP 广西教育出版社
南宁

编委会名单

主　　编　杨少光

编　　委　程　周　李乃夫　孙俊台　葛金印

　　　　　韩亚兰　杜从商　陈传周

本册编写　杜从商　李兴莲　龚魏清　滕士雷

　　　　　王钱盛

内容提要

本书以亚龙智能装备集团股份有限公司研发的 YL－235A 型光机电一体化实训装置为载体，按照“任务引领，工作过程导向”的职业教育教学理念，设置了皮带输送机的安装与调整、皮带输送机的调速、工件的识别、工件的分拣、气动机械手的组装与调试、搬运机械手的动作程序、安装和调整圆盘、供料与搬运、工件分拣设备、触摸屏的应用、组装和调试机电一体化设备、机电一体化设备的自检和报警功能、机电一体化设备多种工作方式共 13 个训练项目。为围绕设备安装与调试、电路与气路连接、程序编写与运行等整合机电一体化设备组装与调试涉及的专业知识和技能、整合职业岗位的工作过程知识，规划了 27 个工作任务，让读者在完成工作任务的过程中，学会机电一体化设备的组装与调试。

本书可作为中等职业学校机电技术类、电气技术类和电子技术类专业的专业课教材，也可供高等职业学校相关专业学生、自动控制设备安装与调试或机电设备安装与调试的工程技术人员参考。

序

职业教育事业在探索中前行，在创新中发展。职业教育应该具有什么样的教育理念、采用什么模式、用什么样的教学方法，才能有效培养适合经济发展和企业需要的人才？这是职业教育战线同仁不断思考和践行的问题。

《机电一体化设备的组装与调试》教材，是专注于职业教育事业的人们在探索中国特色的职业教育教学模式和方法、探索适应经济建设和企业需要人才的培养途径的践行路上留下的一片足迹。

按职业活动设计教学活动，在完成工作任务的行动中学习专业知识技能并获得工作过程知识，这是职业教育教学的基本做法，在中国被概括为“做中学”。适合“做中学”的教学设备和教材开发，是职业教育教学改革中两个重要的任务。

职业教育教学设备应既具有生产性功能，又具有整合的学习功能。只有真实的生产性功能，才能提供真实的职业情境，才能设置与真实工作相近的工作与学习任务；只有整合的学习功能，才能让学生在完成工作任务的过程中获得专业知识、技能和工作过程知识。学生在完成项目工作任务的过程中，构建自己的知识体系，形成包括专业能力、方法能力和社会能力在内的综合职业能力。中职教学使用的光机电一体化实训装置，是在分析了大量自动生产线等机电一体化设备的主要机构、主要元件和部件后提炼的，整合了机械装配、电气控制电路安装、气动系统安装、机电设备安装和程序编写与调试、元件参数设定与调整等专业知识与工作过程知识，为实训提供信息采集、处理和输出的元件和部件，学生可以按自己设定的、有一定生产功能的机电一体化设备中需要的元件和部件、元件和部件的相对位置、部件之间运动的相互联系和工作程序，进行组装和调试。YL－235 系列光机电一体化实训装置就是这样的设备。

《机电一体化设备的组装与调试》是一本在亚龙 YL－235A 型光机电一体化实训装置上，完成具有一定生产功能的机电一体化设备的安装与调试任务，并在完成这些任务过程中学习专业知识、技能和工作过程知识的教材。它的每个项目中的“工作任务”，让学生明确了做什么和做到什么程度；在每一个工作任务中的“相关知识”中，介绍了与工作任务相关的专业知识和工作过程知识。“做中学”的教材不阐述系统的学科知识，也不是围绕教师“教”与学生“学”的教学资料，而是学生“做”和“学”的指导书。每个工作任务中的“完成工作任务指引”，按照组装机电一体化设备的工作步骤、安全和技术要求，指引学生明确要求、制订计划、实施工作计划、检查进度与修改工作计划、总结与评价任务完成情况等完成工作任务的各个环节。

在现代职业教育中，有效学习的基本途径是理论与实践一体化，即促进学生认知能力发展和建立职业认同感相结合，符合职业能力发展规律与遵循技术、社会规范相结合，学生通过对技术工作的任务、过程和环境所进行的整体化感悟和反思，实现知识与技能、过程与方法、情感态度与价值观学习的统一。源于企业实际的亚龙 YL－235 系列光机电一体化实训装置的开发是一种有益的尝试，围绕亚龙 YL－235A 型光机电一体化实训装置开发的新型教材——《机电一体化设备的组装与调试》的编写更是一种尝试。

愿更多从事职业教育的朋友们参与这些尝试，并取得成功。

2009 年 5 月

（赵志群　博士　北京师范大学教育技术学院技术与职业教育研究所所长）

编者的话

作为职业教育改革与发展重要推进器的全国职业院校技能大赛，引领了当前和今后一段时期职业教育的院校建设、课程建设、实训基地建设、师资队伍建设以及教学改革。中等职业学校学生组机电一体化设备组装与调试的技能竞赛项目，传递了中等职业教育改革与发展的信息，使人们看到了职业教育发展的希望，也给人们留下了许多思考。

思考最多的有两点：一是技能大赛中，学生选手在组装机电一体化设备、连接电路与气路时动作规范、操作熟练，编写控制程序时思维严谨敏捷、思路清晰准确，程序简捷流畅。学生选手机电一体化设备安装与调试的职业能力、新技术掌握程度，令竞赛的组织专家惊叹，令参观竞赛的企业、行业专家赞叹，令参观技能竞赛的媒体和社会各界人士感叹。我们思考着：参赛学生选手的表现证明了中等职业学校的学生能够掌握机电一体化技术，怎样可以使机电一体化设备组装与调试成为一门课程，让更多的中等职业学校的学生学习和掌握这门技术呢？

二是技能竞赛的设备——YL－235 系列光机电一体化实训装置，配置了生产实际中典型的皮带输送机、机械手和圆盘，综合了光电控制、气动控制、PLC 控制、变频器控制等控制技术，承载了真实的生产性功能。它整合了机电设备安装与调试、电气控制电路安装、气动系统安装、PLC 控制程序编写与调试、变频器参数设置等学习功能。我们思考着：怎样让这样的教学设备在中等职业学校的日常教学使用，为社会经济发展培养更多的技能型人才，为形成和提升学生的职业能力发挥更大、更好的作用？

这些思考，促使我们编写这本教材。

按职业能力形成的规律，按中等职业学校学生的认知特点进行这本教材的编写是我们的思路。为此：

1. 用“以项目为载体，任务引领，工作过程导向”的职业教育教学理念，指导教材的编写。在认真分析 YL－235 系列光机电一体化实训装置传达的实际生产信息后，我们尽量还原这些信息所加载的职业情景，按职业岗位的真实情况规划学习项目。如：用实训装置中的圆盘、机械手和皮带输送机组合，可以完成工件输送、搬运和分拣任务，传达了实际生产中需要输送、搬运和分拣等工艺流程的信息。在实际的自动生产线上，一些产品或零件加工都有类似的工艺流程，我们可以将圆盘、机械手和皮带输送机组合装置传达的信息还原为生产线上相应的设备或加工某种零件的设备。按这样的思路规划的学习项目，可以为学生创设真实的职业情景，加快学生与机电一体化设备安装调试工程技术人员之间的角色转换，有利于学生职业能力的形成。

2. 职业能力的形成与系统的学科知识相关程度不大，而与完成工作任务的工作过程知识的相关程度却较大。在设计的工作任务中，整合专业知识和工作过程知识的学习，整合专业技能的训练。在每一个工作任务中，用“工作任务”表述学生需要做的事情及其要求，让学生明确“做什么、学什么”。在“相关知识”中，介绍完成指定的工作任务涉及的专业知识和工作过程知识。在“完成工作任务指引”中，提出完成该工作任务的步骤、检查方法，指引学生完成指定的工作任务。每个工作任务还设计了评价表，对学生完成的工作进行评价。工作过程包含的对象、内容、方式、方法、经验、工具等要素，我们都呈现在中等职业学校的学生面前，让学生学习有用、够用的专业知识与技能。

3. 规范、有序地组织学生进行职业训练，是职业学校实训基地建设的根本目的。为了让中等职业学校的学生规范、有序地学习和掌握机电一体化设备组装与调试，按照由简单到复杂，由单一到综合，由一般功能到特殊功能的循序渐进的原则，组织教学项目和规划工作任务，这样更符合中等职业学校学生的认知心理和认知特点。因此，按简单的皮带输送机拆装到由圆盘、机械手和皮带输送机的组装，单一部件的单一功能到组合部件的多种功能的顺序，将一个个工作任务呈现在教材中，让学生一步一步地向全面掌握机电一体化设备组装与调试技术前进，形成和提升学生的职业能力。

本书由杨少光组织编写，杜从商编写项目一、项目五、项目七，李兴莲编写项目二、项目三、项目四和项目十三中的工作任务一，龚魏清编写项目六、项目八、项目九，滕士雷编写项目十一、项目十二和项目十三中的工作任务二，王钱盛编写项目十。全书由杨少光统稿并作修改。

本书在编写过程中，得到亚龙智能装备集团股份有限公司的大力支持和协助，得到珠海第三中等职业学校、江苏张家港职教中心、上海大众工业学校、无锡机电专科学校等学校的支持，得到程周、李乃夫、孙俊台、葛金印、韩亚兰等专家的指导，在此一并表示感谢。

限于编者的水平和编写时间仓促，书中难免存在错误和不足，恳请读者和使用本书的师生批评指正。

编者

2009 年春　广西·南宁

目　录

项目一　皮带输送机的安装与调整 /1

任务一　拆装皮带输送机机架 /1

任务二　安装皮带输送机 /6

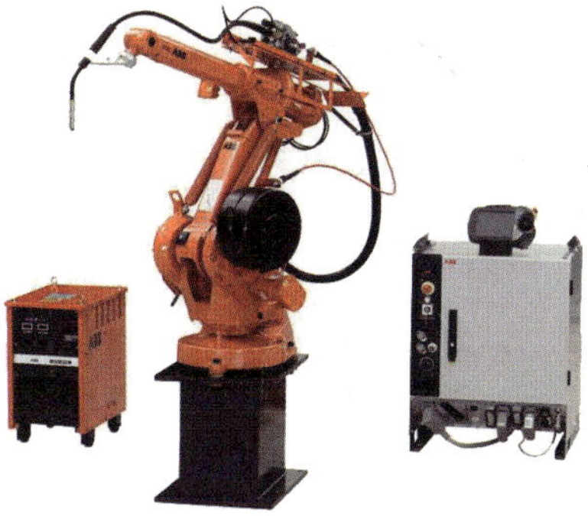

项目二　皮带输送机的调速 /23

任务一　调试手动调速的皮带输送机 /23

任务二　调试自动调速的皮带输送机 /38

项目三　工件的识别 /54

任务一　调试工件识别装置 /54

任务二　调试带指示的工件识别装置 /69

项目四　工件的分拣 /74

任务一　安装与调试工件分拣装置 /74

任务二　调试工件分拣与包装装置 /89

项目五　气动机械手的组装与调试 /99

任务一　拆装气动机械手 /100

任务二　调试气动机械手 /112

项目六　搬运机械手的动作程序 /118

任务一　编写并调试机械手搬运工件的控制程序 /118

任务二　编写并调试机械手高效搬运工件的控制程序 /124

任务三　编写并调试机械手多控的控制程序 /128

项目七　安装和调整圆盘 /134

项目八　供料与搬运 /141

任务一　安装与调试某生产线的进入环节 /141

任务二　编写和调试送料与搬运装置的控制程序 /146

项目九　工件分拣设备 /151
任务一　安装与调试分拣设备 /151
任务二　调试××生产设备 /159
任务三　调试××装配设备 /166

项目十　触摸屏的应用 /175
任务一　用触摸屏控制皮带输送机运行 /175
任务二　用触摸屏监控工件数量 /193

项目十一　组装和调试机电一体化设备 /199
任务一　组装与调试生产线工件分送装置 /199
任务二　调试条件启/停的工件分送装置 /216

项目十二　机电一体化设备的自检和报警功能 /227
任务一　组装与调试具有自检功能的零件加工线 /227
任务二　编写具有报警功能的零件加工线控制程序 /241

项目十三　机电一体化设备多种工作方式 /249
任务一　调试有两种分拣方式的分拣设备 /249
任务二　调试多种运行方式的生产设备 /260

附录 /273
××市（地级市）中等职业学校技能竞赛机电一体化设备组装与调试竞赛试题 /273
××省职业院校学生技能竞赛中职组机电一体化设备组装与调试竞赛试题 /287
全国职业院校技能大赛中职组机电一体化设备组装与调试竞赛试题 /300

项目一　皮带输送机的安装与调整

输送机是使用非常广泛的机电设备，在物料输送、产品生产线、物件分拣中，输送机是不可缺少的设备。

通过完成拆装皮带输送机机架和安装皮带输送机两项工作任务，了解皮带输送机的基本结构，学会皮带输送机的安装。

任务一　拆装皮带输送机机架

工作任务

皮带输送机机架及各部件的名称如图 1－1－1 所示。

（1）请你拆卸皮带输送机机架，取下输送皮带和输送机主辊筒、皮带辊筒。

（2）请你组装皮带输送机机架，并满足：

①皮带输送机主辊筒轴与皮带辊筒轴在同一平面，两轴的不平行度不超过 0.5mm。

②调节两轴之间的距离，使皮带松紧适度。

③转动皮带输送机主辊筒轴时，皮带应能运动，无卡阻、打滑现象。

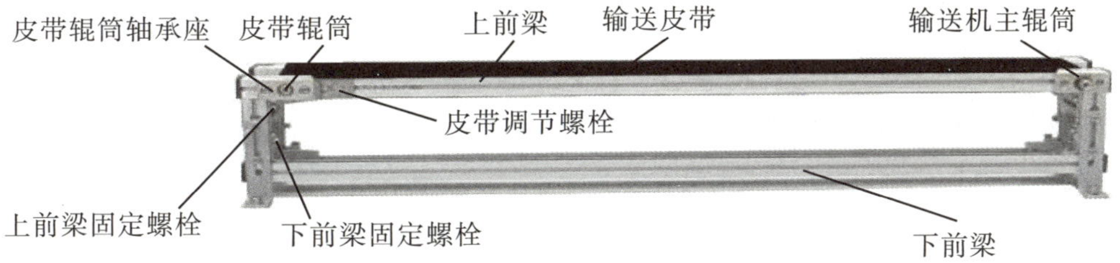

图 1－1－1　皮带输送机机架及各部件名称

相关知识

输送机是一种物料输送设备。按输送机的输送能力分，有重型输送机，如矿用输送机；轻型输送机，如用在电子、塑料、食品轻工、化工医药等行业的输送机。按输送机的结构分，有皮带输送机、板式输送机、螺旋输送机、链式输送机和筒式输送机等。常见的输送机如图 1－1－2 所示。

皮带输送机的输送皮带有橡胶、帆布、PVC、PU 等多种材质，除用于普通物料的输送外，还可满足耐油、耐腐蚀、防静电等有特殊要求物料的输送。常用的皮带输送机可分为普通帆布芯胶带输送机、钢绳芯高强度胶带输送机、全防爆胶带输送机、难燃型胶带输送机、双速双运胶带输送机、可逆移动式胶带输送机和耐寒胶带输送机等。

用于输送物料的皮带输送机

电子产品生产线上的皮带输送机

化工生产线上的输送机

饮料生产线上的输送机

机场、商场等公共场所的载人输送机

烟草生产线上的输送机

图 1-1-2 常见的输送机

皮带输送机输送物料的原理：电动机带动输送机主辊筒轴转动，输送皮带与主辊筒之间的静摩擦力使输送皮带运动；依靠输送皮带与物料之间的静摩擦力就可以使物料与输送皮带一起向同一方向运动。

皮带输送机具有输送能力强、输送距离远、输送平稳、噪音小、结构简单、维修方便、能量消耗少、零部件便于标准化、能方便地实现程序化控制和自动化操作等优点。皮带输送机可输送的物料种类繁多，既可输送各种散料，也可输送各种纸箱、包装袋等单件质量不大的物件。

皮带输送机可单机应用，亦可与机械手、提升机和装配线等其他设备组成自动化生产线，以满足零部件加工、各种物品生产的需要。在工业生产中，皮带输送机常用作生产机械设备之间构成连续生产的组带，以实现生产环节的连续性和自动化，提高生产效率，减轻工人的劳动强度。

皮带输送机的主要结构如图 1-1-3 所示，有机架、输送皮带、皮带辊筒、张紧装置、主辊筒和传动装置等。皮带输送机的机身由优质钢材连接而成，由前后支腿形成机架，机架上装有皮带辊筒、托辊等，用于带动和支撑输送皮带。

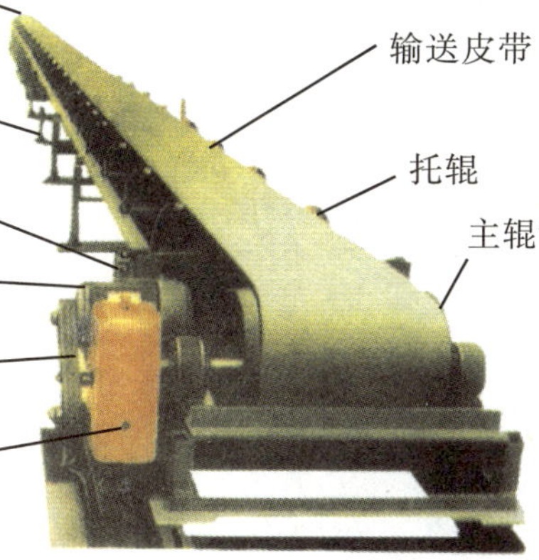

图 1-1-3　皮带输送机的结构

完成工作任务指引

一、拆卸皮带输送机机架

YL-235A 型光机电一体化实训装置中的皮带输送机采用内六角头螺栓做紧固零件，因此在拆卸皮带输送机时，应使用内六角扳手，如图 1-1-4 所示。该套内六角扳手为 YL-235A 型光机电一体化实训装置配套工具。

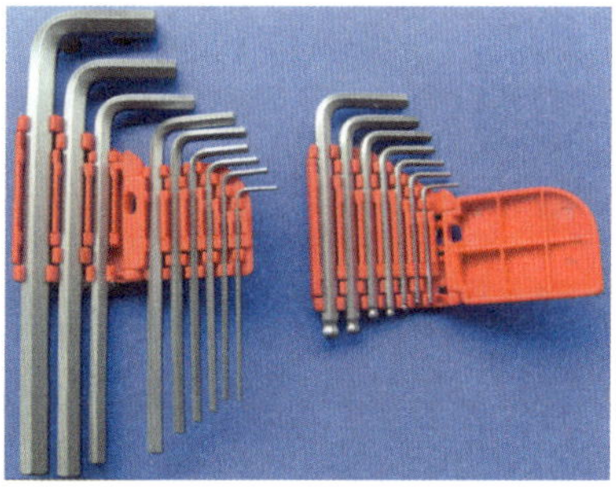

图 1-1-4　拆卸机架的内六角扳手

除工具外，还要准备一个存放拆卸下来的零件、元件和部件的容器，以免这些零部件丢失。

拆卸皮带输送机机架的方法和步骤如图 1-1-5 所示。

1.用2mm内六角扳手松开调节螺栓。

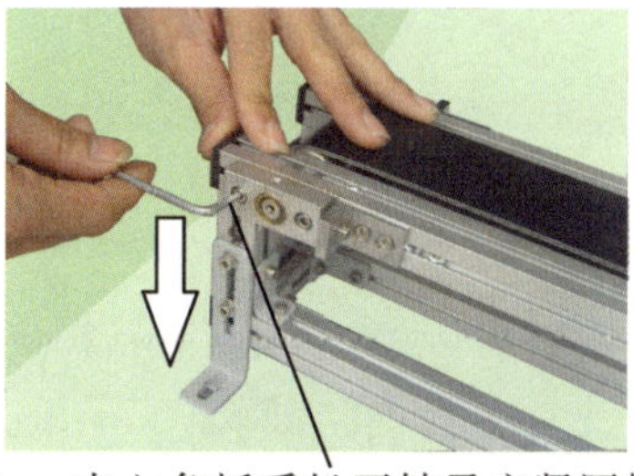

2.用4mm内六角扳手松开轴承座紧固螺栓。

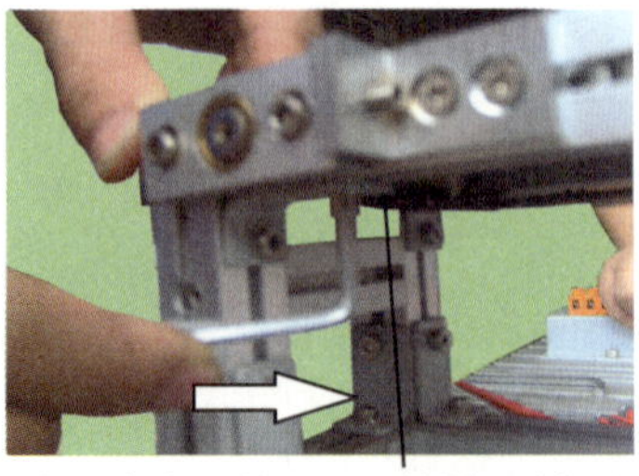

3.用4mm内六角扳手松开上前梁两端固定螺栓。

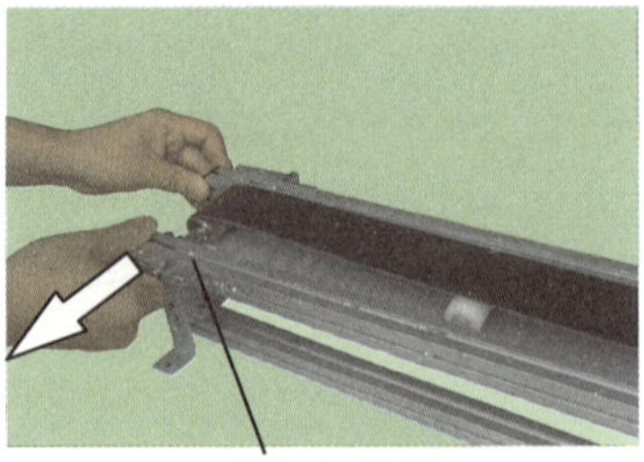

4.取出上前梁。

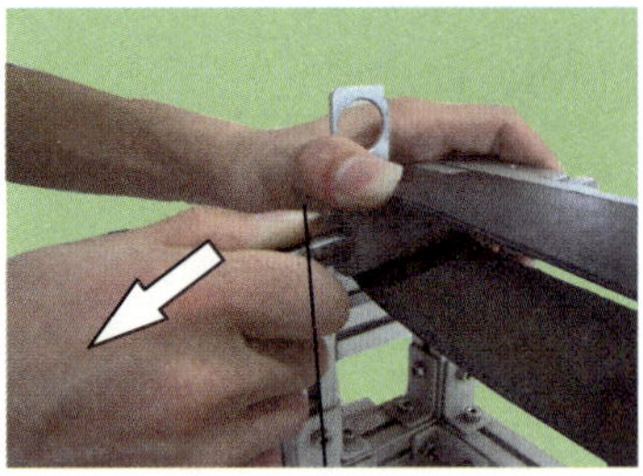

5.取出皮带辊筒。

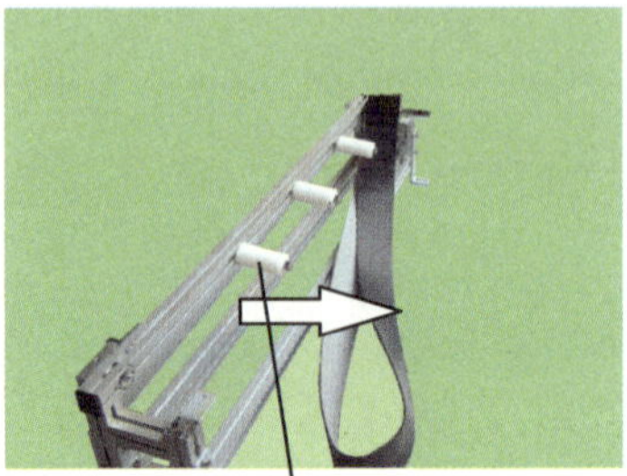

6.取出皮带托辊。

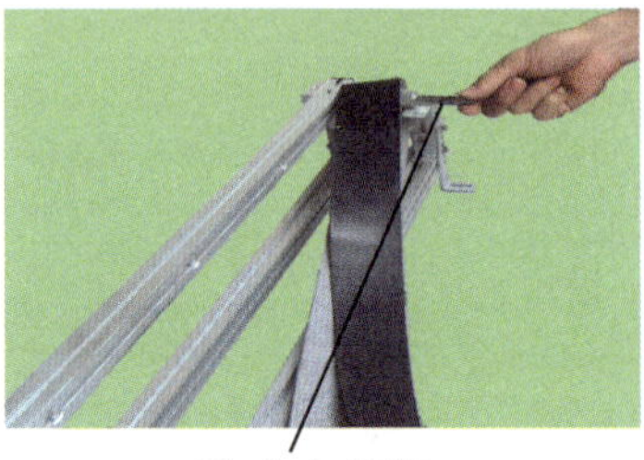

7.取出主辊筒。

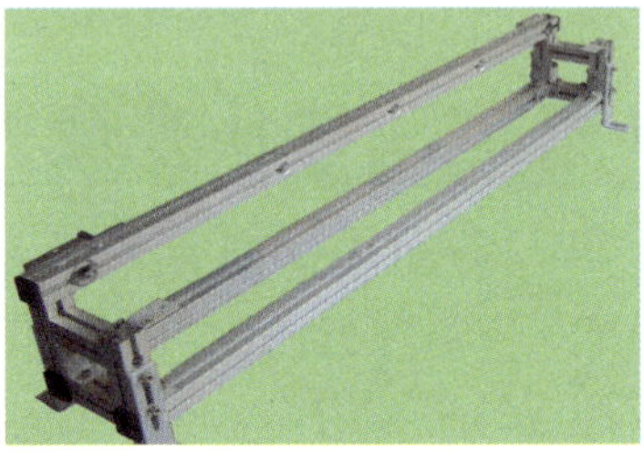

8.完成拆卸。

图 1－1－5　皮带输送机的拆卸方法与步骤

二、皮带输送机机架的组装

皮带输送机机架组装的方法与步骤如图 1－1－6 所示。

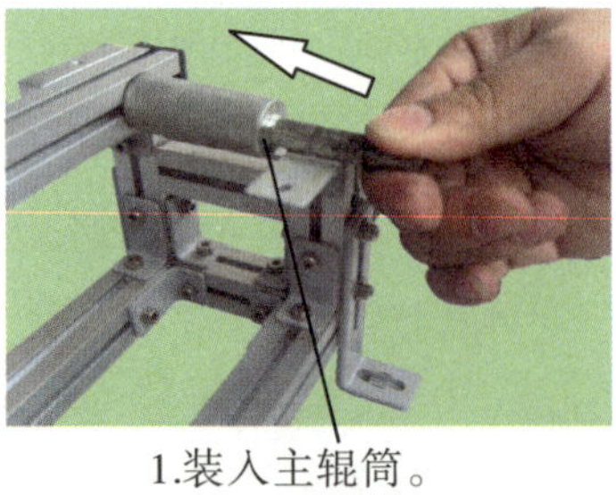

1.装入主辊筒。

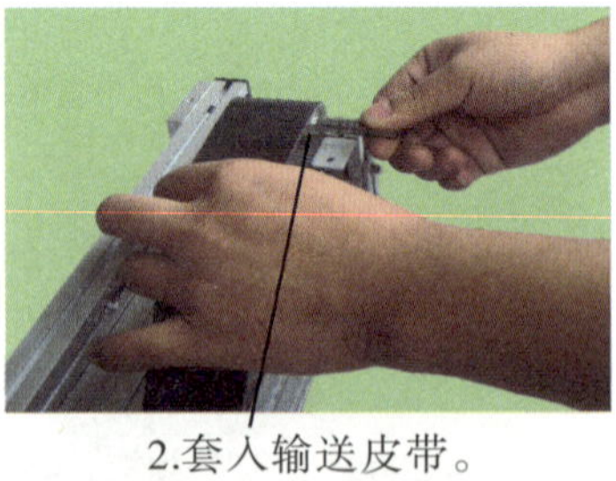

2.套入输送皮带。

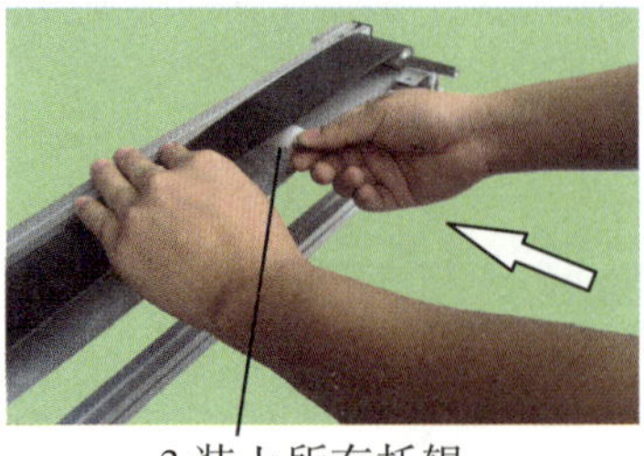

3.装上所有托辊。

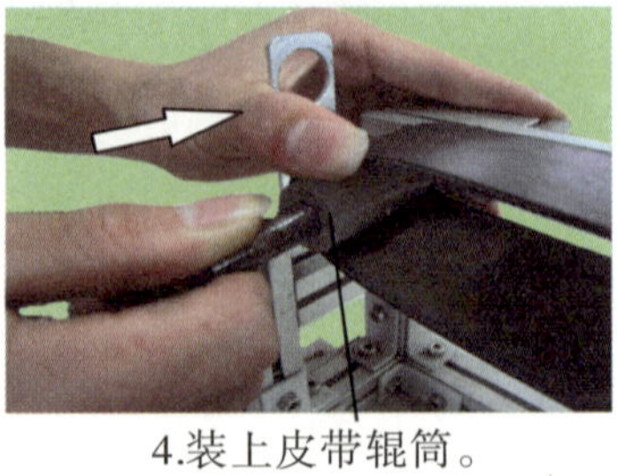

4.装上皮带辊筒。

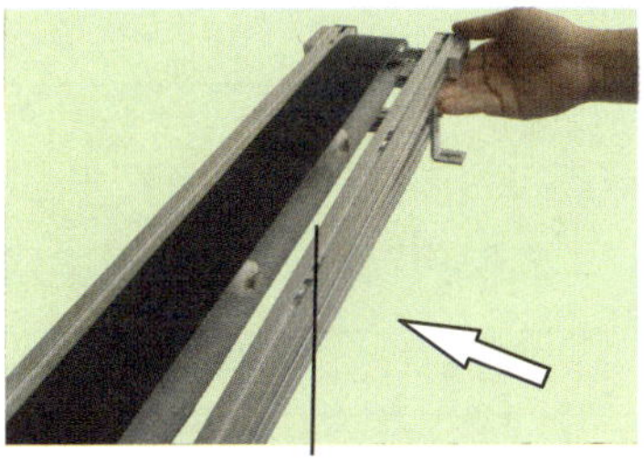

5.装上上前梁。

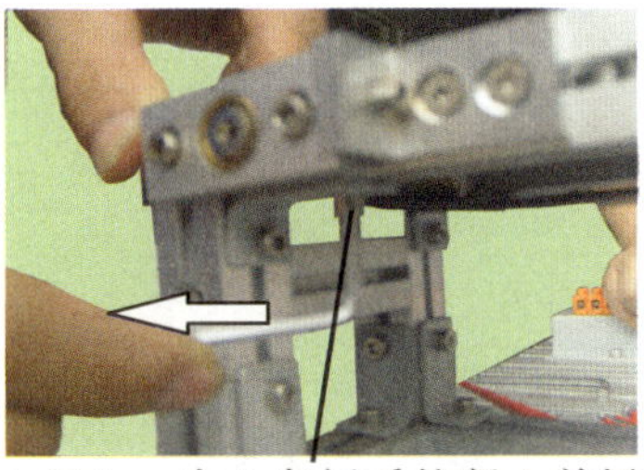

6.用4mm内六角扳手拧紧上前梁两端固定螺栓，固定上前梁。

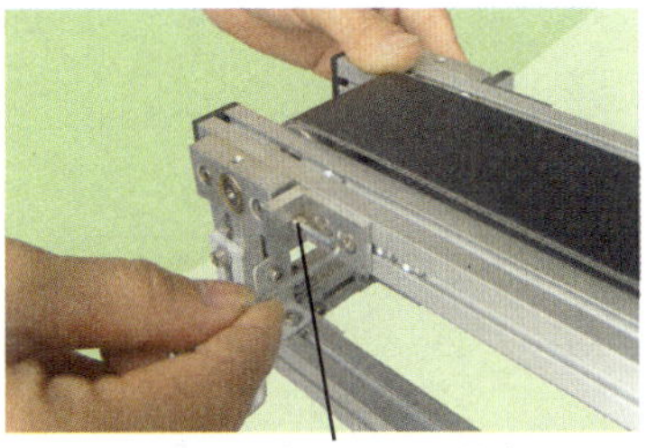

7.用2mm内六角扳手调节螺栓，使主辊筒与皮带辊筒平行，皮带松紧适当。

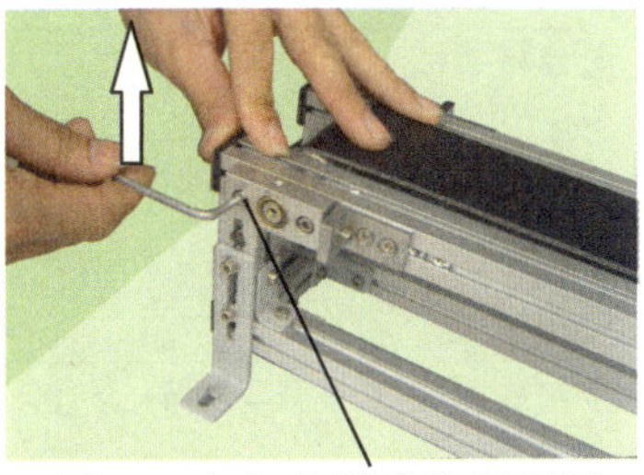

8.用4mm内六角扳手拧紧两侧轴承座紧固螺栓，完成组装。

图 1-1-6 皮带输送机的组装方法与步骤

注意：调节主辊筒与皮带辊筒两轴平行，是机电设备安装的关键技术，你可要下工夫啊！

1. 请你总结在完成皮带输送机机架拆卸的工作任务中，在工具的使用、安排拆卸的步骤、完成拆卸的操作等方面的体会和经验。在拆卸过程中，你遇到了什么困难？用什么办法克服了这些困难？

2. 在组装皮带输送机机架的过程中，你认为哪些问题最重要？哪些操作直接影响机架的组装质量？哪些组装技术在机电设备的安装中是关键的技术？

3. 零件的测绘是机电设备安装与维护职业岗位的经常性工作。拆卸皮带输送机机架后，请你测绘皮带辊筒，并将测绘的零件图交给老师或工人师傅看看，跟实际生产图纸有没有差别？还要做哪些改进？

4. 你觉得按“完成工作任务指引”中讲的步骤进行拆卸和组装皮带输送机机架合理吗？你是按怎样的步骤进行拆卸和组装皮带输送机机架的？你能自己设计拆卸和组装皮带输送机机架的工艺步骤吗？请说出你的想法。

5. 在调节皮带松紧的过程中，你遇到困难了吗？遇到哪些困难？你是怎样测量输送机主辊筒轴与皮带辊筒轴平行的？

6. 请你填写完成工作任务评价表。

完成工作任务评价表

前面两轴的中心距		后面两轴的中心距	
拆卸机架使用的内六角扳手规格			
完成调节后输送皮带的松紧程度			
用手转动主辊筒轴时输送皮带是否运动			
转动主辊筒轴时是否有卡阻现象			
你拆卸皮带输送机机架的步骤：			
你组装皮带输送机机架的步骤：			
你对完成本次工作任务的自我评价：			
小组同学对你完成本次工作任务的评价（请你去找小组的同学）：			
老师对你完成本次工作任务的评价（请你去找老师）：			

任务二　安装皮带输送机

工作任务

按图 1-2-1 所示的尺寸要求，在安装平台上完成皮带输送机的安装，并通过静态调整与动态调试，使皮带输送机满足如下要求：

（1）输送皮带呈水平状态（用水平尺确认）。

（2）安装在皮带输送机主辊筒上的联轴器与机架间隙为 0.5mm。

（3）保证输送皮带运行平稳，皮带无打滑与跳动现象。

（4）保证三相交流异步电动机运行时无发热、振动现象，运行噪声在正常范围内。

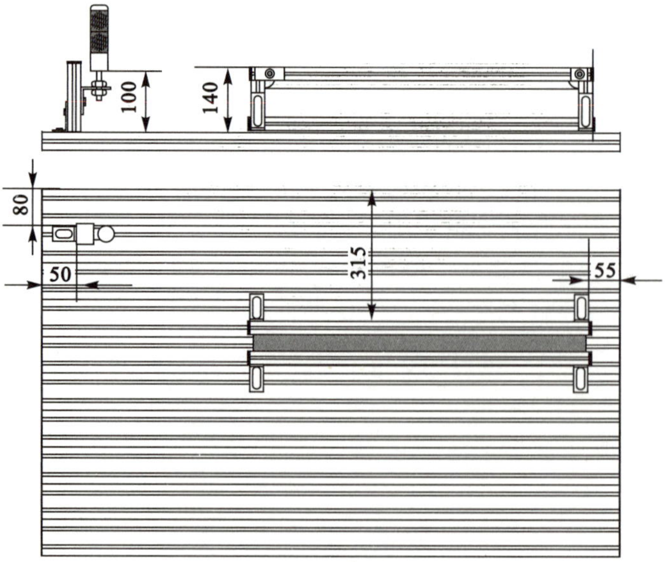

图 1-2-1　皮带输送机安装图

相关知识

一、三相交流异步电动机与皮带输送机主辊筒轴的联接

皮带输送机是由电动机拖动的，通过联接，电动机将能量和运动传递给皮带输送机。常用的连接方式有三角皮带联接、齿轮联接、链轮联接和联轴器联接。常见的用于小容量电动机联接的联轴器如表 1－2－1 所示。

表 1－2－1　常用的微型联轴器

名称	外形	应用及特点
微型十字滑块弹性联轴器		用于传递转动力矩和运动的弹性联接零件，传递的力矩大，结构简单，容易安装，应用较广泛
微型十字轴节联轴器		用于传递较大扭矩的联接零件，安装时要求轴偏差小
微型波纹管联轴器		用于传递转动力矩和运动的机械联接零件，结构简单，安装时要求轴偏差小
微型高弹性联轴器		用于传递转动力矩和运动的弹性联接零件，有良好的容差特性，传递的力矩大，结构简单，容易安装，应用较广泛
微型梅花弹性联轴器		用于传递转动力矩和运动的弹性联接零件，有良好的容差特性和高扭矩刚性，结构简单，容易安装，应用较广泛

在安装皮带输送机时，电动机转轴与皮带输送机主辊筒轴的联接是很关键的。要求电动机转轴的中心线与皮带输送机主辊筒轴的中心线在同一直线上，如果不在同一直线上，设备会产生振动，导致联轴器的寿命缩短。但实际安装很难做到两轴的中心线在同一直线上，总会有一些偏差。为了保证皮带输送机的正常工作，只要偏差在允许的范围内就可以了。

两轴中心线不在同一直线上的偏差有轴向偏差、径向偏差和角度偏差三种。不同设备的安装对这些偏差有不同的要求。安装机电设备时，只要使安装的实际偏差比规定的偏差小，就算符合要求。除在设备安装时会产生偏差外，工作过程的振动、热膨胀、轴承磨损等都会引起偏差。因此，轴偏差的检测与调整在安装后必须进行，也需要在运行中做定期检查。

轴向偏差、径向偏差和角度偏差的意义如表 1－2－2 所示。

表 1-2-2　轴偏差及其意义

轴偏差的种类	意义
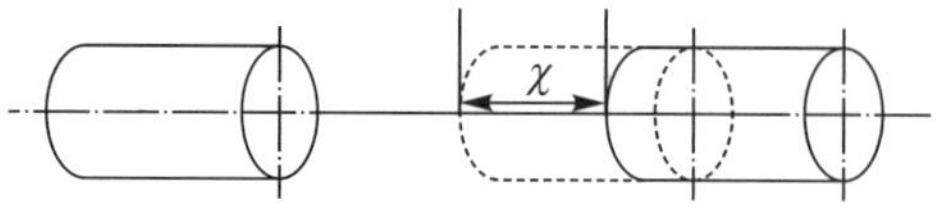 轴向偏差	轴向偏差是指两轴沿中心线方向距离的误差。两轴中心线在同一直线上，但两轴之间的距离不符合要求，就产生轴向偏差。轴向偏差用符号 χ 表示
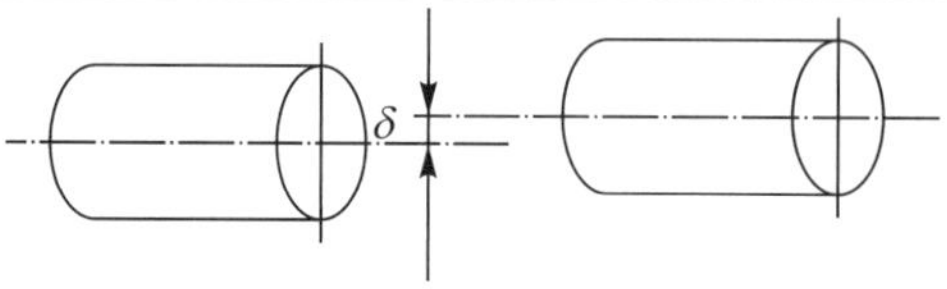 径向偏差	径向偏差是指两轴中心线沿直径方向的距离。两轴虽然安装水平，但不在同一个水平面上或不在同一个铅直面上，就会产生径向偏差。径向偏差用符号 δ 表示
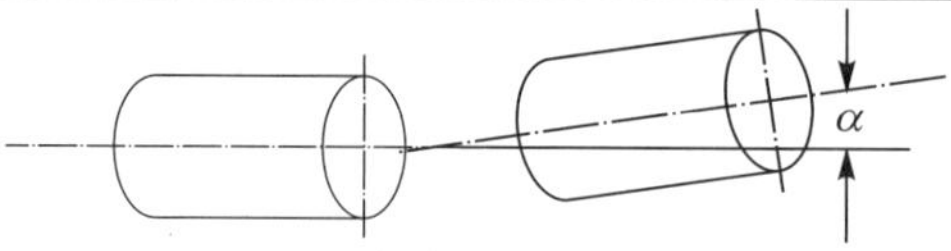 角度偏差	角度偏差是指两轴中心线的夹角。一轴安装水平，而另一轴安装不水平，就产生角度偏差。角度偏差用符号 α 表示

二、警示灯及其使用

为防止意外事故发生，需要在机电设备上设置各类标志，告诉人们设备处于何种状态，以引起人们的注意，保证设备和人身安全。警示灯就是一种显示设备工作状态的标志。根据需要，YL-235A 型光机电一体化实训装置上的警示灯可以显示电源正常、系统通电、设备正常运行、设备运行中某个元件出现故障和出现什么故障等工作状态。但警示灯发光显示的状态需要人们事先约定。

警示灯有很多种，按颜色分类，有红色、绿色、黄色和多色等；按警示灯发光的情况分类，有闪亮型和长亮型。YL-235A 型光机电一体化实训装置的警示灯为 LTA-205 型红绿双色闪亮灯，工作电压为 DC 24V，功率为 2W。在不同训练项目的工作任务中，可以约定不同的显示内容，这是在学习中需要注意的问题。

LTA-205 型红绿双色闪亮警示灯共有 5 条引出线，其中黑色线与较粗的红色线为电源线，分别与电源的负极和正极连接（黑色线接 DC 24V 直流电源负极，较粗的红色线接 DC 24V 直流电源正极），较细的红色线为红色警示灯控制线，绿色线为绿色警示灯控制线，棕色线为两灯的公共线。LTA-205 型红绿双色闪亮警示灯工作电路如图 1-2-2 所示。

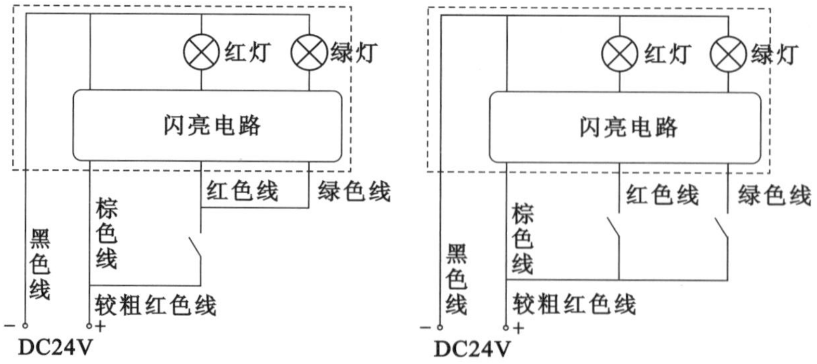

两灯同时闪亮电路　　两灯分别闪亮电路

图 1-2-2　LTA-205 型红绿双色闪亮警示灯工作电路

完成工作任务指引

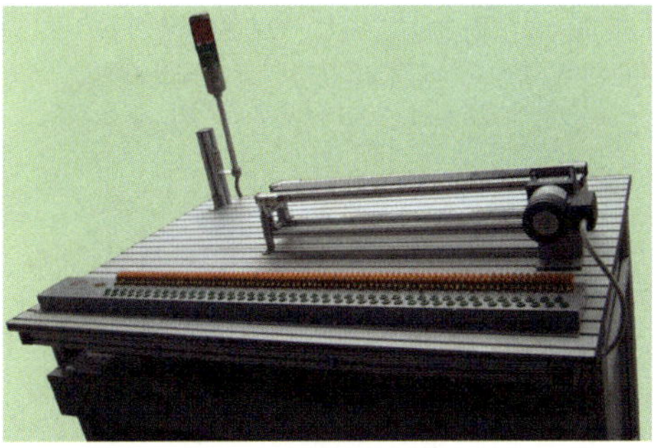
图 1-2-3　完成安装任务的安装平台

YL-235A 型光机电一体化实训装置中的皮带输送机机架长 700mm，宽 90mm，皮带宽 50mm。皮带输送机的固定支架为铝合金型材，框架结构，用 M6×15mm 的螺栓固定在安装平台窄槽的螺母上。皮带输送机主体高度可以调节。皮带输送机用微型三相交流异步电动机拖动。三相交流异步电动机可用变频器作调速控制。

本次任务中，安装在安装平台上的设备的参考尺寸如图 1-2-1 所示，可根据图纸尺寸进行定位安装，完成安装的情形如图 1-2-3 所示。

一、皮带输送机安装工具与器材的配备

1. 皮带输送机的安装工具

皮带输送机的安装工具如表 1-2-3 所示。

表 1-2-3　皮带输送机的安装工具、仪表配备（每组配备）

编号	工具名称	规格	数量	主要作用
1	内六角扳手	3mm、4mm、6mm 等	1 套	安装机架底脚螺栓
2	一字螺丝刀	微型	1 把	安装联轴器
3	一字螺丝刀	100mm	1 把	接线与安装
4	一字螺丝刀	150mm	1 把	接线与安装
5	十字螺丝刀	100mm	1 把	接线与安装
6	十字螺丝刀	150mm	1 把	接线与安装
7	尖嘴钳	150mm	1 把	安装与调整
8	活动扳手	200mm	2 把	安装警示灯
9	钢直尺	500mm	1 把	安装机架
10	钢直尺	150mm	1 把	安装与调整
11	水平尺	300mm	1 把	输送皮带水平检测
12	直角尺	150mm	1 把	机架高度测量
13	塞尺	—	1 把	检测间隙
14	万用表	可选择	1 个	检测元件与器件
15	软毛刷	中号	1 把	清扫安装平台与工位

表 1-2-3 所示的安装皮带输送机的工具基本上是电工通用工具，部分常用工具及外形如表 1-2-4 所示。

表 1-2-4　机电设备安装常用工具及外形

名称	外形	特点与应用
内六角扳手	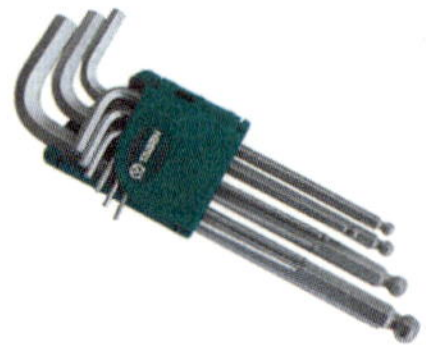	是机电设备安装中的紧固工具。有 3mm、4mm、6mm、8mm、10mm、12mm、14mm 等规格，可根据内六角螺母的尺寸选择
水平尺	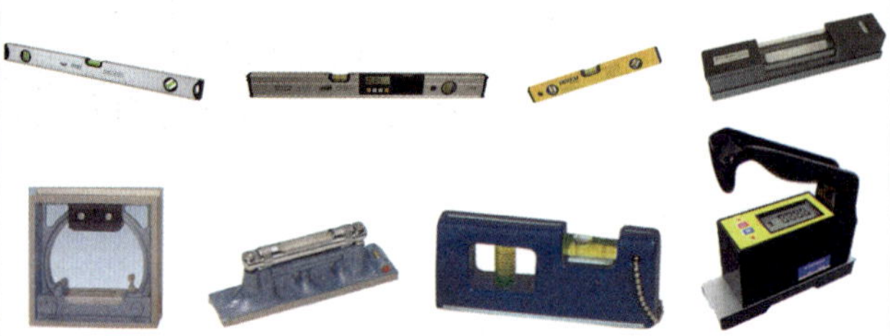	是机电设备安装中用于检测水平的测量仪器。梁式水平尺用于一般的测量；框架式水平尺、电子指针式水平尺和电子数显式水平尺用于准确度要求较高的测量
直角尺	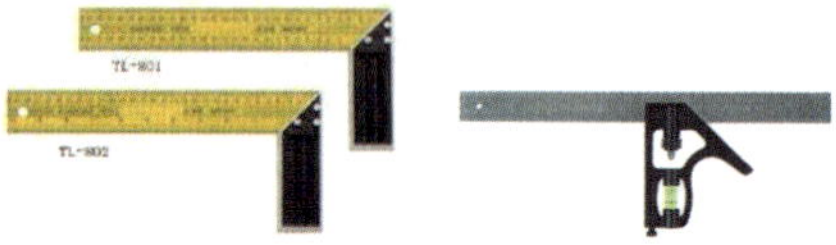	是机电设备安装中用于检测两个面或两条轴是否垂直的测量工具，也用于测量高度
塞尺（厚薄规）		是机电设备安装中用于检测间隙的测量工具。它由厚薄不等的工具钢片组成，因此又称作厚薄规

2. 皮带输送机的安装器材

（1）皮带输送机的安装器材配备表。

安装皮带输送机所需器材如表 1-2-5 所示。

表 1-2-5　皮带输送机器材配备

编号	器材名称	器材规格	数量	主要作用
1	机架与输送皮带（带"L"形联接件）	机架长 700mm，宽 90mm，输送皮带宽 50mm	1 件	传送物料
2	下料孔装置	专配	1 个	下料定位
3	光电传感器固定支架	专配	1 个	安装光电传感器
4	微型三相交流异步电动机	带减速箱，额定电压 380V	1 台	拖动皮带输送机
5	电动机固定支架	"L"形	1 个	固定电动机
6	橡胶垫	（100×50×5）mm	1 块	电动机减震
7	微型弹性联轴器	十字滑块	1 个	联接电动机与皮带输送机
8	内六角螺栓、螺母	M6×30mm	8 个	机架与电动机固定

续表

编号	器材名称	器材规格	数量	主要作用
9	内六角螺栓、螺母	M4×30mm	6套	进料口装置与光电传感器支架固定
10	插接导线	专配	若干	电动机电源线
11	电源警示灯	双色	1个	电源警示

（2）三相交流异步电动机。

皮带输送机由三相交流异步电动机拖动，由于YL－235A型光机电一体化实训装置的皮带输送机只用于实训，因此配备的三相交流异步电动机属于小容量的微型电机。三相交流异步电动机及其安装所需要的配件如表1－2－6所示。

表1－2－6　三相交流异步电动机及其安装的配件

名称	外形	特点与应用
鼠笼式三相交流异步电动机		电动机其铭牌的额定数据如下： 额定电压为380V。额定电流为0.18A。极数为四极。额定转速为1300r/min。额定功率为25W。三相交流异步电动机带10∶1的减速装置，因此它减速后轴输出的转速约为130r/min。三相交流异步电动机可用变频调速器控制，可实现多段速运行
三相交流异步电动机安装支架	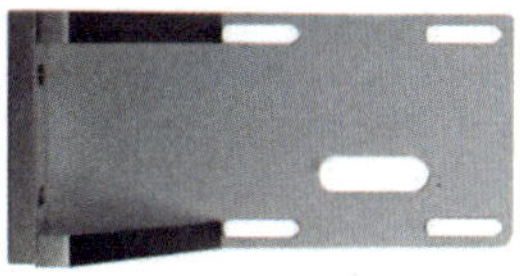	三相交流异步电动机的支撑架由两个互相垂直的安装面组成。其中一个安装面安装在实训台的台面上，可调节三相交流异步电动机安装时的轴向偏差；另一个安装面固定三相交流异步电动机，可调节三相交流异步电动机的中心高度，减小安装时的径向偏差
减震胶垫	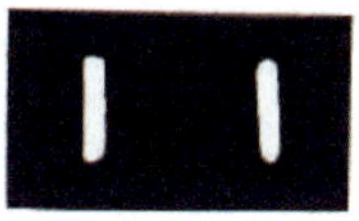	减震胶垫是厚度为5mm的橡胶垫。安装时，在三相交流异步电动机安装支架与安装平台台面之间应垫上一块橡胶垫，可以起到减震作用

（3）联轴器。

用微型十字滑块弹性联轴器联接三相交流异步电动机和皮带输送机，将三相交流异步电动机的能量和运动传递给皮带输送机。使用十字滑块弹性联轴器对轴偏差的要求不高，不仅容易安装，还可以减小因轴偏差引起的震动。

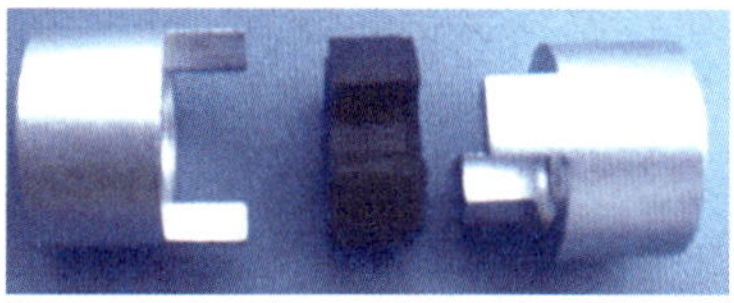

图1－2－4　联接电动机的联轴器

3. **皮带输送机安装的环境要求与安全要求**

（1）皮带输送机的安装平台。

YL－235A型光机电一体化实训装置的各种部件都是安装在由带安装槽的铝合金型材制作的安装平台上，安装平台台面规格为1190mm×800mm，安装平台台面由10条铝合金型材拼装而成，并有20条安装槽用于放置固定螺母，螺母的规格为M6，如图1－2－5所示。

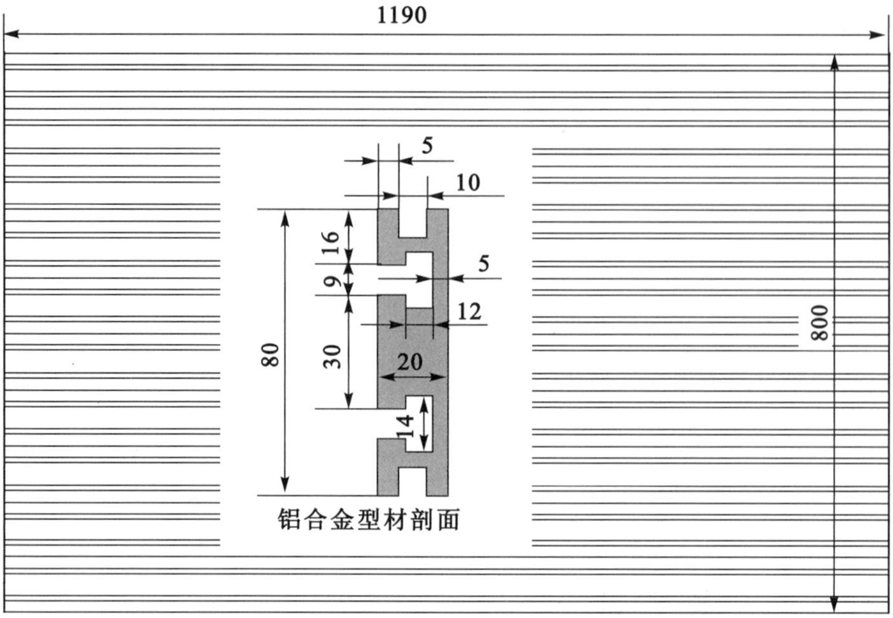

图 1-2-5　安装平台台面

（2）安装工作的环境要求。

①安装平台上不允许放置其他器件、工具与杂物，保持整洁。

②在操作过程中，工具与器材不得乱摆乱放，更不能随意地放在安装平台上。拧紧螺栓时要注意尽量不让螺栓掉进窄槽内。

③在操作过程中，要努力保持工位的整洁。工作结束后，要将工位整理好，收拾好器材与工具，清扫地上杂物。

（3）安装工作的安全要求。

在装配工作过程中，必须做到“安全第一”，具体要遵守以下要求。

①要正确使用一字或十字螺丝刀、尖嘴钳，防止在操作中发生因螺丝刀或钳子伤手的事故。

②机架与三相交流异步电动机等较重器材要小心搬放，防止在搬动过程中掉落造成器材损坏或伤人事故。

③动态检测时要使用 AC 380V 电源，检测时必须遵守安全用电规程，必须在皮带输送机已完成安装、接线盒已盖好、电动机与机架已做好保护接地并确认接线无误后才能送电进行检测。

④拆装任何部件都要在停电状态下进行，特别是联轴器拆装必须要先停电。

⑤使用仪表带电测量时，一定要按照仪表使用的安全规程进行。

⑥安装时，不得用工具敲击安装器件，以防造成器件或工具的损坏。

二、完成工作任务的步骤与方法

请按以下步骤与方法完成指定的任务。

1. 安装准备工作

（1）工具与器材清点。

安装开始前，请准备好工作所需的工具与器材并进行清点。

①按表 1－2－3 清点全部工具仪表并放置在辅助工作台方便操作的位置，工具应摆放整齐，排列有序。

②按表 1－2－5 清点全部器材并放置在辅助工作台合适的位置，器材要摆开，螺栓应装盒并分规格放置。"L"形联接件应与机架联接并固定，为了安装方便，机架的四个底脚都应固定在同一高度上（不一定是安装高度）。

（2）机架检查。

检查机架构架是否松动，检查机架端部是否已装入固定光电传感器支架的螺母，并将机架两端调至同一高度，以便安装。

（3）电动机检查。

打开三相交流异步电动机的接线盒，用万用表低阻挡测量电动机绕组的接线端，应无断线现象。再用万用表高阻挡检查电动机绕组间的绝缘电阻和对地绝缘电阻，阻值在 0.5MΩ 以上为合格。用手转动电动机机轴，可以转动为正常（因带了减速箱，机轴转动需用力一些）。

（4）清扫安装平台。

安装前，应确认安装平台已放置平稳，清除安装平台上窄槽内遗留的螺母，然后用软毛刷将安装平台清扫干净。

2. 阅读工作任务书与安装图，明确安装要求

请认真阅读工作任务书与安装图（图 1－2－1），明确：

（1）皮带输送机的机架安装尺寸。

安装机架的尺寸参照边在安装平台的右端（面对操作方向，以下同）与上端。从图纸可知，机架右端面与右参照边的距离为 55mm；机架后端面与上参照边的距离为 315mm。允许误差为±1mm。

一般情况下，机架的安装尺寸应是机架的底脚固定螺栓孔的中心与参照边的距离，考虑到 YL－235A 型光机电一体化实训装置机架安装精度要求不高，且机架底脚固定螺栓孔的中心点不易确定，所以采用了机架端面与参照边的距离。

（2）皮带输送机的机架安装高度。

从图纸可知，机架中部位置对安装平台的安装高度要求为 140mm。

YL－235A 型光机电一体化实训装置皮带输送机的输送皮带是在水平状态下运送物料的，因此必须保证输送皮带处于水平状态。安装时，如果能保证安装平台处于水平状态，可通过测定机架两端高度是否一致来确定输送皮带是否处于水平状态。但考虑到 YL－235A 型光机电一体化实训装置受放置位置的影响，安装平台难以保证处在水平状态，因此，图纸只能对机架的中部位置高度作出要求。

（3）皮带输送机的运行要求。

工作任务要求皮带输送机运行指标要达到：运行畅顺和平稳、无振动和噪声，电动机无发热现象。为了达到要求，完成皮带输送机安装后，必须要对其进行动态检测。

3. 按图纸尺寸要求完成皮带输送机的安装

（1）确定放置机架安装底脚螺母的窄槽。

以安装平台的上端参照边为起点，用钢直尺测量出与安装平台上端（含塑料封条）距离为 315mm 的位置 a（如图 1-2-6 所示），由于固定机架的螺栓是与安装平台窄槽中的螺母联接的，因此，位置 a 上侧的安装窄槽 M 为机架一侧放置固定螺母的槽位。

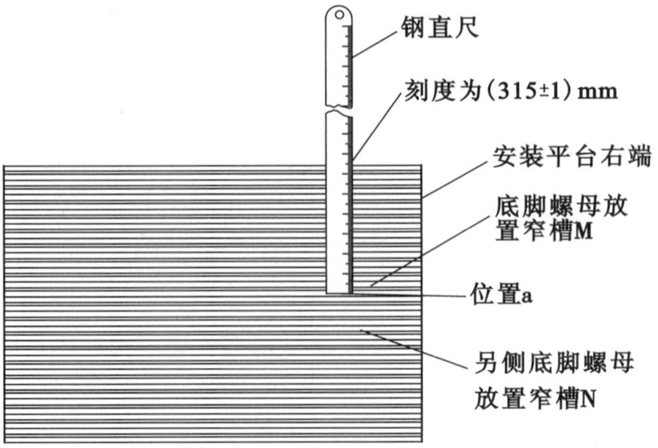

图 1-2-6　确定安装固定螺母的安装槽

从皮带输送机的尺寸可知，机架两侧固定螺栓的孔的距离为 120mm，因此也就可以确定机架另一侧放置固定螺母的窄槽是 N。确定了固定机架的螺母放置窄槽 M、N 后，就可以将 M6 的螺母放进 M、N 窄槽内，每条槽放 2 个（机架两边都要用 2 个底脚固定螺栓固定），并将螺母用螺丝刀推至相应接近的安装位置。

（2）机架的安装步骤与方法。

机架是通过“L”形联接件与安装平台联接的。“L”形联接件的规格如图 1-2-7 所示。

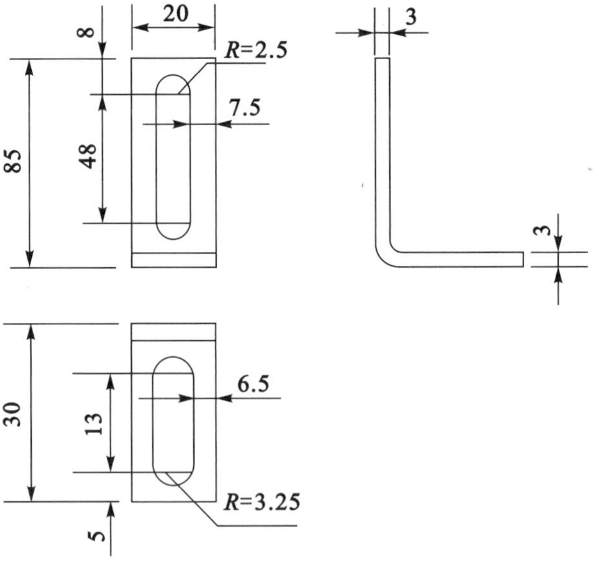

图 1-2-7　“L”形联接件三视图

同时“L”形联接件也具有调节机架高度的作用。

机架安装操作方法和步骤如图 1-2-8 所示。

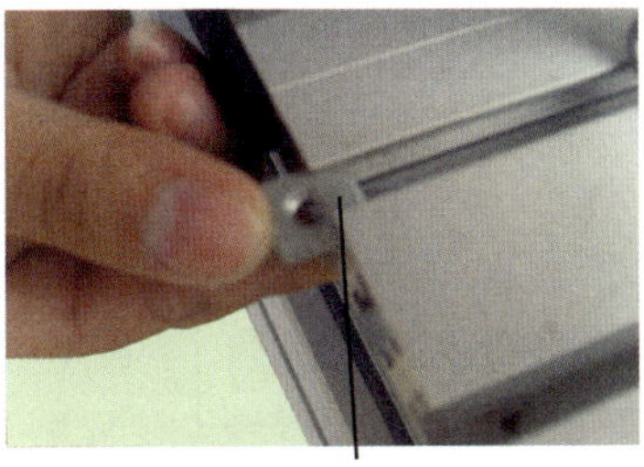

1.在确定的窄槽中推入固定螺母。

2.将固定螺栓旋进固定螺母，但不要旋紧。

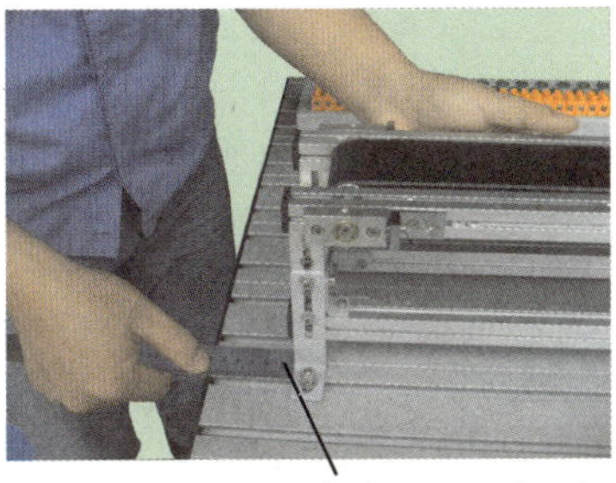

3.测量并调整皮带输送机机架到右侧边的距离为(55±1)mm。

4.测量并调整皮带输送机机架到上端边的距离为(315±1)mm。

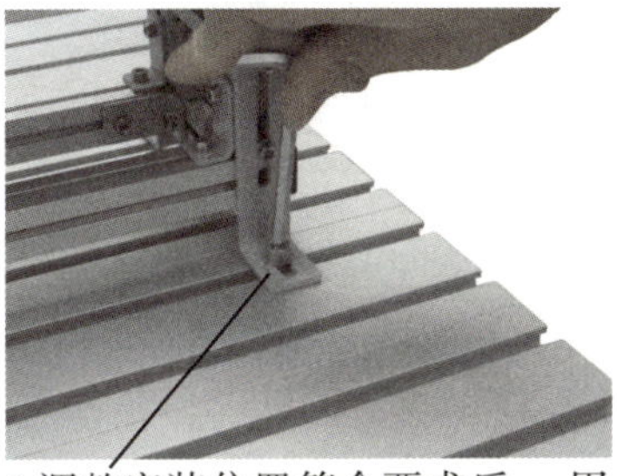

5.调整安装位置符合要求后，用内六角扳手旋紧机架与安装平台固定螺栓。

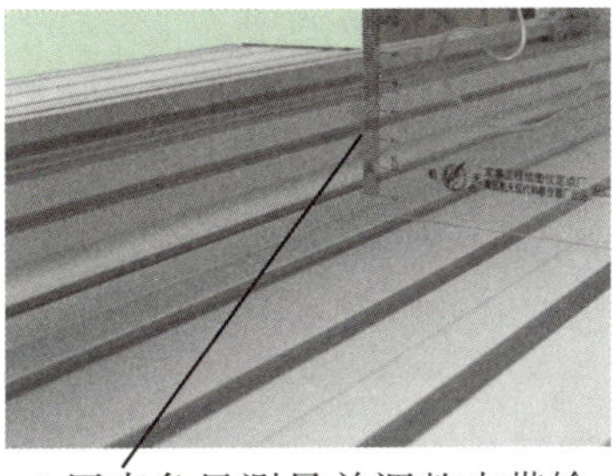

6.用直角尺测量并调整皮带输送机机架高度为(140±1)mm。

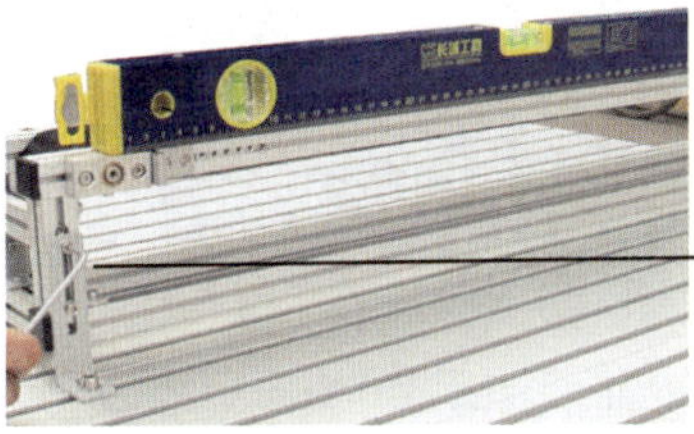

7.用水平尺测量机架的水平，使之符合要求后，用内六角扳手旋紧机架上的内六角头螺栓。

图 1-2-8　皮带输送机机架的安装方法和步骤

4. 三相交流异步电动机的安装

(1) 安装三相交流异步电动机用到的部件。

皮带输送机由三相交流异步电动机拖动，用“L”形支架与安装平台固定，电动机的安装高度可调节，皮带输送机传动轴与三相交流异步电动机用微型十字滑块弹性联轴器联接。电动机用“L”形支架与联轴器联接，如图 1-2-9 所示。

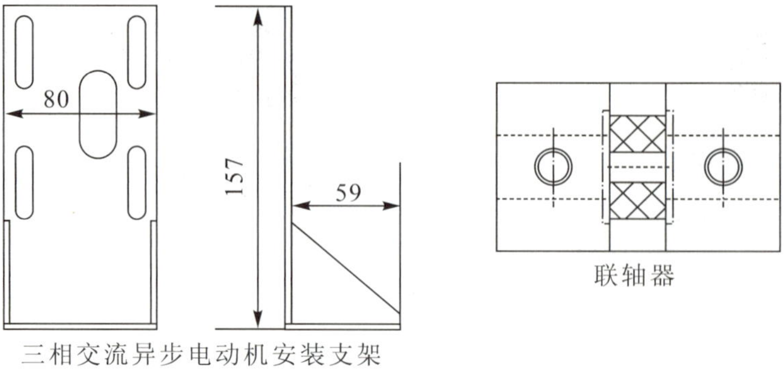

图 1-2-9 三相交流异步电动机安装用到的部件

三相交流异步电动机与皮带输送机主辊筒轴的联接如图 1-2-10 所示。

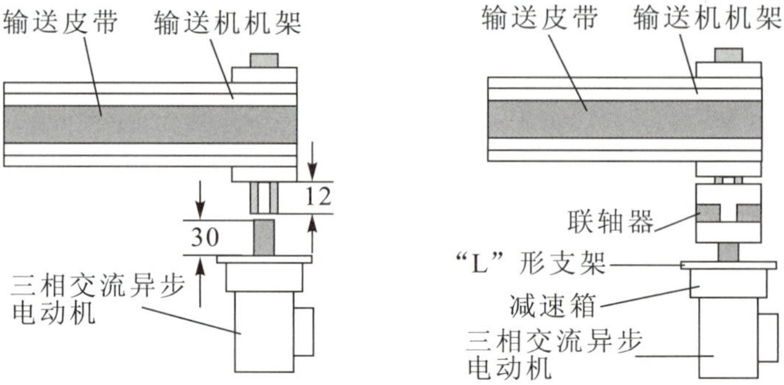

图 1-2-10 三相交流异步电动机与主辊筒轴的联接

(2) 三相交流异步电动机的安装步骤与方法。

三相交流异步电动机的安装步骤与方法见图 1-2-11。

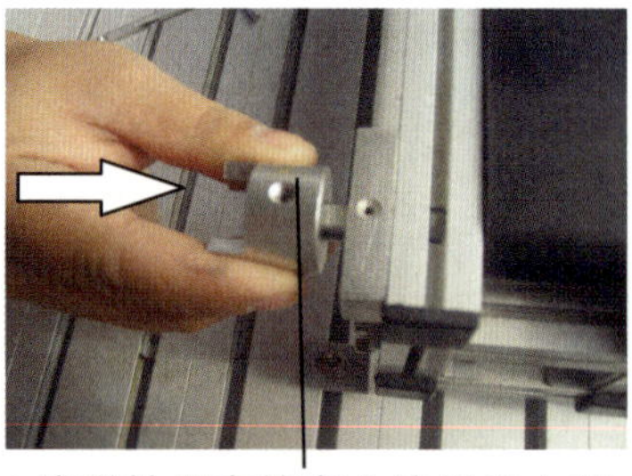

1.将联轴器套筒套入输送机主辊筒轴。

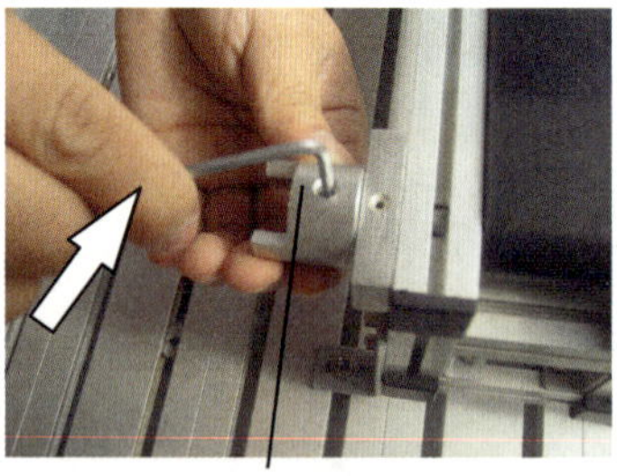

2.套筒与轴承座距离0.5mm，旋紧固定螺栓。

3.将弹性滑块套入套筒。

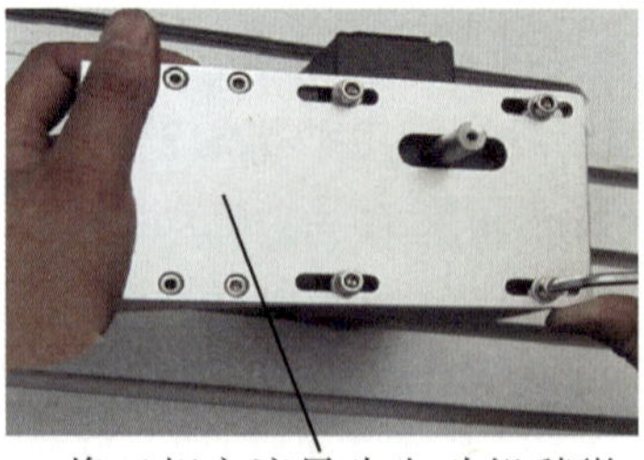

4.将三相交流异步电动机稍微固定在安装支架上。

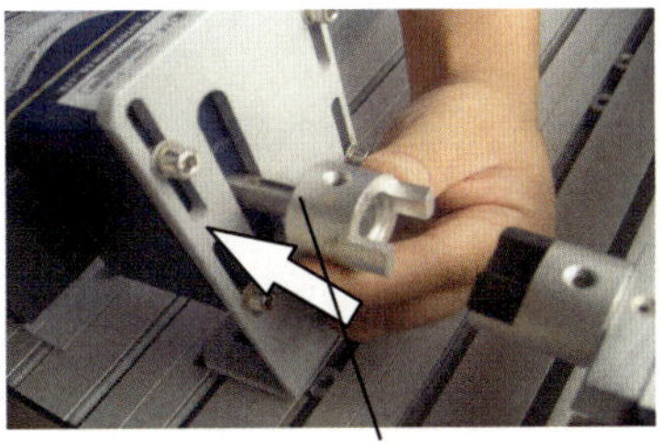

5.将联轴器另一个套筒套入三相交流异步电动机轴。

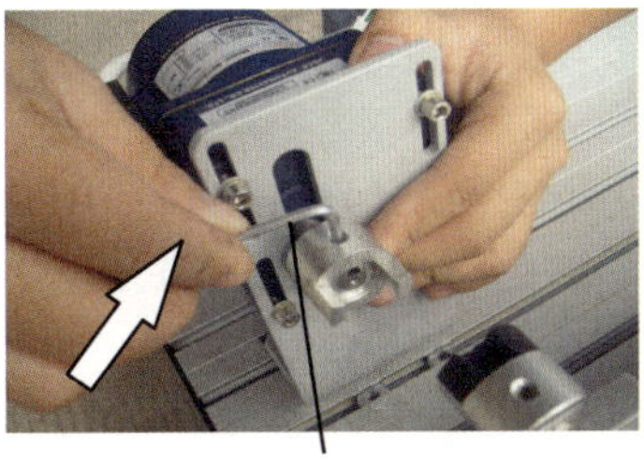

6.旋紧固定螺栓。

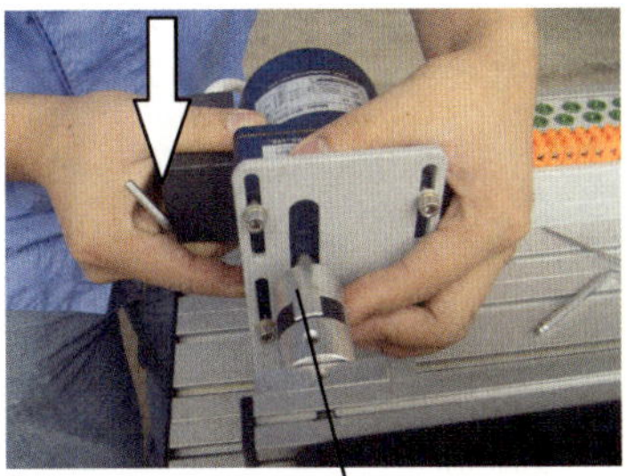

7.调整三相交流异步电动机轴与输送机轴，使两者高度相同，将三相交流异步电动机向前推进，套上联轴器弹性滑块。

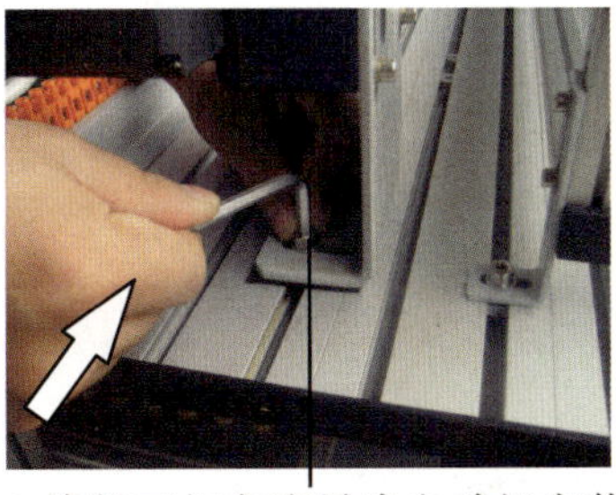

8.旋紧三相交流异步电动机安装支架与安装平台的固定螺栓。

图 1-2-11　安装三相交流异步电动机的步骤与方法

(3) 三相交流异步电动机电路的连接。

YL-235A 型光机电一体化实训装置电源模块及内部电路如图 1-2-12 所示，其主要功能是为实训提供一组 AC 380V 电源和 AC 220V 电源。AC 380V 电源用三个插孔输出，这三个插孔分标注为“U”“V”“W”。AC 220V 电源用两个单相插孔输出，电源模块还提供 1 个零线插孔（N）和 1 个保护接地插孔（PE）。

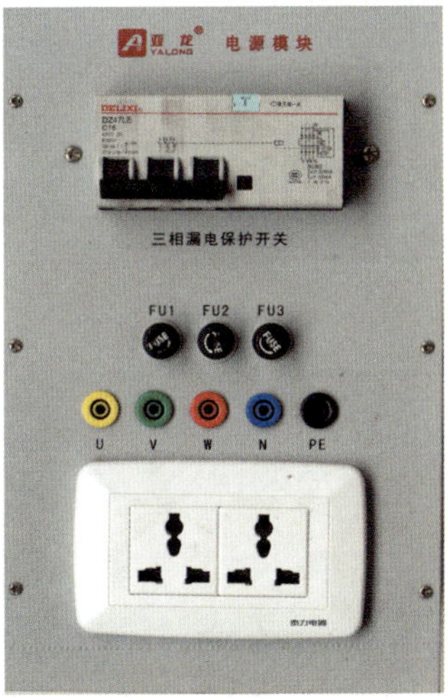

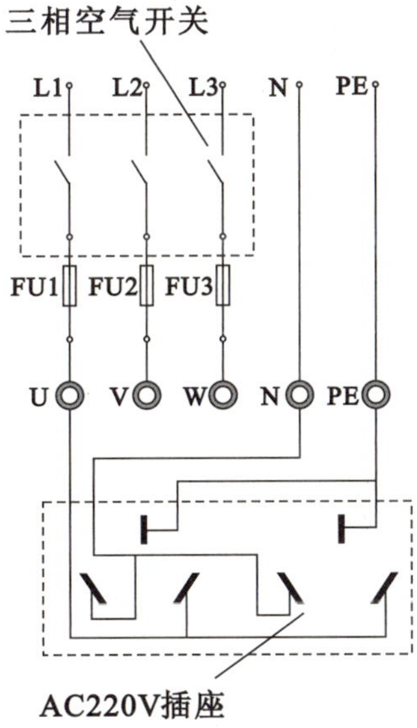

图 1-2-12　电源模块及其内部电路

安全提示

安装平台上需要接地的元件和部件，一定要用保护接地专用的插接线（黄绿双色导线）将所有需要作接地保护的部位（带 PE 插孔）与电源模块的保护接地插孔（PE）相连接，以保证用电安全。

模块中的三相空气开关用作电源总控制开关，该空气开关带过载保护、短路保护和漏电保护。空气开关负荷侧接一组熔断器，配有额定电流为 1A 的熔体，作中小容量负载短路时保护用。

安全提示

在将插接线插入电源插孔时，一定要注意将插头插入安全插孔中。操作时一定要严格遵守安全用电规程。绝对不准在无安全措施下带电插入插接线和检测电路元件、器件。

三相交流异步电动机电路的连接步骤如图 1－2－13 所示。

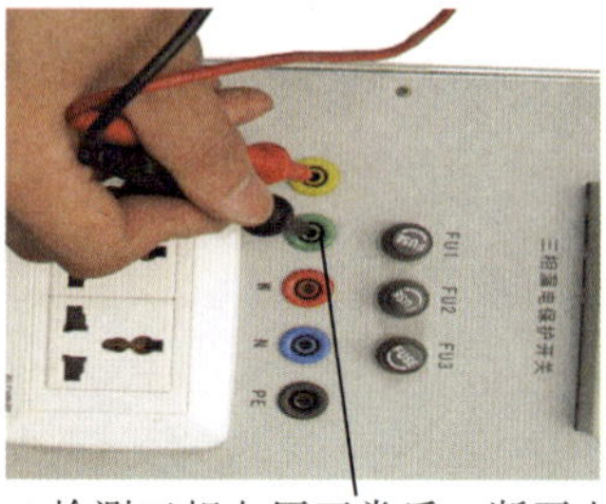

1.检测三相电压正常后，断开电源模块的三相空气开关。

2.打开三相交流异步电动机的接线盒盖。

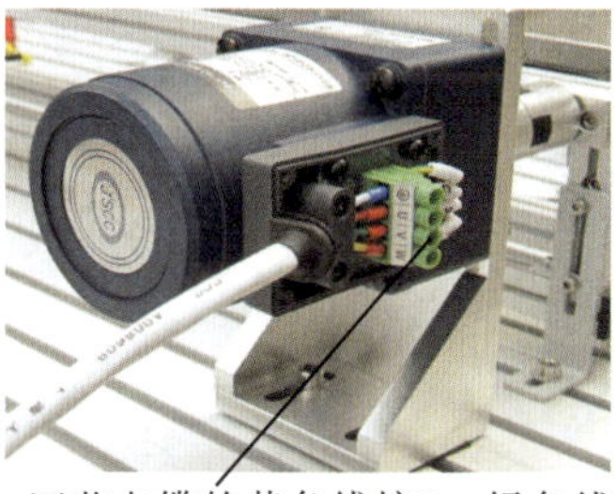

3.四芯电缆的黄色线接U、绿色线接V、红色线接W，黄绿双色线接PE。

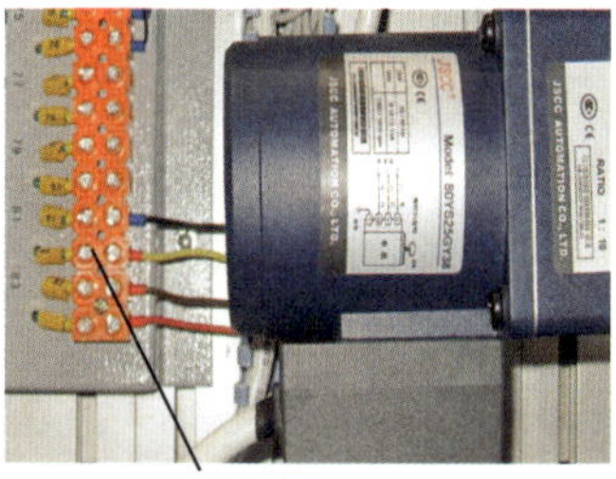

4.四芯电缆的黄色线接线端子4，绿色线接3，红色线接2，黄绿双色线接1。

5.黄色插接线插入与接线端子4对应的插孔，绿色线插入与3对应的插孔，红色线插入与2对应的插孔，黄绿双色线接与1对应的插孔。

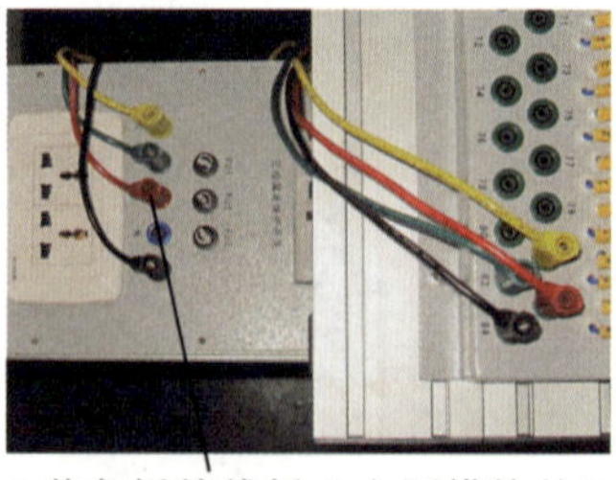

6.黄色插接线插入电源模块的U插孔，绿色线接插入V插孔，红色线接插入W插孔，黄绿双色线接PE插孔。

图 1－2－13　三相交流异步电动机电路的连接

> **安全提示**
>
> 连接电路的所有工作都必须在断开电源的状态下进行。因此，断开三相空气开关后必须用验电器验电。
>
> 必须在停电的情况下才能将插接线插入或拔出插孔。操作时应有人监护。

5. 电源警示灯的安装与电路连接

对需要通电操作的工位，从安全角度出发，应安装送电警示灯，作工位送电警示用。

（1）警示灯的安装。

YL－235A 型光机电一体化实训装置配有 1 个双色（红/绿）警示灯，一般安装在安装平台上的左上角，如图 1－2－14 所示。

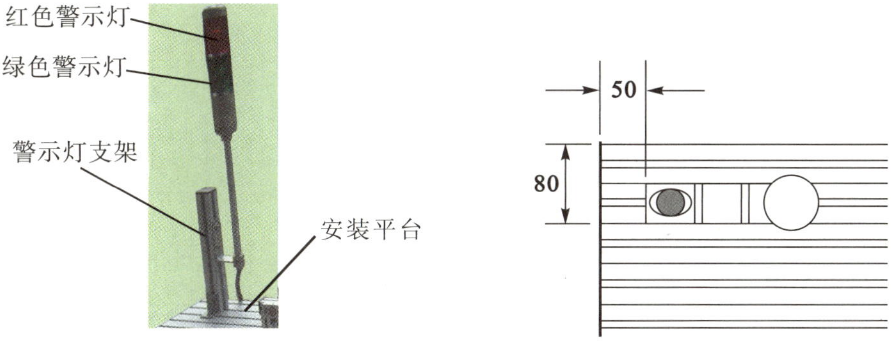

图 1－2－14　警示灯安装位置

①需要器材：警示灯支架 1 个，"L" 形联接件 2 个，M4×30mm 内六角头螺栓及 M4 螺母各 2 个，M6×30mm 内六角头螺栓及 M6 螺母各 1 个，电源插接线 2 条。

②警示灯的安装方法和步骤如图 1－2－15 所示。

a. 将警示灯支架安装在安装平台上。

将固定 "L" 形联接件的螺母放入安装平台的窄槽中，用钢直尺测量 "L" 形联接件到安装平台边的距离，符合尺寸要求时，用六角头螺栓将 "L" 形联接件固定在安装平台上。揭开警示灯支架的塑料封盖，在支架的窄槽中放入固定螺母。用六角头螺栓将 "L" 形联接件与警示灯支架连接在一起。这样，就把警示灯支架安装在安装平台上了。

b. 将安装警示灯的 "L" 形联接件固定在支架上。

在支架另一侧窄槽中放入固定螺母，调节安装警示灯的 "L" 形联接件高度为 100mm 时，用六角头螺栓将安装警示灯的 "L" 形联接件固定在支架上。固定好安装警示灯的 "L" 形联接件后，盖好警示灯支架的塑料封盖。

c. 将警示灯安装在支架上。

将警示灯灯杆插入安装警示灯的 "L" 形联接件的插孔中，用固定螺母将警示灯固定。

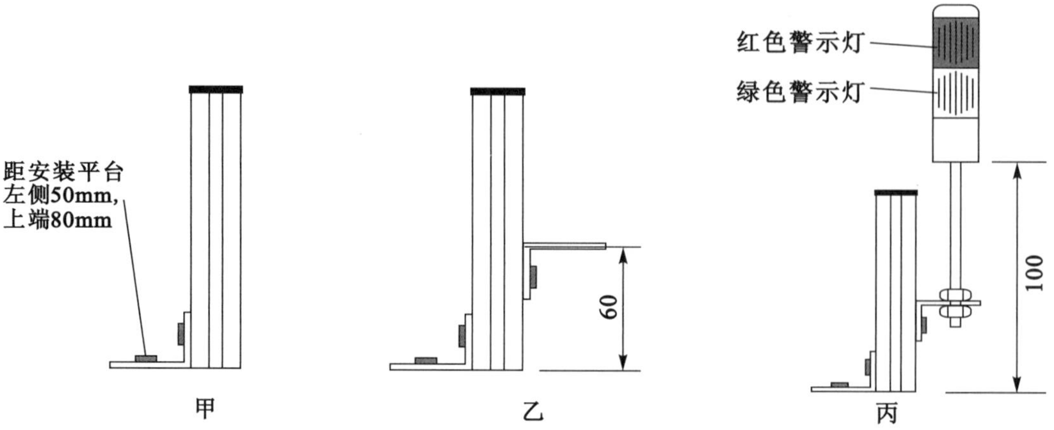

图 1－2－15　警示灯的安装

（2）警示灯的电路连接。

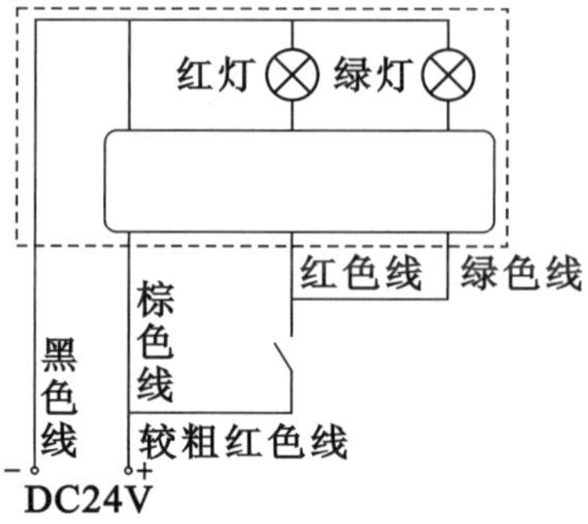

图 1－2－16　警示灯的电路

警示灯红、绿两灯同时亮表示安装平台电源接通且正常。将红色线、绿色线与棕色线相接，再将棕色线与黑色线接电源。若要红灯与绿灯分别控制，则红色线与绿色线都通过控制触点接棕色线，再将棕色线与黑色线接电源。红、绿灯同时亮的电路连接如图 1－2－16 所示。

三、检查与调整

1. 皮带输送机的静态检测与调整

皮带输送机完成机械安装后，应按图纸要求与技术要求对整机进行检测，调准安装尺寸，减少误差，满足装配的技术要求。静态检测与调整的主要内容如下：

（1）用钢直尺检测机架在安装平台上的安装尺寸，保证安装尺寸与图纸要求的尺寸误差少于±1mm。若不符合要求，可松开底脚螺栓进行调整。

（2）用水平尺检测输送皮带安装的水平度，若未达到水平状态，可松开机架高度调节螺栓进行调整。

（3）用直角尺检测机架中部前后两侧的安装高度，应保证机架两侧的安装高度一致，并且与图纸要求高度的误差少于±1mm。若不符合要求，可松开机架高度调节螺栓进行调整。

（4）用塞尺检测联轴器与机架主辊筒轴承的间隙，若间隙大于或小于 0.5mm，都应松开联轴器进行调整。

（5）检测联轴器两边轴套与十字弹性件是否对接紧凑，若轴套与橡胶件间出现间隙，应松开三相交流异步电动机支架底脚固定螺栓，重新进行联轴器的调整。

（6）用钢直尺检查联轴器两轴套外圆边是否在同一直线上。若径向偏差过大，应通过微调三相交流异步电动机安装高度来调整。若角度偏差过大，可通过微调机架右侧高度或三相交流异步电动机的高度来调整。

（7）用手扳动一下联轴器以确认皮带输送机可以转动。

（8）确认电路连接没有错误，保护接地线已连接，安装平台及皮带输送机已无任何杂物和之前遗留的工具。

2. 运行皮带输送机

合上电源模块的三相空气开关，给三相交流异步电动机送电，观察皮带输送机转动情况，并在皮带输送机运行中进行以下检查：

（1）观察皮带输送机的运行。

正常状态是：皮带输送机的机架与输送皮带在运行中无振动与噪音；输送皮带运行顺畅，无打滑或跳动的现象。

若出现不正常状况，可检查机架的联接螺栓与机架固定螺栓是否松动，检查联轴器有无松动，发现问题后停机进行调试。

（2）观察三相交流异步电动机的运行。

正常状态是：三相交流异步电动机（含变速箱）在运行中无振动与噪音，电动机无发热现象。

若出现振动与噪音，可检查三相交流异步电动机减震胶片是否装好，三相异步电动机固定螺栓有无松动。

若三相交流异步电动机在运行中发热，可检查三相交流异步电动机运行有无卡阻现象，并在停机后检查三相交流异步电动机接线是否正确，三相交流异步电动机电源电压是否正常。

安全提示

在给皮带输送机通电运行的过程中，要严格遵守用电安全规程，要保证一人操作，一人监护。

三相空气开关不宜频繁启动，尽管所拖动的设备容量很小，频繁启动也会损坏三相空气开关。

1. 你觉得按“完成工作任务指引”中的步骤安装皮带输送机合理吗？你是按怎样的步骤将皮带输送机安装在安装平台上的？你能自己设计将皮带输送机安装在安装平台的工艺步骤吗？请说出你的想法。

2. 皮带输送机在输送皮带使用时间达到规定的年限后，需要更换皮带。如果让你去更换，你要准备哪些工具？你怎样购买皮带？你将怎样设计更换皮带的工作步骤？

3. 你是怎样调节皮带输送机水平的？在调节过程中，如果气泡在水平尺的右侧，你应怎样调节？在调节过程中你碰到了哪些问题？你用什么办法解决的？

4. 将三相交流异步电动机安装在安装平台上时，你在三相交流异步电动机安装支架与安装平台台面之间放置橡胶垫了吗？如果你忘记垫上了，会出现什么问题？

5. 进行联轴器安装时，你遇到困难了吗？遇到哪些困难？你是怎样克服这些困难的？在安装联轴器的过程中，你的安装出现了哪些轴偏差？你采用了什么方法减小这些偏差？

6. 在进行三相交流异步电动机电路的连接时，你的连接有错误吗？你用什么方法避免接线错误？连接电路时，如果你漏接了接地线会出现什么问题？在连接电路时有没有触电？为了连接电路的安全，你采取了哪些措施？

7. 给安装平台接通电源时，警示灯闪亮吗？是哪个灯闪亮？如果规定安装平台接通电源，红色警示灯闪亮，皮带输送机运行，绿色警示灯闪亮，应该怎样连接警示灯电路？请画出你设计的电路图。

8. 合上电源模块上的三相空气开关，三相交流异步电动机转动吗？警示灯闪亮吗？如果接通三相交流异步电动机的电源，三相交流异步电动机不转动，你怎样检查和判断问题出在哪里？

9. 请你填写完成工作任务评价表。

完成工作任务评价表

皮带输送机到安装平台右边的距离		皮带输送机到安装平台上端的距离	
皮带输送机安装的高度		警示灯到安装平台左边的距离	
警示灯到安装平台上端的距离		警示灯安装的高度	
电缆黄色线与三相交流异步电动机连接位置		电缆绿色线与三相交流异步电动机连接位置	
电缆红色线与三相交流异步电动机连接位置		电缆黄绿双色线与三相交流异步电动机连接位置	
电缆黄色线连接的端子号		电缆绿色线连接的端子号	
电缆红色线连接的端子号		电缆黄绿双色线连接的端子号	
安装皮带输送机使用的内六角扳手规格			
测量皮带输送机水平尺的型号			
使用塞尺的规格与型号			
警示灯的规格与型号			
你在安装平台上安装皮带输送机的步骤：			
你安装联轴器的步骤：			
你安装警示灯的步骤：			
皮带输送机通电运行的情况：			
你对完成本次工作任务的自我评价：			
小组同学对你完成本次工作任务的评价（请你去找小组的同学）：			
老师对你完成本次工作任务的评价（请你去找老师）：			

项目二　皮带输送机的调速

调速是机电一体化设备控制的一项重要和常用的技术，本项目以 YL－235A 型光机电一体化实训装置中的皮带输送机为例，通过完成调试手动调速的皮带输送机和调试自动调速的皮带输送机两个工作任务，学会如何用 PLC 和变频器来实现皮带输送机按不同的速度运行。

任务一　调试手动调速的皮带输送机

工作任务

某工地运送物料的皮带输送机运送物料 A 时用低速，运送物料 B 时用中速，运送物料 C 时用高速。根据运送物料的位置不同，要求皮带输送机能正向输送，也能反向输送。请按要求完成下列任务：

（1）请按图 2－1－1 在安装平台上安装好皮带输送机。

（2）请按图 2－1－2 中变频器调速的电路原理图连接好皮带输送机的控制电路。

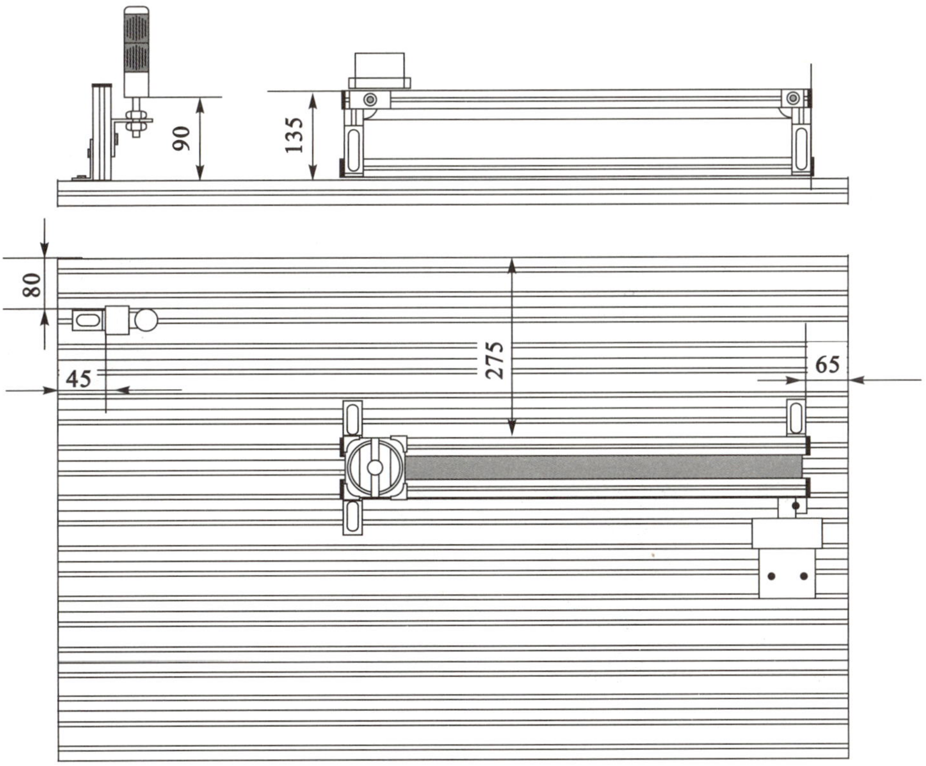

图 2－1－1　皮带输送机机械部件安装图

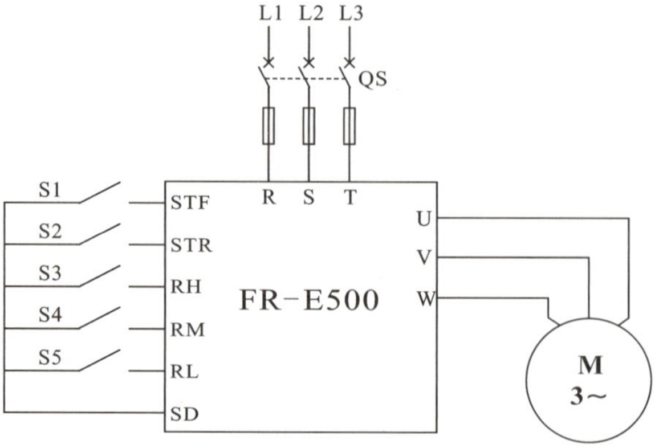

图 2-1-2　变频器调速的电路原理图

(3) 设置变频器参数，使皮带输送机能按下列要求运行：

①皮带输送机能以 15Hz、25Hz、35Hz 三种频率正转或反转运行。

②皮带输送机能平稳启动，启动时间为 3s，还能准确定位停止，停止时间为 0.5s。

(4) 调节相应开关位置，调试皮带输送机以达到上述运行要求。

相关知识

变频器是一种利用电力半导体器件的通断作用将工频电源的频率变换为另一频率的电能控制装置。在交流异步电动机的诸多调速方法中，变频调速方法的性能最好。它的调速范围大，静态稳定性好，运行效率高。采用通用变频器对鼠笼式异步电动机进行调速控制的优点是使用方便、可靠性高，并且经济效益显著，所以在生活与生产中得到了广泛应用。变频器的型号有多种，常见的变频器的外形如图 2-1-3 所示。

三菱变频器

松下变频器

欧姆龙变频器

西门子变频器

国产伟创变频器

国产米兰变频器

仿三菱变频器

国产德码环保空调专用变频器

图 2-1-3　常见变频器外形

YL-235A 型光电机一体化实训装置中的皮带输送机的三相交流异步电动机就是由通用变频器来进行调速控制的，选用的是 FR-E500 变频器。

一、FR－E500 变频器的外观和结构

FR－E500 变频器的前视图如图 2－1－4 所示，拆掉前盖板和辅助板后的视图如图 2－1－5所示。

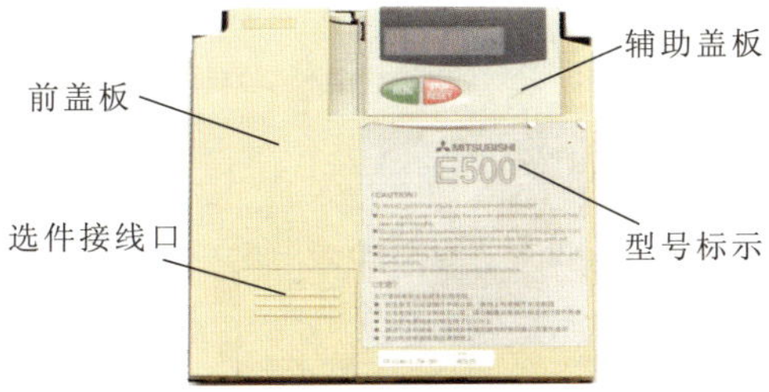

图 2－1－4　FR－E500 变频器前视图

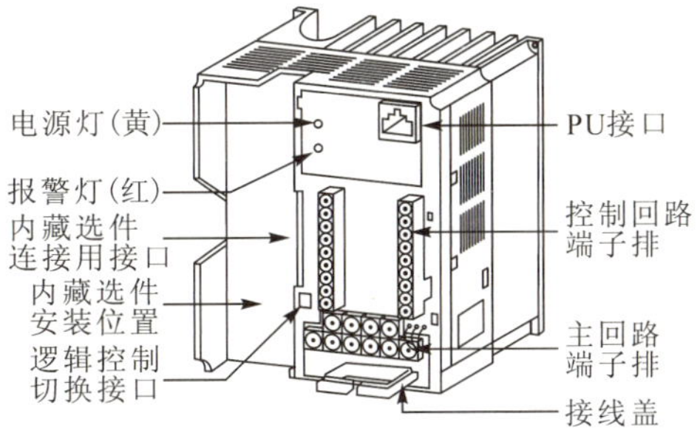

图 2－1－5　FR－E500 变频器拆掉前盖板和辅助板后的视图

二、FR－E500 变频器的接线

FR－E500 变频器的各电路接线端子如图 2－1－6 所示。其中◎表示主电路接线端子，○表示控制电路输入接线端子，●表示控制电路输出接线端子。

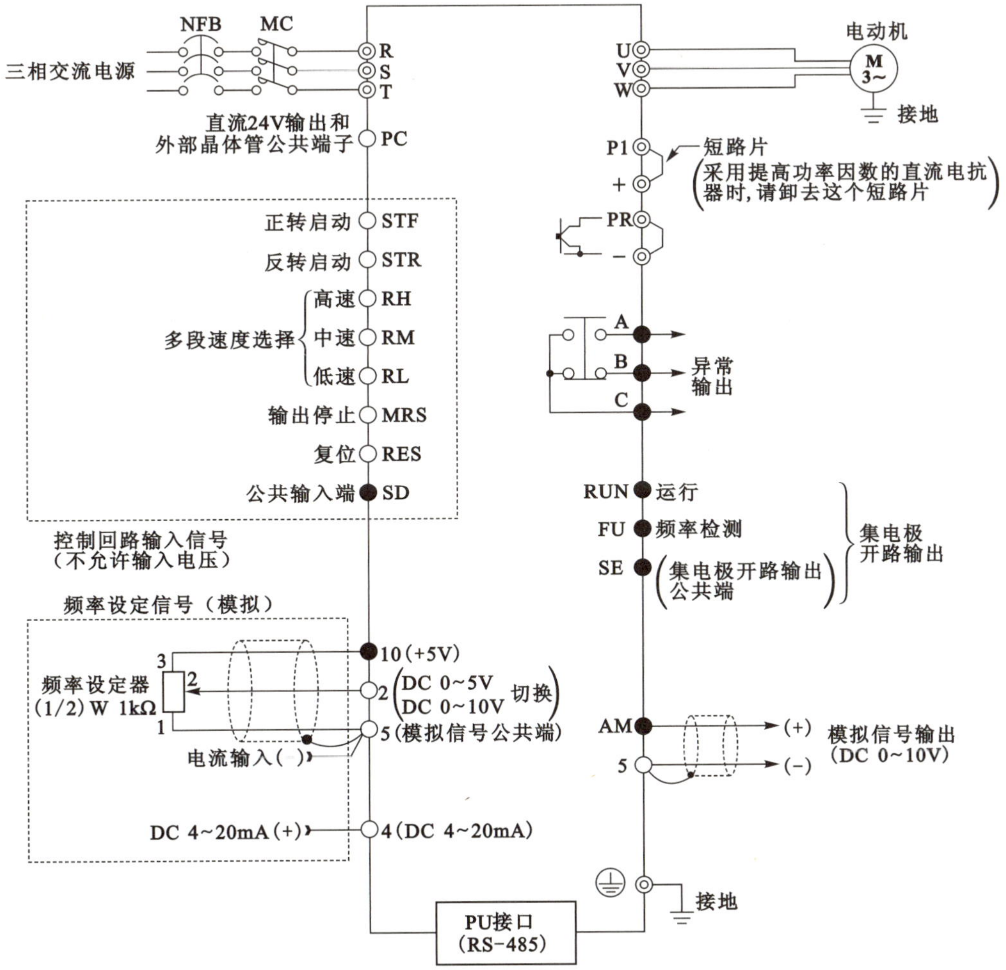

图 2－1－6　FR－E500 变频器的各电路接线端子图

1. **主电路接线**

FR－E500 变频器主电路接线端子的介绍如表 2－1－1 所示。主电路电源和电动机与变频器的连接如图 2－1－7 所示。电源必须接变频器 R、S、T 端子，绝对不能接 U、V、W 端子，否则会损坏变频器，在接线时不必考虑电源的相序。电动机接到变频器的 U、V、W 端子。

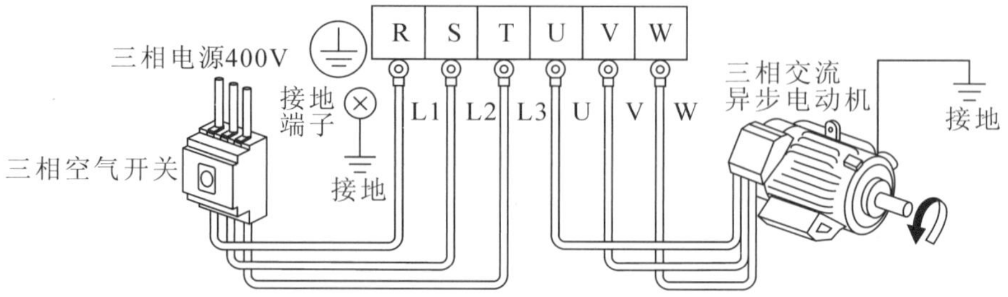

图 2－1－7　FR－E500 变频器主电路电源和三相交流异步电动机的接线图

表 2－1－1　FR－E500 变频器主电路接线端子说明

序号	端子记号	端子名称	说明
1	R，S，T	电源输入	连接工频电源。当使用高功率因数整流器时，不要接任何东西
2	U，V，W	变频器输出	接三相交流异步电动机
3	—，PR	连接制动电阻器	在端子“—”至“PR”之间连接制动电阻器
4	⏚	接地	变频器外壳接地用，必须接地

2. **控制电路接线**

FR－E500 变频器控制回路的端子说明如表 2－1－2 所示。

表 2－1－2　FR－E500 变频器控制回路的端子说明

类型		端子记号	端子名称	说明	
控制回路端子	输入信号	STF	正转启动	STF 信号 ON 为正转，OFF 为停止	STF 信号与 STR 信号同时 ON 相当于停止
		STR	反转启动	STR 信号 ON 为反转，OFF 为停止	
		RH，RM，RL	多段速度选择	RH、RM、RL 各自单独 ON，分别对应高速、中速、低速	
		MRS	输出停止	MRS 信号为 ON（20ms 以上）时，变频器输出停止。用电磁制动停止电动机时，用于断开变频器的输出	
		RES	复位	用于解除保护回路动作的保持状态。使端子 RES 信号处于 ON 在 0.1s 以上，然后断开	
		SD	公共输入端子（漏型）	接点输入端子的公共端。DC 24V、0.1A（PC 端子）电源的输出公共端	
		PC	电源输出和外部晶体管输入公共端子（源型）	当连接晶体管输出（集电极开路输出）时，例如可编程控制器，将晶体管输出用的外部电源公共端接到这个端子，可以防止因漏电引起的误动作，端子 PC 至 SD 之间可用于 DC 24V、0.1A 电源输出	

续表

类型		端子记号	端子名称	说明
控制回路端子	模拟频率设定	10	频率设定用电源	DC 5V，容许负荷电流为 10mA
		2	频率设定（电压）	输入 0～5V（或 0～10V）时，5V（或 10V）对应最大输出频率。输入、输出成比例。两者的切换用 Pr. 73 进行。输入阻抗 10kΩ
		4	频率设定（电流）	输入 DC 4～20mA 时，20mA 对应最大输出频率，输入、输出成比例。只在端子 AU 信号 ON 时，该输入信号有效
		5	频率设定（公共端）	频率设定信号（端子 2，1 或 4）和模拟输出端子 AM 的公共端子。请不要接地

FR－E500 变频器控制回路端子排列如图 2－1－8 所示，其中 SD 和 5 为信号的公共端子，在接线时不能将这些端子互相连接或接地。

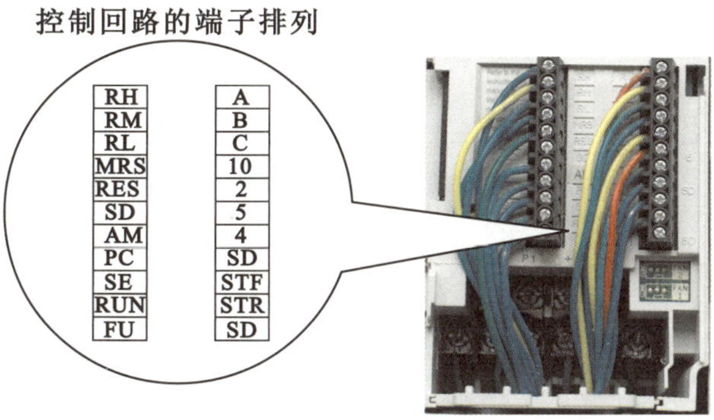

图 2－1－8　FR－E500 变频器控制回路端子排列示意图

三、FR－E500 变频器操作面板

1. FR－E500 变频器操作面板的名称和功能

在图 2－1－9 中，左图为变频器操作面板盖打开前的状态，右图为面板盖打开后的状态。

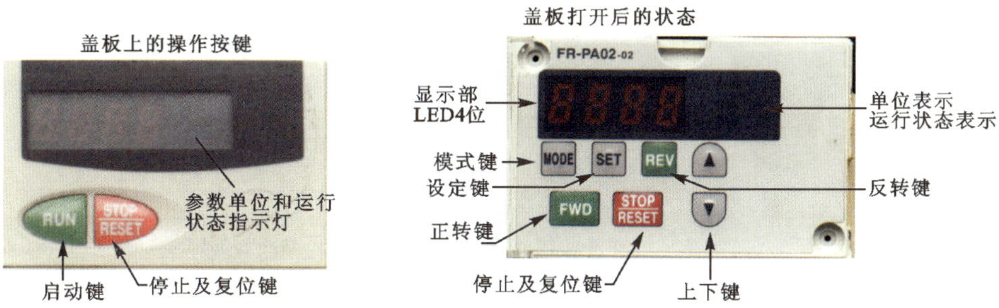

图 2－1－9　FR－E500 变频器操作面板

操作面板上各键的含义如表 2－1－3 所示，操作面板上单位和运行指示灯表示的含义如表 2－1－4 所示。

表 2－1－3　FR－E500 变频器操作面板上各键的含义

按键	含义说明
	启动键，控制电动机的启动
	模式键，选择操作模式或设定模式
	设定键，设定频率和参数
	上行键，改变设定的频率或参数，按下上行键，可提高设定的频率或参数
	下行键，改变设定的频率或参数，按下下行键，可降低设定的频率或参数
	正转键，控制电动机正转
	反转键，控制电动机反转
	停止复位键，停止运行和保护功能动作输出停止时变频器复位

表 2－1－4　FR－E500 变频器操作面板上单位和运行指示灯的含义

按键	说明
Hz	表示频率时，灯亮
A	表示电流时，灯亮
RUN	变频器运行时，灯亮。正转时，灯亮；反转时，灯闪烁
MON	监示显示模式时，灯亮
PU	PU 操作模式时，灯亮
EXT	外部操作模式时，灯亮

2. 操作面板的使用

用 FR－E500 变频器的操作面板可以进行改变监示模式、设定运行参数、显示错误、报警记录清除和参数复制等操作，下面将分别叙述。

（1） 按 MODE 键改变监示显示。

改变监示显示的方法如图 2－1－10 所示。

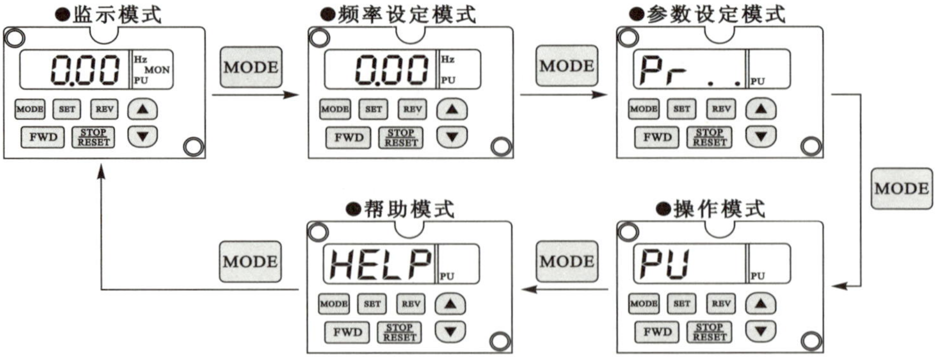

图 2－1－10　按 MODE 键改变监示显示

（2）监示模式。

在监示模式下监示器显示运转中的指令。EXT 指示灯亮表示外部操作；PU 指示灯亮表示 PU 操作；EXT 和 PU 灯同时亮表示外部和 PU 操作组合方式。按 SET 键可监示在运行中的参数，操作如图 2-1-11 所示。

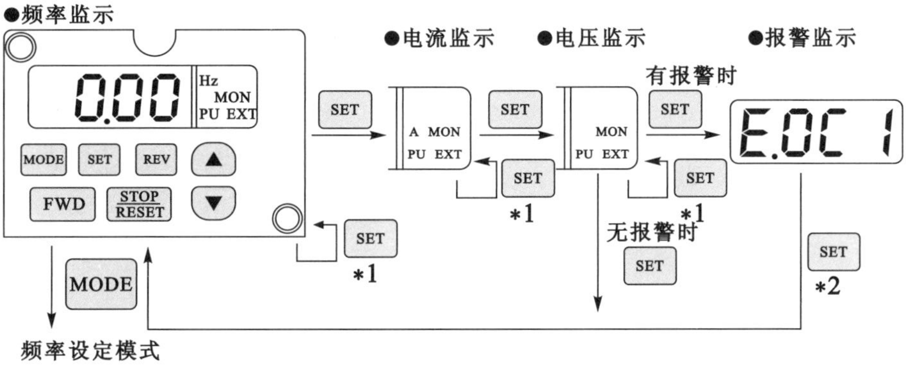

图 2-1-11　监示模式操作

注意：①按下标有 *1 的 SET 键超过 1.5s，能把电流监示模式改为上电监示模式。
②按下标有 *2 的 SET 键超过 1.5s，能显示包括最近 4 次的错误指示。
③在外部操作模式下转换到参数设定模式。

（3）频率设定模式。

在 PU 操作模式下设定运行频率。操作如图 2-1-12 所示。

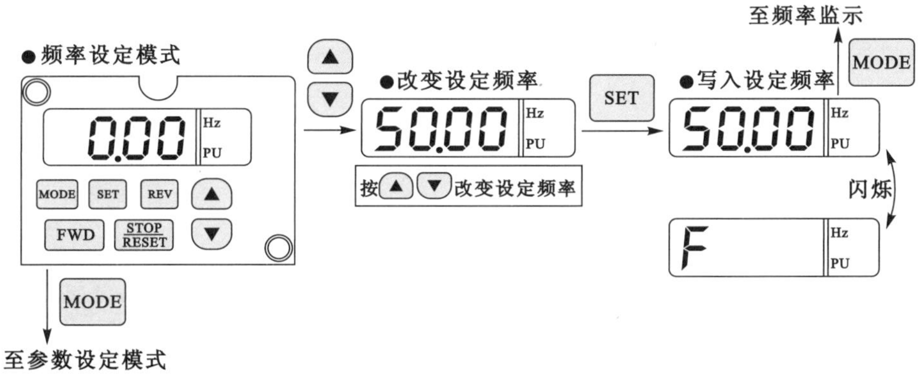

图 2-1-12　频率设定模式操作

（4）参数设定模式。

在操作变频器时，可根据控制要求向变频器输入一些参数，如上、下限频率，加、减速时间等。另外要实现某种功能，可采用组合操作方式。一个参数值的设定用 ▲/▼ 键增减。按下 SET 键超过 1.5s，写入设定值并更新。参数设定只有把 Pr. 79 操作模式选择 PU 操作模式时才能实现，即 Pr. 79 要设定为“0”“1”“3”或“4”。参数的 Pr. 79 由 2 变为 1 的设定方法如图 2-1-13 所示。

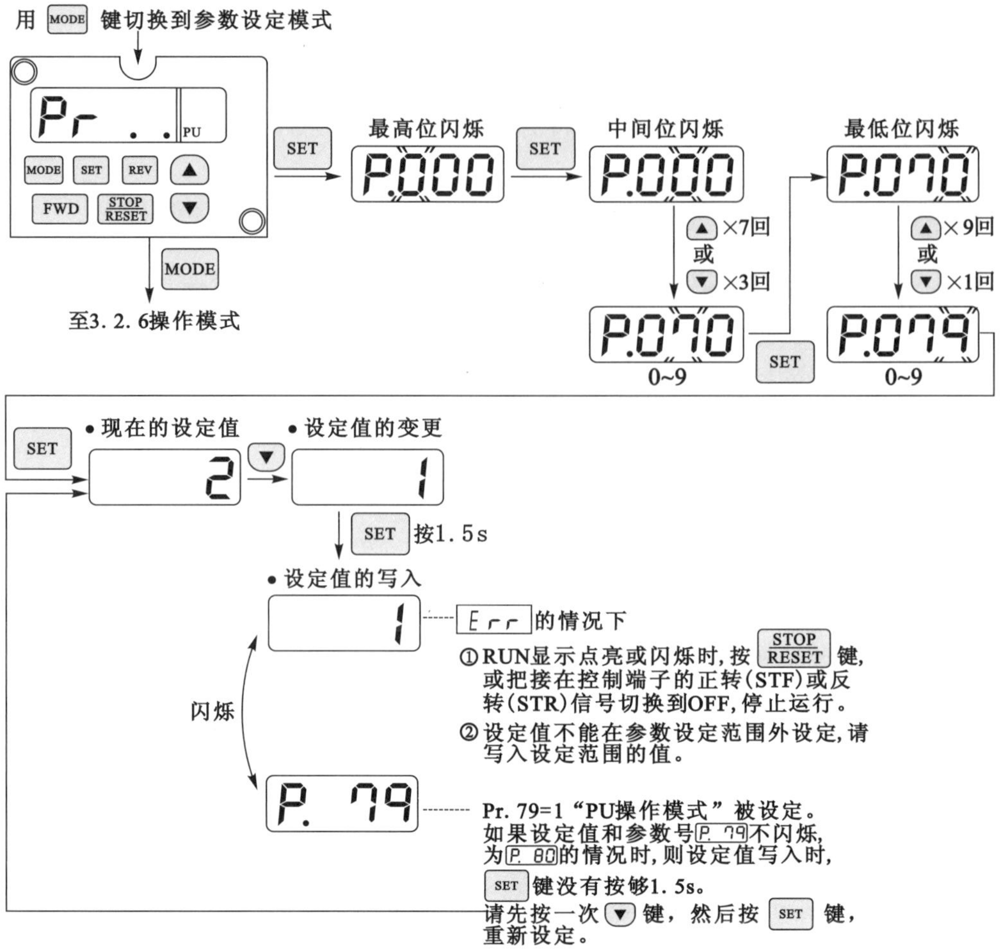

图 2－1－13　参数设定模式的操作

（5）帮助模式。

帮助模式如图 2－1－14 所示。

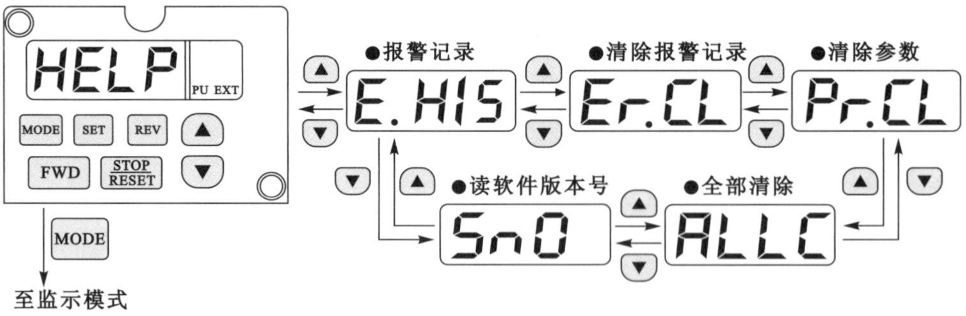

图 2－1－14　帮助模式的操作

（6）恢复出厂设置。

在设置变频器的参数前，通常需要将变频器的参数值和校准值全部初始化到出厂设定值，其具体操作方法如图 2－1－15 所示。

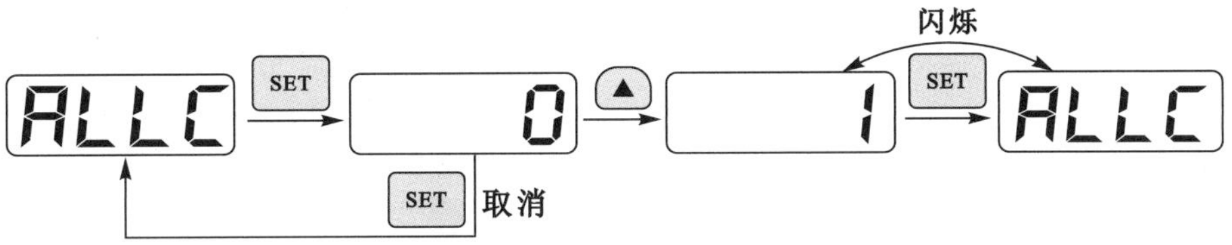

图 2－1－15　恢复出厂设置的操作

四、FR－E500 变频器参数

变频器主要参数设定如表 2－1－5 所示。

表 2－1－5　变频器主要参数设定

参数号	名称	设定范围	出厂设定	用途
P1	上限频率	0～120Hz	120Hz	设定最大和最小输出频率
P2	下限频率	0～120Hz	0Hz	
P4	高速	0～400Hz	50Hz	三段速设定
P5	中速	0～400Hz	30Hz	
P6	低速	0～400Hz	10Hz	
P24	第四速	0～400Hz	9999	四至七段速设定
P25	第五速	0～400Hz	9999	
P26	第六速	0～400Hz	9999	
P27	第七速	0～400Hz	9999	
P7	加速时间	0～3600s	5s	设定加减速时间
P8	减速时间	0～3600s	5s	
P9	电子过电流保护	0～500A	额定输出电流	设定电子过电流保护的值，防止电动机过热或损坏变频器
P14	适用负荷选择	0～3	0	选择与用途、负载特性等最适宜的输出特性
P71	适用电动机	0、1、3、5、6 等	0	按使用电动机设定电子过电流保护器的热特性
P77	参数写入或禁止	1，2，3	0	选择参数写入禁止或允许，用于防止参数值被意外改写
P79	操作模式选择	0～4 6～8	0	用于选择变频器的操作模式
P80	电动机容量	0.2～7.5kW	9999	可以选择通用磁通矢量控制
P82	电动机额定电流	0～500A	9999	当用通用磁通矢量控制时，设定为电动机的额定电流
P83	电动机额定电压	0～1000V	200/400V	设定为电动机的额定电压
P84	电动机额定频率	50～120Hz	50Hz	设定为电动机的额定频率

五、变频器模块

YL－235A 型光机电一体化实训装置的变频器的各端子均引出至变频器模块面板上，各引出端子的分布如图 2－1－16 所示，左边的一排开关可以选择控制回路各端子的状态，具体控制功能见表 2－1－1 和表 2－1－2。

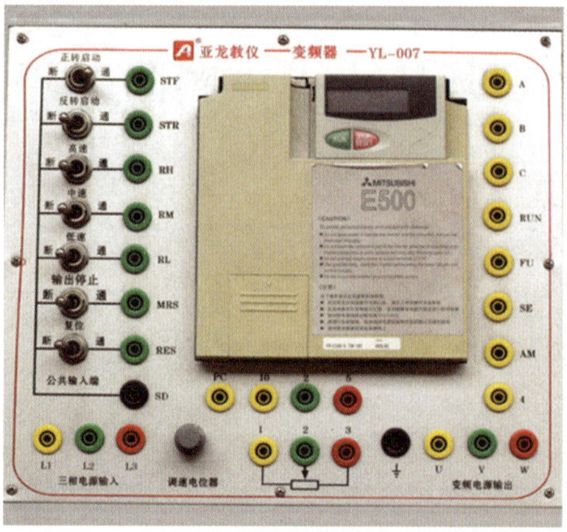

图 2－1－16　变频器模块面板

完成工作任务指引

一、手动控制皮带输送机多种速度正反转运行的工具和器材的配备

1. 安装工具

皮带输送机多种速度控制这项工作任务中的机械部件的安装和项目一完全一样，只是多用了一个变频器模块，也就多了一些电路的安装。所需工具、仪表见表 2－1－6。

表 2－1－6　装配用工具、仪表配备（每组配备）

编号	工具名称	规格	数量	主要作用
1	内六角扳手	3mm、4mm、6mm 等	1 套	安装机架底脚螺栓
2	一字螺丝刀	微型	1 把	安装联轴器
3	一字螺丝刀	100mm	1 把	电路连接与部件安装
4	一字螺丝刀	150mm	1 把	电路连接与部件安装
5	十字螺丝刀	100mm	1 把	电路连接与部件安装
6	十字螺丝刀	150mm	1 把	电路连接与部件安装
7	尖嘴钳	150mm	1 把	部件安装与调整
8	活动扳手	200mm	2 把	安装警示灯
9	钢直尺	500mm	1 把	安装机架
10	钢直尺	150mm	1 把	安装与调整
11	水平尺	300mm	1 把	检测输送皮带水平
12	直角尺	150mm	1 把	测量机架高度
13	塞尺	—	1 把	检测间隙
14	剥线钳	可选择	1 把	电路连接安装线路
15	绘图工具	可选择	1 套	绘制电路原理图
16	电笔	可选择	1 支	带电检测
17	万用表	可选择	1 个	检测电动机与电源
18	软毛刷	中号	1 把	清扫安装平台与工位

2. 器材

手动控制皮带输送机多种速度运行所需配备的器材如表 2-1-7 所示。

表 2-1-7　手动控制皮带输送机多种速度运行所需器材配备

编号	器材名称	器材规格	数量	主要作用
1	安装平台	专配	1 张	作为各部件的安装底座
2	机架与输送皮带（带“L”形联接件）	机架长 700mm，宽 90mm，皮带宽 50mm	1 件	传送物料
3	下料孔装置	专配	1 个	下料定位
4	光电传感器固定支架	专配	1 个	安装光电传感器
5	微型三相交流异步电动机	带减速箱额定电压 380V	1 台	皮带输送机动力装置
6	电动机固定支架	“L”形	1 个	电动机固定
7	橡胶垫	(100×50×5) mm	1 块	电动机减震
8	微型弹性联轴器	十字滑块	1 个	联接电动机与机架主辊筒轴
9	接线排	专配	1 个	连接导线
10	变频器模块	专配	1 个	控制皮带输送机运行
11	内六角螺栓、六角螺母	M6×30mm	8 套	机架与电动机固定
12	内六角螺栓、六角螺母	M4×30mm	6 套	进料口装置与光电传感器支架固定
13	插接导线	专配	若干	电动机电源线
14	电源警示灯	双色	1 个	电源警示

二、环境要求与安全要求

1. 环境要求

（1）带漏电保护的三相电源。

（2）安装平台上不允许放置其他器件、工具与杂物，要保持整洁。

（3）在操作过程中，工具与器材不得乱摆乱放，更不得随意地放在安装平台上。上螺栓时要注意尽量不让螺栓掉进窄槽内。

（4）操作过程中，要努力保持工位的整洁。工作结束后，要将工位整理好，收拾好器材与工具，清理台面和地上的杂物。

2. 安装工艺要求

（1）皮带输送机的安装工艺要求同项目一。

（2）电路的安装工艺要求：

①正确选用连接导线。

②电路各连接点连接可靠、牢固，外露铜丝最长不能超过 2mm。

③进接线排的导线都需要套好号码管并有编号。

④同一接线端子的连接导线最多不能超过 2 根。

3. 安装工作的安全要求

在装配工作过程中，必须做到“安全第一”，具体要遵守以下要求。

（1）要正确使用一字螺丝刀或十字螺丝刀、尖嘴钳、剥线钳，防止在操作中发生螺丝刀或钳子伤手的事故。

（2）机架与三相交流异步电动机等较重器材要小心搬放，防止在搬放过程中掉落造成器材损坏或伤人事故。

（3）动态检测时要使用 AC 380V 电源，检测时必须遵守安全用电规程，必须在皮带输送机已完成安装，接线盒已盖好，三相交流异步电动机、变频器与机架已做好保护接地，并通过检测确认接线正确后才能送电进行检测，特别是变频器的电源输入和输出端不能接错。

（4）拆装任何部件都要在停电状态下进行，特别是联轴器的拆装必须要先停电。

（5）使用仪表带电测量时，一定要按照仪表使用的安全规程进行。

（6）安装时，不得用工具敲击安装器件，以防造成器材或工具的损坏。

4. 调试要求

（1）调试过程中不能用手接触带电部分和运动的机械部件。

（2）皮带输送机能平稳运行。

（3）皮带输送机能实现工作任务中要求的各种运行功能。

（4）整个调试任务能在 5min 内完成。

三、完成任务的工作步骤与方法

1. 阅读工作任务书与相关图纸，明确具体工作任务

（1）根据图纸要求安装皮带输送机和接线排。

（2）分析设备的工作要求，画出变频器控制皮带输送机的电路原理图。

（3）根据电路原理图安装电路。

（4）设置变频器参数。

（5）调试设备，检查是否达到了设备的工作要求。

2. 按照以下步骤完成具体工作任务

（1）绘制电路原理图。

根据设备的工作要求，由变频器控制皮带输送机运行，可以画出主电路图；根据皮带输送机要求的三种速度正反转运行，需要变频器的正转启动、反转启动和三种速度控制 5 个控制端，这样可画出控制电路。参考电路原理图如图 2－1－2 所示。

（2）安装皮带输送机和接线排。

安装方法请参考项目一皮带输送机的安装。安装好皮带输送机和接线排后，检查各机械部件的安装是否牢固，位置是否准确，是否达到了该部件的安装工艺要求；若有问题应立刻进行调整，当机械部件的安装达到要求后再进行下一步工作。

（3）根据电路图安装电路。

①根据电路图安装电路。

首先要确认电源开关处于断开状态。由于变频器模块上的控制端都已引出，并与公共端之间连接了开关，因此控制电路无需连接，只需根据电路原理图连接好主电路即可。安装电路的具体方法和步骤如图 2－1－17 所示。

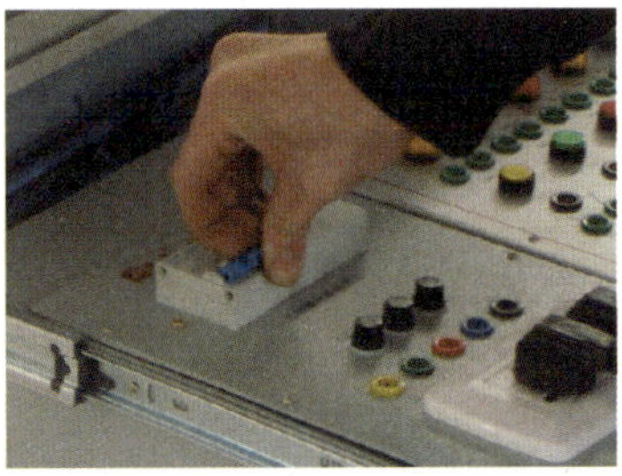

1. 断开电源开关。

2. 将电动机电源线和地线接至接线排上。

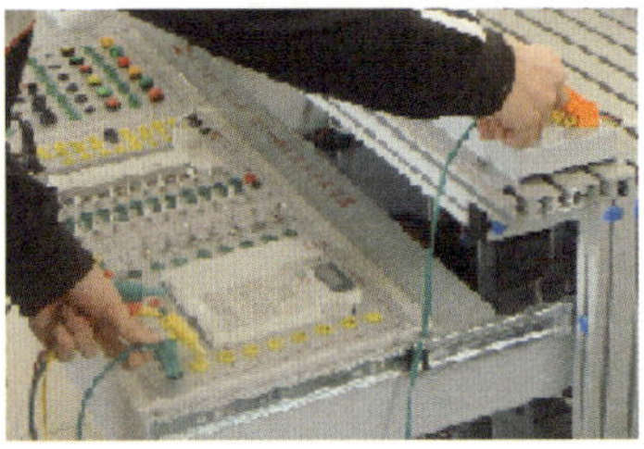

3. 连接电动机和变频器之间的连线。

4. 连接变频器的电源线和地线。

图 2-1-17 变频器控制皮带输送机运行的电路安装方法和步骤

②电路检查。

电路安装结束后，一定要进行通电前的检查，保证电路连接正确，没有外露铜丝过长、一个接线端子上有超过两个接头等不符合工艺要求的现象。另外，还要进行通电前的检测，确保电路中没有短路现象，否则通电后可能损坏设备。

安全提示

在完成以上工作的过程中，必须确保电源处于断开状态。变频器上的电源线和负载连线不能接错，且三相线的颜色要按要求选择，接地线不要忘记接上。

(4) 设置变频器参数。

①列出需要设置的变频器参数。

根据皮带输送机能以 15Hz、25Hz、35Hz 三种频率运行，且要满足启动时间为 3s、停止时间为 0.5s 的要求，需要设定的变频器参数及相应的参数值如表 2-1-8 所示。

②接通变频器电源。

由于变频器负载电路已连接好，如果在接通电源时未将控制回路输入端断开，则变频器可能会输出信号使三相交流异步电动机运行，从而造成危险，因此需要先将控制回路输入端都置于断开位置，再接通变频器电源。电源接通后，变频器电源指示灯亮，此时才可以进行下一步工作。

表 2-1-8 需要设置的变频器参数

序号	参数代号	参数值	说明
1	P4	35Hz	高速
2	P5	25Hz	中速
3	P6	15Hz	低速
4	P7	3s	加速时间
5	P8	0.5s	减速时间
6	P79	2	电动机控制模式（外部操作模式）

③打开变频器操作面板前盖。

打开变频器操作面板前盖的方法如图 2-1-18 所示。

④恢复出厂设置。

由于变频器已被使用过，变频器上的某些参数被修改过，但不知道是哪些参数被修改，因此在设置变频器参数前一般先将其参数恢复至出厂设置。恢复出厂设置的方法如图 2-1-15 所示。

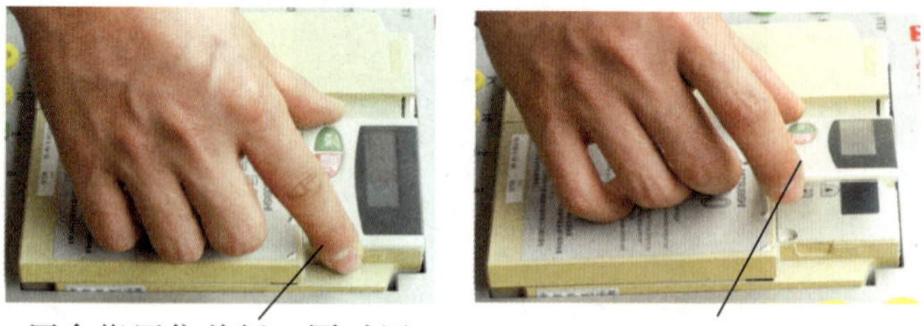

用食指压住盖板，同时用力转动盖板。　　看，盖板打开了。

图 2-1-18　打开变频器操作面板操作示意图

⑤设置变频器参数。

按照图 2-1-12 和图 2-1-13 所示参数设定模式的操作方法，依次将表 2-1-8 列出的需要设置的变频器参数设置好。所有参数设置完成后，再逐一进行检查，以确认设置是否有效。在确认变频器参数设置正确后，再将变频器设置为频率监示模式。

（5）调试设备，检查是否达到了控制要求。

按表 2-1-9 所示要求依次调节各开关状态，观察皮带输送机的运行速度和方向，以及启动、停止时间，并做好记录。

表 2-1-9　调试记录表

开关状态 \ 序号 开关名称	1	2	3	4	5	6	7	8	9	10	11	12
正转启动	通	通	通	通	通	断	断	断	通	通	断	断
反转启动	断	断	通	断	断	通	通	通	通	通	通	断
高速	断	断	断	断	通	通	断	断	断	通	断	通
中速	断	断	断	通	断	断	通	断	通	断	断	断
低速	断	通	通	断	断	断	断	通	断	断	断	断
皮带输送机运行速度和方向												
启动时间												
停止时间												

根据调试结果，说明变频器设置能否让皮带输送机达到工作任务中的调速要求，总结变频器开关的状态与皮带输送机运行状态之间的关系，完成表 2-1-10。

表 2-1-10　变频器控制端开关状态和电动机运行状态关系表

开关状态 \ 运行状态 开关名称	35Hz 正转	35Hz 反转	25Hz 正转	25Hz 反转	15Hz 正转	15Hz 反转
正转启动						
反转启动						
高速						
中速						
低速						

完成表 2-1-10 后，再次按该表所示的开关状态进行调试，检验该表是否正确。

安全提示

在接通电源前必须确保电路的连接正确无误。电源接通后，调试过程中身体不能直接接触带电部分，每一项操作都要符合安全操作规程。如遇三相交流异步电动机卡阻，则要立刻断开电源。

思考与练习

1. 列出你将皮带输送机安装在安装平台上的方法和步骤，并说明与前一次安装的方法和步骤有什么不同，完成的速度和质量与前一次相比有什么不同。

2. 你是自己画控制电路图，还是仿照参考电路图画的？你在画电路图时遇到了什么困难？

3. 你认为在安装电路的过程中应该注意些什么？你是按怎样的顺序完成电路安装的？

4. 若变频器的主电路端子 R、S、T 和 U、V、W 接反了会出现什么情况？电源与端子 R、S、T 连接时有相序要求吗？

5. 你在电路安装过程中出现过什么问题？是什么原因造成的？你有什么技巧保证电路的连接不出现问题？

6. 在通电前你做了哪些检测？检测到什么故障了吗？若有，请说明是什么故障。

7. 若在设置变频器参数时出现了设置过的参数并不是你设置的值的现象，请分析是什么原因导致这种现象的。

8. 在安装好电路、接通电源开关后，若变频器的电源指示灯不亮，可能是什么原因造成的？应如何查找故障？

9. 你认为调试记录表上包括开关的所有工作情况了吗？请尝试表中没有的情况，观察三相交流异步电动机的运行情况，看看有什么共同点？

10. 自编手动控制皮带输送机多种速度运行的工作任务，并完成该工作任务。

11. 请你填写完成工作任务评价表。

完成工作任务评价表

<table>
<tr><td>前面两轴的中心距</td><td></td><td>后面两轴的中心距</td><td></td><td>不同轴度</td><td></td></tr>
<tr><td>三相交流异步电动机处皮带的高度</td><td></td><td>进料口处皮带的高度</td><td></td><td>水平度</td><td></td></tr>
<tr><td colspan="2" rowspan="2">平面尺寸检查</td><td colspan="2">离后边沿尺寸</td><td colspan="2"></td></tr>
<tr><td colspan="2">离右边沿尺寸</td><td colspan="2"></td></tr>
<tr><td colspan="3">用手转动主辊筒轴时输送皮带是否运动</td><td colspan="3"></td></tr>
<tr><td colspan="3">转动主辊筒轴时是否有卡阻的现象</td><td colspan="3"></td></tr>
<tr><td colspan="3">电路连接所选元件是否有问题</td><td colspan="3"></td></tr>
<tr><td colspan="3">电路连接有无不牢或外露铜丝是否超过 2mm</td><td colspan="3"></td></tr>
</table>

续表

同一接线端子上连接的导线是否超过 2 条	
接线排上的连接有无未套号码管的现象	
你设计的电路图：	你安装电路的方法和步骤：
调试结果记录（写出皮带输送机各种运行情况下变频器各控制端开关的状态）：	
你完成该工作任务的步骤：	
你对完成本次工作任务的自我评价：	
小组同学对你完成本次工作任务的评价（请你去找小组的同学）：	
老师对你完成本次工作任务的评价（请你去找老师）：	

任务二　调试自动调速的皮带输送机

工作任务

某生产设备上的皮带输送机接通电源，按下启动按钮后，以 20Hz 的频率正转启动；5s 后，皮带输送机变为以 40Hz 的频率正转；再过 5s，皮带输送机变为以 10Hz 的频率正转；3s 后，皮带输送机变为以 20Hz 的频率反转；反转 5s 后自动停止。停止后再次按下启动按钮后，皮带输送机重复以上运行过程。请你根据上面的描述，完成下列工作任务：

（1）请按图 2－2－1 在安装平台上安装好皮带输送机。

（2）请根据皮带输送机的运行要求，画出自动控制皮带输送机多段速运行的电气原理图。并按电气原理图连接好线路。

（3）根据皮带输送机的运行要求编写 PLC 程序并设置变频器参数。

（4）调试设备达到控制要求。

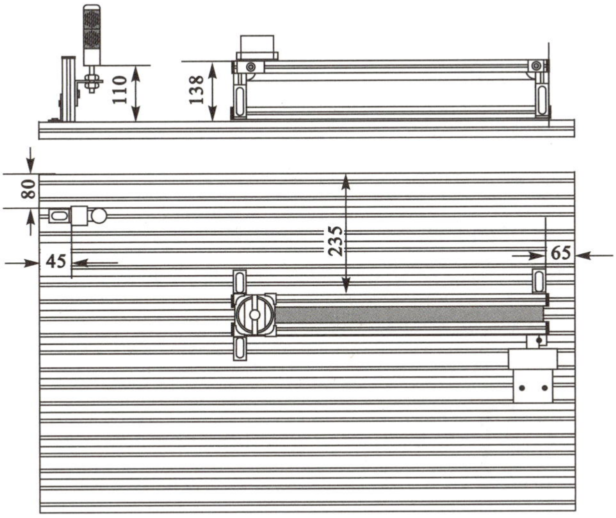

图 2－2－1　自动调速皮带输送机机械部件安装图

相关知识

一、可编程控制器（PLC）

用于自动控制的元件和器件很多，PLC 具有编程方法简单易学，功能强、性能价格比高，硬件配套齐全，可靠性高、抗干扰能力强，系统的设计、安装和调试工作量少等特点，所以被广泛用于工业控制中。PLC 的品种也很多，常见的 PLC 外形如图 2－2－2 所示。

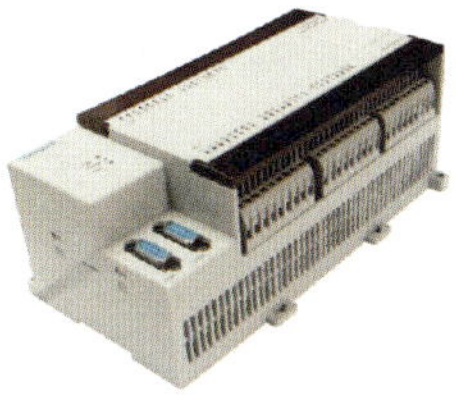
国产科德 PLC

深圳斯尔顿 PLC

国产海杰 PLC

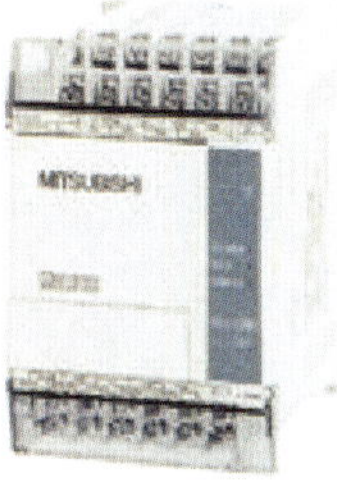

国产东元 PLC

三菱 PLC

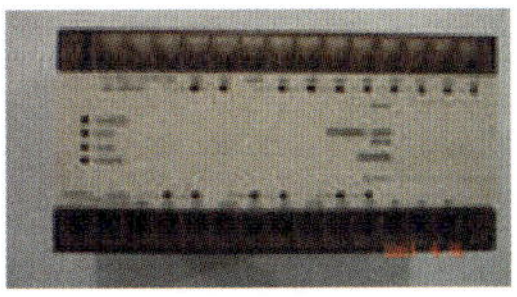
欧姆龙 PLC

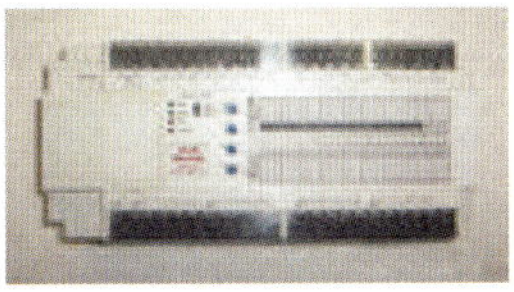
松下 PLC

西门子 PLC

图 2－2－2　常见的 PLC 外形

YL－235A 型光机电一体化实训装置上使用的 PLC 为三菱 FX2N－48MR，已经安装在一个模块上，并且将其输入端子、输出端子、内部 DC 24V 电源及外部电源接线端都引出到模块的面板插孔上，如图 2－2－3 所示。

面板上左边并列的三排插孔为 PLC 输出端子引出插孔，左边最下端还有一个 PLC 的电源开关和 PLC 电源接入插孔。右边最上部的两个插孔为 PLC 内部 DC 24V 电源的引出插孔，右边其他并列的两排插孔为 PLC 输入端子引出插孔，在右边还有两排开关，可以给 PLC 的输入端子提供输入信号。

PLC 模块外部接线的输入端子一般采用汇点式接线方式，输出端子的接线一般根据负载不同分组，采用分组式接线方式，如图 2－2－4 所示。

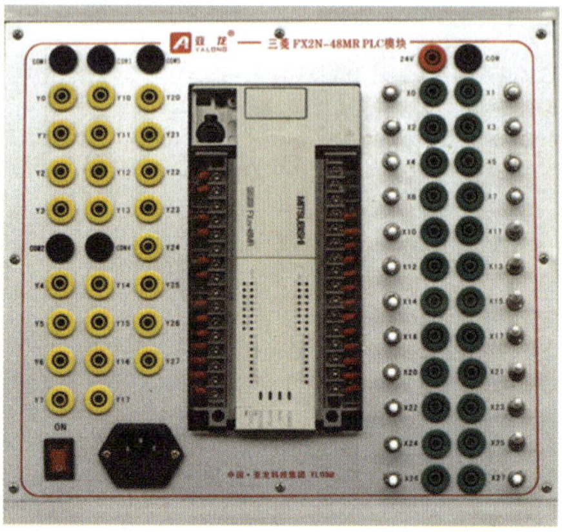

图 2－2－3　三菱 PLC 模块面板图

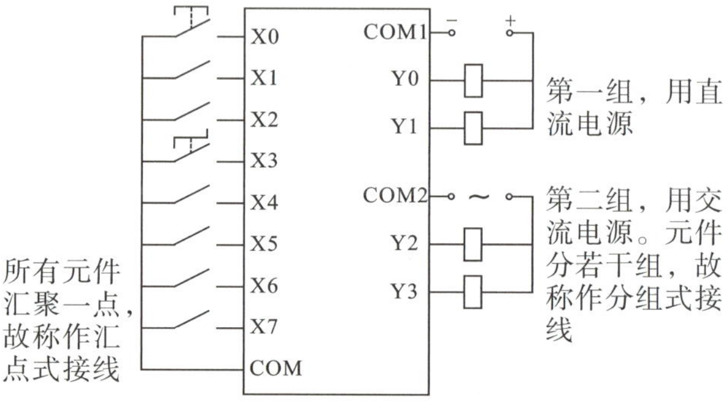

图 2－2－4　输入/输出端子接线方式示意图

二、PLC 编程基本知识

1. 梯形图设计规则

（1）输入/输出继电器、内部继电器、定时器、计数器等器件的触点可多次重复使用，无需用复杂的程序结构来减少触点的使用次数。

（2）梯形图每一行都是从左母线开始，线圈接在最右边。如图 2－2－5 所示。

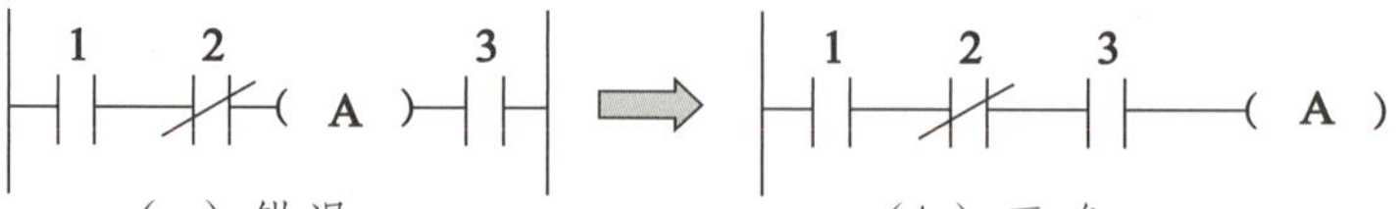

（a）错误　　（b）正确

图 2－2－5　线圈只能放在最右边

（3）线圈不能直接与起始母线相连，如图2－2－6 所示。

（4）同一编号的线圈在一个程序中使用两次以上称为重复输出，重复输出容易引起误操作，故一般不允许重复输出 。如图 2－2－7 所示。

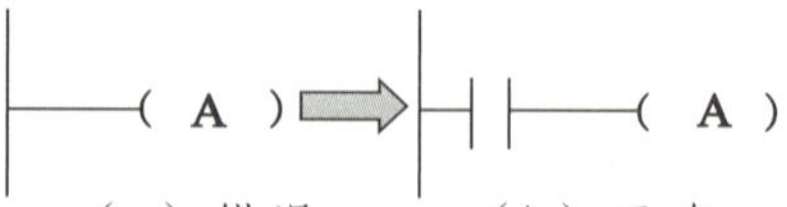

（a）错误　　（b）正确

图 2－2－6　线圈不能直接与起始母线连接

（5）梯形图必须符合顺序执行的原则，执行顺序是从左到右、从上到下。

（6）在梯形图中，串联触点和并联触点使用的次数没有限制，可无限次使用。

（7）两个或两个以上线圈可并联输出，但不可串联输出。

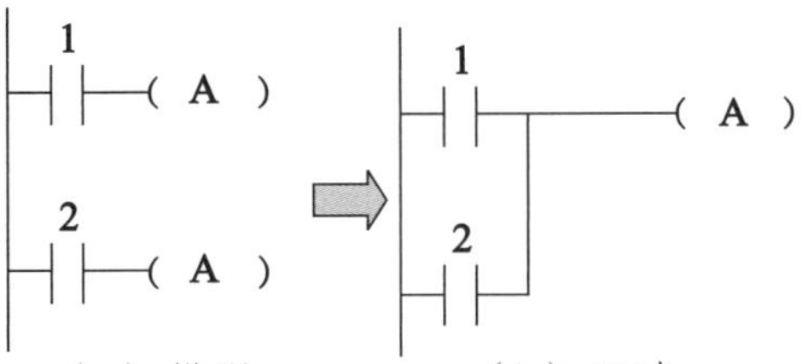

（a）错误　　（b）正确

图 2－2－7　同一线圈不能重复输出

2. PLC 编程技巧（以下箭头左图为不符合设计规则的，箭头右图为正确的）

（1）把串联触点较多的电路放在梯形图上方，如图 2－2－8 所示。

（2）并联触点较多的电路放在左边，如图 2－2－9 所示。

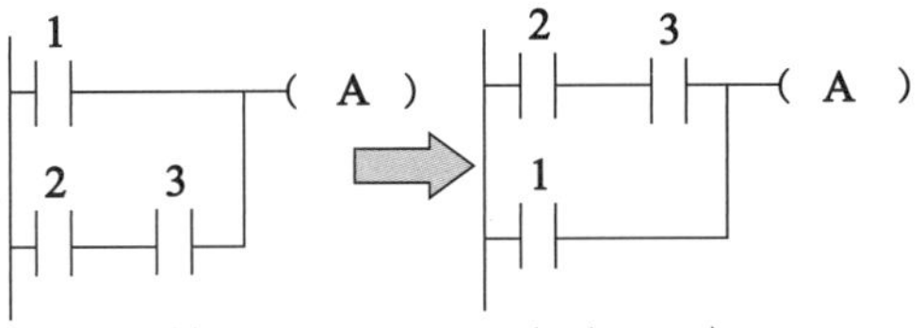

（a）错误　　（b）正确

图 2－2－8　串联触点较多的支路应放在上方

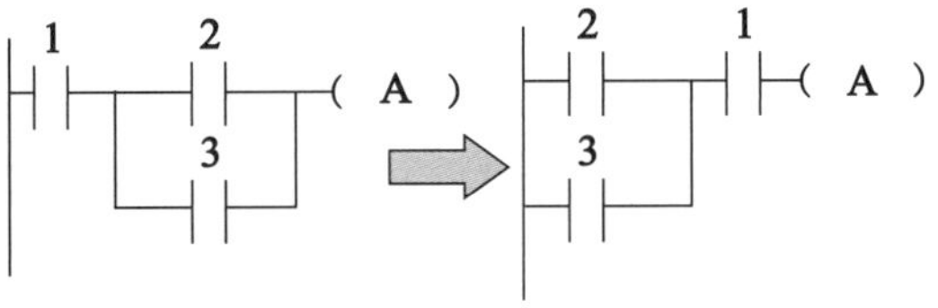

（a）错误　　（b）正确

图 2－2－9　并联触点较多的支路应放在左边

（3）并联线圈电路。从分支到线圈之间无触点的线圈放在上方，如图 2－2－10 所示。

（4）桥式电路的编程。如图 2－2－11 所示，箭头左边的桥式电路是无法编程的，只有改成箭头右边所示电路才能编程。

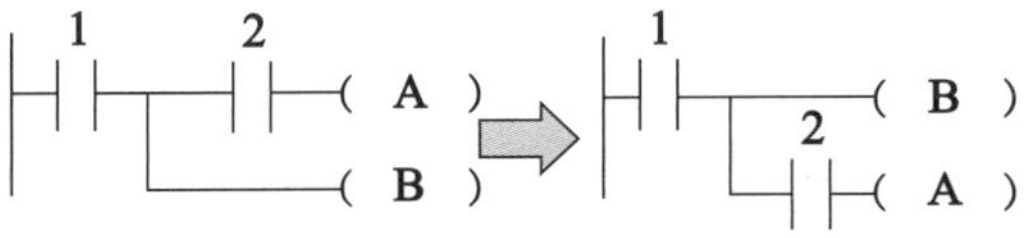

（a）错误　　（b）正确

图 2－2－10　无触点的线圈放在上方

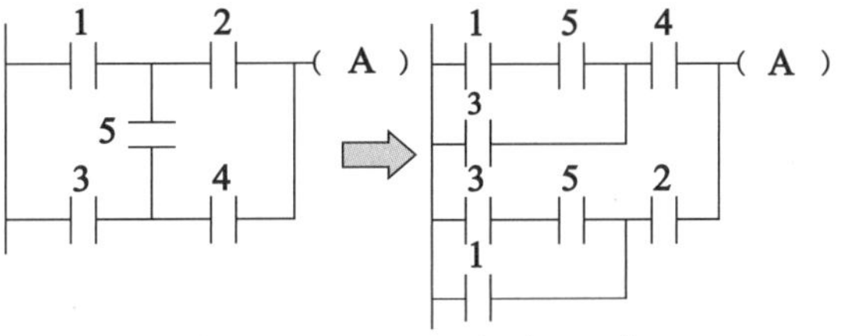

（a）错误　　（b）正确

图 2－2－11　桥式电路的编程

3. 常用典型 PLC 梯形图程序

（1）接通、断开控制梯形图程序（启动与停止控制），如图 2－2－12 所示。

（2）联锁控制梯形图程序，如图 2－2－13 所示。

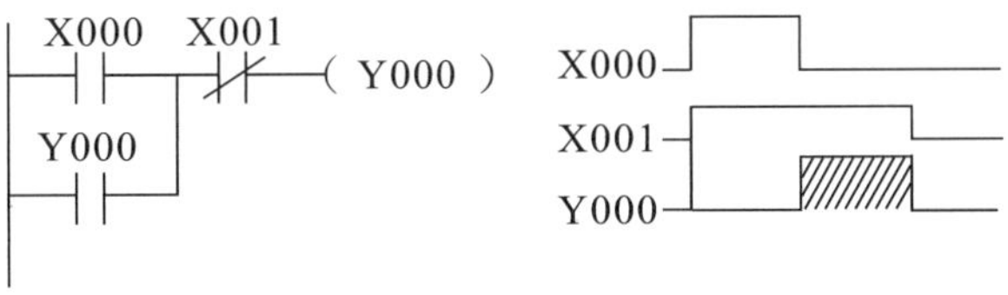

图 2－2－12　启动与停止控制程序

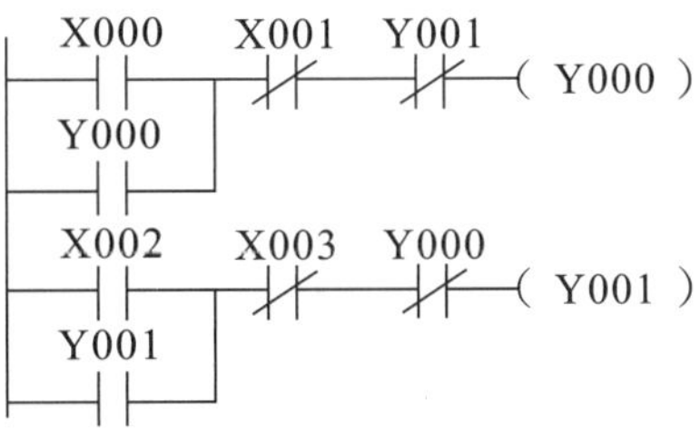

图 2－2－13　联锁控制程序

注：一般用常开触点控制启动，常闭触点控制停止。

（3）顺序启动控制梯形图程序，如图 2－2－14 所示。

（4）延时接通控制梯形图程序，如图 2－2－15 所示。

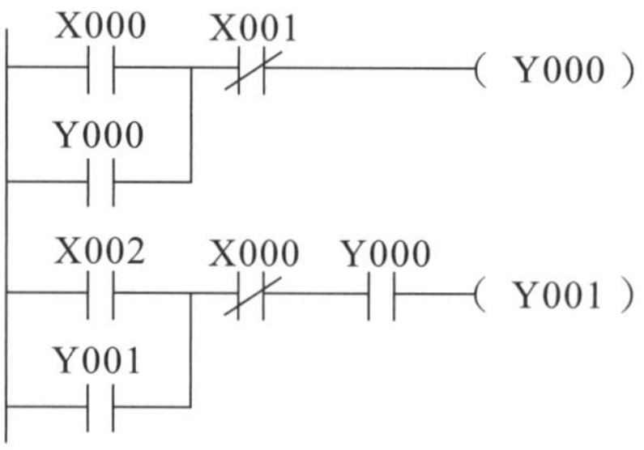

图 2－2－14　顺序启动控制程序

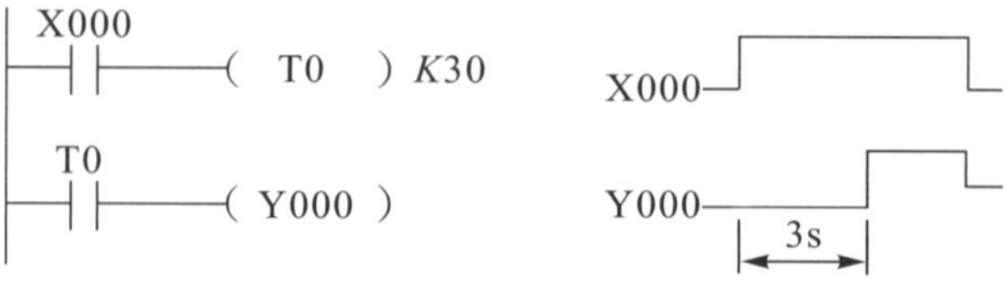

图 2－2－15　延时接通控制程序

（5）延时断开控制梯形图程序，如图 2－2－16 所示。

（6）分频控制（单触点的启动/停止控制）梯形图程序，如图 2－2－17 所示。

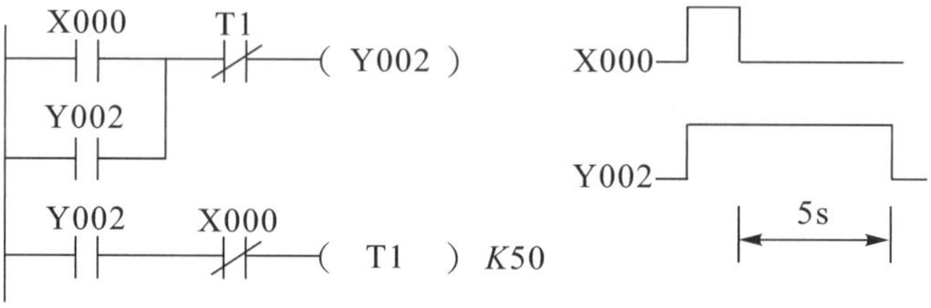

图 2－2－16　延时断开控制程序

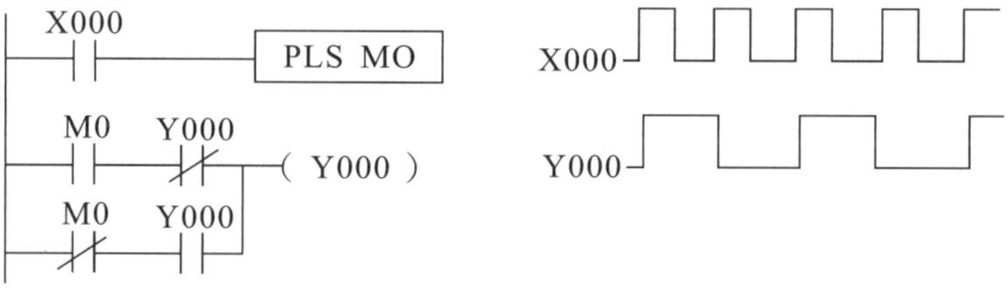

图 2－2－17　分频控制程序

（7）长延时控制梯形图程序，如图 2－2－18 所示。

（8）振荡控制梯形图程序，如图 2－2－19 所示。

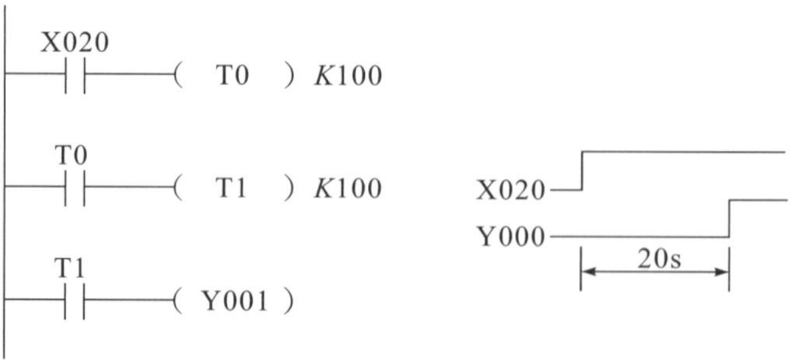

图 2－2－18　长延时控制程序

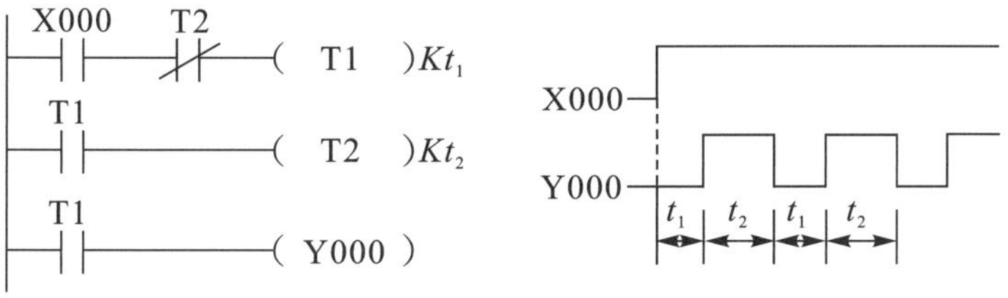

图 2-2-19　振荡控制程序

（9）顺序延时接通控制梯形图程序，如图 2-2-20 所示。

（10）顺序循环执行控制梯形图程序，如图 2-2-21 所示。

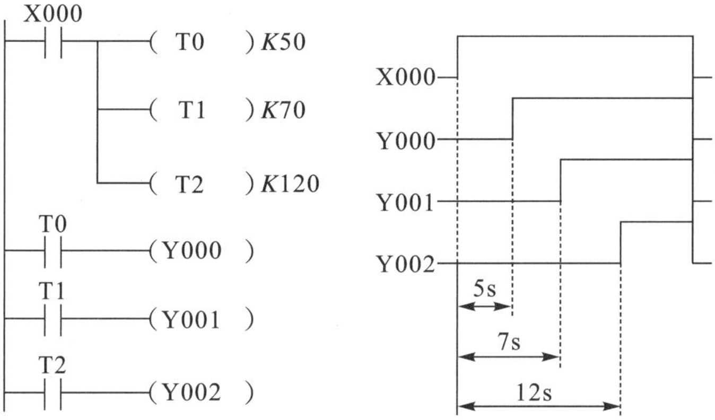

图 2-2-20　顺序延时接通控制程序

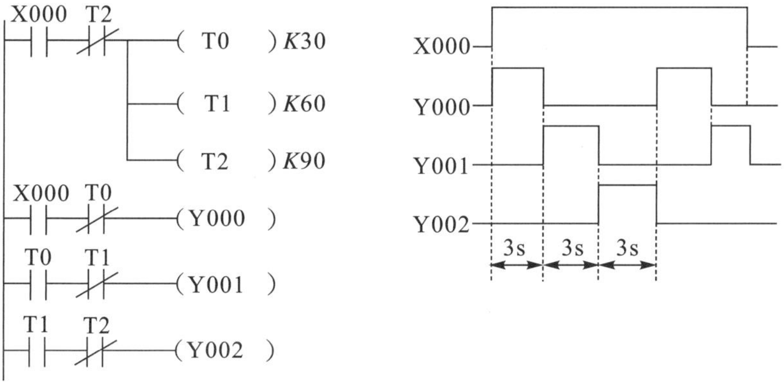

图 2-2-21　顺序循环执行控制程序

4. PLC 编程软件的使用

不同品牌的 PLC，其编程软件各不相同，我们选择三菱公司的 GX Developer 软件为例来学习如何使用 PLC 编程软件。

三菱公司的 GX Developer 软件具有 PLC 控制程序的创建、程序写入和读出、程序的监控和调试、PLC 的诊断等功能。利用 GX Developer 软件，可以对 FX 系列 PLC 进行编程。下面以完成图 2-2-22 所示的启动与停止控制梯形图程序的输入为例，说明三菱编程软件 GX Developer 的基本操作。

（1）GX Developer 的界面。

GX Developer 的界面如图 2-2-22 所示。

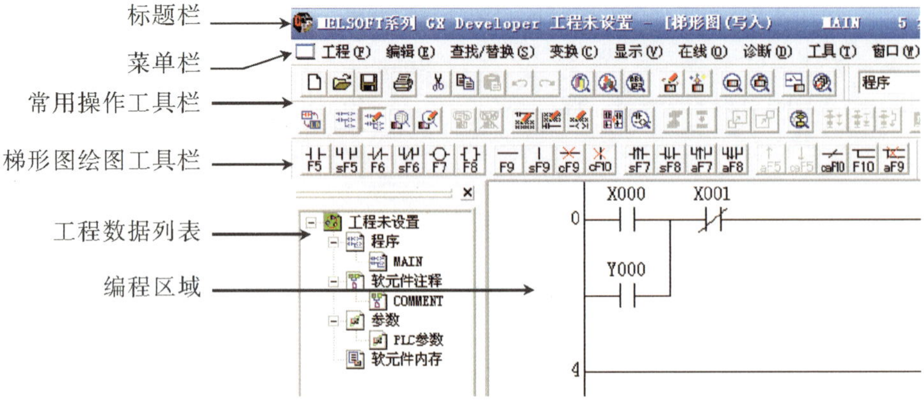

图 2-2-22　GX Developer 界面

（2）创建新工程。

点击菜单栏中的［工程］，选择［创建新工程］即可打开如图 2-2-23 所示的对话框。

在对话框的 PLC 系列选项应根据所使用的 PLC 系列来选择。如我们使用的 PLC 型号为 FX2N-48MR 时，PLC 系列选项应选择“FXCPU”；PLC 类型选择“FX2N（C）”，程序类型则选择“梯形图”。工程名称和保存路径可以在选择“设置工程名”选项后进行设置，也可以在程序进行保存时再设置。

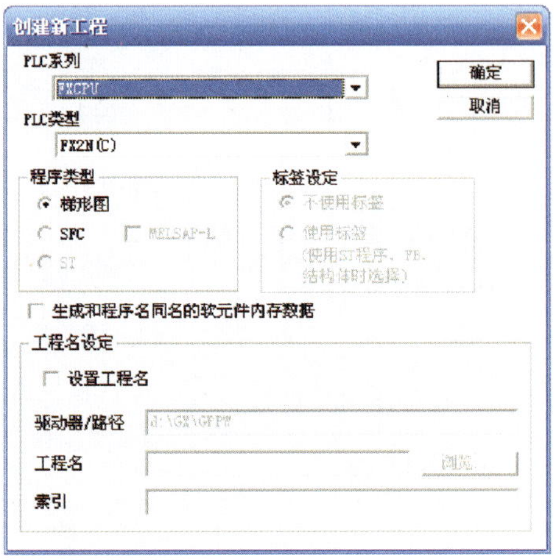

图 2-2-23　创建新工程对话框

（3）输入程序。

新工程建立后就可以在编程区域进行梯形图的输入。梯形图绘图工具栏中各按钮的作用如图 2-2-24 所示。任何一个按钮的作用在鼠标箭头停留在它上面时会自动显示。灰色的按钮表明当前无法使用。

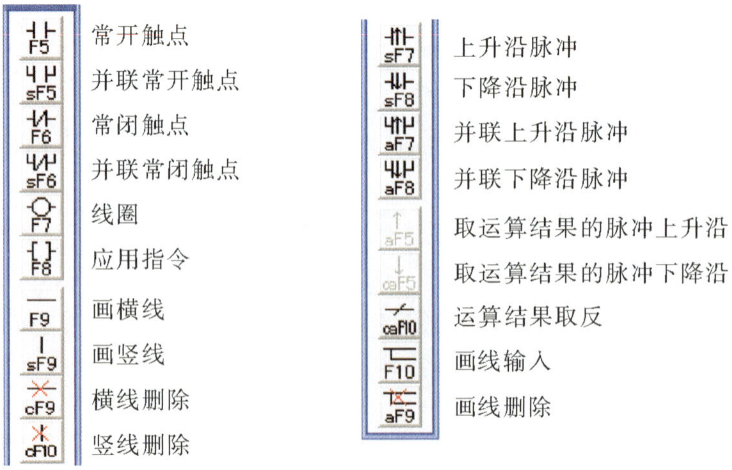

图 2-2-24　梯形图绘图工具说明

在开始输入程序前，我们首先应通过点击鼠标使光标位置在编程区域第一行的最左侧。输入时根据启动与停止控制的梯形图，点击梯形图绘图工具栏中的［常开触点］图标并输入元件号“X0”（X000 的缩写）后选择［确定］，相应的元件图形会出现在原来的光标位置，光标也会自动后移一个位置；这时可以根据梯形图点击梯形图绘图工具栏中的［常闭触点］图标，并输入元件号“X1”后确定；然后再点击［线圈］图标，输入元件号“Y0”后确定；最后将光标移至“X0”常开触点下方，点击［并联常开触点］图标，并输入元件号“Y0”。这样就完成了启动与停止控制梯形图程序的输入。

（4）变换程序。

在完成梯形图的输入并检查无误后，应对梯形图进行变换/编译操作，否则程序将无法保存和下载运行。变换/编译就是将所创建的梯形图程序变换为 PLC 的执行程序。变换/编译操作通过点击常用操作工具栏中的［程序变换/编译］按钮即可完成，［程序变换/编译］按钮见图 2-2-25（a）。

（5）注释编辑。

对程序中用到的软元件进行注释，可以大大方便程序的阅读和理解，对于程序的修改和调试也有很大的帮助。进行注释前，首先应点击常用操作工具栏中的［注释编辑］按钮，［注释编辑］按钮见图 2-2-25（b）。这样我们就可以通过双击梯形图需要进行注释的元件来进行注释了。注释可以通过“显示”菜单项中的“注释显示”来打开或关闭显示。

（6）保存程序。

完成工作后及时对程序进行保存是防止程序丢失的重要保证，同时还能为下一步进行程序编辑修改提供方便。PLC 梯形图保存程序的方法和其他应用软件的保存方法类似，通过点击“工程”菜单项中的“保存工程”或点击常用操作工具栏中的［工程保存］按钮，再根据所显示对话框进行保存即可，［工程保存］按钮见图 2-2-25（c）。

（7）下载程序。

在计算机中完成梯形图程序的编写后，只有将其下载到 PLC 中才能让 PLC 按程序的要求进行工作。在保证计算机与 PLC 已经连接，并且 PLC 也已经上电的情况下，点击“在线”菜单项中的“PLC 写入”或点击常用操作工具栏中的［PLC 写入］按钮都可以完成控制程序的下载工作。PLC 写入按钮见图 2-2-25（d）。下载程序完成并确保接线正确的情况下就可以启动 PLC 运行了。

（a）程序变换/编译　（b）注释编辑　（c）工程保存　（d）PLC 写入

图 2-2-25　常用操作按钮说明

（8）监视模式。

在 PLC 运行时，进入监视模式后就可以在计算机屏幕上对梯形图中各个软元件的工作情况、实时状态进行监控，这对于程序的调试起着非常重要的作用。监视模式可以通过选择“在线”菜单项中的“监视”栏中的“监视模式”来开启。

GX Developer 提供了众多的程序编辑功能和其他操作功能，这里不再一一列举。我们可以在以后的使用过程中逐渐了解和熟悉，也可以通过查找该软件的操作手册来深入了解它的各项操作。

三、PLC 电气控制原理图

画 PLC 的电气控制原理图，首先要了解输入与输出信号的性质及相关要求，然后再根据所选用的 PLC 来合理地安排输入与输出地址，最后才能画出电气控制原理图。

1. 输入/输出信号

关于输入信号，需要了解所控制设备的输入信号是常开还是常闭；关于输出信号，需要了解所控制设备的电源电压和工作电流，然后按照所需电源电压的不同进行分组。

2. 输入/输出地址分配表

输入/输出地址分配表是根据控制要求中需要的输入信号和所要控制的设备来确定 PLC 的各输入/输出端子分别对应哪些输入输出信号或设备所列出的表。一般要根据输入/输出信号和相关要求及所选用 PLC 型号来进行分配。如 YL－235A 型光机电一体化实训装置中所用的 PLC 为 FX2N－48MR 型，它的输出分为五组，其中有四组是 4 个输出端共用一个 COM 端，有一组是 8 个输出端共用一个 COM 端。而 YL－235A 型光机电一体化实训装置中的负载除变频器外都是使用 DC 24V 电源，负载电流都较小，如果变频器所需输出端子数小于或等于 4 个，但是使用 DC 24V 电源的负载又多于 16 个，我们在分配 PLC 的输出地址表时，Y20～Y27 这一组输出地址就不能给变频器使用，否则输出端子就不够用了。

3. PLC 的电气控制原理图

根据输入/输出地址分配表、输入信号、输出所带负载及电气控制原理图的一般画法就能画出 PLC 的电气控制原理图。

例：根据表 2－2－1 所示输入/输出地址分配情况，画出 PLC 的电气控制原理图（所有彩灯均用 DC 24V 电源供电）。

表 2－2－1　输入/输出地址分配表

输入		输出			
启动按钮	X0	彩灯 1	Y0	彩灯 5	Y4
停止按钮	X1	彩灯 2	Y1	彩灯 6	Y5
		彩灯 3	Y2	彩灯 7	Y6
		彩灯 4	Y3	彩灯 8	Y7

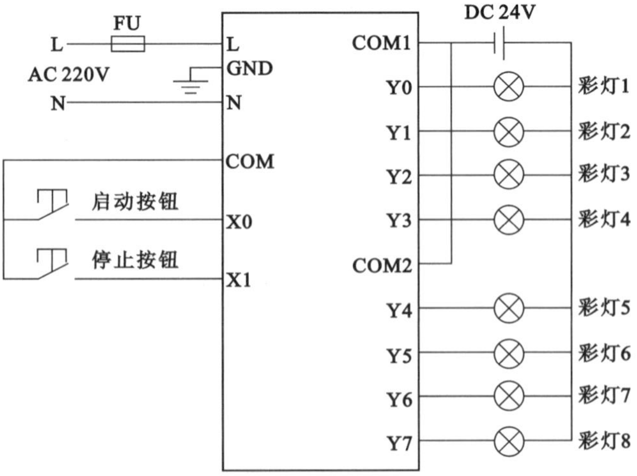

图 2－2－26　PLC 电气控制原理图

解：我们以 YL－235A 型光机电一体化实训装置中所用的 FX2N－48MR 型 PLC 为例，根据输入/输出地址分配表，只用了 PLC 的第一组和第二组输出端子，输入只用了两个端子，我们就可以画出 PLC 的电气控制原理图，如图 2－2－26 所示。

四、按钮模块

按钮模块单元用于向 PLC 提供各种按钮输入信号、多种颜色的输出指示灯和蜂鸣报警信号，并通过内置的开关电源向实训装置提供 DC 24V电源。按钮模块面板如图2－2－27 所示。

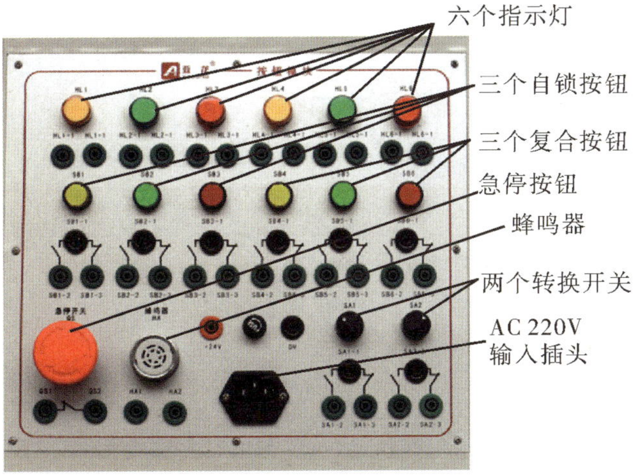

图 2－2－27　按钮模块面板

完成工作任务指引

YL－235A 型光机电一体化实训装置中的自动控制是通过 PLC 来控制的。要完成自动控制皮带输送机多种速度正反转运行的工作任务，需按以下步骤完成。

一、准备工具和器材

1. 安装工具

自动控制皮带输送机多种速度正反转运行的工作任务和前一工作任务相比，只多了一个 PLC 模块和按钮模块，而这两个模块的安装不需要任何工具，所以所需的工具和前一工作任务的工具完全相同。请按表 2－1－6 所示清单准备好工具和仪表。

2. 器材

自动控制皮带输送机多种速度运行所需的器材如表 2－2－2 所示。

表 2－2－2　皮带输送机器材配备表

编号	器材名称	器材规格	数量	主要作用
1	安装平台	专配	1 张	作为各部件的安装底座
2	机架与输送皮带（带“L”形联接件）	机架长 700mm，宽 90mm，皮带宽 50mm	1 件	传送物料
3	下料孔装置	专配	1 个	下料定位
4	光电传感器固定支架	专配	1 个	安装光电传感器
5	微型三相交流异步电动机	带减速箱，额定电压 380V	1 台	皮带输送机动力装置

续表

编号	器材名称	器材规格	数量	主要作用
6	电动机固定支架	“L”形	1个	电动机固定
7	橡胶垫	(100×50×5) mm	1块	电动机减震
8	微型弹性联轴器	十字滑块	1个	联接电动机与机架主辊筒轴
9	接线排	专配	1个	连接导线
10	变频器模块	专配	1个	控制皮带输送机运行
11	PLC模块	专配	1个	自动控制
12	按钮模块	专配	1个	提供DC 24V电源
13	内六角螺栓、六角螺母	M6×30mm	8套	机架与电动机固定
14	内六角螺栓、六角螺母	M4×30mm	6套	进料口装置与光电传感器支架固定
15	插接导线	专配	若干	电动机电源线
16	电源警示灯	双色	1个	电源警示

二、环境要求与安全要求

1. 环境要求

（1）带漏电保护的三相电源。

（2）安装平台上不允许放置其他器件、工具与杂物，保持整洁。

（3）在操作过程中，工具与器材不得乱摆乱放，更不得随意地放在安装平台上。上螺栓时注意不要让螺栓掉进窄槽内。

（4）在操作过程中，要努力保持工位的整洁。工作结束后，要将工位整理好，收拾好器材与工具，清理台面和地上杂物。

2. 安装工艺要求

（1）皮带输送机的安装工艺要求同项目一。

（2）电路的安装工艺要求：

①连接导线选用正确。

②电路各连接点连接可靠、牢固，外露铜丝最长不能超过2mm。

③进接线排的导线都需要套好号码管并编号。

④同一接线端子的连接导线最多不能超过2根。

3. 安装工作的安全要求

在装配工作过程中，必须做到“安全第一”，具体要遵守以下要求。

（1）要正确使用一字螺丝刀或十字螺丝刀、尖嘴钳、剥线钳，防止在操作中发生螺丝刀或钳子伤手的事故。

（2）机架与三相交流异步电动机等较重器材要小心搬放，防止在搬放过程中掉落造成器材损坏或伤人事故。

（3）动态检测时要使用AC 380V电源，检测时必须遵守安全用电规程，必须在皮带输送机已完成安装，接线盒已盖好，三相交流异步电动机、变频器与机架已做好保护接地，并通过检测确认接线正确无误后才能送电进行检测。特别要注意不要将变频器的电源输入和输出端接错。

（4）拆装任何部件都要在停电状态下进行。特别是联轴器拆装必须要先停电。

（5）使用仪表带电测量时，一定要按照仪表使用的安全规程进行。

（6）安装时，不得用工具敲击安装器材，以防造成器材的损坏。

4. 调试要求

（1）调试过程中不能用手接触带电部分。

（2）皮带输送机能平稳运行。

（3）皮带输送机能实现工作任务中要求的各种运行功能。

（4）整个调试任务能在 10 分钟内完成。

三、完成任务的工作步骤与方法

1. 阅读工作任务书与相关图纸，明确具体工作任务

（1）根据图纸要求安装皮带输送机和接线排。

（2）按皮带输送机运行要求画出 PLC 和变频器控制皮带输送机的电气控制原理图。

（3）根据电气控制原理图安装电路。

（4）设置变频器参数。

（5）编写 PLC 控制程序。

（6）调试设备，检查是否达到了皮带输送机的运行要求。

2. 绘制电气控制原理图

（1）确定 PLC 的输入/输出地址分配表。

从工作任务描述中我们知道，只需要一个启动按钮，不需要停止按钮，也没有其他的输入信号，所以只有一个输入信号，也就只需要用 PLC 的一个输入端，可以在 PLC 的 24 个输入端中任意选择一个；另外 PLC 所带的负载只有变频器，而变频器需要三种速度输出，同时要求皮带输送机能正反转运行，所以输出需要正转信号、反转信号、高速、中速、低速共 5 个信号，也可以在 PLC 的 24 个输出端中任意选择 5 个。表 2-2-3 列出了一种 PLC 的输入/输出地址分配表。

表 2-2-3　PLC 输入/输出地址分配表

序号	输入		输出	
	输入信号	PLC 输入地址	负载	PLC 输出地址
1	启动信号 SB4	X0	变频器 STF	Y0
2			变频器 STR	Y1
3			变频器 RH	Y2
4			变频器 RM	Y3
5			变频器 RL	Y4

（2）绘制电气控制原理图。

根据控制要求和 PLC 的输入/输出地址分配表绘制电气控制原理图。参考的原理图如图 2-2-28 所示。

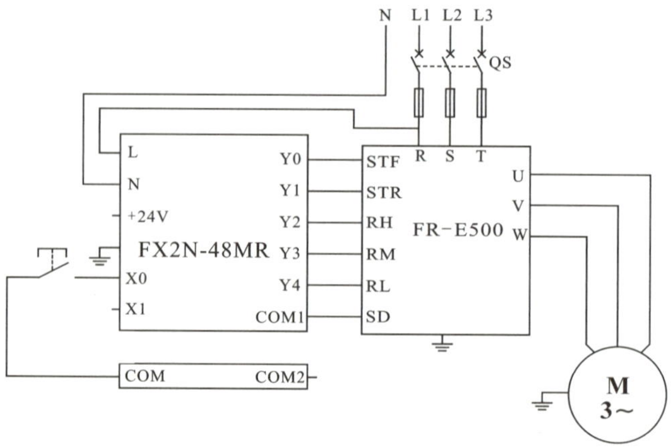

图 2-2-28　皮带输送机自动调速的电气控制原理图

3. 安装皮带输送机、警示灯和接线排

按照图 2-2-1 所示尺寸要求安装皮带输送机、警示灯和接线排，安装方法和步骤请参考工作项目一皮带输送机的安装。安装好皮带输送机、警示灯和接线排后，检查各机械部件的安装是否牢固，位置是否准确，是否达到了该部件的工艺安装要求，若有问题立刻进行调整，当机械部件的安装达到要求后再进行下一步工作。

4. 根据电气控制原理图安装电路

（1）根据电气控制原理图安装电路。

首先要确认电源开关处于断开状态，然后按以下的安装步骤和方法来完成电气控制原理图的安装。

①断开电源开关。

②将三相交流异步电动机电源线和地线接至接线排上。

③连接 PLC 的输入端子的连线。

④连接 PLC 的输出端子的连线。

⑤连接三相交流异步电动机和变频器之间的连线。

⑥连接变频器、PLC 的电源线和接地线。

（2）检测电路。

电路安装结束后，一定要进行通电前的检查，以保证电路连接正确，没有外露铜丝过长、一个接线端子上有超过两个接头等不符合工艺要求的现象。另外，还要进行通电前的检测，确保电路中没有短路现象，否则通电后可能损坏设备。

安全提示

在完成 PLC 电路连接过程中，必须确保输入端的连接正确，千万不可将 DC 24V电源直接接入输入端。PLC 内部提供的 DC 24V 电源的工作电流较小，最好不要用作负载电源。

5. 设置变频器参数

（1）列出需要设置的变频器参数。

根据皮带输送机能以 10Hz、20Hz、40Hz 三种频率运行，而且没有加减速时间的要求，需要设定的变频器参数及相应的参数值如表 2-2-4 所示。

（2）设置变频器参数。

先将变频器模块上的各控制开关置于断开位置，接通变频器电源，将变频器参数恢复为出厂设置，再依次设置表 2-2-4 所列出的参数，最后恢复到频率监示模式，操作各控制开关，检查各参数设置是否正确。

表 2-2-4 需要设置的变频器参数

序号	参数代号	参数值	说明
1	P4	40Hz	高速
2	P5	20Hz	中速
3	P6	10Hz	低速
4	P79	2	电动机控制模式（外部操作模式）

6. 根据工作任务要求编写 PLC 自动控制程序

（1）分析控制要求，画出自动控制的工作流程图。

分析控制要求可以发现，要求的控制过程是按时间顺序依次进行的，并且完成一次工作过程设备就自动停止。我们可以先画出自动控制的工作流程图，工作流程图如图 2-2-29 所示。然后根据我们前面学习过的 PLC 编程方法来实现。

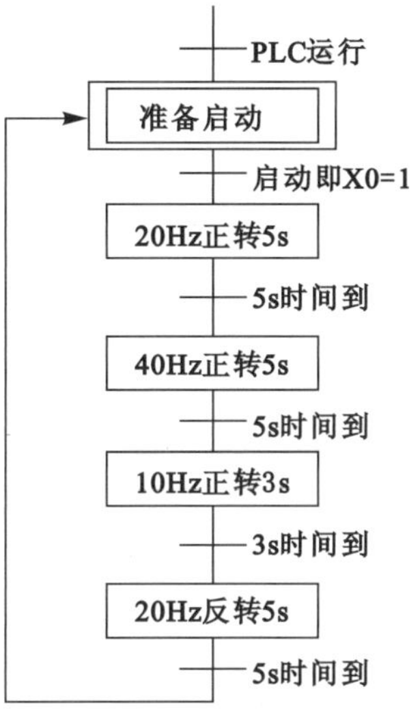

图 2-2-29 工作流程图

（2）编写 PLC 控制程序。

根据工作过程的特点，确定编程思路。本任务中要求的工作过程是由时间来控制皮带输送机依次以不同的速度运行。我们就可以抓住“时间控制”这一特点来编程，先编写启动/停止控制梯形图程序，再编写定时控制梯形图程序，最后根据工作过程要求编写控制输出的梯形图程序。

①启动/停止控制梯形图程序。

启动/停止控制梯形图程序和一般的启动/停止控制梯形图程序结构完全一样，只是在本任务中，停止是由时间来控制的，所以停止的常闭触点要用定时器的常闭触点。如图 2-2-30 所示。

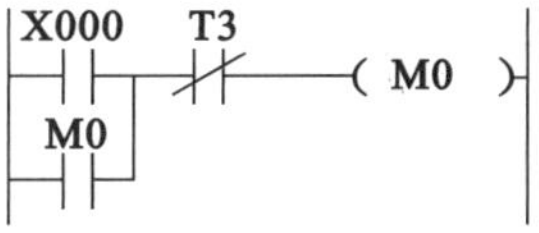

图 2-2-30 启/停控制梯形图程序

②定时控制梯形图程序。

根据工作流程图，要求的时间间隔依次为 5s、5s、3s、5s，所以需要 4 个定时器，分别定时 5s、10s、13s、18s，而定时是在启动之后才开始的，设启动的辅助继电器为 M0，则可编写图 2-2-31 所示的定时控制梯形图程序。

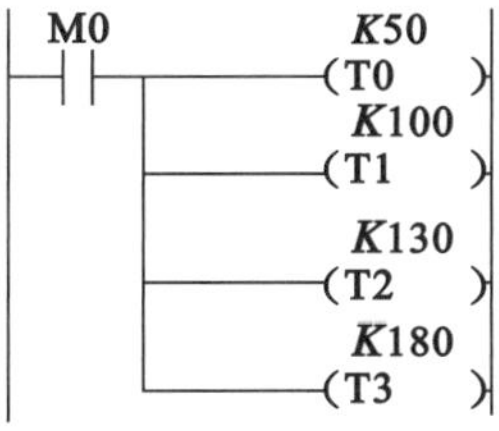

图 2-2-31 定时控制梯形图程序

③控制输出的梯形图程序。

根据工作流程图，列出各输出有信号的时间段，找到各输出有信号的条件，即可编写出控制输出的梯形图程序。参考的梯形图程序如图 2-2-32 所示。

以上梯形图程序是依据按时间顺序来控制的工作过程特点来编写的，实现本任务工作过程的梯形图程序的编写方法还有很多，可以试着用其他方法进行编程。

7. **调试检查设备是否达到了规定的控制要求**

在检查电路正确无误，各机械部件安装符合要求，写入 PLC 程序后，按照工作任务描述操作启动按钮，检查皮带输送机是否按要求的工作流程运行，同时检查各机械传动部件是否达到了规定的工艺要求。一次调试结束后，还要进行第二次调试，检查设备操作是否具有重复性。如果发现皮带输送机不能按规定要求运行，则要根据出现的问题来进行相应的调整或修改。

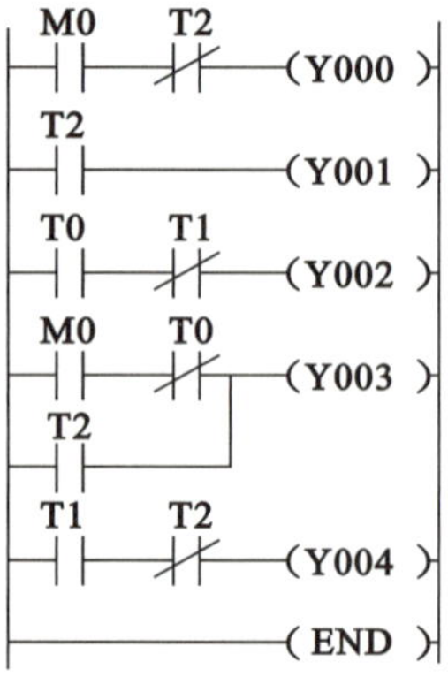

图 2－2－32　控制输出的梯形图程序

（1）皮带输送机不能运行。

皮带输送机不能运行，不一定是程序错误，也可能是电路连接错误或者皮带输送机机械传动部分出现故障。是否是程序错误，可以通过观察 PLC 是否有输出及输出信号，信号是否正确来判断。若 PLC 没有输出信号或输出信号错误，则说明是程序问题。如果 PLC 输出信号正常，则说明是电路或机械部件故障。

（2）皮带输送机的运行速度不符合要求。

如果是皮带输送机的运行速度不符合要求，可能是变频器参数设置不正确，检查变频器的参数是否正确，若不正确，可通过手动调试变频器，重新设置变频器参数。如果变频器参数设置正确，则可能是变频器和 PLC 之间的电路连接错误，检查电路并改正。还有可能是程序错误引起的。

（3）皮带输送机的运行过程不符合要求。

如果皮带输送机的运行速度符合控制要求，但运行过程不符合要求，则可能是程序问题。

思考与练习

1. 请说出本工作任务中安装机械部件的技巧，并说明：①安装的方法和步骤与前一次安装有什么不同？②完成的速度和质量和前一次安装相比有什么不同？

2. 你会根据控制要求列出 PLC 的输入/输出地址分配表吗？请根据下列控制要求列出 PLC 的两种不同的输入/输出地址分配表。

控制要求：PLC 控制变频器实现皮带输送机调速，要求按下启动按钮后，皮带输送机能分别以 20Hz 和 40Hz 的频率控制其正、反转运行。

3. 在画原理图时你感觉什么最困难？什么地方最容易画错？请根据第 2 题中的控制要求画出电气控制原理图。

4. 你认为在安装电路的过程中应该注意些什么？你认为完成任务中安装的步骤合理吗？你是按怎样的顺序完成电路安装的？

5. 你在电路安装过程中出现过什么问题吗？是什么原因造成的？你有什么技巧保证电路的连接不出现问题？

6. 在通电前你做了哪些检测？检测到什么故障了吗？若有，请说明是什么故障。

7. 在编写 PLC 程序过程中，你遇到过什么困难？

8. 你知道功能调试时为什么要重复调试吗？请说明原因。

9. 你在调试过程中出现过哪些问题？是由于什么原因造成的？你是怎样解决这些问题的？

10. 仿照工作任务描述，自己设计自动控制皮带输送机运行的工作任务，并完成工作任务。

11. 请你填写完成工作任务评价表。

完成工作任务评价表

<table>
<tr><td>前面两轴的中心距</td><td></td><td>后面两轴的中心距</td><td></td><td>不同轴度</td><td></td></tr>
<tr><td>三相交流异步电动机处皮带的高度</td><td></td><td>进料口处皮带的高度</td><td></td><td>水平度</td><td></td></tr>
<tr><td rowspan="3">尺寸检查</td><td colspan="3">皮带输送机机架离后边沿和右边沿的距离</td><td colspan="2"></td></tr>
<tr><td colspan="3">警示灯的高度</td><td colspan="2"></td></tr>
<tr><td colspan="3">警示灯离左边沿、后边沿的距离</td><td colspan="2"></td></tr>
<tr><td colspan="3">皮带输送机主轴转动是否流畅</td><td colspan="3"></td></tr>
<tr><td colspan="3">电路连接所选元件是否有问题</td><td colspan="3"></td></tr>
<tr><td colspan="3">电路连接有无不牢或外露铜丝是否超过 2mm</td><td colspan="3"></td></tr>
<tr><td colspan="3">同一接线端子上连接导线是否超过 2 条</td><td colspan="3"></td></tr>
<tr><td colspan="3">接线排上的连接有无未套号码管的现象</td><td colspan="3"></td></tr>
<tr><td colspan="3">你设定的可编程控制输入/输出地址分配表：</td><td colspan="3">你安装电路的方法和步骤：</td></tr>
<tr><td colspan="6">调试结果记录（写出操作过程和观察到的控制过程）：</td></tr>
<tr><td colspan="6">你完成该工作任务的步骤：</td></tr>
<tr><td colspan="6">你对完成本次工作任务的自我评价：</td></tr>
<tr><td colspan="6">小组同学对你完成本次工作任务的评价（请你去找小组的同学）：</td></tr>
<tr><td colspan="6">老师对你完成本次工作任务的评价（请你去找老师）：</td></tr>
</table>

项目三　工件的识别

在工件的生产和加工过程中，经常需要对不同材质或不同颜色的工件进行不同的处理，只有识别出工件的种类才能完成相应的生产和加工，可见工件的识别是机电一体化设备的一项重要技术。YL－235A 型光机电一体化实训装置是通过传感器来完成工件的识别的。本项目通过完成调试工件识别装置和调试带指示的工件识别装置两个工作任务，使大家学会传感器的使用和如何实现根据工件的不同完成工件的识别。

任务一　调试工件识别装置

工作任务

某生产线加工金属、白色塑料和黑色塑料三种工件，在该生产线的终端有一个识别装置，用以识别这三种工件。当按下该装置的启动按钮 SB4 时，设备启动，开始工件检测，皮带输送机以 15Hz 的频率正转运行，此时可以从进料口放入工件，当皮带输送机进料口检测到有工件时，输送皮带以 20Hz 的频率正转运行，将工件送到检测位置，当检测出工件的材质时，皮带输送机停止运行，直到皮带输送机上的工件被取走后再以 15Hz 的频率正转运行，准备下一工件的识别。

当按下停止按钮 SB5 后，设备在识别完当前工件后才停止工作。

工件识别装置的输入和输出回路都要有电源指示。

请你根据工件识别装置的工作要求，完成以下工作任务：

（1）按图 3－1－1 在安装平台上安装好皮带输送机、传感器，并自行确定接线排的安装位置。

（2）根据上述要求，画出在皮带输送机上识别工件的电气控制原理图。

（3）按照电气控制原理图连接好线路。

（4）根据工作过程要求设置变频器参数，使皮带输送机满足工作过程的运行要求。

（5）根据工作过程要求编写 PLC 程序。

（6）调试设备的 PLC 程序以达到工作过程要求。

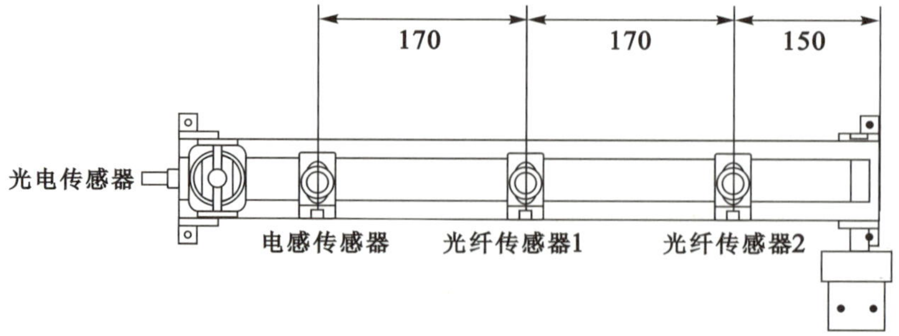

图 3－1－1　三种工件识别的机械部件安装

注：皮带输送机的输送皮带上表面离安装平台台面的垂直高度为 140mm。

相关知识

一、传感器的基本知识

传感器是指能感受规定被测量，并按照一定的规律转换成可用输出信号的器件或装置。

1. 传感器的分类

传感器的种类繁多，功能各异。由于同一被测量物体可用不同转换原理实现探测，利用同一种物理法则、化学反应或生物效应可设计制作出检测不同被测量物体的传感器，而功能大同小异的同一类传感器可用于不同的技术领域，因此传感器有不同的分类法。具体分类见表 3-1-1。

表 3-1-1 传感器的分类

分类方法	传感器的种类	说明
按依据的效应分类	物理传感器	基于物理效应（光、电、声、磁、热）
	化学传感器	基于化学效应（吸附、选择性化学分析）
	生物传感器	基于生物效应（酶、抗体、激素等分子识别和选择功能）
按输入量分类	位移传感器、速度传感器、温度传感器、压力传感器、气体成分传感器、浓度传感器等	传感器以被测量的物理量名称命名
按工作原理分类	应变传感器、电容传感器、电感传感器、电磁传感器、压电传感器、热电传感器等	传感器以工作原理命名
按输出信号分类	模拟式传感器	输出为模拟量
	数字式传感器	输出为数字量
按能量关系分类	能量转换型传感器	直接将被测量的能量转换为输出量的能量
	能量控制型传感器	由外部供给传感器能量，而由被测量的能量控制输出量的能量
按是利用场的定律还是利用物质的定律分类	结构型传感器	通过敏感元件几何结构参数变化实现信息转换
	物性型传感器	通过敏感元件材料物理性质的变化实现信息转换
按是否依靠外加能源分类	有源传感器	传感器工作时需外加电源
	无源传感器	传感器工作时无需外加电源
按使用的敏感材料分类	半导体传感器、光纤传感器、陶瓷传感器、金属传感器、高分子材料传感器、复合材料传感器等	传感器以使用的敏感材料命名

2. **传感器的结构和符号**

（1）传感器的结构。

传感器通常由敏感元件、转换元件及转换电路组成。敏感元件是指传感器中能直接感受（或响应）被测量的部分；转换元件是能将感受到的非电量直接转换成电信号的器件或元件；转换电路是对电信号进行选择、分析、放大，并转换为需要的输出信号等的信号处理电路。尽管各种传感器的组成部分大体相同，但不同种类的传感器的外形结构都不尽相同，一些机电一体化设备常用传感器的外形如图 3－1－2 所示。

（a）电容传感器　（b）电感传感器　（c）光电传感器　（d）光纤传感器

（e）霍尔传感器　（f）磁性开关

图 3－1－2　机电一体化设备常用传感器的外部结构

（2）传感器的图形符号。

不同种类的传感器的图形符号也有一些差别，根据其结构和使用电源种类的不同，有直流两线制、直流三线制、直流四线制、交流两线制和交流三线制传感器。表 3－1－2 列出了部分传感器的图形符号。

表 3－1－2　部分传感器的图形符号

引用标准及序号	图形符号	说明
GB/T4728.7—2000 07—19—01		接近传感器
GB/T4728.7—2000 07—19—02 07—19—03	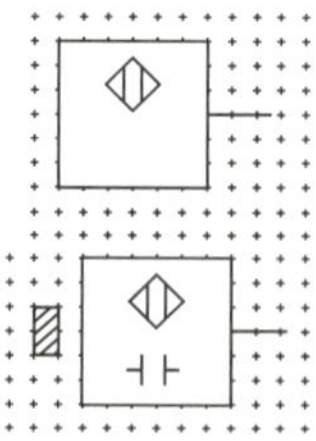	接近传感器器件方框符号。操作方法可以表示出来 示例：固体材料接近时改变电容的接近检测器
GB/T4728.7—2000 07—19—04	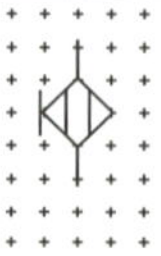	接触传感器

续表

引用标准及序号	图形符号	说明
GB/T4728.7—2000 07—20—01	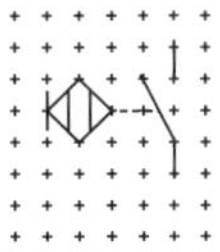	接触敏感开关动合触点
GB/T4728.7—2000 07—20—02	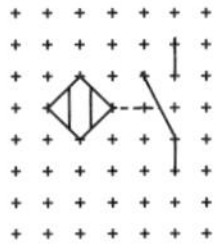	接近开关动合触点
GB/T4728.7—2000 07—20—03	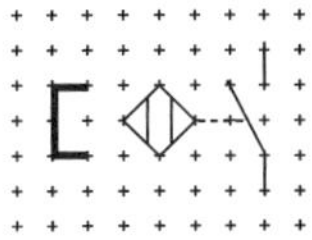	磁铁接近动作的接近开关动合触点
GB/T4728. 7—2000 07—20—04	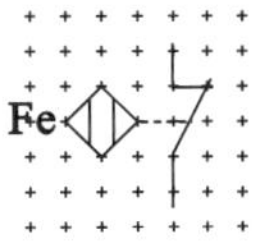	铁接近动作的接近开关动断触点
※	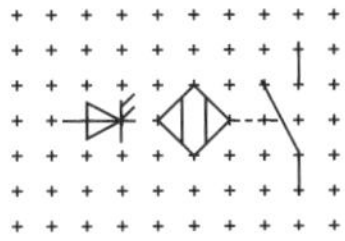	光电开关动合触点 (光纤传感器借用此符号，组委会指定)

3. 传感器的工作原理

(1) 电容传感器的工作原理。

电容传感器的感应面由两个同轴金属电极构成，就像“打开的”电容器电极。这两个电极构成一个电容，串接在 *RC* 振荡回路内。电源接通，当电极附近没有物体时，电容器容量小，不能满足振荡条件，*RC* 振荡器不振荡；当有物体朝着电容器的电极靠近时，电容器的容量增加，振荡器开始振荡。通过后级电路的处理，将不振荡和振荡两种信号转换成开关信号，从而起到了检测有无物体接近的目的。这种传感器既能检测金属物体，又能检测非金属物体。它对金属物体可以获得最大的动作距离，而对非金属物体，动作距离的决定因素之一是材料的介电常数。材料的介电常数越大，可获得的动作距离越大。材料的面积对动作距离也有一定影响。大多数电容传感器的动作距离都可通过其内部的电位器进行调节、设定。

(2) 光电传感器（光电开关）。

光电传感器是通过把光强度的变化转换成电信号的变化来实现检测的。光电传感器在一般情况下由发射器、接收器和检测电路三部分构成。发射器对准物体发射光束，发射的光束一般来源于发光二极管和激光二极管等半导体光源。光束不间断地发射，或者改变脉冲宽度。接收器由光电二极管或光电三极管组成，用于接收发射器发出的光线。检测电路用于滤出有效信号。常用的光电传感器又可分为漫反射式、反射式、对射式等几种，它们中大多数的动作距离都可以调节。

①漫反射式光电传感器。

漫反射式光电传感器集发射器与接收器于一体，在前方无物体时，发射器发出的光不会被接收器接收到，开关不动作，如图3-1-3（a）所示。当前方有物体时，接收器就能接收到物体反射回来的部分光线，通过检测电路产生电信号输出使开关动作，如图3-1-3（b）所示。漫反射式光电传感器的有效作用距离是由目标的反射能力决定的，即由目标表面的性质和颜色决定。

②反射式光电传感器。

反射式光电传感器也是集发射器与接收器于一体，与漫反射式光电传感器不同的是其前方装有一块反射板。当反射板与发射器之间没有物体遮挡时，接收器可以接收到光线，开关不动作，如图3-1-4（a）所示。当被测物体遮挡住反射板时，接收器无法接收到发射器发出的光线，传感器产生输出，开关动作，如图3-1-4（b）所示。这种光电传感器可以辨别不透明的物体，借助反射镜部件，形成较大的有效距离范围，且不易受干扰，可以可靠地用于野外或者粉尘污染较严重的环境中。

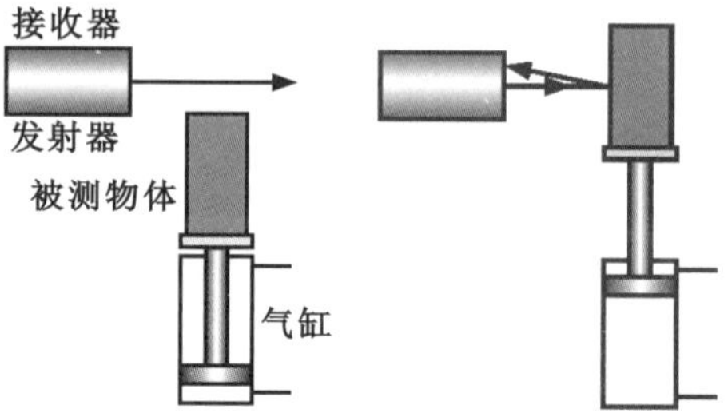

（a）无检测信号　（b）有检测信号

图3-1-3　漫反射式光电传感器工作原理示意图

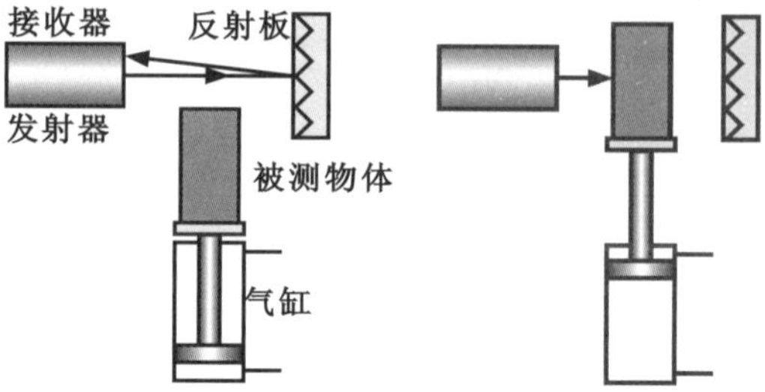

（a）无检测信号　（b）有检测信号

图3-1-4　反射式光电传感器工作原理示意图

③对射式光电传感器。

对射式光电传感器的发射器和接收器是分离的。在发射器与接收器之间如果没有物体遮挡，发射器发出的光线能被接收器接收到，开关不动作，如图3-1-5（a）所示。当有物体遮挡时，接收器接收不到发射器发出的光线，传感器产生输出信号，开关动作，如图3-1-5（b）所示。这种光电传感器能辨别不透明的反光物体，有效距离大。因为发射器发出的光束只跨越感应距离一次，所以不易受干扰，可以可靠地用于野外或者粉尘污染较严重的环境中。

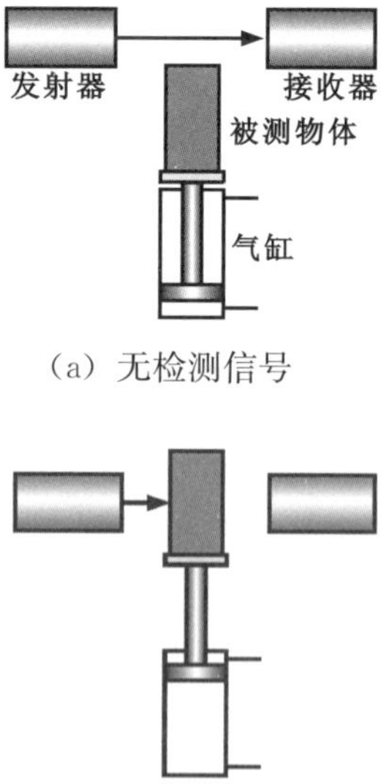

（a）无检测信号

（b）有检测信号

图3-1-5　对射式光电传感器工作原理示意图

④光纤式光电传感器。

光纤式光电传感器又称光电传感器，它利用光导纤维进行信号传输。光导纤维是利用光的完全内反射原理传输光波的一种介质，它由高折射率的纤芯和包层组成。包层的折射率小于纤芯的折射率，直径为0.1～0.2mm。当光线通过端面透入纤芯，在到达与包层的交界面时，由于光线的完全内反射，光线反射回纤芯层。这样经过不断的反射，光线就能沿着纤芯向前传播且只有很小的衰减。光纤式光电传感器就是把发射器发出的光线用光导纤维引导到检测点，再把检测到的光信号用光纤引导到接收器来实现检测的。按动作方式的不同，光纤传感器也可分成对射式、漫反射式等多种类型。光纤传感器可以实现被检测物体在较远区域的检测。由于光纤损耗和光纤色散的存在，在长距离光纤传输系统中，必须在线路适当位置设立中级放大器，以对衰减和失真的光脉冲信号进行处理及放大。

（3）磁感应式传感器。

磁感应式传感器是利用磁性物体的磁场作用来实现对物体感应的，它主要有霍尔传感器和磁性传感器两种。

①霍尔传感器。

当一块通有电流的金属或半导体薄片垂直地放在磁场中时，薄片的两端就会产生电位差，这种现象称为霍尔效应。霍尔元件是一种磁敏元件，用霍尔元件做成的传感器称为霍尔传感器，也称为霍尔开关。当磁性物体移近霍尔开关时，开关检测面上的霍尔元件因产生霍尔效应而使开关内部电路状态发生变化，由此识别附近有磁性物体的存在，并输出信号。这种接近开关的检测对象必须是磁性物体。

②磁性传感器。

磁性传感器又称磁性开关，是液压与气动系统中常用的传感器。磁性开关可以直接安装在气缸缸体上，当带有磁环的活塞移动到磁性开关所在位置时，磁性开关内的两个金属簧片在磁环磁场的作用下吸合，发出信号。当活塞移开，磁场离开金属簧片，触点自动断开，信号切断。通过这种方式可以很方便地实现对气缸活塞位置的检测。

4. 传感器的使用

（1）传感器的电路连接。

传感器的输出方式不同，电路连接也有些差异，但输出方式相同的传感器的电路连接方式相同。YL－235A 型光机电一体化实训装置使用的传感器有直流两线制和直流三线制两种，其中光电传感器、电感传感器、电容传感器、光纤传感器均为直流三线制传感器，磁性传感器为直流两线制传感器。下面我们主要介绍 YL－235A 型光机电一体化实训装置中传感器的电路连接方式。

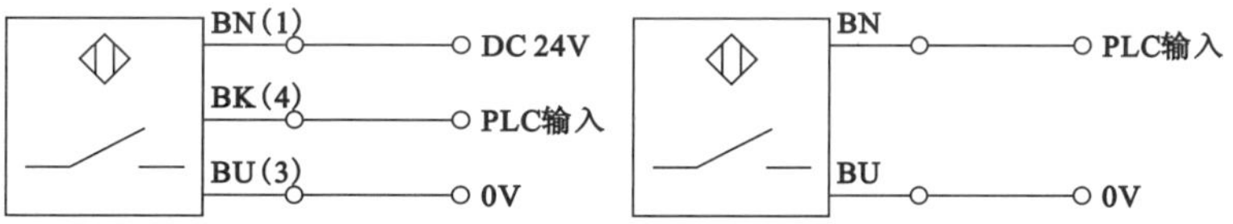

图 3－1－6　传感器电路连接示意图

直流三线制传感器有棕色、蓝色和黑色三根连接线，其中棕色线接直流电源“＋”极，蓝色线接直流电源“－”极，黑色线为信号线，接 PLC 输入端。直流两线制传感器有蓝色和棕色两根连接线，其中蓝色线接直流电源“－”极，棕色线为信号线，接 PLC 输入端。具体的电路连接方式如图 3－1－6 所示。

（2）使用传感器的注意事项。

①传感器不宜安装在阳光直射、高温、可能会结霜、有腐蚀性气体等场所。

②连接导线不要和电力线使用同一配线管或配线槽，若传感器的连接导线与动力线

在同一配线管内，则应使用屏蔽线。

③连接导线不能过细，长度不能过长。

④接通电源后要等待一定时间才能进行检测。

（3）光纤传感器的拆装。

光纤传感器由放大器单元、光纤单元和配线接插件单元三个组件组成，其安装相对电感传感器、电容传感器要复杂一些。下面分别介绍光纤传感器的三个组件的拆装。

①放大器单元的安装。

将放大器单元插入部一侧的钩爪嵌入 DIN 导轨，压入直到挂钩完全锁定，如图 3-1-7 所示。

注意：务必将放大器单元的插入部一侧嵌入导轨进行安装，逆向安装会导致安装强度下降。

②放大器单元的拆卸。

如图 3-1-8 所示，按箭头 1 的方向压住后，将光纤传感器放大器单元插入部按箭头 2 的方向提，即可将放大器单元拆卸下来。

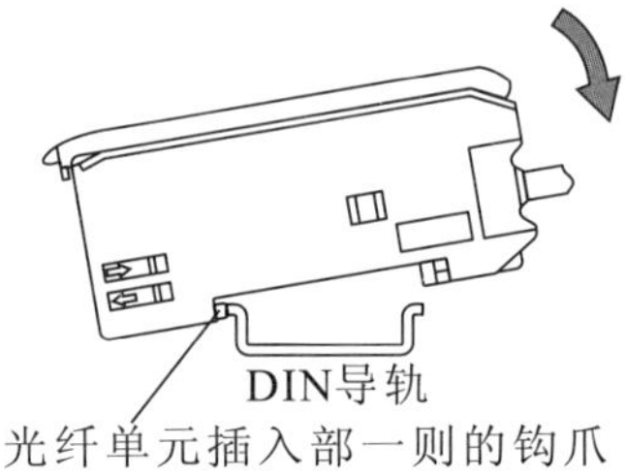

图 3-1-7　放大器单元安装

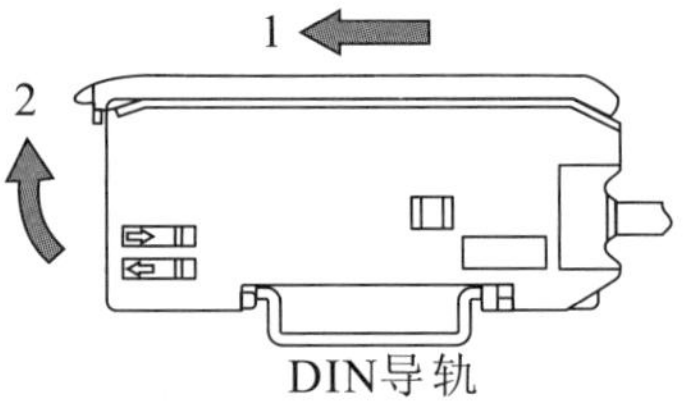

图 3-1-8　放大器单元拆卸

③配线接插件单元的连接。

如图 3-1-9 所示，将配线接插件单元插入放大器单元的母接插件中，直到发出“咔”的声音。

④配线接插件单元的拆卸。

滑动子接插件，如图 3-1-10 所示，按下接插件的扳钮，使母/子接插件完全分离。

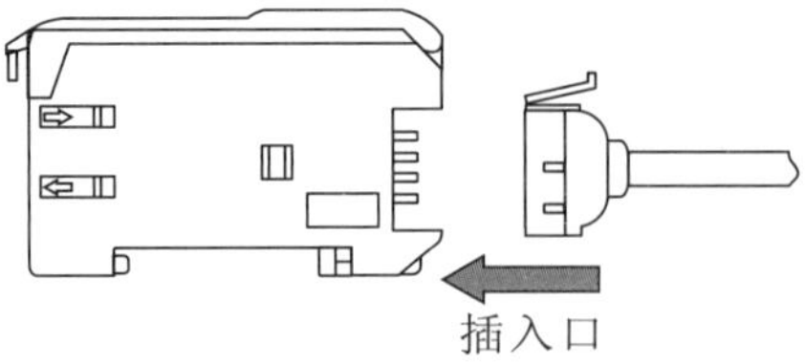

图 3-1-9　配线接插件连接

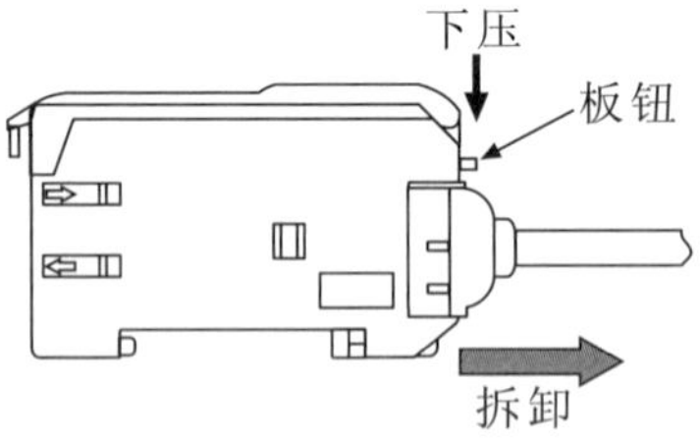

图 3-1-10　配线接插件拆卸

⑤光纤单元的安装。

如图 3-1-11 所示，按箭头 1 的方向打开保护罩，按箭头 2 的方向打开锁定拨杆，按箭头 3 的方向将光纤插入放大器单元插入口并确保插到底部，再按箭头 4 的方向将锁定拨杆拨回原来位置固定住光纤单元，最后盖上保护罩。

注：光纤单元的插入位置要到位，具体位置要求如图 3-1-12 所示。如不完全插

入，可能会引起检测距离下降。

⑥光纤单元的拆卸。

如图 3－1－13 所示，打开保护罩，解除锁定拨杆，然后拔出光纤。

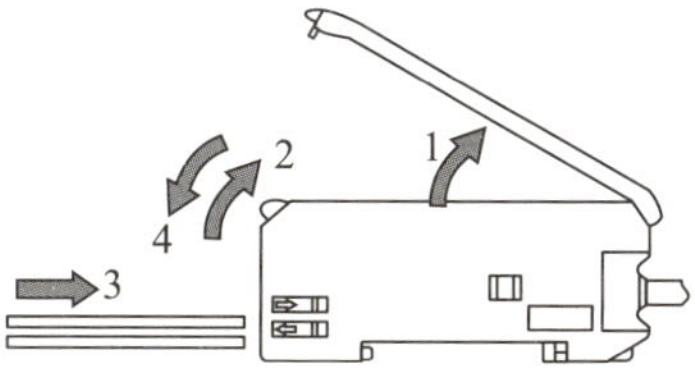

图 3－1－11　光纤单元安装

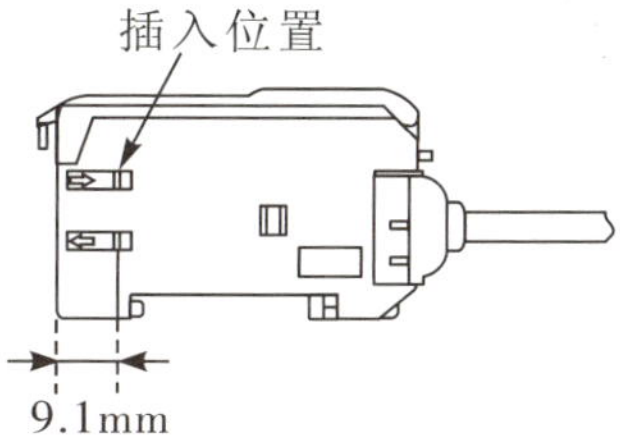

图 3－1－12　光纤插入位置

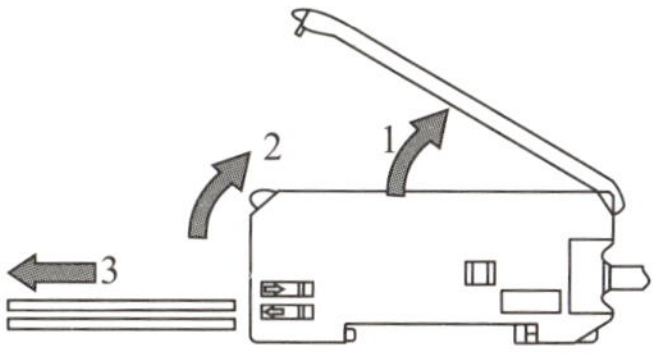

图 3－1－13　光纤单元拆卸

（4）光纤传感器灵敏度的调节。

在物料传送分拣系统中用到了两个光纤传感器。它们的放大器单元采用的是如图3－1－14所示的 E3X－NA11 光量条显示带旋钮设定型放大器。它带有 8 个挡位的灵敏度调节旋钮；通过定时开关可以设定开/关 40ms 延时断电功能；利用动作模式切换开关可以进行常开输出和常闭输出的切换。这种放大器还具有电源逆接保护和输出短路保护功能。E3X－NA11 光纤传感器反射入光量与放大器入光量指示灯的关系如图 3－1－15 所示。

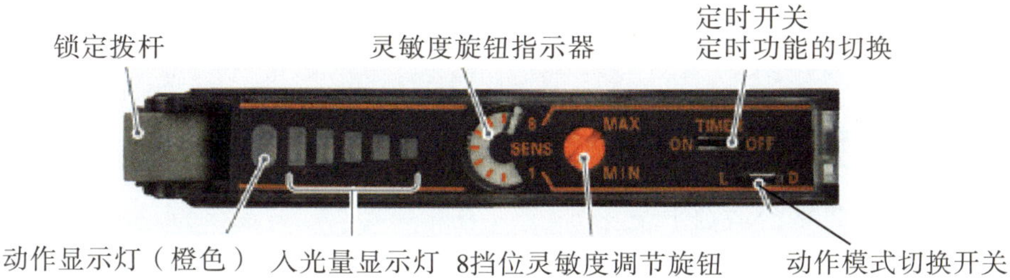

图 3－1－14　E3X－NA11 放大器面板构成

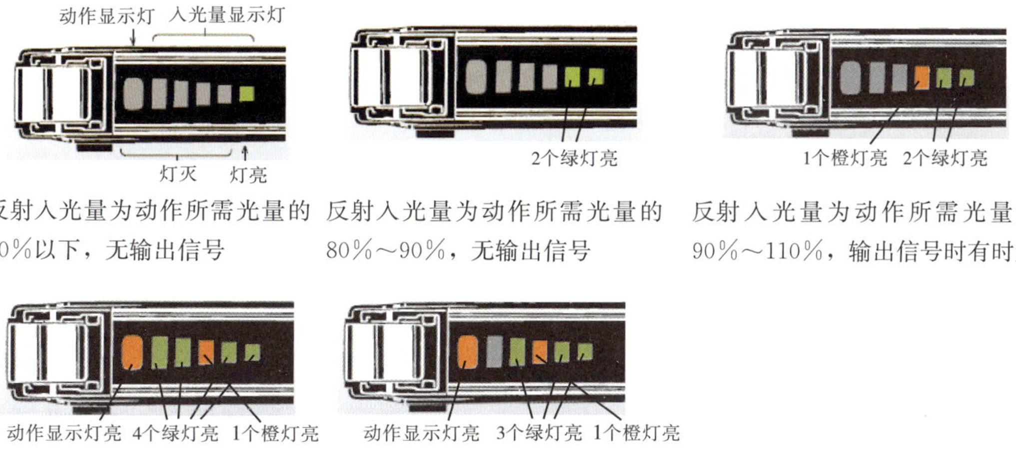

反射入光量为动作所需光量的80%以下，无输出信号

反射入光量为动作所需光量的80%～90%，无输出信号

反射入光量为动作所需光量的90%～110%，输出信号时有时无

反射入光量为动作所需光量的 110%～120%，有输出信号

反射入光量为动作所需光量的 120%以上，有输出信号

图 3－1－15　E3X－NA11 反射入光量与指示灯的关系

完成工作任务指引

YL－235A 型光机电一体化实训装置中的工件识别是通过皮带输送机上安装的传感器来实现的。完成三种工件识别的工作任务，可以按以下步骤进行。

一、准备工具和器材

1. 清点工具、仪表

工件识别装置的安装和前一工作任务相比，只多了传感器支架及传感器的安装，所需的工具和安装多种速度皮带输送机所用的工具相同。请与小组同学一起选择所要用的工具和仪表，并检查各工具、仪表的性能好坏，再将全部工具、仪表放置在辅助工作台方便取用的位置，工具应分类摆开，排列有序。

2. 准备器材

根据图 3－1－1 所示的机械部件安装示意图，准备安装机械部件及固定各机械部件所需器材，连接气路、电路所需用的器材，然后清点全部器材并检查各器材是否完好，检查结束后，按安装的先后顺序放置在辅助工作台上，一些小的器材（如螺栓、螺母等）应用盒子分类放好。

3. 清扫安装平台

安装前，应确认安装平台已放置平稳，安装平台的窄槽内没有遗留的螺母或其他配件，然后用软毛刷将平台清扫干净。

二、环境要求与安全要求

环境要求与安全要求，与前相同。在这里提醒大家，在完成工作任务的过程中务必遵守操作规程。

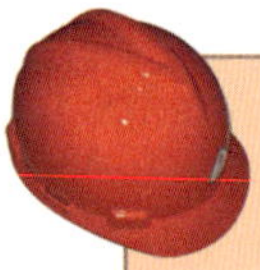

安全提示

时时刻刻遵守安全操作规程，是我们应该养成的职业习惯。

三、绘制电气控制原理图

1. 确定输入/输出的点数

（1）确定 PLC 输入点数。

根据工作要求，需要使用 3 个传感器来区分 3 种工件，在进料口还需要 1 个传感器作物料检测，共有 4 个传感器；工作过程还要求有 1 个启动按钮和 1 个停止按钮，所以一共有 6 个输入信号，即 PLC 输入点数为 6 个，共需 6 个输入端子。

（2）确定 PLC 输出点数。

根据工作过程，要求变频器控制皮带输送机以两种速度正转运行，变频器需要 3 个控制信号，而没有其他的输出，所以共需 3 个输出端子。

2. 列出 PLC 输入/输出地址分配表

根据输入/输出的点数以及输出量的工作电压和工作电流要求来分配输入/输出地址。由于输出只有变频器，因此输入/输出的地址可以任意分配。参考的输入/输出地址分配如表 3-1-3 所示。

表 3-1-3　PLC 输入/输出地址分配表

序号	输入		输出	
	地址	说明	地址	说明
1	X0	启动按钮 SB4	Y10	变频器 STF
2	X1	停止按钮 SB5	Y11	变频器 RH
3	X2	物料检测（光电）	Y12	变频器 RM
4	X3	电感传感器		
5	X4	光纤传感器		
6	X5	光纤传感器		

3. 绘制电气控制原理图

由工作任务要求可知，电气控制原理图包括变频器的电气控制原理图和 PLC 的电气控制原理图。先绘制变频器的电气控制原理图，再根据列出的 PLC 输入/输出地址分配表，绘制出 PLC 的电气控制原理图（参考电路如图 3-1-16 所示）。

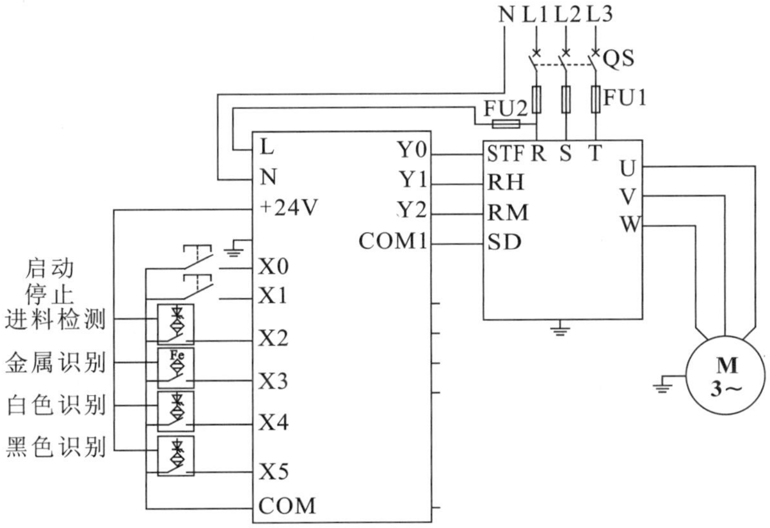

图 3-1-16　工件识别装置电气控制原理图

注意：绘制电气控制原理图除要求正确外，所用元器件的图形符号还应符合中华人民共和国国家标准。绘制的电气控制原理图要规范，图中所用元件应进行标注和说明。

四、安装各机械部件

按图 3-1-1 所示尺寸安装机械部件，机械部件的安装可以参照以下方法和步骤来完成。

1. 安装接线排、皮带输送机和警示灯

具体安装方法和步骤可以参照项目一皮带输送机的安装。

2. 安装各检测传感器的固定支架

按图 3-1-17 所示安装物料检测传感器的固定支架和工件识别传感器的三个固定支架。注意在安装传感器的固定支架之前先按图纸尺寸要求确定好安装位置。

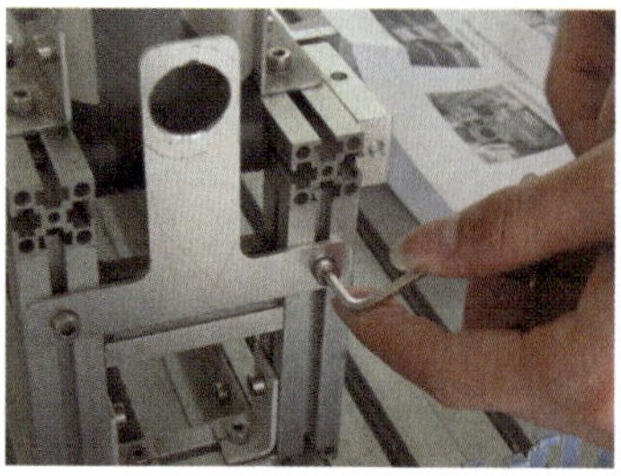

1. 安装物料检测传感器的固定支架。

2. 安装工件识别传感器支架。

图 3-1-17　传感器固定支架的安装步骤与方法

3. 安装传感器

传感器固定支架安装牢固后，就可按图 3-1-18 所示步骤和方法安装传感器。

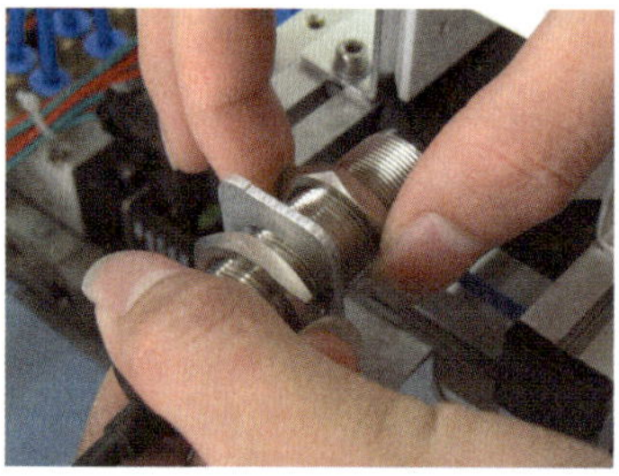

1. 安装物料检测传感器。

2. 安装电感传感器。

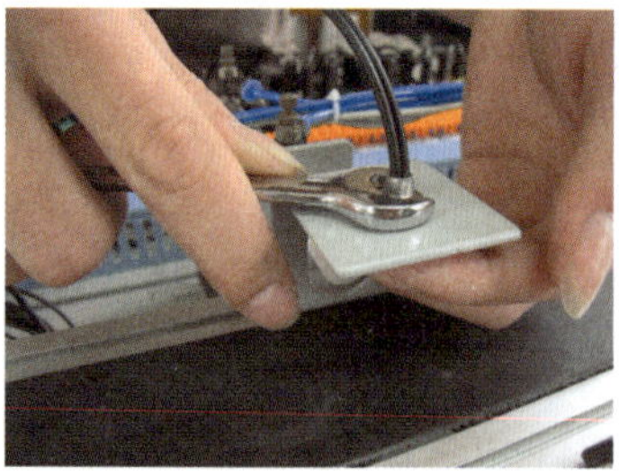

3. 安装光纤传感器。

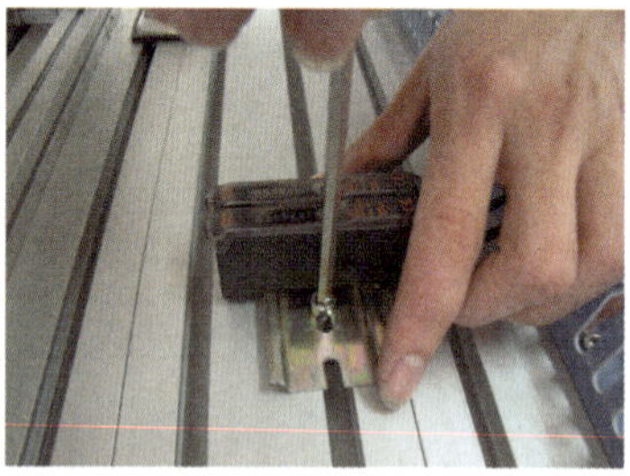

4. 通过“L”形联接件将光纤传感器的放大器固定在安装平台上。

图 3-1-18　传感器的安装步骤与方法

五、根据电气控制原理图安装电路

1. 根据电气控制原理图安装电路

进行电气线路安装之前，首先确保电源开关处于断开位置，然后再按以下步骤和方法进行电气线路的安装。

(1) 将电源警示灯、传感器和三相交流异步电动机的连线连接到接线排合适的位置。注意将动力线和信号线分开。

（2）按电气控制原理图先完成PLC输出回路和电源警示灯的连线，再进行PLC输入回路的线路连线。

（3）按照电气控制原理图完成变频器和三相交流异步电动机的线路连接。

（4）最后连接各模块的电源线。

2. 电路检查

（1）通电前检查。

电路安装结束后，一定要进行通电前检查，保证电路连接正确，没有外露铜丝过长、一个接线端子上有超过两个接头等不符合工艺要求的现象。另外，还要进行通电前的检测，确保电路中没有短路现象，否则通电后可能损坏设备。

（2）通电后检查和调整。

在检查电路连接满足工艺要求，并且电路连接正确、无短路故障后，可接通电源，按以下步骤进行进一步的检查和调整。

①检查电源指示灯和变频器电源指示灯是否正常发光。

②检查物料检测是否正常。

先在皮带输送机的进料口放入工件，观察光电传感器的指示灯是否变亮，对应的PLC输入端是否有输入信号；再将进料口的工件取走，观察物料检测传感器的指示灯是否熄灭，对应的PLC输入信号是否消失，即可检测出光电传感器的检测电路是否正常。

③调整传感器灵敏度，检查工件识别是否正常。

传感器灵敏度的调节可按照如图3－1－19所示方法来进行。

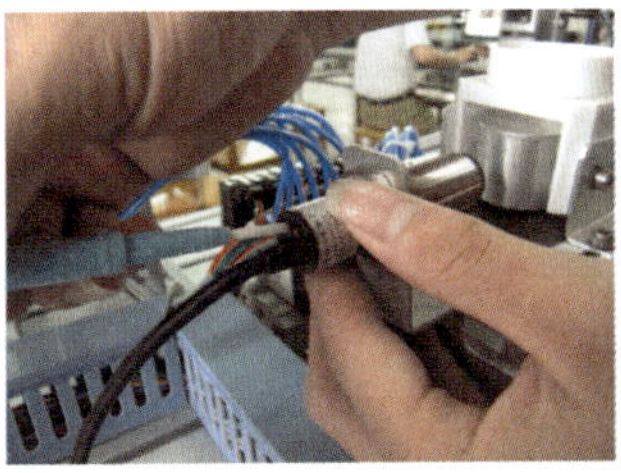

光电传感器的调节

电感传感器的调节

光纤传感器的调节

图3－1－19　传感器的调节方法

在传感器检测位置放上相应材质的工件（电感传感器下放金属工件，光纤传感器下分别放置白色工件和黑色工件），观察PLC相应的输入端是否有信号，再将工件移开后，观察PLC相应的输入信号是否消失。另外，若光纤传感器的灵敏度要求是能检测出白色工件，但不能检测到黑色工件，则还要在光纤传感器位置放置黑色工件，观察对应的PLC输入端是否没有信号。

④检查开关和按钮回路是否正常。

通过手动操作改变开关或按钮的状态，观察对应的PLC输入端的信号是否随之发生变化，即可检查开关和按钮回路是否正常。

六、设置变频器参数

1. 列出要设置的变频器参数表

根据皮带输送机能以两种速度正转运行，变频器需要设定15Hz和20Hz两种频率；

另外，虽然工作任务中没有加减速时间的要求，但是要求检测出工件材质，皮带输送机停止后，传感器能继续检测到工件，如果减速时间太长，则皮带输送机停止过程长，皮带输送机停止后，工件已不在传感器检测位置，所以还需要设定减速时间。需要设定的变频器参数及相应的参数值如表 3－1－4 所示。

2. 设置变频器参数

先将变频器模块上的各控制开关置于断开位置，接通变频器电源，将变频器参数恢复为出厂设置，再依次设置表 3－1－4 所列出的参数，最后恢复到频率监示模式，操作各控制开关，检查各参数设置是否正确。

表 3－1－4 需要设置的变频器参数

序号	参数代号	参数值	说明
1	P4	20Hz	高速
2	P5	15Hz	中速
3	P8	1s	减速时间
4	P79	2	电动机控制模式（外部操作模式）

七、根据工作过程要求编写 PLC 自动控制程序

1. 分析工作过程要求

根据工作过程，主要有两部分要求：一是皮带输送机的运行要求，二是指示灯的指示要求。下面将这两部分要求分别进行分析。

（1）皮带输送机的运行要求。

根据工作过程描述，皮带输送机的运行可以用图 3－1－20 所示的工作流程图来描述。

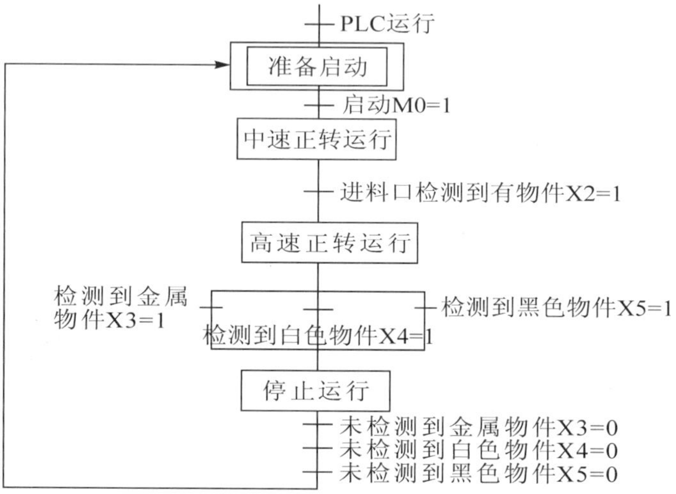

图 3－1－20 皮带输送机工作流程图

（2）电源指示的运行要求。

给皮带输送机送电，电源指示灯应发光指示，但不是由 PLC 控制电源指示灯运行，故不需编写 PLC 控制程序。

2. 编写 PLC 控制程序

根据工作过程分析，编写皮带输送机运行的控制梯形图程序，参考梯形图程序如图 3－1－21所示，其中输出控制部分没有画出，请同学们自己完成。

八、调试、检查设备是否达到了规定的控制要求

电路和变频器的参数在前面已经调试过，所以重点是 PLC 程序的调试。我们可以按以下步骤进行。

1. 下载 PLC 程序

在检查电路正确无误，各机械部件安装符合要求，程序已编写结束并检查无误后，可写入 PLC 程序。

2. 程序功能调试

程序功能的调试要根据工作过程要求，一步一步地进行，逐项检测各项要求是否已得

到满足。本工作任务可按以下步骤进行。

第一步：把 PLC 的状态转换到 RUN。按照工作任务描述操作启动按钮，检查皮带输送机是否以 15Hz 的频率中速运行。

第二步：从进料口放入工件，检查皮带输送机是否以 20Hz 的频率高速运行，当检测出工件材质后，观察皮带输送机是否停止，指示灯 HL2 的指示是否正确。

第三步：取走工件，观察皮带输送机是否又以 15Hz 的频率运行，同时检查各机械传动部件是否达到了规定的工艺要求。

第四步：一种工件识别结束后，再进行另外两种工件的识别。从进料口放入材质不同的工件，重复第二、第三步。

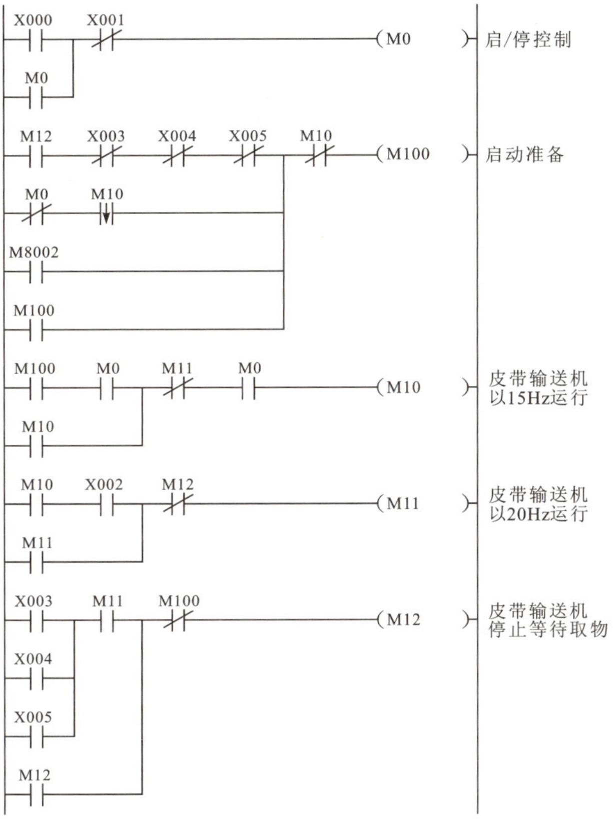

图 3-1-21　皮带输送机控制的部分梯形图程序

如果每一步都满足要求，则说明程序完全符合工作过程要求。如果有不满足控制要求的现象，则查明原因，进行修正后再重新调试。

1. 列出你将皮带输送机安装在安装平台上的方法和步骤，并说明和前一任务相比，安装的方法和步骤有什么不同，完成的速度和质量有什么不同。

2. 在安装传感器时，你感觉有困难吗？请说明有什么困难。

3. 在完成工作任务过程中，你的传感器需要进行灵敏度调节吗？

4. 如何调节光电传感器的灵敏度？改变光电传感器的灵敏度后，其检测结果有何变化？

5. 如何调节光纤传感器的灵敏度？改变其灵敏度后，检测结果有何变化？

6. 在绘制电路原理图时，你感觉有什么困难？

7. 安装电路后，你做过哪些检测？检测到什么故障？你是通过什么方法排除故障的？

8. 你在调试过程中发现哪些问题？是什么原因造成的？你怎样解决这些问题？

9. 如果要区分绿色和红色工件，你认为可以采用什么办法？

10. 请你填写完成工作任务评价表。

完成工作任务评价表

<table>
<tr><td>前面两轴的中心距</td><td></td><td>后面两轴的中心距</td><td></td><td>不同轴度</td><td></td></tr>
<tr><td>三相交流异步电动机处皮带的高度</td><td></td><td>进料口处皮带的高度</td><td></td><td>水平度</td><td></td></tr>
<tr><td rowspan="4">平面尺寸检查</td><td colspan="4">皮带输送机离后边沿的尺寸</td><td></td></tr>
<tr><td colspan="4">皮带输送机离右边沿的尺寸</td><td></td></tr>
<tr><td colspan="4">电感传感器和第一个光纤传感器之间的距离</td><td></td></tr>
<tr><td colspan="4">两个光纤传感器之间的距离</td><td></td></tr>
<tr><td colspan="3">皮带输送机主轴转动是否流畅</td><td colspan="3"></td></tr>
<tr><td colspan="3">电路连接所选元件是否有问题</td><td colspan="3"></td></tr>
<tr><td colspan="3">电路连接有无不牢或外露铜丝是否超过 2mm</td><td colspan="3"></td></tr>
<tr><td colspan="3">同一接线端子上连接的导线是否超过 2 条</td><td colspan="3"></td></tr>
<tr><td colspan="3">接线排上的连接有无未套号码管的现象</td><td colspan="3"></td></tr>
<tr><td colspan="3">你设计的电路原理图：</td><td colspan="3">你安装传感器的方法和步骤：</td></tr>
<tr><td colspan="6">调试结果记录（写出调试过程中不满足要求的情况及要进行的修改）：</td></tr>
<tr><td colspan="6">你完成本次工作任务的步骤：</td></tr>
<tr><td colspan="6">你对完成本次工作任务的自我评价：</td></tr>
<tr><td colspan="6">小组同学对你完成本次工作任务的评价（请你去找小组的同学）：</td></tr>
<tr><td colspan="6">老师对你完成本次工作任务的评价（请你去找老师）：</td></tr>
</table>

任务二 调试带指示的工件识别装置

工作任务

某生产线加工金属、白色塑料和黑色塑料三种工件，在该生产线的终端有一识别装置，用以识别这三种工件。接通电源，按下启动按钮 SB4 后，设备启动，皮带输送机以 20Hz 的频率正转运行，指示灯 HL1 以 1Hz（即亮 0.5s、灭 0.5s）的频率闪烁，此时可以从进料口放入工件，当皮带输送机进料口检测到有工件时，指示灯 HL1 变为常亮，表示此时输送皮带上有工件，输送皮带以 35Hz 的频率正转运行，将工件送到检测位置，当检测出工件的材质时，皮带输送机停止运行，直到皮带输送机上没有工件时再以 20Hz 的频率正转运行，准备下一工件的识别。

当检测出工件材质时，指示灯 HL2 以不同的发光规律来指示，表示工件识别已完成，可以将工件取走，工件取走后，指示灯 HL2 熄灭。HL2 的发光规律是：若工件为金属，则 HL2 以 2s（即亮 1s、灭 1s）的周期闪烁；若工件为白色塑料，则 HL2 以 0.5s（即亮 0.25s、灭 0.25s）的周期闪烁；若工件为黑色塑料，则 HL2 以亮 0.5s、灭 1s 的规律闪烁。

当按下停止按钮 SB5 后，识别完当前工件，并在工件取走后设备才停止工作。

请你根据带指示的工件识别装置的工作要求，完成下列工作任务：

（1）按图 3-2-1 在安装平台上安装好皮带输送机、传感器，自行确定接线排安装位置并安装。

（2）根据工作过程要求，画出在皮带输送机上识别工件的电气控制原理图。

（3）按照电气控制原理图连接好线路。

（4）根据工作过程要求设置变频器参数，使皮带输送机满足工作过程的运行要求。

（5）根据工作过程要求编写 PLC 程序。

（6）调试设备的 PLC 程序以达到工作过程要求。

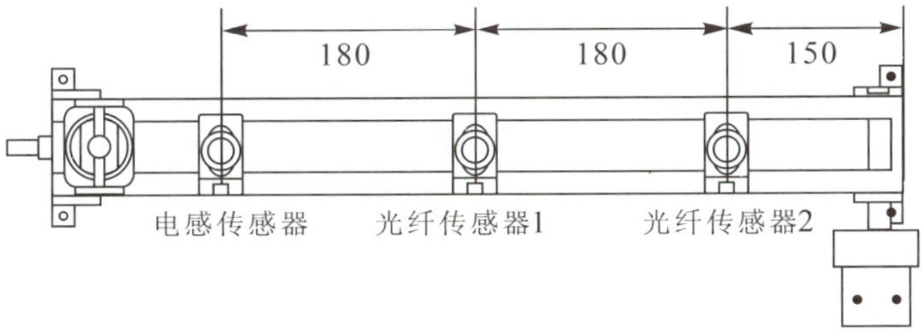

图 3-2-1 带指示的三种工件识别的机械部件安装示意图

注：皮带输送机的输送皮带上表面离安装平台台面的垂直高度为 140mm。

相关知识

本工作任务中要求完成三种工件的识别，并用指示灯以不同的发光规律来指示检测到的不同材质的工件。和前一工作任务相比，多了指示灯指示功能。下面介绍指示灯控制的典型梯形图程序。

指示灯作为一种信号指示，在机电一体化设备中的应用非常多。指示灯可以用作各种工作状态或工作方式的指示，可以用作设备保护的指示，皮带输送机允许下料或禁止下料的指示，时间间隔的指示，还可以作为各种异常情况的指示等，并且，通常一盏指示灯要求有多种指示功能，这就要通过不同的闪烁方式来实现，所以指示灯控制程序的编写是很重要的。

1. 一盏指示灯 0.5s 闪烁 1 次

指示灯 0.5s 闪光 1 次，闪光频率为 2Hz。该指示的亮灭规律是：亮 0.25s、灭 0.25s。

（1）用基本逻辑指令实现的梯形图程序如图 3-2-2 所示。

（2）用 ALT 指令实现的梯形图程序如图 3-2-3 所示。

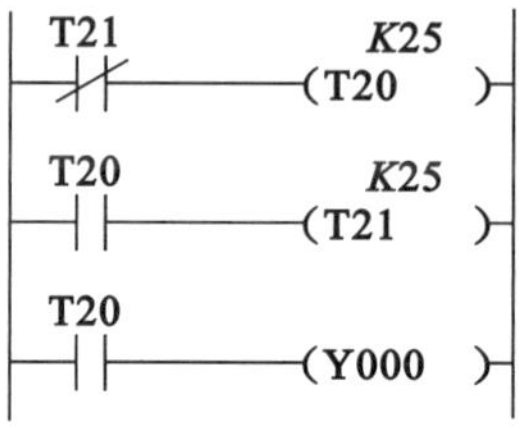

图 3-2-2　用基本逻辑指令实现的梯形图程序

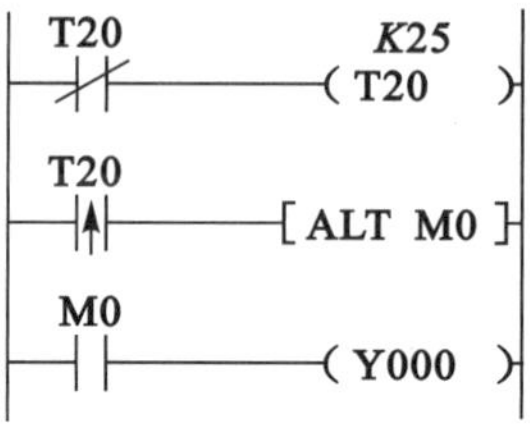

图 3-2-3　用 ALT 指令实现的梯形图程序

2. 两灯交替发光 0.25s

两灯交替发光 0.25s 时，每盏灯的亮灭规律为亮 0.25s、灭 0.25s。其梯形图程序如图 3-2-4 所示。

3. 指示灯发光 1s、熄灭 1s

指示灯发光 1s、熄灭 1s 的梯形图程序如图 3-2-5 所示。

4. 指示灯 1s 闪烁 2 次、熄灭 1s

指示灯 1s 闪烁 2 次、熄灭 1s 的梯形图程序如图 3-2-6 所示。

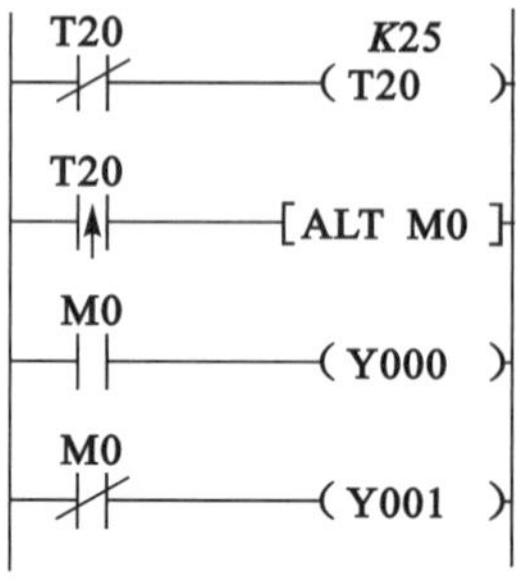

图 3-2-4　两灯交替发光 0.25s 的梯形图程序

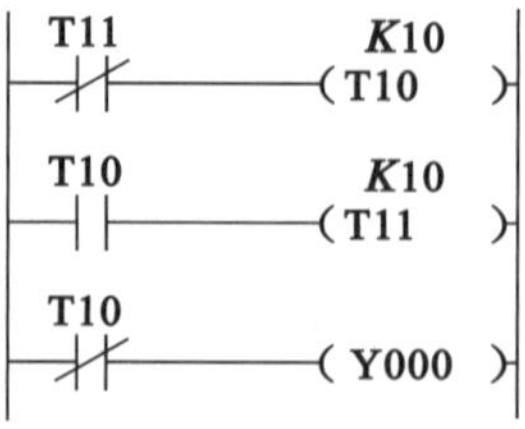

图 3-2-5　指示灯发光 1s、熄灭 1s 的梯形图程序

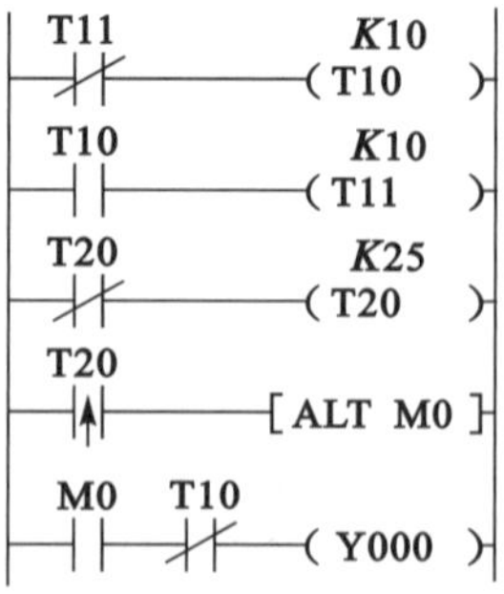

图 3-2-6　指示灯 1s 闪烁 2 次、熄灭 1s 的梯形图程序

完成工作任务指引

本工作任务和前一工作任务相比，在机械部件的安装上只是尺寸不同，在控制要求上，皮带输送机的运行速度不同且多了指示灯的指示功能。因此下面只介绍不同的要求如何实现。

1. 准备工具和器材

2. 列出 PLC 输入/输出地址分配表

根据前一工作任务的分析，输入点数应为 6 个，输出由于多了两盏指示灯，因此输出点数为 5 个。由于变频器公共端和 DC 24V 直流电源的“一”极不能共用，因此变频器的控制端和指示灯的信号不能在同一组输出。只要满足这一条件，输入/输出地址可以任意分配。参考的输入/输出地址分配如表 3－2－1 所示。

表 3－2－1 PLC 输入/输出地址分配表

序号	输入		输出	
	地址	说明	地址	说明
1	X0	启动按钮 SB4	Y0	指示灯 HL1
2	X1	停止按钮 SB5	Y1	指示灯 HL2
3	X2	物料检测（光电）	Y10	变频器 STF
4	X3	电感传感器	Y11	变频器 RH
5	X4	光纤传感器	Y12	变频器 RM
6	X5	光纤传感器		

3. 绘制电气控制原理图

本工作任务的控制要求只是多了指示灯指示功能，请同学们仿照前一工作任务电气控制原理图的画法，自己画出电气控制原理图。

4. 安装各机械部件

按照图 3－2－1 所示机械部件安装示意图安装各机械部件，具体安装方法参照前一工作任务。

5. 根据电气控制原理图安装电路

具体安装方法参照前一工作任务。

6. 设置变频器参数

（1）列出要设置的变频器参数。

虽然皮带输送机的速度要求不同，但也只有两种运行速度，请同学们按照前一工作任务的方法把要设定的变频器参数及相应的参数值列于表 3－2－2 中。

表 3-2-2　需要设置的变频器参数

序号	参数代号	参数值	说明
1			
2			
3			
4			
5			

（2）设置变频器参数。

7. 根据工作过程要求编写 PLC 自动控制程序

（1）分析工作过程要求。

根据工作过程，主要有两部分要求：一是皮带输送机的运行要求，二是指示灯的指示要求。下面对这两部分要求分别进行分析。

①皮带输送机的运行要求。

根据工作任务描述，皮带输送机的工作流程和前一工作任务完全一样。

②指示灯的指示要求。

HL1：启动后，若皮带输送机上有物料，指示灯长亮；若皮带输送机上无物料，指示灯以 1Hz 的频率闪烁。

HL2：传感器检测到有物料时指示。若电感传感器检测到有物料，则以 2s 的周期闪烁；若第一个光纤传感器检测到有物料（白色塑料），则以 0.5s 的周期闪烁；若第二个光纤传感器检测到有物料（黑色塑料），则以亮 0.5s、灭 1s 的规律闪烁。

（2）编写 PLC 控制程序。

根据工作过程分析，编写皮带输送机运行的控制梯形图程序，参考梯形图程序如图 3-1-21 所示，其中输出控制部分没有画出，请同学们自己完成。

根据指示灯的指示要求，要先编写指示灯各种闪烁规律的梯形图程序，可以参照指示灯的典型控制梯形图程序进行编写，然后再根据指示条件编写指示灯指示控制梯形图程序。设 M200 以 2s 的周期（即亮 1s、灭 1s）闪烁，M201 以 0.5s 的周期闪烁，M202 以亮 0.5s、灭 1s 的规律闪烁，则指示灯控制的梯形图程序可参考图 3-2-7。

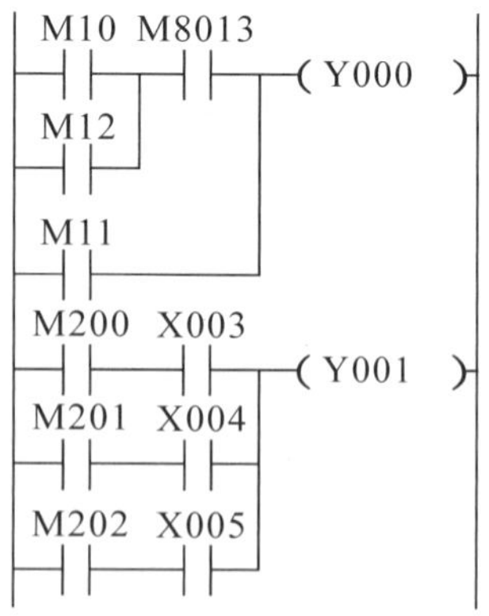

图 3-2-7　指示灯控制的部分梯形图程序

8. 调试设备，检查设备是否达到了规定的控制要求

思考与练习

请你填写完成工作任务评价表。

完成工作任务评价表

前面两轴的中心距		后面两轴的中心距		不同轴度	
三相交流异步电动机处皮带的高度		进料口处皮带的高度		水平度	
平面尺寸检查	皮带输送机离后边沿尺寸				
	皮带输送机离右边沿尺寸				
	电感传感器和第一个光纤传感器之间的距离				
	两个光纤传感器之间的距离				
皮带输送机主轴转动是否流畅					
电路连接所选元件是否有问题					
电路连接有无不牢或外露铜丝是否超过 2mm					
同一接线端子上连接的导线是否超过 2 条					
接线排上的连接有无未套号码管的现象					
你设计的电路原理图：			你安装传感器的方法和步骤：		
调试结果记录（写出调试过程中不满足要求的情况及要进行的修改）：					
你完成本次工作任务的步骤：					
你对完成本次工作任务的自我评价：					
小组同学对你完成本次工作任务的评价（请你去找小组的同学）：					
老师对你完成本次工作任务的评价（请你去找老师）：					

项目四　工件的分拣

在生产实际中，完成加工的零件由于需要不同应进行不同的处理，或放置到不同的位置，这就要进行分拣。YL－235A 型光机电一体化实训装置中的分拣装置可以模拟生产实际的各种加工、分拣和包装过程。本项目我们通过完成安装与调试工件分拣装置和调试工件分拣与包装装置两个工作任务，学会工件分拣装置的安装、编程和调试。

任务一　安装与调试工件分拣装置

工作任务

某生产线加工金属、白色塑料和黑色塑料三种工件，在该生产线的终端有一个分拣装置，将这三种工件分别送达不同的地方。接通电源，按下启动按钮 SB4，设备启动，开始工件的分拣。皮带输送机以 10Hz 的频率正转运行，等待工件到来，当皮带输送机进料口检测到有工件时，输送皮带以 25Hz 的频率正转运行，如果放上输送皮带的是金属工件，则由气缸Ⅰ推入出料斜槽Ⅰ；如果物料是白色塑料工件，则由气缸Ⅱ推入出料斜槽Ⅱ；如果物料是黑色塑料工件，则由气缸Ⅲ推入出料斜槽Ⅲ。在工件被推入出料斜槽、气缸活塞杆缩回后，皮带输送机以 10Hz 的频率正转运行，等待下一个工件到来。

按下停止按钮 SB5，设备在分拣完皮带输送机上的工件后才停止工作。

请你根据分拣装置的工作要求，完成下列工作任务：

(1) 按图 4－1－1 在安装平台上安装工件分拣系统的机械部件。

(2) 根据如图 4－1－2 所示气动系统图连接气路。

(3) 根据工件分拣装置的工作要求，画出工件分拣装置的电气控制原理图。

(4) 按照电气控制原理图连接电路。

(5) 根据工作过程要求编写 PLC 程序，并设置变频器参数。

(6) 调试设备的 PLC 程序以达到工作过程要求。

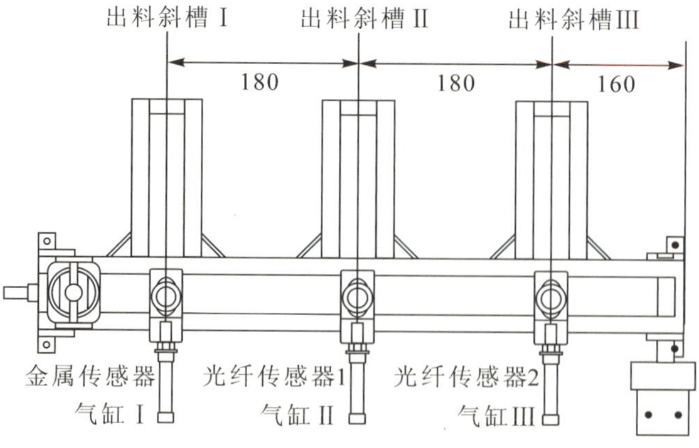

图 4－1－1　三种工件分拣的机械部件安装示意图

注：皮带输送机的输送皮带上表面离安装平台台面的垂直高度为 130mm。

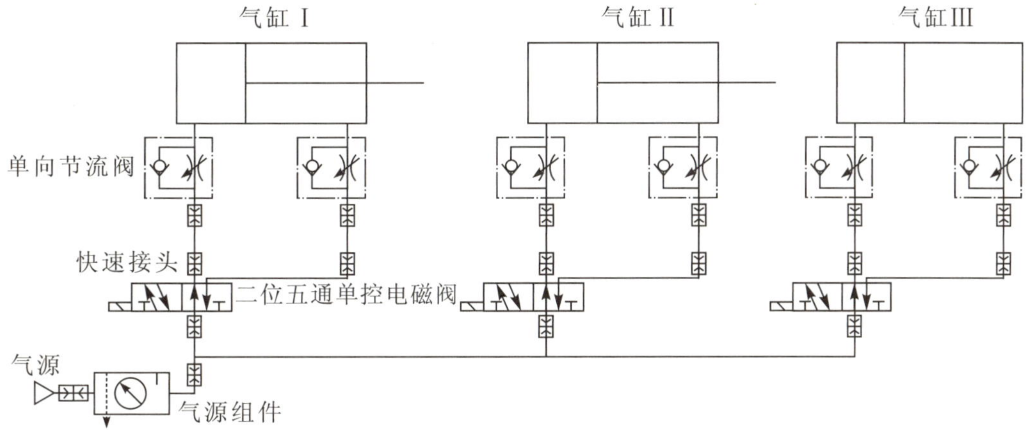

图 4-1-2　工件分拣装置气动系统图

相关知识

气动元件的基本知识

一、概述

气动是“气压传动与控制”或“气动技术”的简称。气动技术是以压缩空气为工作介质进行能量传递或信号传递的工程技术，是实现各种生产控制、自动控制的手段之一。

二、气动系统的构成

一个完整的气动系统由能源部件、控制元件、执行元件和辅助装置等四部分组成。

用规定的图形符号来表征系统中的元件、元件之间的连接、压缩气体的流动方向和系统实现的功能，这样的图形叫气动系统图或气动回路图，如图 4-1-3 所示。

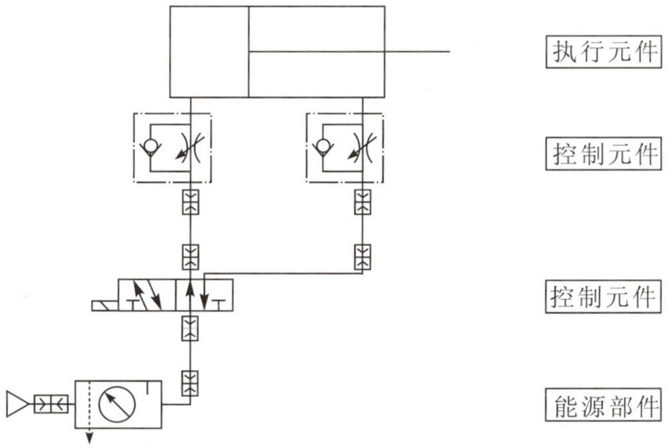

图 4-1-3　气动系统结构图

三、气动系统的特点

20 世纪 80 年代以来，自动化技术得到迅速发展。自动化实现的主要方式有：机械方式、电气方式、液压方式和气动方式等。与其他传动及控制方式相比，气动方式主要有以下特点。

1. 优点

（1）气动介质是空气，用量不受限制，压缩空气可进行远距离输送，在极端温度下仍能保证可靠工作，不需要昂贵的防爆设施，系统中泄漏出的介质不会造成污染。

（2）气动部件结构简单，价格便宜。

（3）具有良好的可调节性。

（4）过载不会造成危险。

2. 缺点

（1）压缩空气必须经过良好的过滤和干燥，不能含有灰尘和水分等杂质。

（2）气动执行元件的工作速度稳定性和定位性能差。

（3）不适用于需要高速传递信号的复杂回路。

（4）气动元件在工作时噪声较大，因此高速排气时要加消声器。

（5）输出力小，通常不大于 1～4MPa。

（6）使用空气压缩机将电能转换为压力能，执行元件将压力能转换为机械能，能量转换环节多，能量损失大，整个气动系统的效率低。

四、空气过滤器

空气在进入气动系统前必须经过空气过滤器，以滤去其中所含的灰尘和杂质。空气过滤器的过滤原理是根据固体物质和空气分子的大小和质量不同，利用惯性、阻隔和吸附的方法将灰尘和杂质与空气分离。空气过滤器由挡板、滤芯、滤杯等组成，如图 4－1－4 所示。空气过滤器的排放螺栓应定期打开，放掉积存的油、水和杂质。有些场合由于人工观察水位和排放不方便，可以将排放螺栓改为自动排水阀，实现自动定期排放。

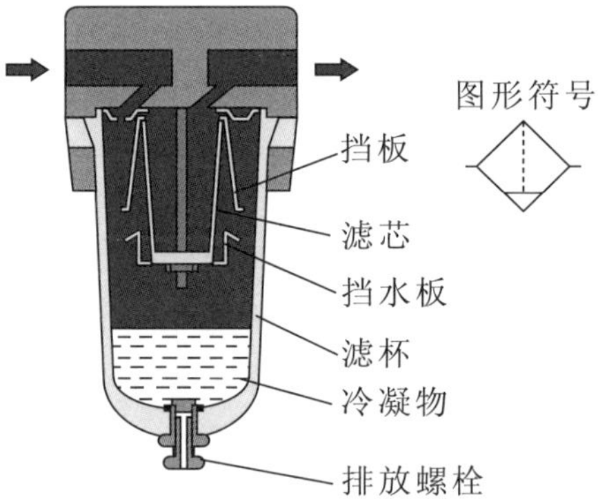

图 4－1－4　空气过滤器结构示意图及图形符号

五、调压阀

调压阀的作用是调节气动系统中压缩空气的压力并保持输出压力稳定。由于调压阀的输出压力必然小于输入压力，因此调压阀也常被称为减压阀。YL－235A型光机电一体化实训装置的调压阀如图 4－1－5 所示。

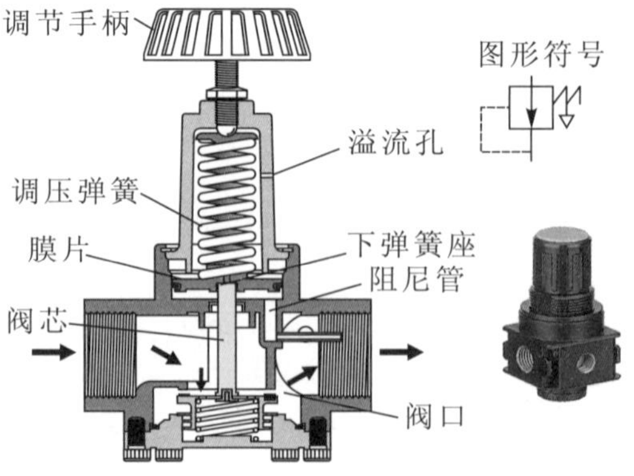

图 4－1－5　直动式调压阀结构示意图及实物图

六、油雾器

油雾器是一种特殊的注油装置，它以压缩空气为动力，将特定的润滑油喷射成雾状混合于压缩空气中，并随压缩空气进入需要润滑的部位，达到润滑的目的。

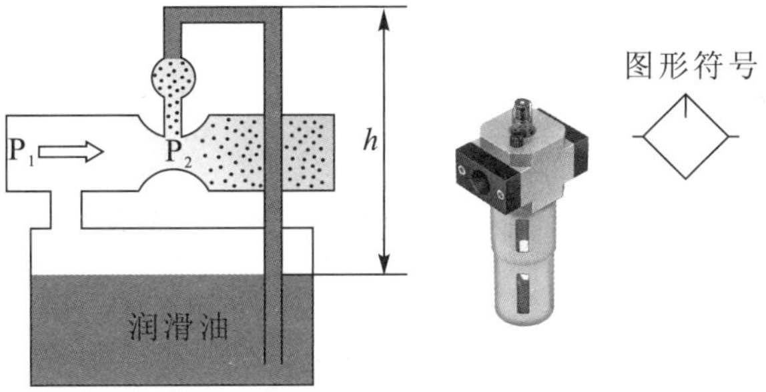

图 4－1－6　油雾器工作原理示意图及实物图

七、气动三联件

油雾器、空气过滤器和调压阀组合在一起构成的气源调节装置，通常被称为气动三联件，是气动系统中常用的气源处理装置。联合使用时，其顺序应为空气过滤器—调压阀—油雾器，不能颠倒。在采用无油润滑的回路中则不需要油雾器。

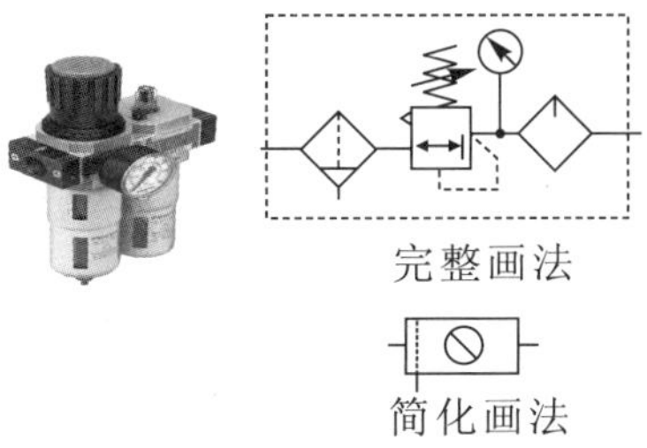

图 4－1－7　气动三联件的实物图及图形符号

八、执行元件

在气动系统中，将压缩空气的压力转换为工作动力的元件，为执行元件。气缸是气动系统中使用最多的一种执行元件，根据使用条件、场合的不同，其结构、形状也有多种形式。

1. 单作用气缸

单作用气缸如图4－1－8所示，它在活塞一侧进入压缩空气推动活塞运动，使活塞杆伸出或缩回，另一侧是通过呼吸口开放在大气中的。这种气缸只能在一个方向上做功。活塞的反向运动则靠一个复位弹簧或施加外力来实现。由于压缩空气只能在一个方向上控制气缸活塞的运动，因此称为单作用气缸。

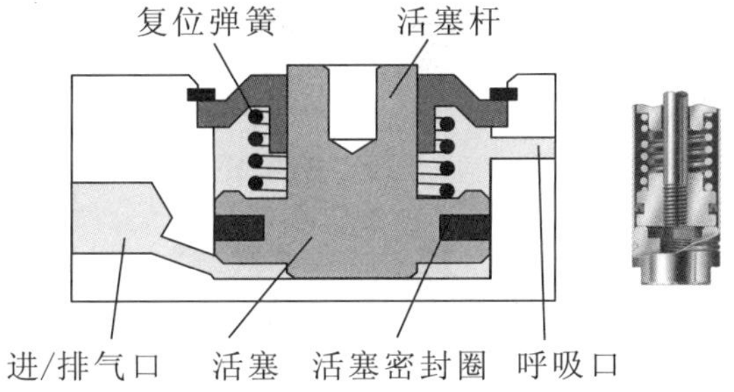

图 4－1－8　单作用气缸结构示意图及实物图

2. 双作用气缸

双作用气缸如图 4－1－9 所示，活塞的往返运动是依靠压缩空气从缸内被活塞分隔开的两个腔室（有杆腔、无杆腔）交替进入和排出来实现的，压缩空气可以在两个方向上做功。由于气缸活塞的往返运动全部靠压缩空气来完成，因此称为双作用气缸。

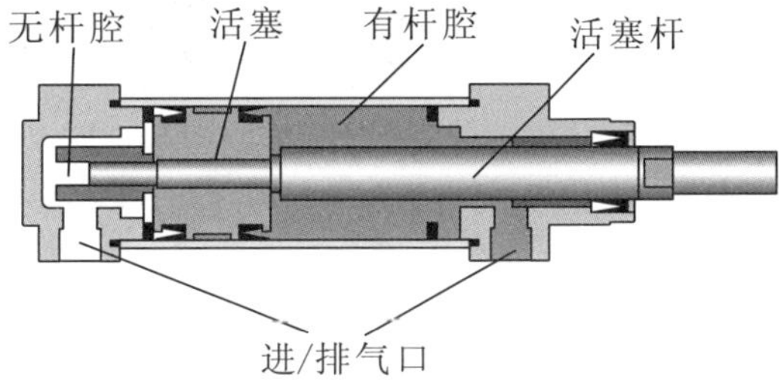

图 4－1－9　双作用气缸结构示意图

常见气缸的外形及在气动系中的图形符号如表 4－1－1 所示。

表 4－1－1　常见气缸外形及其图形符号

名称	外形	图形符号	特征
单作用单出单杆气缸	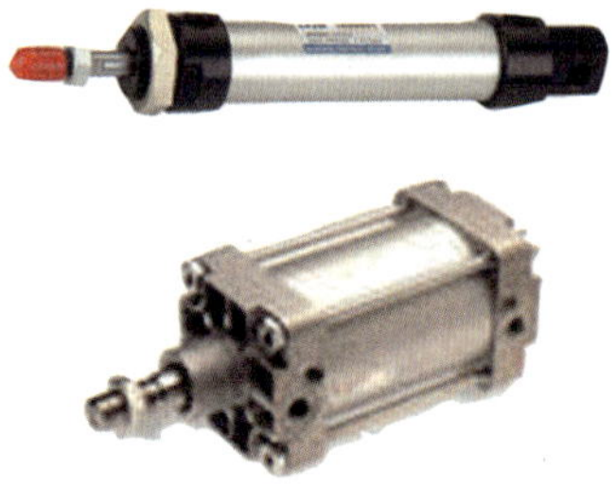	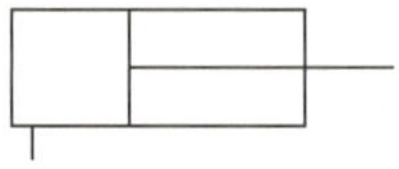 不带弹簧  弹簧压出 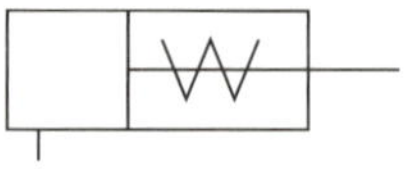 弹簧压回	仅 1 个进气口，气缸的一侧有活塞杆伸出
双作用单出单杆气缸	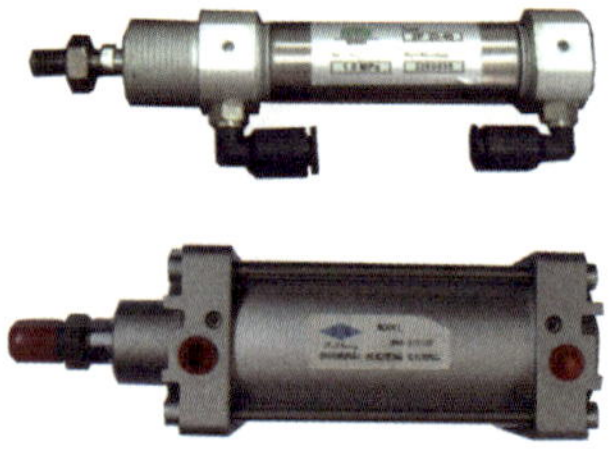		气缸上有 2 个进气口，气缸的一侧有活塞杆伸出
双作用单出双杆气缸	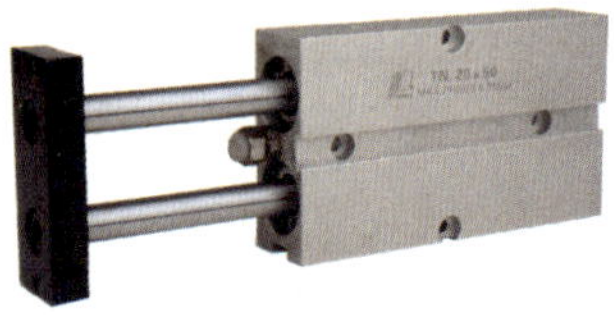	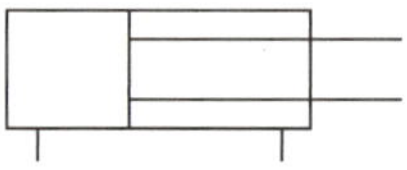	气缸上有 2 个进气口，气缸的一侧有 2 条活塞杆伸出
双作用无杆气缸	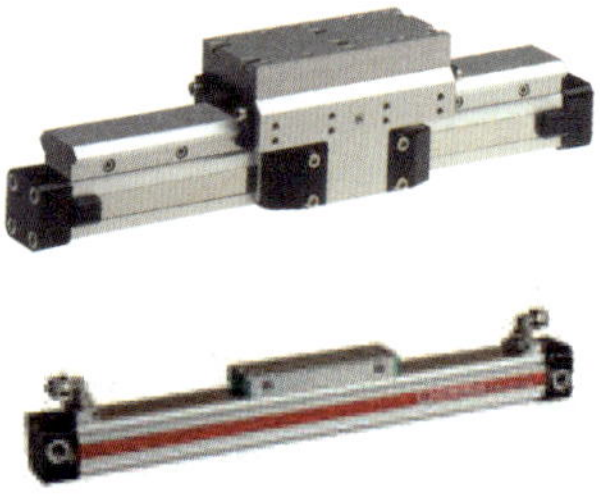	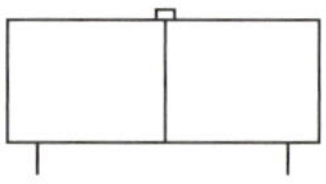	气缸上有 2 个进气口，但没有活塞杆伸出
双作用双出单杆气缸	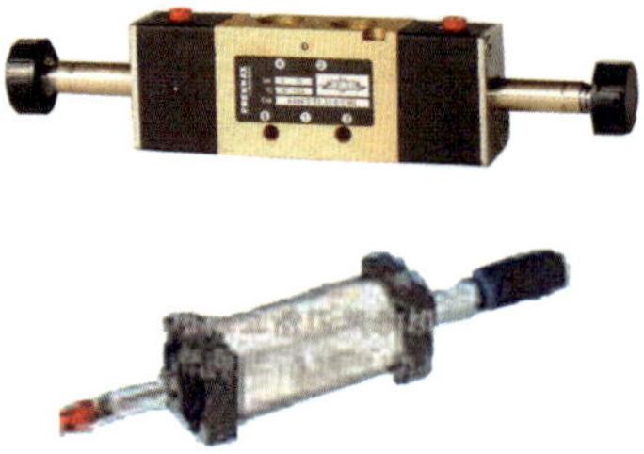	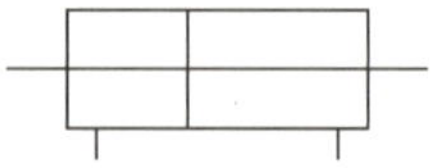	气缸上有 2 个进气口，气缸的两侧都有活塞杆伸出
双作用双出双杆气缸	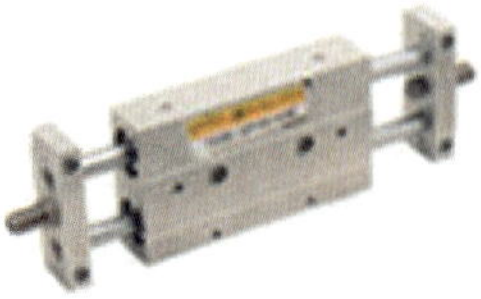	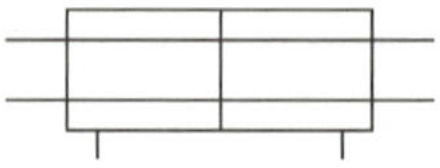	气缸上有 2 个进气口，气缸的两侧均有 2 条活塞杆伸出

3. 旋转气缸

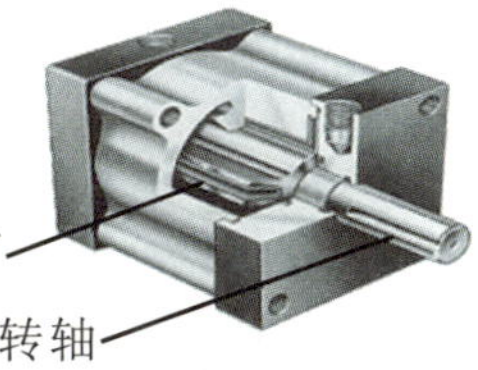

图 4－1－10　单叶片式旋转气缸结构图

旋转气缸是利用压缩空气驱动输出轴在小于 360°的角度范围内做往复摆动的气动执行元件，多用于物体的转位、工件的翻转、阀门的开闭等场合。旋转气缸按结构特点可分为叶片式和齿轮齿条式两大类。单叶片式旋转气缸如图 4－1－10所示。

常见摆动气缸和旋转气缸的外形与图形符号如表 4－1－2 所示。

表 4－1－2　常见摆动气缸和旋转气缸的外形与图形符号

名称	外形	图形符号	说明
齿轮齿条式摆动气缸	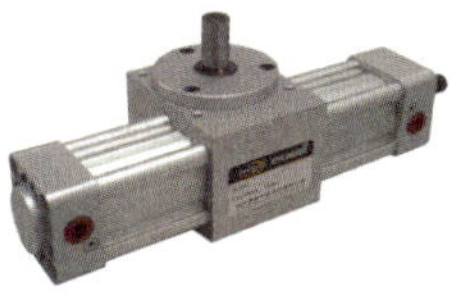		活塞杆绕轴线顺时针转动一定角度，然后又逆时针转动一定角度
叶片式摆动气缸	 	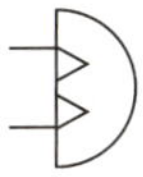	
旋转气缸（气动马达）		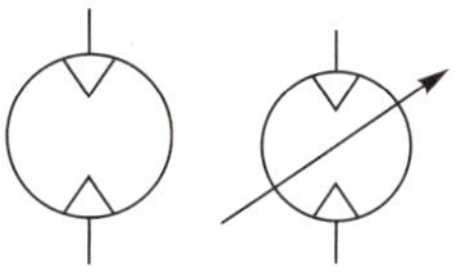 定量马达　变量马达	一个进气口进气，活塞杆向一个方向转动，另一进气口进气，活塞杆向另一个方向转动

4. 气爪

气爪（又称气动手指、气动抓手）可以实现各种抓取功能，是现代气动机械手中的一个重要部件。气爪的主要类型有平行气爪气缸、摆动气爪气缸、旋转气爪气缸和三点气爪气缸等。部分气爪剖面结构如图 4－1－11 所示。

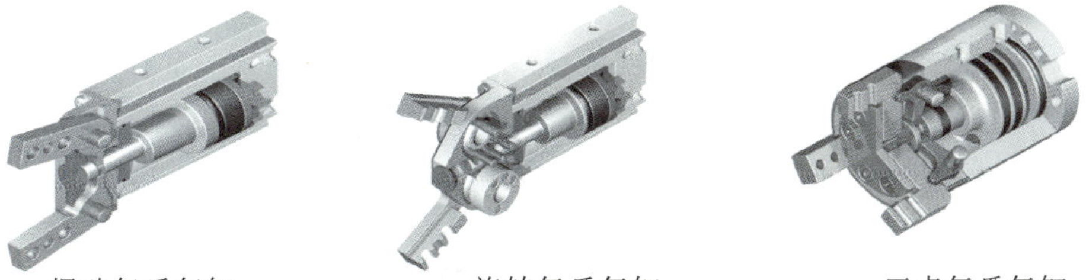
摆动气爪气缸　　旋转气爪气缸　　三点气爪气缸

图 4－1－11　部分气爪剖面结构图

常见气爪的形状如图 4-1-12 所示。

开闭式气爪

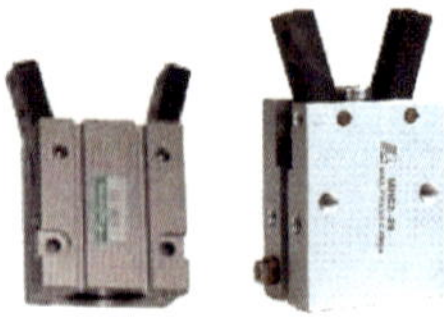

杠杆式气爪

旋转式气爪

图 4-1-12　常见的气爪

九、控制元件

控制压缩空气流动方向、流量、压力的元件叫控制元件。在气动系统中，工作部件之所以能按设计要求完成动作，是通过对气动执行元件的运动方向、速度以及压力大小的控制和调节来实现的。根据这种情况，在气动系统中，控制元件相应也分为方向控制阀、流量控制阀和压力控制阀。

1. 方向控制阀

用于改变气体通道，使气体流动方向发生变化从而改变气动执行元件的运动方向的元件称为换向阀。换向阀按操控方式分主要有人力操纵控制、机械操纵控制、气压操纵控制和电磁操纵控制四种类型。在 YL-235A 型光机电一体化实训装置中，换向阀采用电磁操纵控制方式。

利用电磁线圈通电时，静铁芯对动铁芯产生的电磁吸力，使阀芯改变位置实现换向的方向控制阀称做电磁换向阀，简称为电磁阀。

换向阀的阀芯在不同位置时，各接口有不同的通断位置，换向阀阀芯位置和接口通断的不同组合就可以得到各种不同功能的换向阀。几种常用换向阀的外形和图形符号如表 4-1-3 所示。

表 4-1-3　常见电磁方向控制阀的外形及其图形符号

名称	外　形	图形符号
二位二通电磁阀		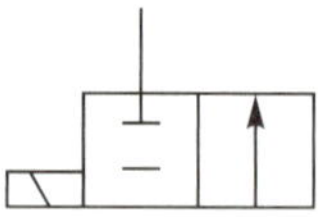
二位三通单控电磁阀		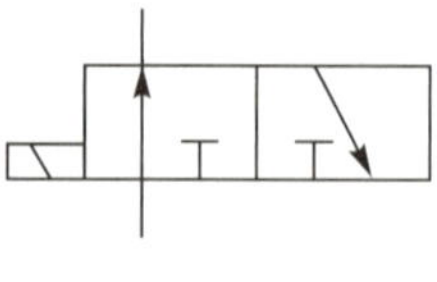
二位三通双控电磁阀	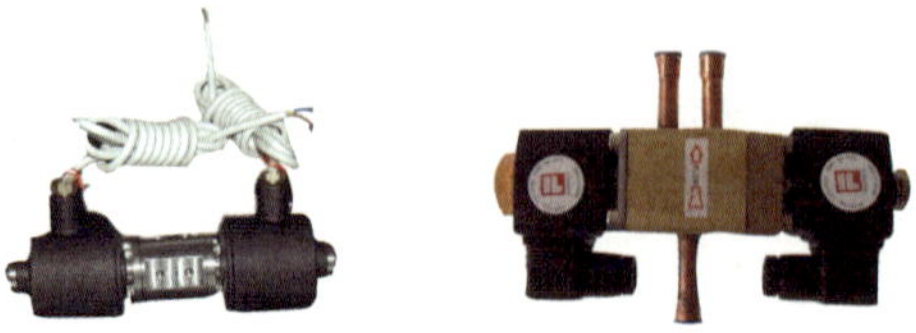	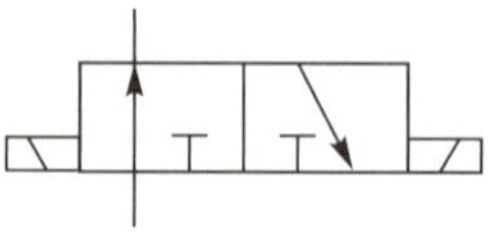

续表

名称	外形	图形符号
二位五通单控电磁阀	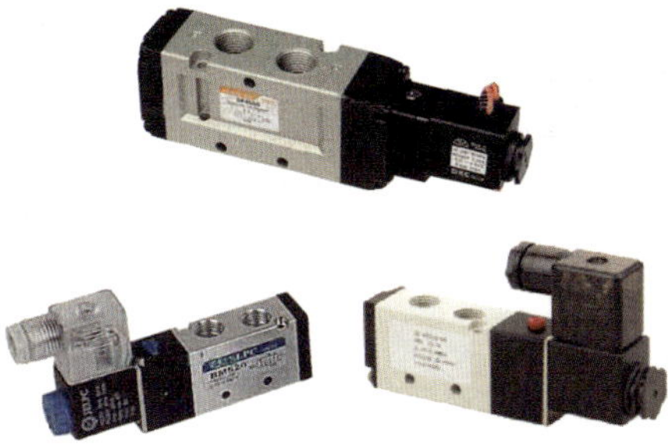	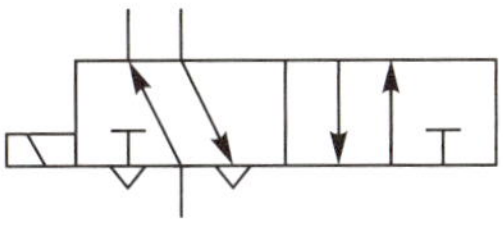
二位五通双控电磁阀	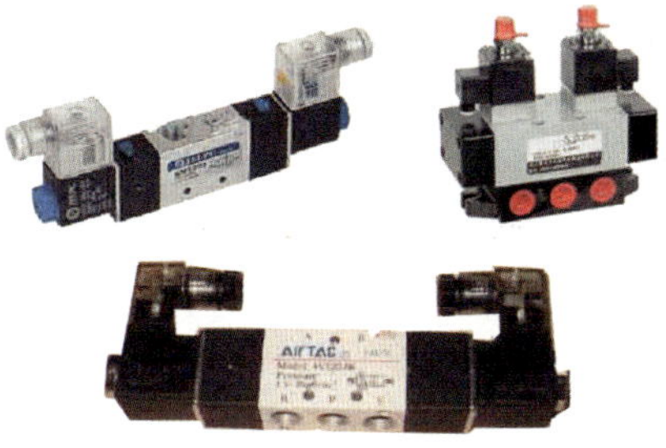	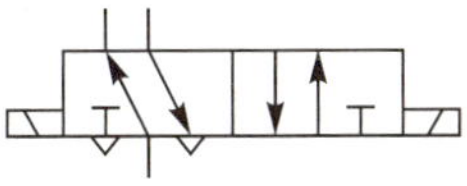

表中的“位”，指的是阀芯相对于阀体具有几个不同的工作位置，有两个不同的工作位置称二位阀，有三个不同的工作位置称三位阀。在图形符号中，几位阀就用几个方格表示。表中的“通”，指的是换向阀与系统相连的通口，有几个通口即为几通。图形符号中的“⊤”和“⊥”表示各接口互不相通。

2. 流量控制阀

控制压缩空气流量的元件，叫流量控制阀。进入气缸的压缩空气流量越大，活塞移动的速度越大，因此，流量控制阀也称为速度控制阀。单向节流阀是气动系统中常用的流量控制阀，它由单向阀和节流阀并联而成，节流阀只在一个方向上起流量控制的作用，相反方向的气流可以通过单向阀自由流通。利用单向节流阀可以实现对执行元件每个方向上的运动速度的单独调节。

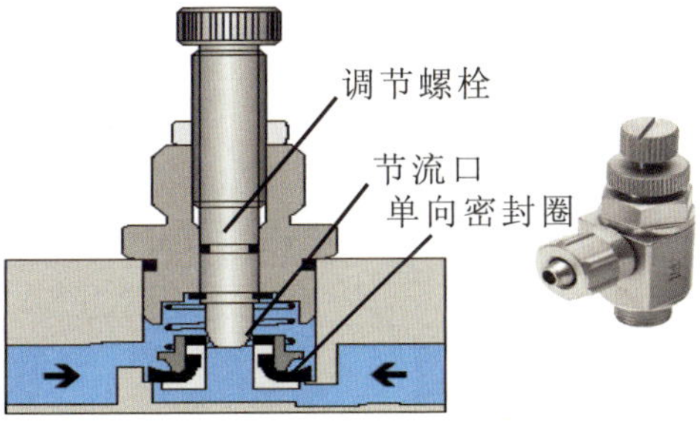

图 4-1-13 单向节流阀结构示意图及实物图

单向节流阀的外形和结构如图 4-1-13 所示，当压缩空气从单向节流阀的左腔进入时，单向密封圈被压在阀体上，气体只能通过由调节螺栓调整大小的节流口从右腔输出，从而达到调节流量的目的。当压缩空气从右腔进入单向节流阀时，单向密封圈在空气压力的作用下向上翘起，使得气体不必通过节流口即可流至左腔并输出，从而实现反向导通。

常见的流量控制阀及其图形符号如表 4-1-4 所示。

表 4-1-4　常见流量控制阀的外形及其图形符号

名称	外　形	图形符号	用途
截止阀			用于打开或关闭气路
节流阀		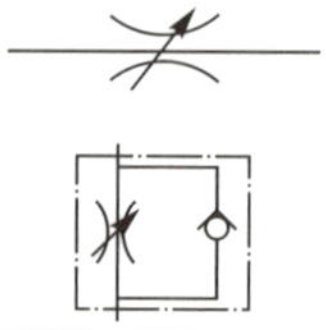	用于调节压缩空气的进气量
调速阀		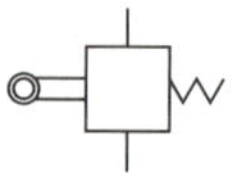	改变进气量，从而调节活塞运动的速度

完成工作任务指引

在物料分拣机构中，气动机械手搬运来的物料在材质被识别后，分别由 3 个气缸推入指定的出料斜槽。分拣装置的气动系统如图 4-1-2 所示。图中电磁换向阀均为单线圈控制弹簧复位的电磁换向阀（称做单控电磁阀），所以一旦换向阀电磁线圈断电，在复位弹簧的作用下，换向阀阀芯会回到原位。

YL-235A 型光机电一体化实训装置中的工件分拣是通过皮带输送机传送，由安装在皮带输送机上的传感器识别，再由负责推料的气缸动作来实现的。要完成三种工件分拣的工作任务，可以按以下步骤进行。

一、准备工具和器材

1. 清点工具和仪表

三种工件的分拣这一工作任务的安装与前一工作任务相比，只多了气缸支架、气缸和出料斜槽安装，所需的工具和安装皮带输送机所用的工具相同。请大家自己选择并摆放在适当的位置。

2. 准备器材

根据图 4-1-1 所示的机械部件安装图和分拣装置的工作要求，选择安装机械部件及固定各机械部件所需的器材，以及连接气路、电路所需的器材，然后清点全部器材并检查各器材是否完好，检查结束后，按安装的先后顺序放置在辅助工作台上，一些小的器材（如螺栓、螺母等）应用盒子分类放好。

3. 清扫安装平台

安装前，应确认安装平台已放置平稳，安装平台的窄槽内没有遗留的螺母或其他配件，然后用软毛刷将安装平台清扫干净。

二、绘制电气控制原理图

1. 确定 PLC 的输入/输出点数

（1）确定 PLC 的输入点数。

根据工件分拣的工作过程，需要使用 3 个传感器来区分 3 种工件，在进料口还需要 1 个传感器，另外每个气缸分别有 1 个前限传感器和 1 个后限传感器，共有 10 个传感器；工作过程还要求有 1 个启动按钮和 1 个停止按钮，所以一共有 12 个输入信号，即输入点数为 12 点，共需 PLC 的 12 个输入端子。

（2）确定 PLC 的输出点数。

工作过程要求变频器皮带输送机以两种速度正转运行，变频器需要 3 个控制信号；3 个气缸动作的电磁阀（单向电磁阀）需要 3 个控制信号，所以一共有 6 个输出信号，即输出点数为 6 点，共需 PLC 的 6 个输出端子。

2. 列出 PLC 输入/输出地址分配表

根据输入/输出点数及输出量的工作电压和工作电流要求分配输入/输出地址。在 6 个输出中，有 3 个是作为变频器的控制信号，3 个是作为 3 个单向电磁阀的控制信号，由于变频器公共端和 DC24V 直流电源的“—”极不能共用，因此变频器的控制端和 3 个单向电磁阀的信号不能在同一组输出。只要满足这一条件，输入/输出地址可以任意分配。参考的输入/输出地址分配如表 4－1－5 所示。

表 4－1－5　PLC 输入/输出地址分配表

输　入			输　出		
序号	地址	说明	序号	地址	说明
1	X0	启动按钮 SB4	1	Y0	气缸Ⅰ
2	X1	停止按钮 SB5	2	Y1	气缸Ⅱ
3	X2	物料检测（光电）	3	Y2	气缸Ⅲ
4	X3	电感传感器	4	Y10	变频器 STF
5	X4	光纤传感器Ⅰ	5	Y11	变频器 RH
6	X5	光纤传感器Ⅱ	6	Y12	变频器 RL
7	X6	气缸Ⅰ前限位			
8	X7	气缸Ⅰ后限位			
9	X10	气缸Ⅱ前限位			
10	X11	气缸Ⅱ后限位			
11	X12	气缸Ⅲ前限位			
12	X13	气缸Ⅲ后限位			

注：气缸前限位指气缸前限止位置。气缸后限位指气缸后限止位置。后面将限止位置简称为限位。

3. 绘制电气控制原理图

由工作任务要求可知，电气控制原理图包括变频器的电气控制原理图和 PLC 的电气控制原理图。先绘制变频器的电气控制原理图，然后再根据列出的 PLC 输入/输出地址分配表，绘制出 PLC 的电气控制原理图，参考电路如图 4－1－14 所示。

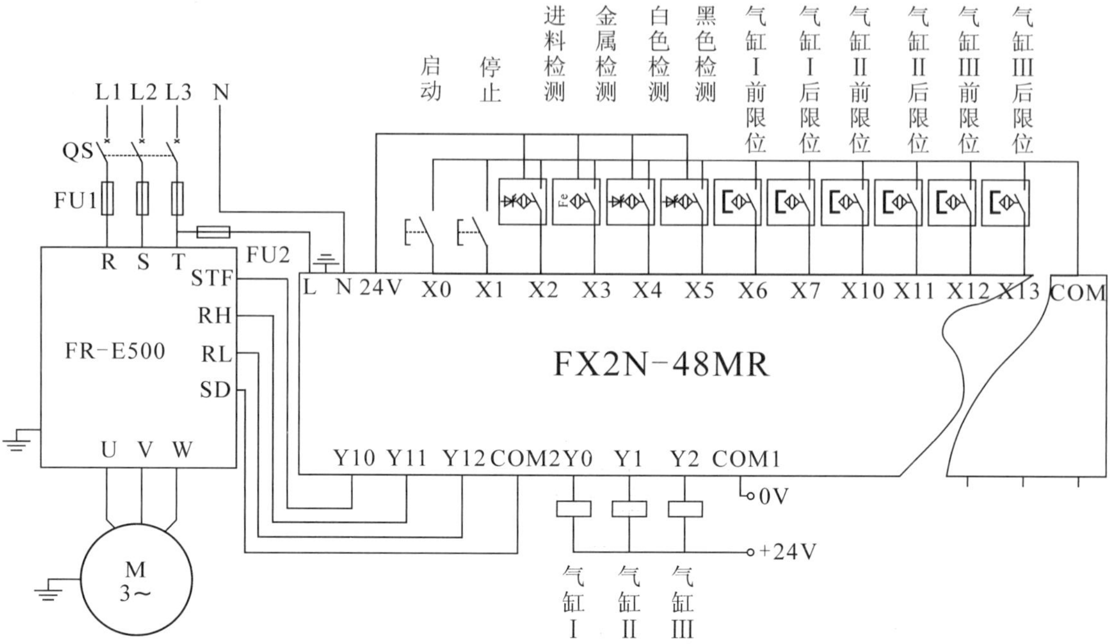

图 4－1－14　工件分拣装置电气原理图

注意：绘制电气控制原理图时除要求原理正确外，所用元器件的图形符号应符合中华人民共和国国家标准。绘制的电气控制原理图要规范，图中所用元件应进行标注和说明。

三、安装各机械部件

按照图 4－1－1 所示机械部件安装示意图安装各机械部件，机械部件的安装可以参照以下方法和步骤来完成。

（1）安装接线排、皮带输送机和警示灯。

具体安装方法和步骤可以参照项目一。

（2）安装电磁阀。

（3）安装各检测传感器和气缸的固定支架。

（4）安装气缸和出料斜槽。

（5）安装传感器。

四、安装电路

1. 根据电气控制原理图安装电路

进行电气线路安装之前，首先确保电源开关处于断开位置，然后再按以下步骤和方法进行电气线路的安装。

(1) 依次将电磁阀、各传感器和三相交流异步电动机的连线连接到接线排合适的位置。注意动力线和信号线有明显的分开点。

(2) 按照分拣装置电路原理图先完成 PLC 输出回路的连线，再进行 PLC 输入回路的连线。

(3) 按照分拣装置电路原理图完成变频器和三相交流异步电动机的线路连接。

(4) 最后连接各模块的电源线。

2. 电路检查

(1) 通电前检查。

电路安装结束后，一定要进行通电前检查，保证电路连接正确，没有外露铜丝过长、一个接线端子上有超过两个接头等不符合工艺要求的现象。另外，还要进行通电前的检测，确保电路中没有短路现象，否则通电后可能损坏设备。

(2) 通电后检查和调整。

在检查电路连接符合工艺要求，并且电路连接正确、无短路故障后，可接通电源，按以下步骤进行下一步的检查和调整。

①检查电源指示灯和变频器电源指示灯是否正常发光。

②检查物料检测是否正常。

先在皮带输送机的进料口放入工件，观察物料检测传感器的指示灯是否变亮，对应的 PLC 输入端是否有输入信号；再将进料口的工件取走，观察物料检测传感器的指示灯是否熄灭，对应的 PLC 输入信号是否消失，即可检测出物料检测传感器的检测电路是否正常。

③检查工件识别是否正常，调节检测传感器的灵敏度。

在传感器检测位置放上相应材质的工件（电感传感器下放金属工件，光纤传感器下分别放置白色工件和黑色工件），观察 PLC 相应的输入端是否有信号，再将工件移开后，观察 PLC 相应的输入信号是否消失。另外，若光纤传感器的灵敏度要求是能检测出白色工件，但不能检测出黑色工件，则还要看在光纤传感器位置放置黑色工件时，对应的 PLC 输入端有没有信号。

④气缸上的磁性开关回路是否正常。

将气缸置于后位，然后再置于前位，观察各气缸的后限传感器和前限传感器指示灯是否根据气缸位置的变化而产生不同的信号，对应的 PLC 输入信号的变化是否符合要求。

⑤检查开关和按钮回路是否正常。

通过手动操作改变开关或按钮的状态，观察对应的 PLC 输入端的信号是否随之发生变化，即可检查开关和按钮回路是否正常。

五、安装气路

1. 连接气路

根据图 4－1－2 所示工件分拣装置气动系统图进行气路连接，连接要求如下：

(1) 气管切口应平整，切面与气管轴线垂直。

(2) 走线应尽量避开设备工作区域，防止对设备动作产生干扰。

(3) 各气缸与电磁换向阀连接气管的走线方向、方式应一致。

(4) 气管避免过长或过短。过长会影响美观并影响设备动作，过短会造成气管弯曲半径过小而发生弯折。

(5) 气管应利用塑料捆扎带进行捆扎，捆扎不宜过紧，防止造成气管受压变形。捆扎间距在 50～80mm，捆扎间距均匀统一。

2. 气路检查

气路连接结束后，进行通气前检查，保证气路连接正确，没有不符合工艺要求的现象。另外，还要进行通气检测，确保通气后所有气缸都能回到要求的初始位置。

3. 调节各气缸动作速度

通过调节气压和节流阀来调节气缸运动的速度，使各气缸运动平稳无振动和冲击，推料动作可靠，且活塞杆伸缩速度基本保持一致。

六、设置变频器参数

1. 列出要设置的变频器参数表

根据皮带输送机能以两种速度正转运行，变频器需要设定 10Hz 和 25Hz 两种频率。因没有其他参数设定要求，所以需要设定的变频器参数及相应的参数值如表4－1－6所示。

表 4－1－6　需要设置的变频器参数

序号	参数代号	参数值	说明
1	P4	25Hz	高速
2	P6	10Hz	低速
3	P79	2	电动机控制模式（外部操作模式）

2. 设置变频器参数

先将变频器模块上的各控制开关置于断开位置，接通变频器电源，将变频器参数恢复为出厂设置，再依次设置表 4－1－6 所列出的参数，最后恢复到频率监示模式，操作各控制开关，检查各参数设置是否正确。

七、根据工作过程要求编写 PLC 自动控制程序

1. 分析工作过程要求

在这个工作任务中，对于任何一种物料来说，都有四种动作：输送皮带以 25Hz 的频率正转运行、气缸活塞杆伸出、气缸活塞杆缩回、输送皮带以 10Hz 的频率正转运行。唯一不同的是，不同材质的工件由不同的气缸推入不同的出料斜槽。在这个项目中，我们可以很方便地利用 SET 和 RST 指令来编写控制程序。

(1) 启/停控制。

用 M100 作为启动信号，按下启动按钮（即 X0＝1）时，将 M100 置位，按下停止按钮（即 X1＝1）时，M100 复位。

（2）皮带输送机高速控制信号 Y11。

当物料检测传感器检测到物料（即 X2＝1）时置位，当气缸活塞杆将物料推入出料斜槽（即 X7＝1 或 X11＝1 或 X13＝1）时复位。

（3）皮带输送机低速控制信号 Y12。

当设备启动且没有高速控制信号（即 M100＝1 且 Y11＝0）时置位，当设备停止或物料检测传感器检测到物料（即 M100＝0 或 X2＝1）时复位。

（4）皮带输送机正转运行信号 Y10。

当启动（即 M100＝1）时置位，当停止且没有高速控制信号（即 M100＝0 且 Y11＝0）时复位。

（5）控制气缸Ⅰ活塞杆伸出推料的信号 Y0。

在电感传感器有信号（X3＝1）时置位；当推出动作完成（X6＝1）时复位。其他两个气缸的动作可以仿照气缸Ⅰ的控制方式来进行控制程序设计。

2. 根据上面的分析编写 PLC 控制程序

参考梯形图程序如图 4－1－15 所示。

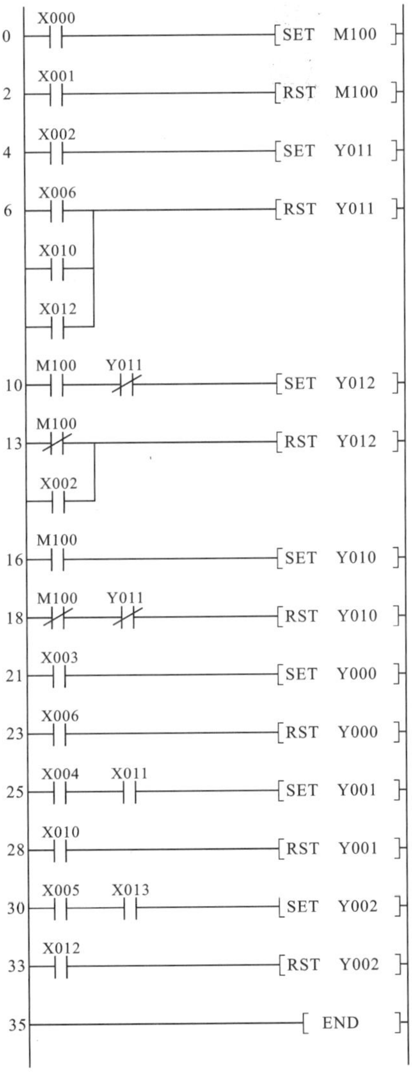

图 4－1－15　工件分拣参考程序

八、调试检查设备是否达到规定的控制要求

电路和变频器的参数在前面已经调试过，所以重点是 PLC 程序的调试。我们可以按以下步骤进行。

1. 下载 PLC 程序

在检查电路正确无误，各机械部件安装符合要求，程序已编写结束，并检查无误后，可写入 PLC 程序。

2. 程序功能调试

程序功能的调试要根据工作过程要求，一步一步地进行，逐项检测各项要求是否满足。本工作任务可按以下步骤进行。

第一步：把 PLC 的状态转换到 RUN。按照工作任务描述操作启动按钮，检查皮带输送机是否按要求运行。

第二步：在进料口放入不同材质的工件，观察各部分动作是否符合控制要求（一个工件推入出料斜槽后才能放入下一个工件）。

第三步：当完成了三种工件的分拣后，再从进料口放入一个工件，马上按停止按钮，检查是否符合停止要求。

第四步：所有功能达到要求后，再进行第二

次调试，检查设备工作是否具有重复性。

如果每一步都满足要求，则说明程序完全符合工作过程要求。如果发现任何部分不能按规定要求动作，应及时加以调整或修改，并将情况记录在表 4－1－7 所示的调试记录表中。

表 4－1－7　调试情况记录表

序号	问题现象	原因	解决方法
1			
2			
3			
4			

1. 你是按怎样的步骤安装出料斜槽的？在安装过程中有返工现象吗？你觉得怎样的安装顺序最好？

2. 固定好皮带输送机后，传感器和气缸的固定支架、传感器、气缸这些机械部件按怎样的顺序安装最快？

3. 在完成本工作任务过程中，你认为最难的是哪部分工作？

4. 你认为教材中提供的编写 PLC 程序的方法简单吗？感觉这样的编写思路容易理解吗？

5. 请画出本工作任务要求的工作过程流程图，并试着用前一个项目中的编程方法编写 PLC 程序，并比较两种编程方法各自的特点。你更喜欢哪一种？

6. 按照教材中提供的编程方法，你有没有发现有的输入信号没有用到？你认为这些没有用到的输入信号是否可以在电路中去掉？请说明理由。

7. 安装电路后，你做过哪些检测？检测出哪些故障？通过什么方法排除故障的？

8. 请你填写完成工作任务评价表。

完成工作任务评价表

前面两轴的中心距		后面两轴的中心距		不同轴度	
三相交流异步电动机处皮带的高度		进料口处皮带的高度		水平度	
平面尺寸检查	皮带输送机离后边沿的尺寸				
	皮带输送机离右边沿的尺寸				
	出料斜槽Ⅰ和出料斜槽Ⅱ之间的距离				
	出料斜槽Ⅱ和出料斜槽Ⅲ之间的距离				
皮带输送机主轴转动是否流畅					

续表

电路连接所选元件是否有问题	
电路连接有无不牢或外露铜丝是否超过 2mm	
同一接线端子上连接导线是否超过 2 条	
接线排上的连接有无未套号码管的现象	
电磁阀、气缸的选用是否和图纸相符	
气路是否有漏接、脱落、漏气、零乱、长度不合理等现象	
你设计的电路图：	你安装气缸、出料斜槽的方法和步骤：
你完成该工作任务的步骤：	
你对完成本次工作任务的自我评价：	
小组同学对你完成本次工作任务的评价（请你去找小组的同学）：	
老师对你完成本次工作任务的评价（请你去找老师）：	

任务二　调试工件分拣与包装装置

工作任务

某生产线加工多种零件，在终端设置了对零件进行分拣与包装的装置。该装置在接通电源，按下启动按钮 SB4 时，设备启动，开始工件分拣，皮带输送机以 12Hz 的频率正转运行，指示灯 HL4 以 2Hz 的频率闪烁，指示正在等待放入工件。当皮带输送机进料口检测到有工件时，指示灯 HL4 变为长亮，同时输送皮带变为以 30Hz 的频率正转运行。如果放在输送皮带的是金属工件，则由气缸Ⅰ推入出料斜槽Ⅰ；如果物料是黑色塑料工件，则由气缸Ⅱ推入出料斜槽Ⅱ；如果物料是白色塑料工件，则由气缸Ⅲ推入出料斜槽Ⅲ。在推料结束时，皮带输送机以 12Hz 的频率正转运行，同时指示灯 HL4 以 2Hz 的频率闪烁，等待下一个工件到来。

任何一个出料斜槽内的工件数量达到 5 个时，应将工件取走进行包装（模拟），在这期间，传送和分拣过程暂停，用指示灯或蜂鸣器提示哪种工件需要包装。红色警示灯亮指示金属工件需要包装，绿色警示灯亮指示黑色塑料工件需要包装，蜂鸣器鸣叫表示白色塑料工件需要包装。包装完成后按下复位按钮，提示包装结束，同时继续工件的传送和分拣。

按下停止按钮 SB5，设备在分拣完皮带输送机上的工件后才停止工作。若未断电，再次启动时，工件接着前一次停止时的数量计数。

请你根据工件分拣与包装装置的工作要求，完成下列工作任务：

（1）按图 4－2－1 所示机械设备组装图在安装平台上安装工件分拣系统的机械部件。

（2）根据图 4－1－2 所示气动系统图连接气路。

（3）根据气动系统图和工件分拣与包装的工作要求，画出电气控制原理图。

（4）按照电气控制原理图连接好线路。

（5）根据工件分拣与包装的工作要求编写 PLC 程序，并设置变频器参数。

（6）调试设备的 PLC 程序以达到工件分拣与包装的工作要求。

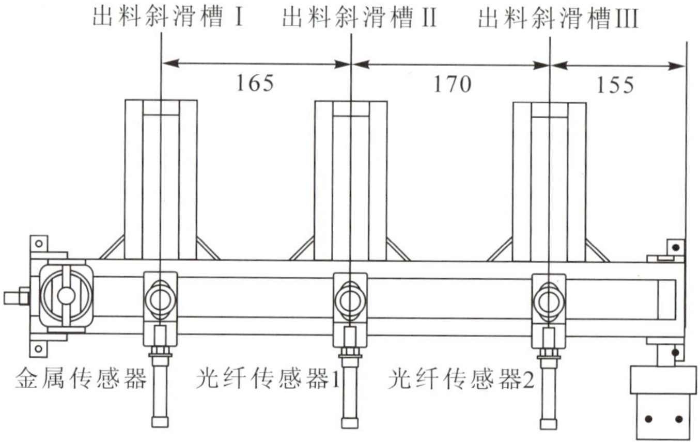

图 4－2－1　三种工件分拣的机械部件安装示意图

注：皮带输送机的输送皮带上表面离安装平台台面的垂直高度为 132mm。

相关知识

装置要完成工件的分拣与包装，并且要对进入出料斜槽的工件的数量进行统计，达到一定数量后要进行包装处理，这就需要对工件进行计数。另外，分拣的顺序和前一工作任务不同，实现时就比较复杂一些。对于较复杂的控制，我们可以采用顺序控制编程法（简称顺控编程法）。下面来回顾计数器的用法和顺控编程法。

一、计数器（C）

三菱 FX2N 型 PLC 提供的 C0～C99 为 16 位非断电保持型的加计数器；C100～C199 为 16 位断电保持型加计数器；C200～C219 为 32 位断电保持型加/减计数器；C220～C234 为 32 位特殊用计数器。16 位计数器计数范围为 1～32767；32 位计数器计数范围为－2147483648～＋2147483647。C0～C199 的 200 个计数器的断电保持区和非断电保持区可以通过参数设定进行调整。当切断 PLC 电源时，非断电保持型计数器的计数值会被清除，而断电保持型的计数器的计数值不会被清除，上电后计数器可以接着断电前的数值累计计数。

在三菱 PLC 中，16 位加计数器的有效设定值 K 为 1～32767（十进制常数）。如果将设定值设为 $K1$，则其作用和设为 $K0$ 相同，即在第一次计数开始时输出触点就动作。

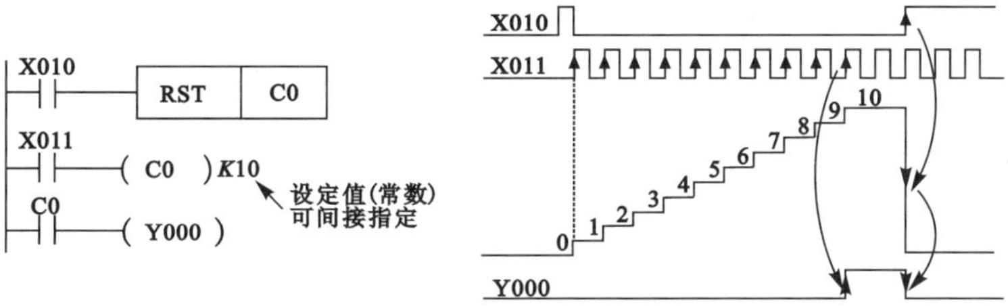

图 4-2-2　16 位计数器应用示例

图 4-2-2 所示为一个非断电保持型 16 位加计数器的应用示例。在这个例子中，计数输入 X011 每次出现 OFF 到 ON 的变化，计数器 C0 的当前值就加 1。第 10 次 X011 出现 OFF 到 ON 的变化时，计数器输出触点动作。以后即使 X011 再出现 OFF 到 ON 的变化，计数器的当前值还是 10 不变。如果任何时候复位输入 X010 为 ON，则执行 RST 指令，计数器的当前值清零，其输出触点复位。

示例中的计数器设定值是直接用十进制常数 $K10$ 指定。设定值还可以间接通过数据寄存器指定。例如，指定数据寄存器 D10 作为计数器，如果 D10 中的内容为 $K123$，那么也就相当于数据寄存器 D10 被指定为计数器，且计数的设定值为 123。

二、顺序控制程序与顺序控制功能图（SFC）

1. 定义

（1）顺序控制。

顺序控制就是按照生产工艺预先规定的顺序，在各个输入信号的作用下，根据内部状态或时间的顺序，使生产过程中各个执行机构自动而有序地进行工作。

（2）顺序控制程序的编写方法。

顺序控制程序的编写要根据系统的工作过程，画出顺序控制功能图，然后根据顺序控制功能图（SFC）编写梯形图程序。

2. 顺序控制程序的编写基本步骤

（1）步的划分。

控制系统中某一执行装置在某一段时间相对不变的动作，称做状态。按动作的不同，将控制系统划分若干控制任务，在 PLC 程序中，每一个控制任务就称做一步。

（2）转换条件的确定。

转换条件是系统从当前步进入下一步的条件，即从一个动作转换为另一个动作的条件。

（3）顺序控制功能图（SFC）的绘制。

根据以上分析画出描述系统工作过程的顺序控制功能图（SFC）。每一步都用状态软元件 S 来表示。FX2N 系列可编程控制器中共有 900 个状态软元件（S0～S899）可用于构成 SFC 图，其中S0～S9 用作初始状态，S10～S19 用作回原点状态，S20～S499用作通用工作状态，S500～S899 用作断电保持型工作状态。

（4）梯形图的绘制。

一般都采用步进梯形图指令来绘制梯形图。

3. 顺序控制功能图（SFC）的组成要素

（1）步与动作。

当系统正工作于某一步时，该步处于活动状态，称为“活动步”。处于活动状态时，相应的动作为执行，处于不活动状态时，相应的非断电保持型动作被停止执行。

每一个顺序控制功能图至少应有一个初始步，它对应于系统等待启动的初始状态。一般要用特殊辅助继电器 M8002 来转换。

（2）有向连线、转换和转换条件。

有向连线上无箭头标注时，其进展方向是从上到下、从左到右。若不是上述方向，应在有向连线上有箭头标注。

转换用与有向连线垂直的短画线来表示，步与步之间用转换隔开，转换与转换之间用步隔开。

转换条件写在表示转换的短画线旁边。

（3）步成为活动步的条件。

步成为活动步应同时具备两个条件：前级步必须是活动步，并且对应的转换条件成立。

4. 顺序控制功能图的基本结构

SFC 图根据具体的控制过程有单流程结构、选择性分支结构和并行分支结构。

（1）单流程结构 SFC。

当工作过程是一个简单的顺序动作过程时，只用单流程结构的 SFC 就足够了，如图 4－2－3 所示的小车工作过程：在初始状态，小车停在原位。按下启动按钮，满足了从初始状态向小车前进 1 小段的状态转移的条件，小车进入前进 1 的“步”。当小车到达前进 1 的终点，压下该位置的开关，满足状态转移条件，小车就从前进 1 的“步”转移到小车后退的“步”……小车运动的 SFC 如图 4－2－4 所示。

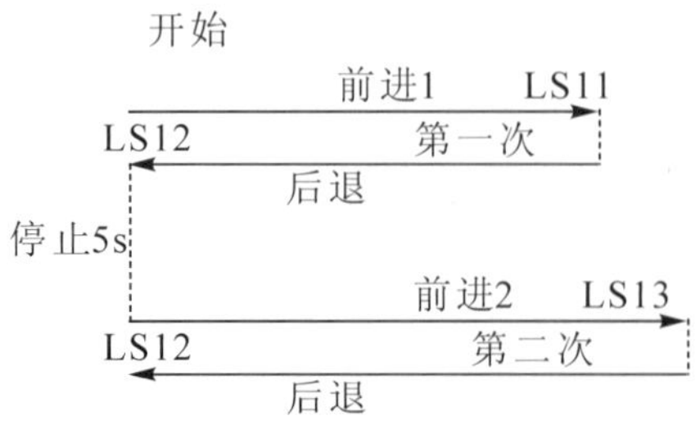

图 4－2－3　小车工作流程示意图

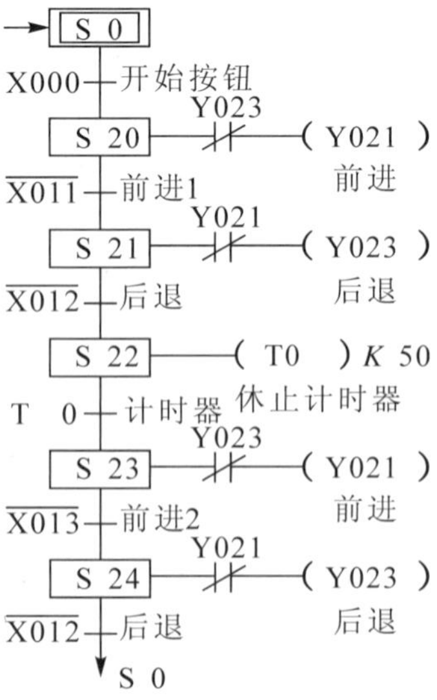

图 4－2－4　单流程 SFC

（2）选择性分支结构。

当工作过程需要根据当时条件的不同转移到不同的状态时，要用选择性分支结构，选择性分支结构的 SFC 示例如图 4－2－5 所示。选择性分支在分流处的转换条件不能相同，并且转换的条件都应位于各分支中；在合流处，转换的条件也应该是在各分支中，转换的条件可以相同，也可以不相同。

（3）并行分支结构。

当要求有几个工作流程同时进行时，要用并行分支结构。并行分支结构的示例如图 4－2－6 所示。

在并行分支结构中，分流处转换的条件一定是在分支之前，分支后的第一个状态前不能再有转换条件；在合流处转换的条件应该完全相同，并且不能放在分支中。

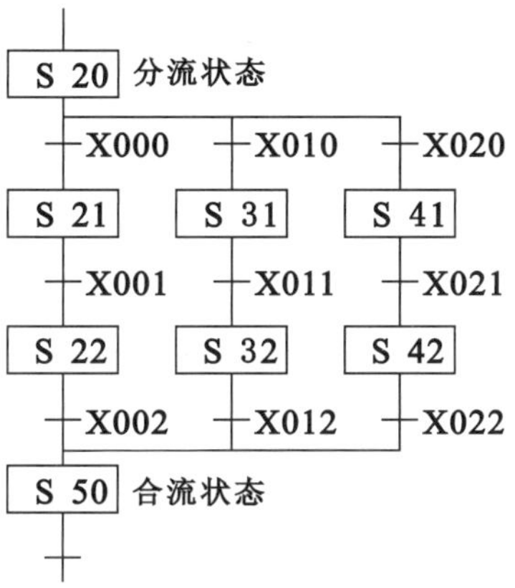

图 4－2－5　选择性分支结构

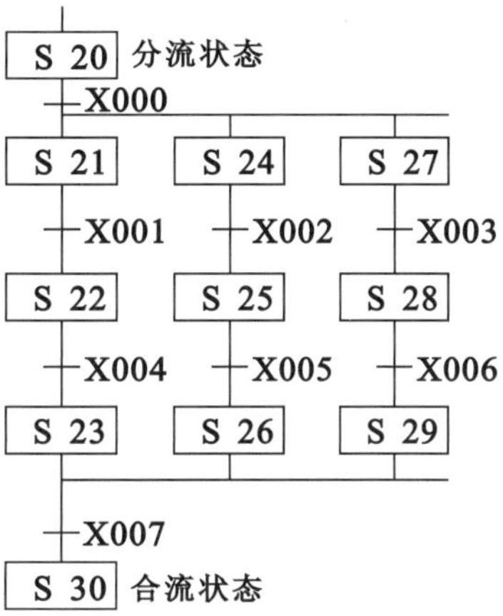

图 4－2－6　并行分支结构

5. 画顺序控制功能图（SFC）的注意事项

（1）两个步绝对不能直接相连，必须用一个转换将它们隔开。

（2）两个转换也不能直接相连，必须用一个步将它们隔开。

（3）顺序控制功能图中的初始步不能少。

（4）在连续循环工作方式时，应从最后一步返回下一个工作周期开始运行的第一步。

（5）无论是选择性分支结构还是并行分支结构，每次的分支数量不能超过 8 条，总计不超过 16 条。

三、步进梯形图指令

1. 步进指令助记符和功能

步进梯形图指令只有两条，一条为 STL 步进指令，另一条为 RET 步进结束指令。STL 是利用内部软元件状态（S），在顺控程序上面进行工序步进控制的指令。RET 是表示状态（S）流程的结束，用于返回主程序（母线）的指令。

表 4－2－1　指令助记符和功能

助记符、名称	功能	回路表示和可用软元件	程序步
STL 步进梯形图	步进梯形图开始	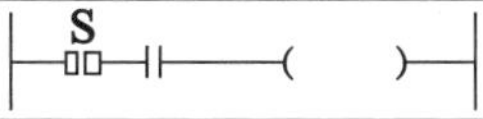	1
RET 返回	步进梯形图结束	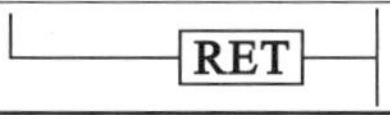	1

2. 用步进指令编程的注意事项

（1）一旦从 STL 内的母线写入 LD 或 LDI 指令后，对不需要触点的指令就不能再编程。

（2）不能从 STL 内的母线中直接使用 MPS/MRD/MPP 指令。

（3）在 STL 内的母线中，对于状态（S），OUT 指令和 SET 指令具有同样的功能。

（4）在中断程序与子程序内，不能使用 STL 指令。

四、SFC 图和步进梯形图间的关系

SFC 图和步进梯形图之间可以相互转换，图 4－2－7 所示的 SFC 图对应的步进梯形图如图 4－2－8 所示。

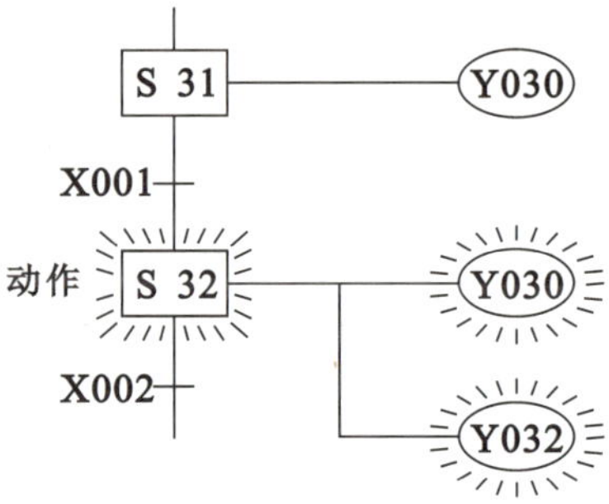

图 4－2－7　SFC 图

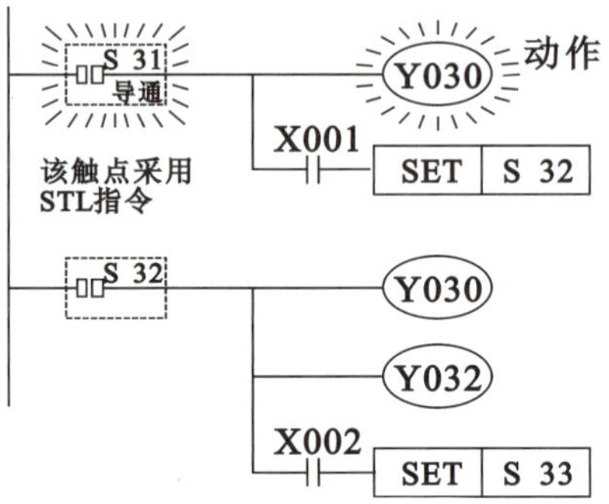

图 4－2－8　步进梯形图

完成工作任务指引

调试工件分拣与包装装置的工作任务可以按照以下方法和步骤来完成。

一、准备工具和器材

1. 清点工具、仪表

本工作任务的安装与前一工作任务的安装相比，除尺寸要求不同外，其他完全相同。按前一工作任务准备工具和仪表，并检查各工具和仪表的好坏，再将全部的工具和仪表放置在辅助工作台方便操作的位置，工具分类摆开，排列有序。

2. 准备器材

按前一工作任务准备和清点所需的器材并检查各器材是否完好，检查结束后，按安装的先后顺序放置在辅助工作台上，一些小的器材（如螺栓、螺母等）应用盒子分类放好。

3. 清扫安装平台

安装前，应确认安装平台已放置平稳，安装平台的窄槽内没有遗留的螺母或其他配件，然后用软毛刷将安装平台清扫干净。

二、绘制电气控制原理图

1. 确定 PLC 的输入/输出点数

（1）确定 PLC 的输入点数。

根据工作过程，和任务一相比较，输入信号多了一个复位按钮，其他完全相同，所以需要 13 个 PLC 输入点。

（2）确定 PLC 的输出点数。

根据工作过程，与任务一相比较，多了 3 个指示灯和 1 个蜂鸣器，其他完全相同，所以需要 10 个 PLC 输出点。

2. 列出 PLC 输入/输出地址分配表

根据输入/输出点数和输出量的工作电压和工作电流要求分配输入/输出地址。在 10 个输出中，有 3 个是作为变频器的控制信号，7 个是作为 3 个单向电磁阀或指示灯及蜂鸣器的控制信号（都用 DC24V 电源），而变频器公共端和 DC24V 直流电源的“—”极不能共用，但警示灯也有一个公共端，可以和变频器的公共端共用，所以变频器的控制端和 3 个单向电磁阀及按钮模块上的指示灯的信号不用同一组输出。只要满足这一条件，输入/输出地址可以任意分配。参考的输入/输出地址分配表如表 4－2－2 所示。

表 4－2－2　PLC 输入/输出地址分配表

输入			输出		
序号	地址	说明	序号	地址	说明
1	X0	启动按钮 SB4	1	Y0	气缸Ⅰ
2	X1	停止按钮 SB5	2	Y1	气缸Ⅱ
3	X2	物料检测（光电）	3	Y2	气缸Ⅲ
4	X3	金属检测（电感传感器）	4	Y3	指示灯 HL4
5	X4	黑色检测（光纤传感器）	5	Y4	红色警示灯
6	X5	白色检测（光纤传感器）	6	Y5	绿色警示灯
7	X6	气缸Ⅰ前限位	7	Y6	蜂鸣器
8	X7	气缸Ⅰ后限位	8	Y10	变频器 STF
9	X10	气缸Ⅱ前限位	9	Y11	变频器 RH
10	X11	气缸Ⅱ后限位	10	Y12	变频器 RL
11	X12	气缸Ⅲ前限位			
12	X13	气缸Ⅲ后限位			
13	X14	复位按钮			

3. 绘制电气控制原理图

根据工作任务要求，参考的电气控制原理图如图 4－2－9 所示。

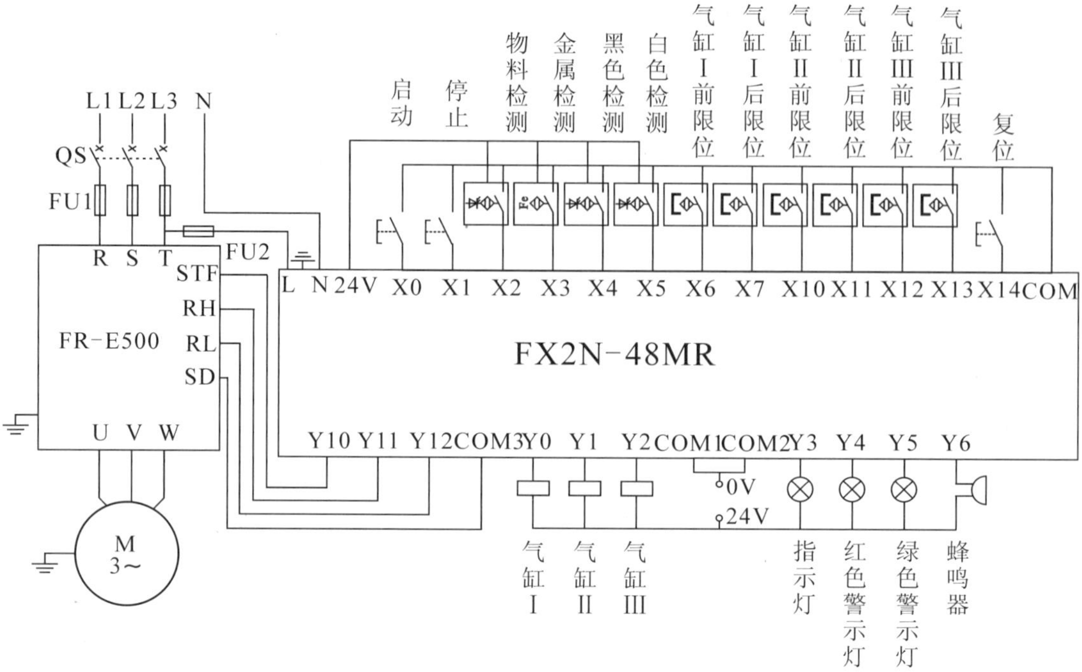

图 4-2-9　工件分拣与包装装置电气原理图

三、安装各机械部件

按照图 4-2-1 所示机械部件安装示意图安装各机械部件，安装方法和步骤可以参照工作任务一。

四、安装电路

参照工作任务一安装电路的方法和步骤，根据图 4-2-9 所示的电气原理图安装电路，然后再进行电路的检查。

五、安装气路

按照图 4-1-2 所示气动系统图安装气路。

六、设置变频器参数

参照工作任务一设置变频器参数。

七、根据工作过程要求编写 PLC 自动控制程序

1. 分析工作过程要求

（1）确定编程方法。

本工作任务要求的工作过程看上去和工作任务一相似，但由于分拣工件的顺序变了，不能做到正好在分拣位就把工件材质识别出来，因此控制过程比工作任务一复杂。对于较复杂的控制过程，用前面的经验编程法就不太容易实现，所以我们选用顺控编程法。

（2）确定传感器位置。

根据分拣要求，第一个位置的传感器是电感传感器，由于出料斜槽Ⅱ分拣黑色工件，若皮带输送机不反转，则出料斜槽Ⅱ处的传感器要能检测出黑色工件，出料斜槽Ⅲ处的传感器要能检测出白色工件。

（3）分支点的确定。

不同的材质要进行不同的处理，所以区分材质的点就是分支点。由于黑色工件和白色工件只能依靠物料检测的漫反射传感器的检测时间差来区分，因此在皮带输送机运行一定时间，能够把黑色工件和其他两种材质区分开来的点确定为第一个分支点；第二个分支点是区分金属和白色塑料工件的点。

2. 根据上面的分析编写 PLC 控制程序

工件分拣的控制程序如图 4－2－10 与图 4－2－11 所示。

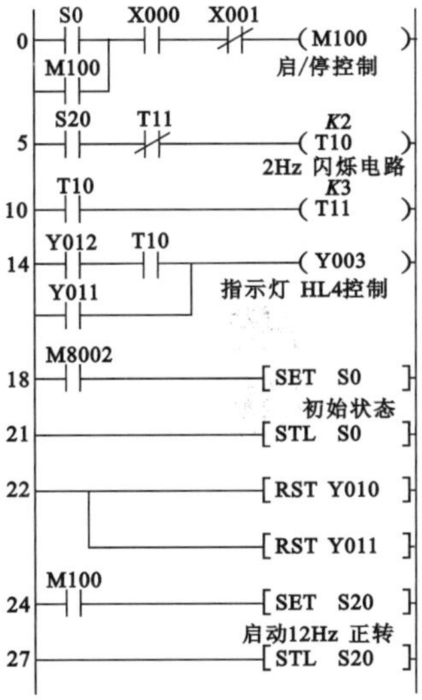

图 4－2－10　工件分拣控制程序

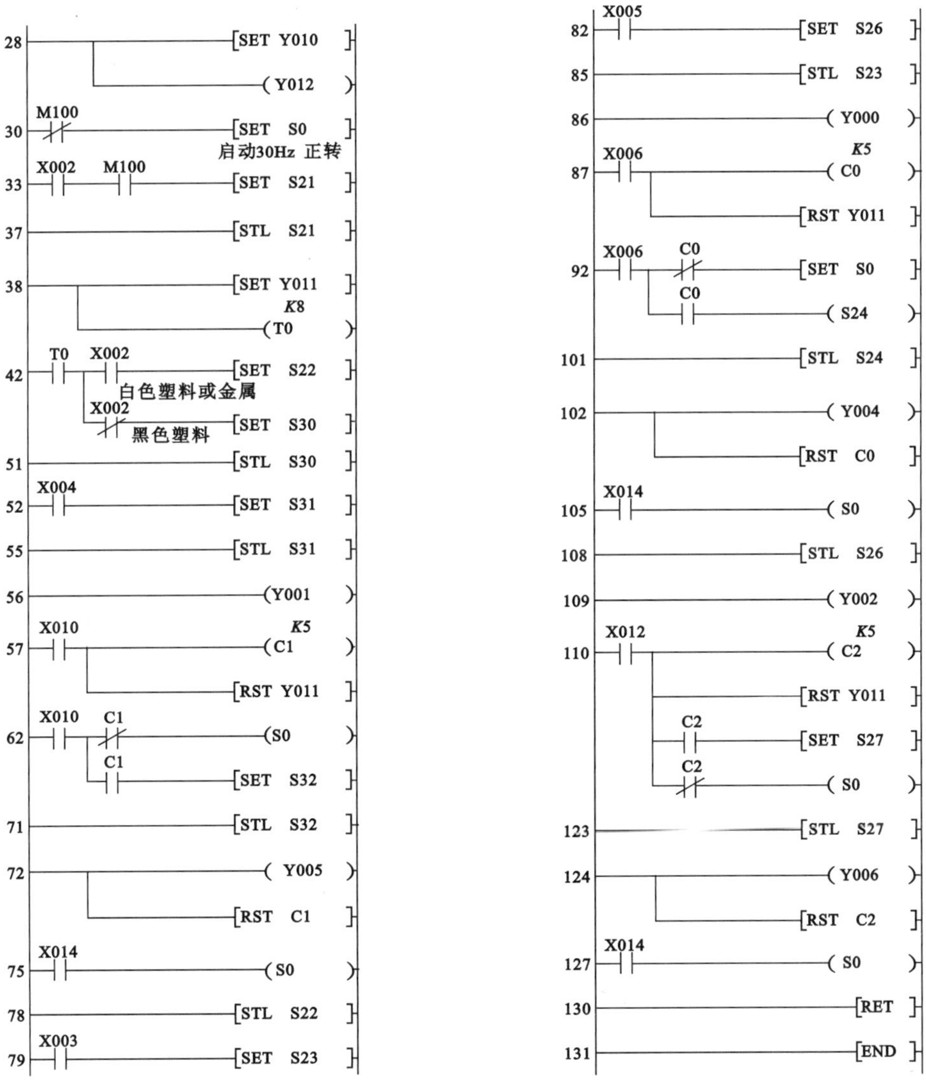

图 4－2－11　工件分拣控制程序（续图 4－2－10）

八、调试检查设备是否达到了规定的控制要求

因为电路和变频器的参数在前面已经调试过，所以这里重点是 PLC 控制功能的调试。可以按工作过程操作相应的按钮，检查各项功能是否和工作任务描述相符。

如果每一步都满足要求，则说明程序完全符合工作过程要求。如果发现有不能按规定要求动作的情况，则应及时加以调整或修改。

思考与练习

1. 什么是顺序控制程序编写法？你认为这种编程方法有什么优点？

2. 在什么情况下需要用有分支结构的梯形图？

3. 在完成本工作任务过程中，你认为最难的是哪部分工作？

4. 请对照输入/输出地址分配表，分析提供的梯形图程序。

5. 请画出本工作任务要求的工作过程流程图。

6. 依照工作任务描述，改变皮带输送机的运行要求或分拣位置要求，自编三种工件分拣的工作任务，并完成工作任务。

7. 请你填写完成工作任务评价表。

完成工作任务评价表

<table>
<tr><td>前面两轴的中心距</td><td></td><td colspan="3">后面两轴的中心距</td><td></td><td>不同轴度</td><td></td></tr>
<tr><td>三相交流异步电动机处皮带的高度</td><td></td><td colspan="3">进料口处皮带的高度</td><td></td><td>水平度</td><td></td></tr>
<tr><td rowspan="4">平面尺寸检查</td><td colspan="5">皮带输送机离后边沿的尺寸</td><td colspan="2"></td></tr>
<tr><td colspan="5">皮带输送机离右边沿的尺寸</td><td colspan="2"></td></tr>
<tr><td colspan="5">出料斜槽Ⅰ和出料斜槽Ⅱ之间的距离</td><td colspan="2"></td></tr>
<tr><td colspan="5">出料斜槽Ⅱ和出料斜槽Ⅲ之间的距离</td><td colspan="2"></td></tr>
<tr><td colspan="4">皮带输送机主轴转动是否流畅</td><td colspan="4"></td></tr>
<tr><td colspan="4">电路连接所选元件是否有问题</td><td colspan="4"></td></tr>
<tr><td colspan="4">电路连接有无不牢或外露铜丝是否超过 2mm</td><td colspan="4"></td></tr>
<tr><td colspan="4">同一接线端子上连接的导线是否超过 2 条</td><td colspan="4"></td></tr>
<tr><td colspan="4">接线排上的连接有无未套号码管的现象</td><td colspan="4"></td></tr>
<tr><td colspan="4">电磁阀、气缸的选用是否和图纸相符</td><td colspan="4"></td></tr>
<tr><td colspan="4">气路是否有漏接、脱落、漏气、零乱、长度不合理等现象</td><td colspan="4"></td></tr>
<tr><td colspan="3">你设计的电路图：</td><td colspan="5">你安装气缸、出料斜槽的方法和步骤：</td></tr>
<tr><td colspan="8">你完成该工作任务的步骤：</td></tr>
<tr><td colspan="8">你对完成本次工作任务的自我评价：</td></tr>
<tr><td colspan="8">小组同学对你完成本次工作任务的评价（请你去找小组的同学）：</td></tr>
<tr><td colspan="8">老师对你完成本次工作任务的评价（请你去找老师）：</td></tr>
</table>

项目五　气动机械手的组装与调试

机械手是机电一体化设备或自动化生产系统中常用的装置，用来搬运物件或代替人工完成某些操作。根据驱动机械手工作的动力的不同，可分为气动机械手、液压机械手和电动机械手；按照机械手的工作性质，可分为搬运机械手、焊接机械手和注塑机械手等。常见的机械手如图 5－0－1 所示。

助力机械手

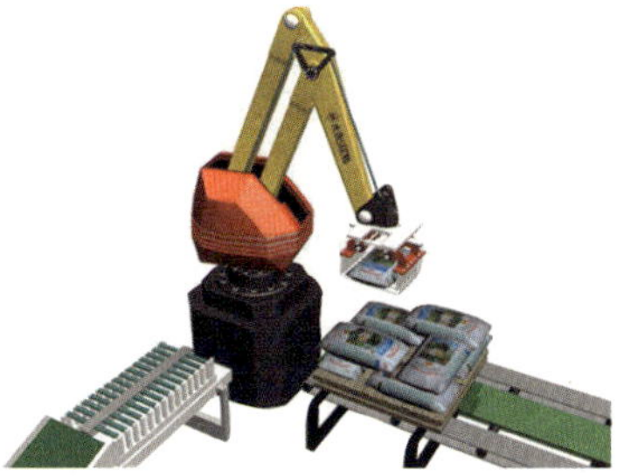

垛码机械手

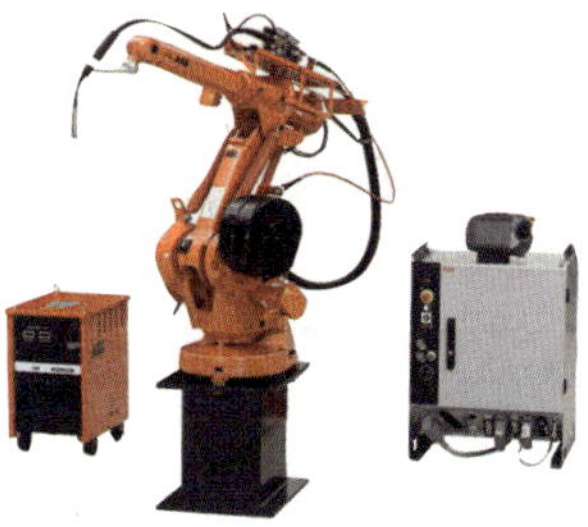

工业机械手

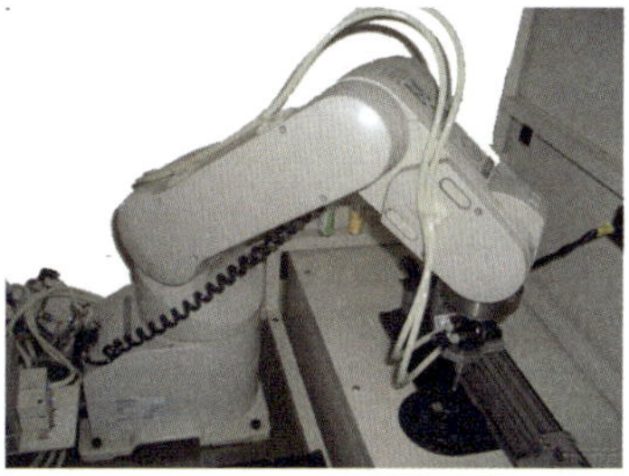

高精度机械手

焊接机械手

压铸机械手

横走机械手

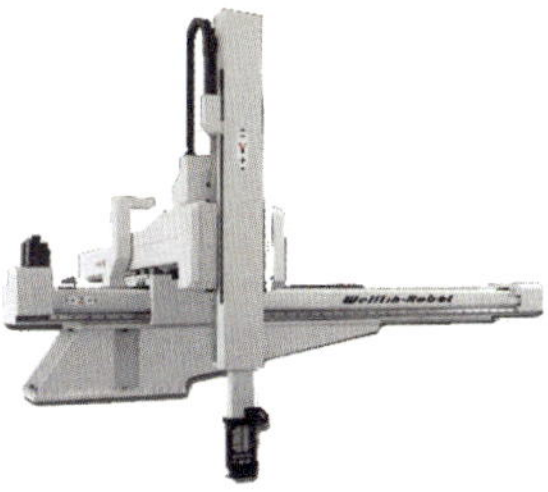

全伺服机械手

图 5－0－1　常见的机械手

任务一　拆装气动机械手

用气动元件组成的机械手为气动机械手。YL－235A型光机电一体化实训装置中的气动机械手及各部分的名称如图5－1－1所示。在本任务中，通过完成机械手拆装的工作任务，了解气动机械手的组成和工作原理，学会气动机械手的组装。

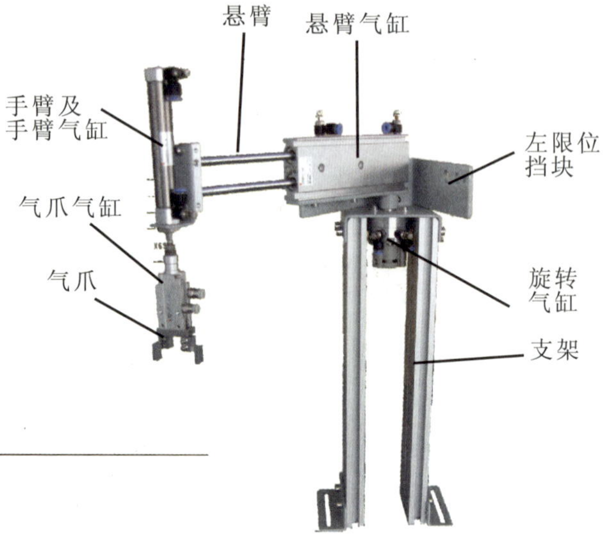

图5－1－1　YL－235A型光机电一体化实训装置上的气动机械手及各部分名称

工作任务

(1) 请按要求拆卸YL－235A型光机电一体化实训装置中的气动机械手。

①将左右限位挡块从支架上拆卸下来。

②将悬臂气缸从支架上拆卸下来。

③取出旋转气缸。

④将手臂气缸从悬臂上拆卸下来。

⑤将气爪气缸从手臂上拆卸下来。

(2) 将拆卸后的YL－235A型光机电一体化实训装置中的气动机械手按要求组装。

①组装的机械手应与原来相同。

②调节左右限位挡块上的螺栓，使机械手旋转的角度约为56°。

(3) 按图5－1－2所示的安装图将机械手安装在安装平台上。

①机械手安装位置的尺寸与图纸要求误差不大于1mm。

②机械手悬臂安装的高度与图纸要求误差不大于1mm。

③机械手左、右摆角与图纸要求相符。

④机械手支架固定后，在气缸动作过程中不会发生摇动现象。

(4) 按图5－1－3所示机械手气动系统图连

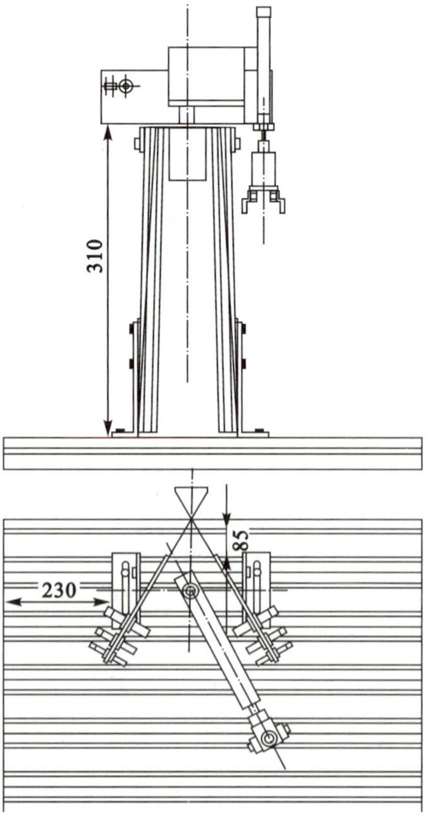

图5－1－2　机械手安装位置图

接机械手的气路。

①机械手气缸（含气爪）与电磁阀的气路连接。

②气源与电磁阀的气路连接。

③按工艺规范要求完成气路的走线与捆扎。

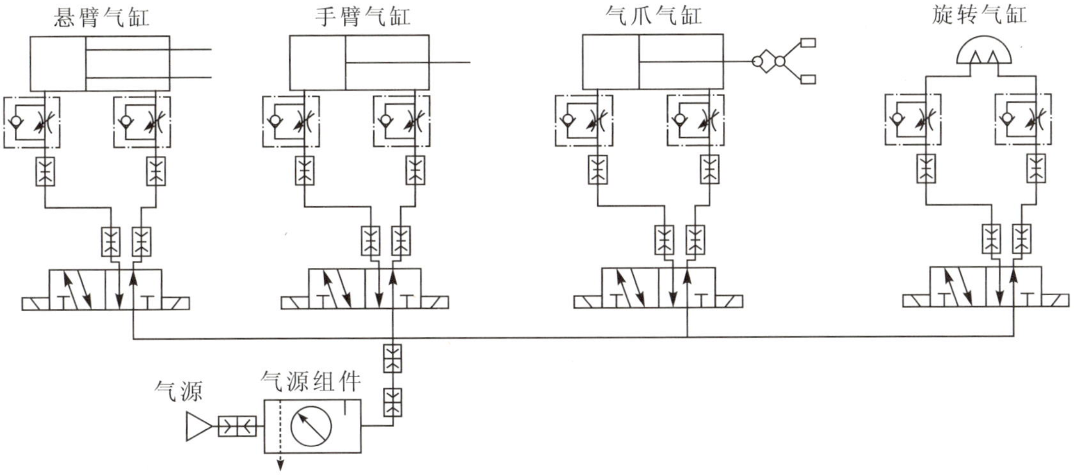

图 5-1-3 机械手气动系统图

相关知识

一、气缸活塞位置的检测

气缸中活塞是否运动到规定位置，检测气缸中活塞的位置，并根据活塞位置的信号控制气动系统的工作，是气动控制的重要问题。检测气缸中活塞位置的常用方法和检测器件如表 5-1-1 所示。

表 5-1-1 检测气缸中活塞位置的方法和检测器件

检测器件	检测方法	示意图	特点
位置开关	机械接触	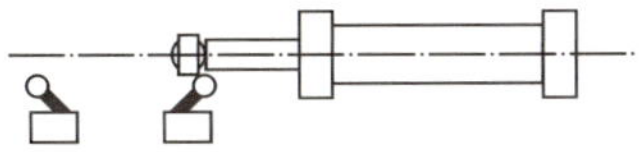	①安装空间较大 ②不受磁性影响 ③检测位置调整较困难
接近开关	阻抗变化	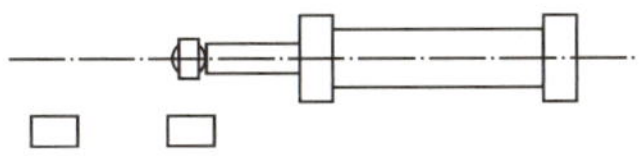	①安装空间较大 ②不受污蚀影响 ③检测位置调整较困难
光电开关	光的变化	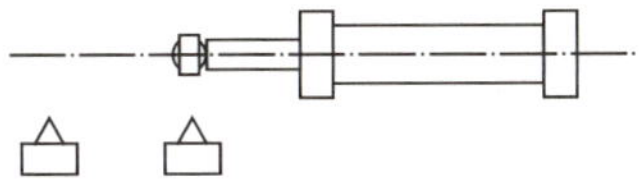	①安装空间较大 ②不受磁性影响 ③检测位置调整较困难
磁性开关	磁场变化	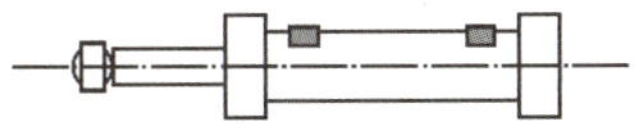	①安装空间较小 ②不受污蚀影响 ③检测位置调整较容易

二、气动元件的图形符号

气动系统要根据气动系统图进行安装，因此，要熟悉气动系统中各种常用的气动元件图形符号。常用的气动元件图形符号如表 5－1－2 所示。

表 5－1－2　常用的气动元件图形符号（摘自 GB/T 786.1－1993）

类别		名称	符号
管路、管路连接口和接头		工作管路 电气线路 控制供给管路	
		控制管路 排气管路	
		连接管路	
		交叉管路	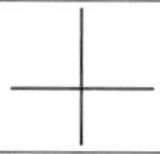
		柔性管路	
	排气口	不带连接螺纹	
		带连接螺纹	
		封闭气口	
	放气装置	连续放气	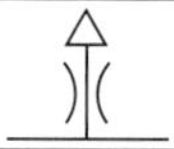
		间断放气	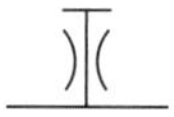
		单向放气	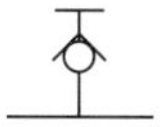
	快换接头	不带单向阀	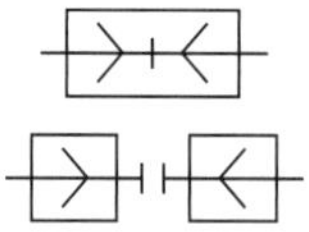
		带单向阀	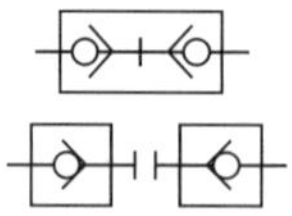
	旋转接头	单通路	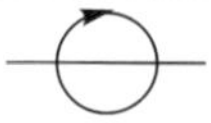
		三通路	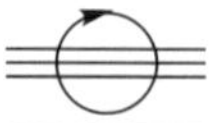
机械控制件		杆	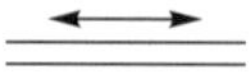
		轴（旋转运动）	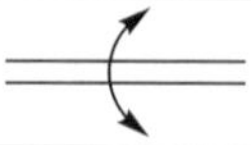
		定位装置	

类别		名称	符号
机械控制件		锁定装置（* 为开锁的控制方法符号）	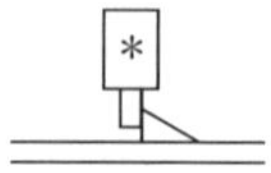
		弹跳机构	
控制方法	人力控制	不指名控制方式	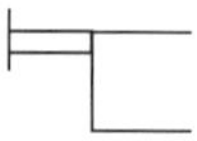
		按钮式	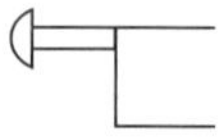
		拉钮式	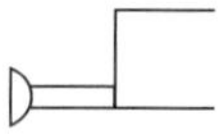
		按-拉式	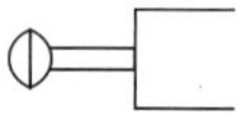
		手柄式	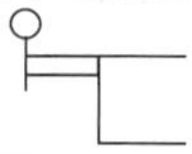
		单向踏板式	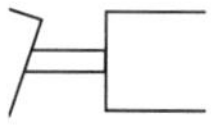
		双向踏板式	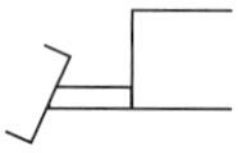
	机械控制	顶杆式	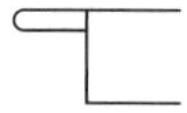
		可变行程控制式	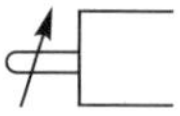
		弹簧控制式	
		滚轮式	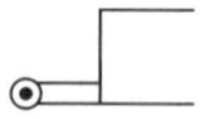
		单向滚轮式	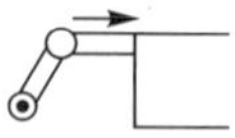
	电气控制	单作用电磁铁（电气引线可省略）	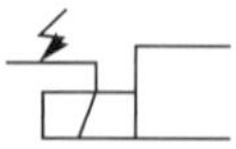
		双作用电磁铁	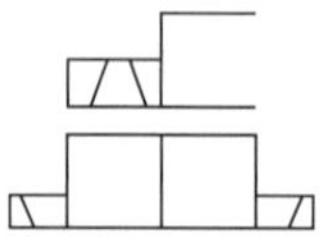

续表

类别	名称			符号
控制方法	气压控制	直接控制	加压或泄压控制	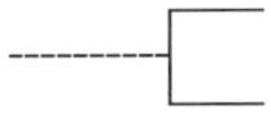
			差动控制	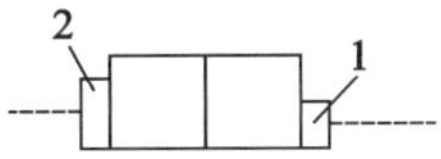
			内部压力控制	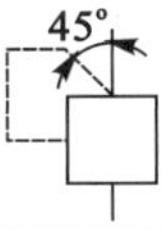
			外部压力控制	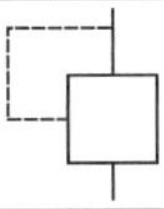
		先导控制	加压控制	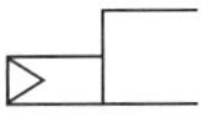
			泄压控制	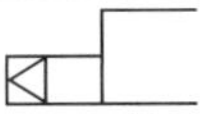
	复合控制	顺序控制	电磁内部气压先导控制	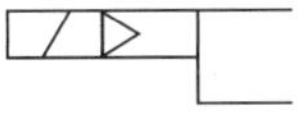
			电磁外部气压先导控制	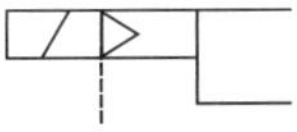
		选择控制		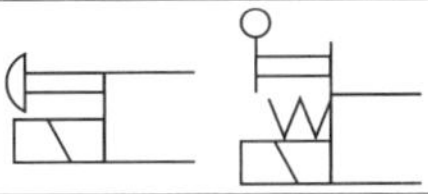
泵、马达	气泵			
	定量马达	单向		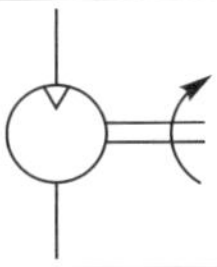
		双向		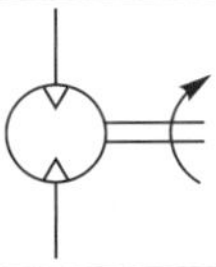
	变量马达	单向		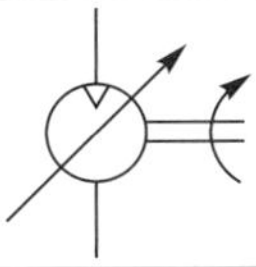
		双向		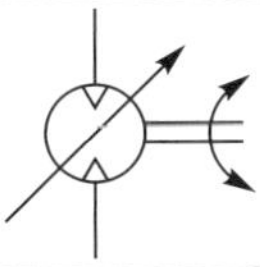
	摆动马达			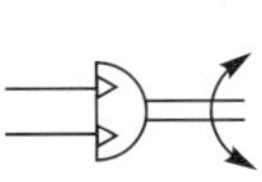

类别	名称			符号
气缸	单作用气缸	单活塞杆	不带弹簧	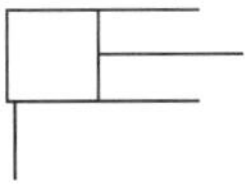
			带弹簧 弹簧压出	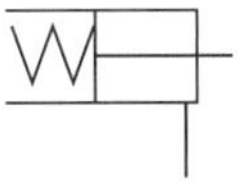
			带弹簧 弹簧压回	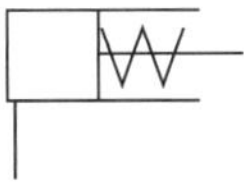
		伸缩缸		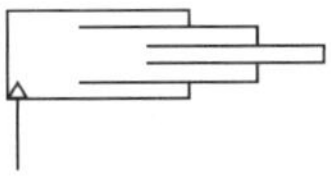
	双作用气缸	单活塞杆		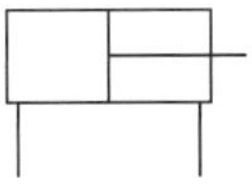
		双活塞杆		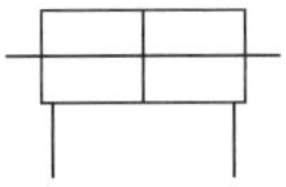
		缓冲气缸	不可调 单向	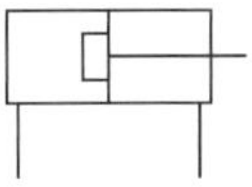
			不可调 双向	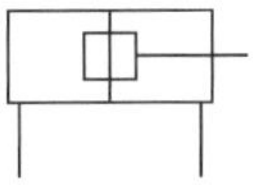
			可调 单向	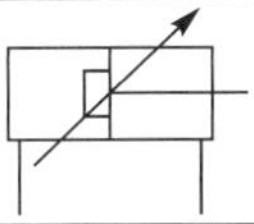
			可调 双向	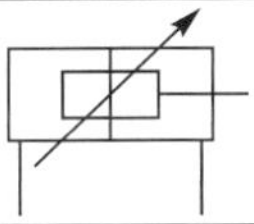
		伸缩缸		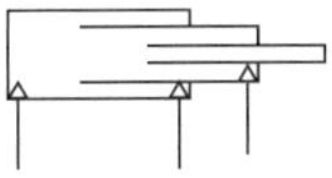
		增压缸		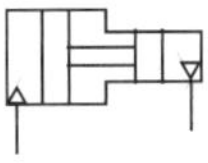
		气液增压缸		单程作用 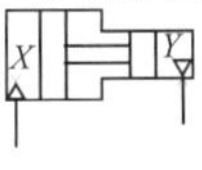 连续作用 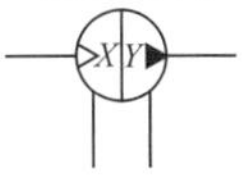

续表

类别	名称			符号
压力控制阀	溢流阀	直动型	内部压力控制	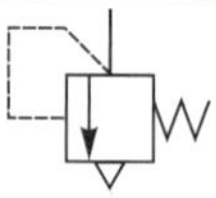
			外部压力控制	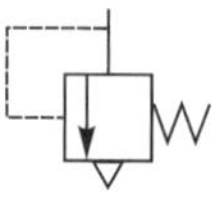
		先导型		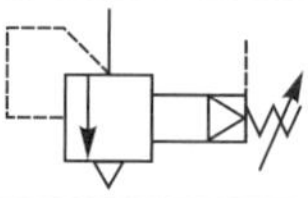
	减压阀	直动型	不带溢流	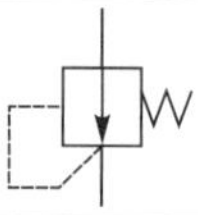
			带溢流	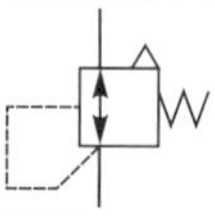
		先导型		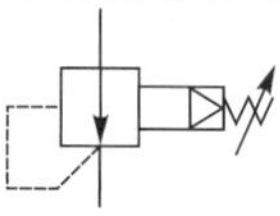
	顺序阀	直动型	内部压力控制	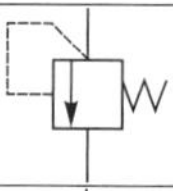
			外部压力控制	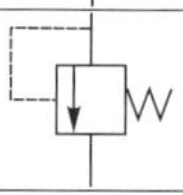
	单向顺序阀			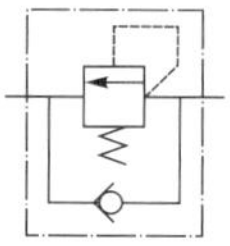
流量控制阀	截止阀			
	节流阀	不可调		
		可调		
	减速阀			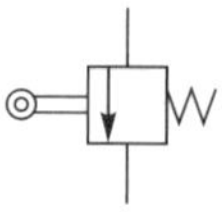
	可调单向节流阀			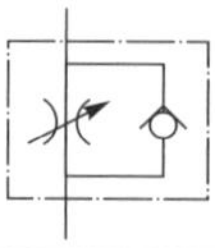
	带消声器的节流阀			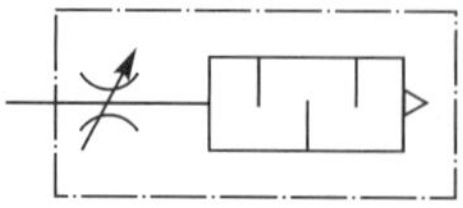

类别	名称		符号
方向控制阀	单向阀		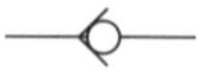
	气控单向阀		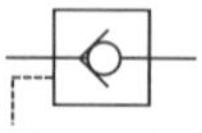
	梭阀	或门型	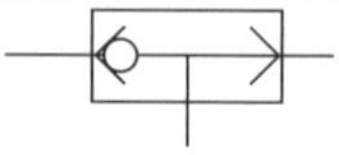
		与门型	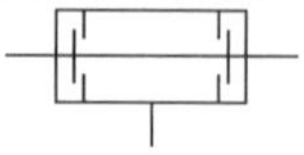
	快速排气阀		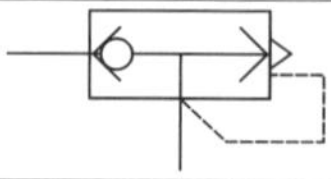
	二位二通	常通	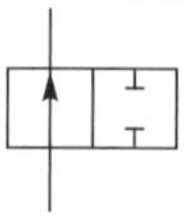
		常断	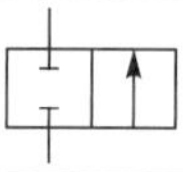
	二位三通	常通	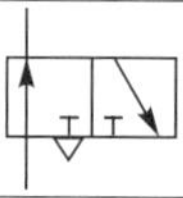
		常断	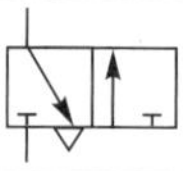
	二位四通		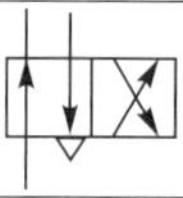
	三位四通	中间封闭式	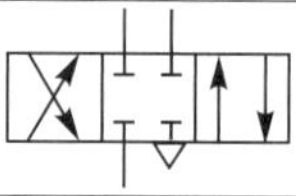
		中间加压式	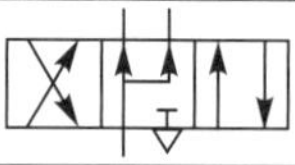
		中间泄压式	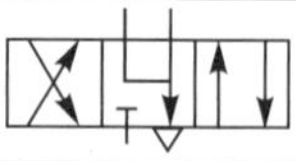
	二位五通		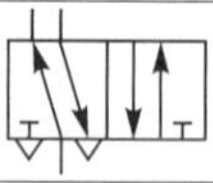
	三位五通	中间封闭式	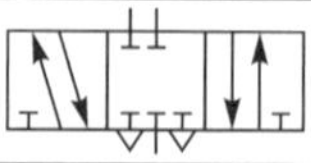
		中间加压式	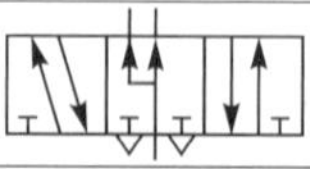
		中间泄压式	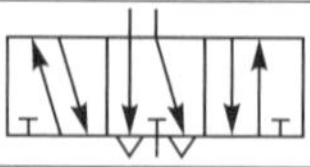
	电气伺服阀		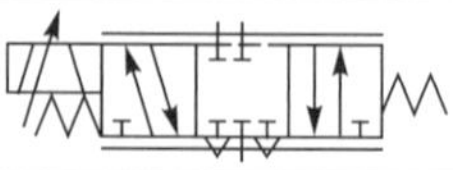

续表

类别	名称		符号
气动辅助元件及其他	气压源		
	气罐		
	蓄能器		
	冷却器		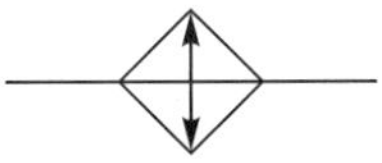
	过滤器		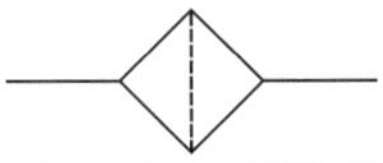
	空气过滤器	人工排出	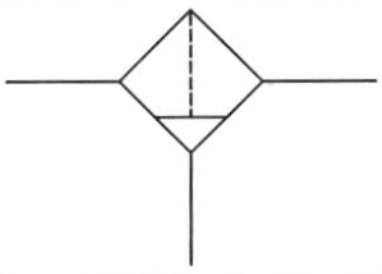
		自动排出	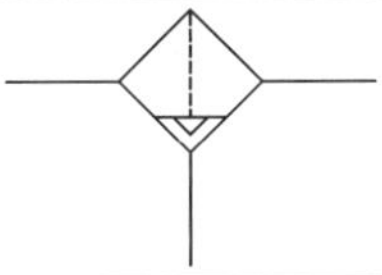
	除油器	人工排出	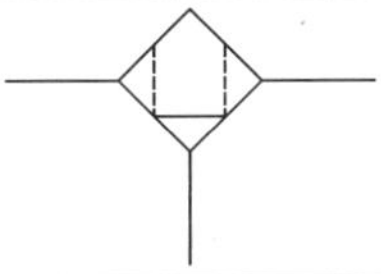
		自动排出	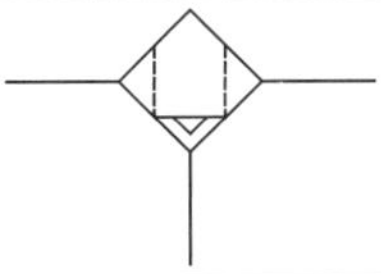
	空气干燥器		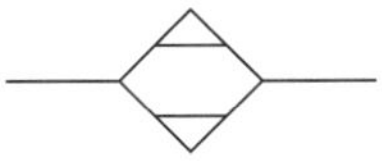
	油雾器		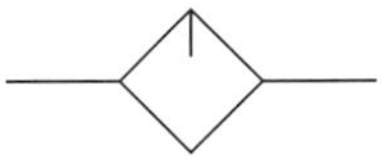
	气动三联件（简化符号）		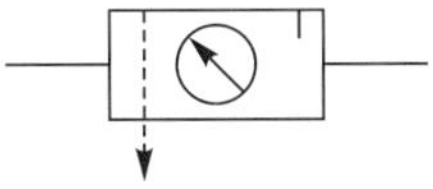
	气液转换器	单程作用	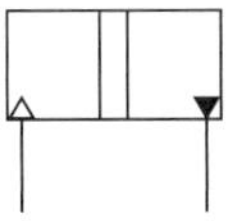
		连续作用	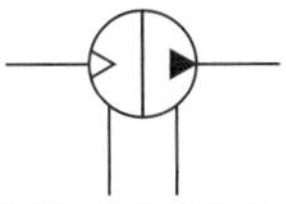

类别	名称		符号
气动辅助元件及其他	压力继电器		详细符号  一般符号 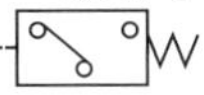
	行程开关		详细符号 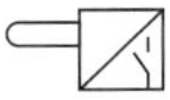 一般符号 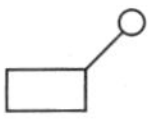
	模拟传感器		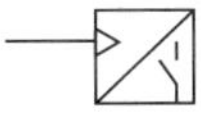
	消声器		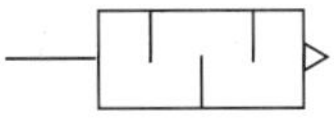
	报警器		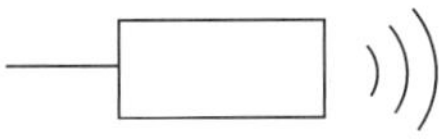
	压力指示器		
	压力计		
	压差计		
	脉冲计数器	输出电信号	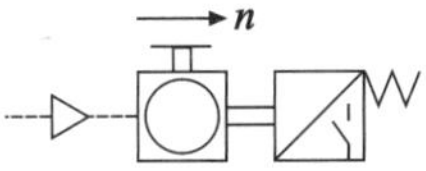
	脉冲计数器	输出气信号	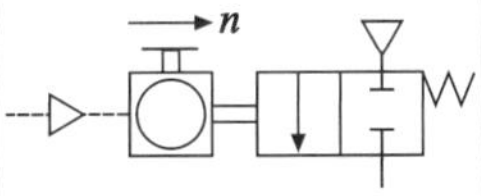
	温度计		
	流量计		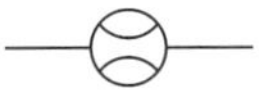
	累计流量计		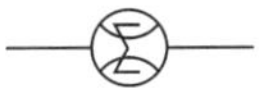
	电动机		

完成工作任务指引

一、机械手的拆卸

YL－235A 型光机电一体化实训装置上机械手的拆卸方法和步骤如图 5－1－4 所示。

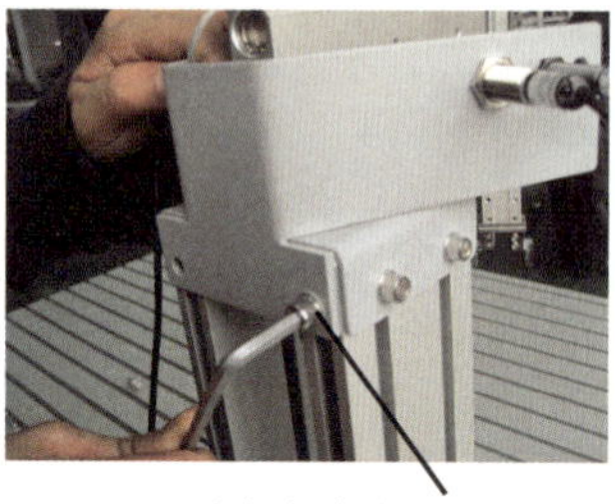

1.用内六角扳手旋下限位挡块的紧固螺栓。

2.取下限位挡块。

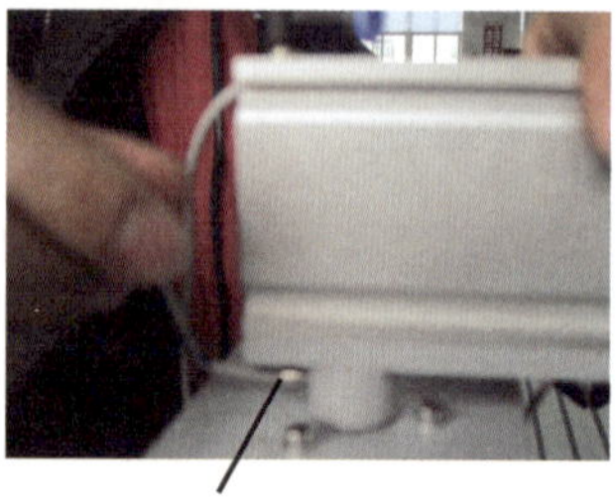

3.用内六角扳手旋下悬臂气缸在旋转气缸轴上的螺栓。

4.取下悬臂气缸。

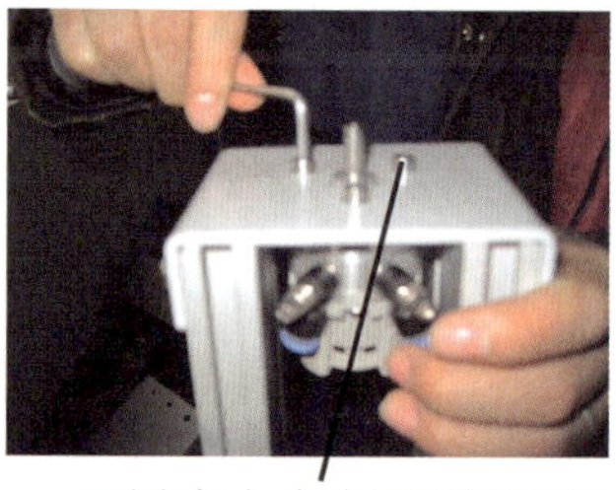

5.用内六角扳手旋下旋转气缸与支架的螺栓。

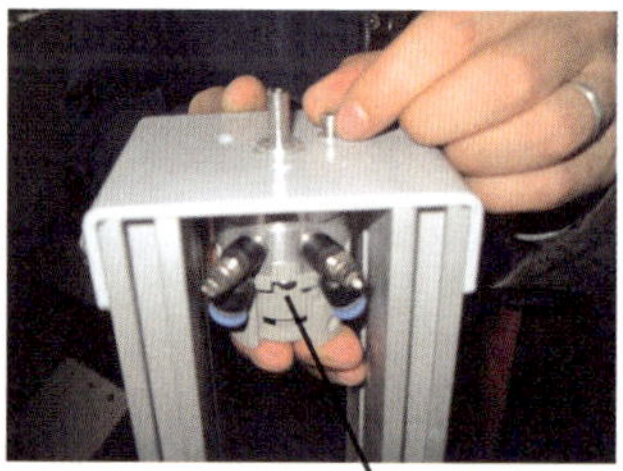

6.取下旋转气缸。

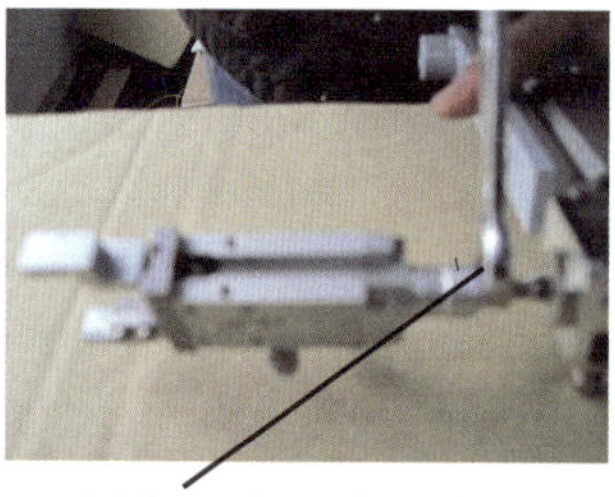

7.用扳手松开气爪气缸在手臂活塞杆上的螺帽。

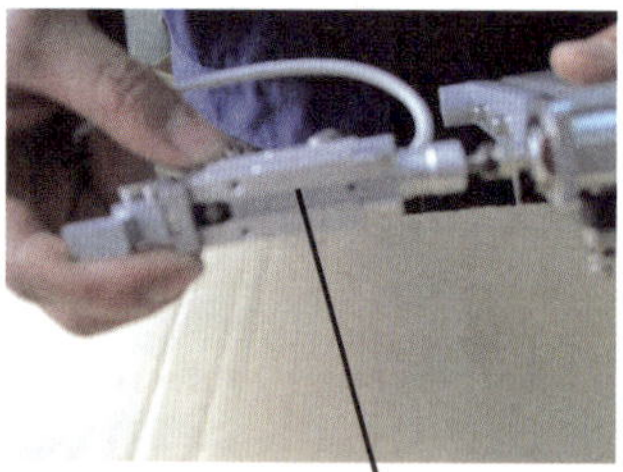

8.旋转并取下气爪气缸。

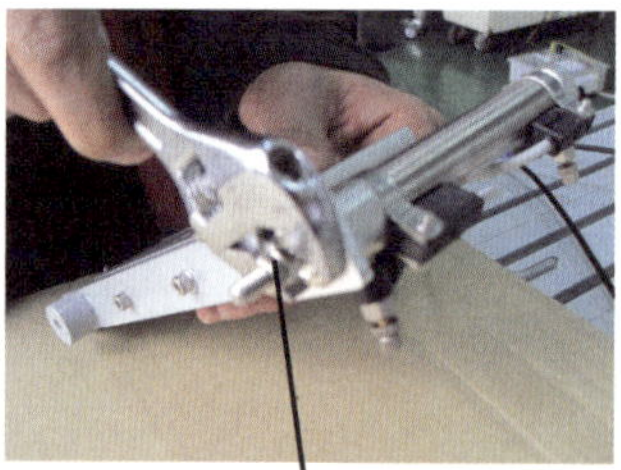

9.用扳手取下手臂气缸的固定螺帽。

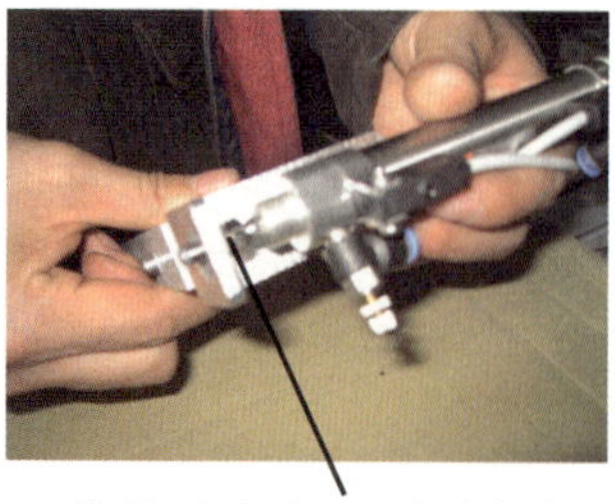

10.从悬臂上取下手臂气缸。

图 5－1－4　机械手的拆卸方法和步骤

二、机械手的组装

将 YL－235A 型光机电一体化实训装置上气动机械手的零件进行拆卸后，再组装起来的步骤与拆卸时的顺序正好相反，如图 5－1－5 所示。

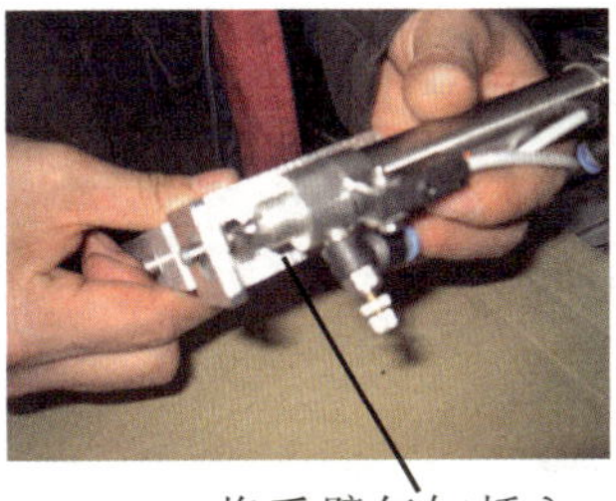

1.将手臂气缸插入悬臂上的支架孔。

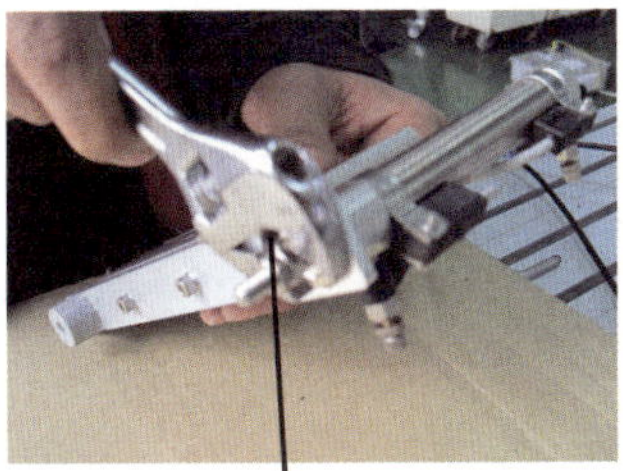

2.旋入螺帽并用扳手拧紧。

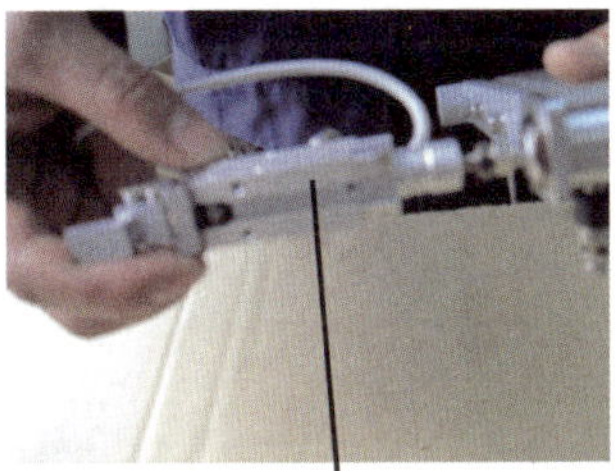

3.旋转气爪气缸，将其套在手臂气缸的活塞杆上。

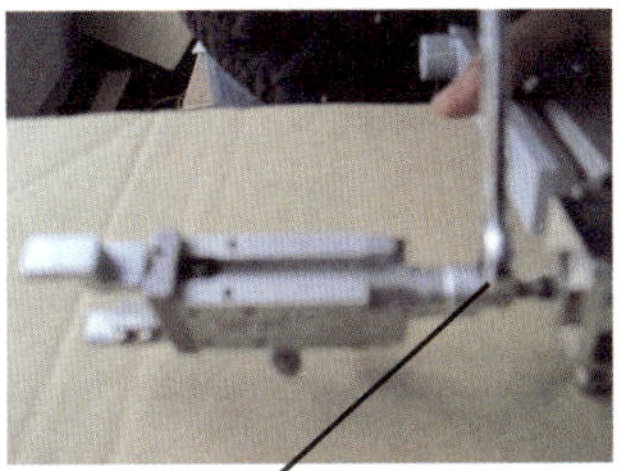

4.用扳手拧紧紧固螺帽。

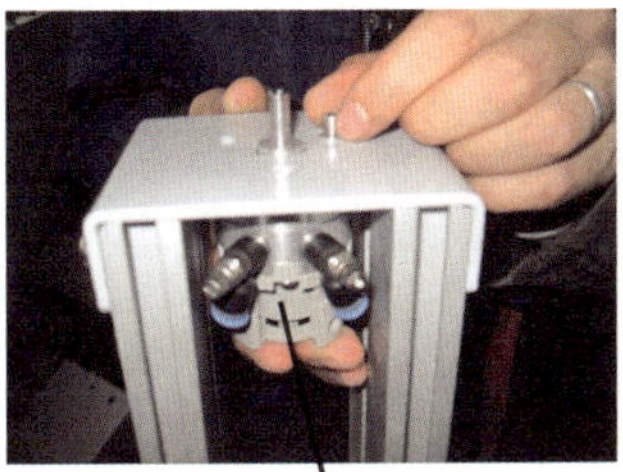

5.将旋转气缸安装在支架上并旋入固定螺栓。

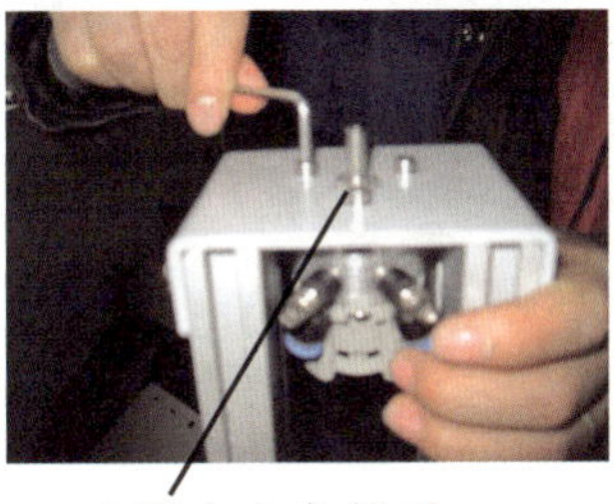

6.用内六角扳手拧紧固定螺栓。

7.将悬臂气缸套在旋转气缸的转轴上。

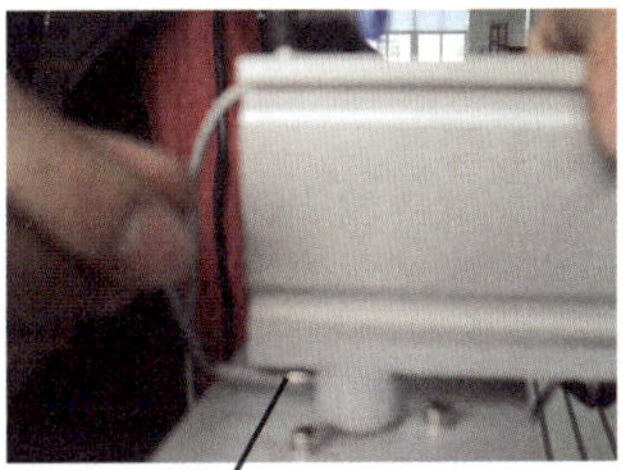

8.用内六角扳手拧紧固定螺栓。

9.将限位挡块安装在支架上。

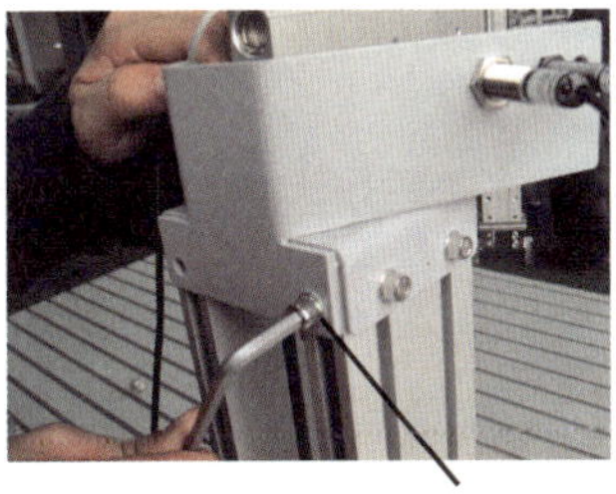

10. 用内六角扳手拧紧固定螺栓。

图 5－1－5　机械手组装方法与步骤

三、将机械手安装在安装平台上

根据图 5－1－2 所示的机械手安装位置图，将机械手安装在安装平台上的方法和步骤如图 5－1－6 所示。

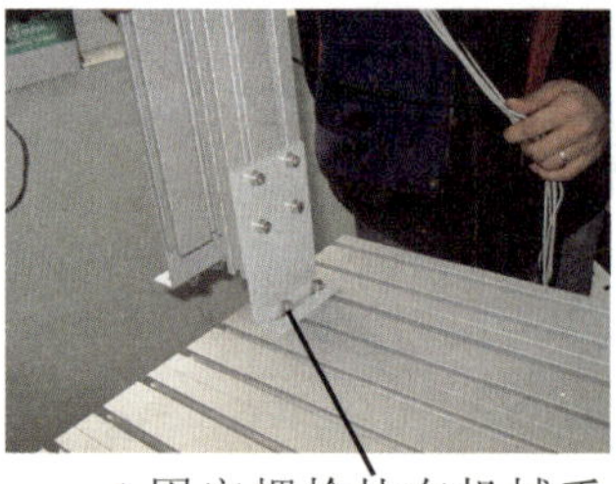

1.固定螺栓挂在机械手安装支架后，推入平台上的安装槽。

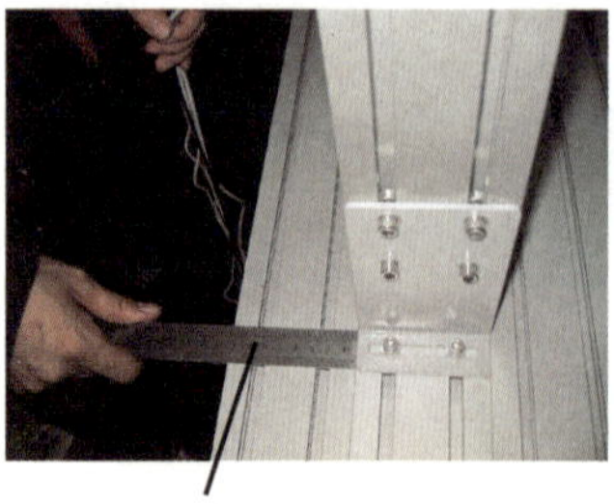

2.调整机械手到安装平台上边的距离为85mm。

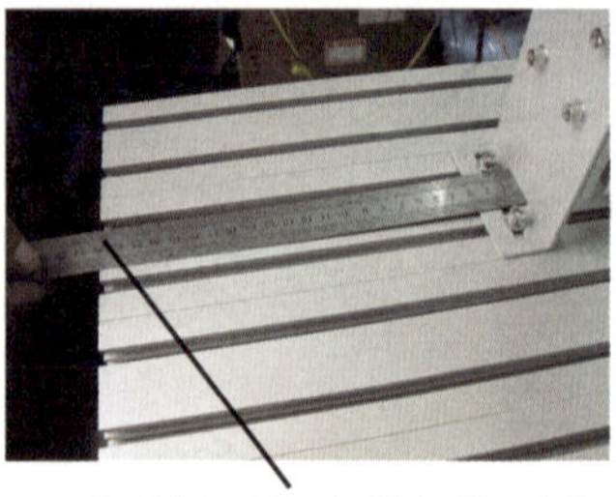

3.调整机械手到安装平台左边的距离为230mm。

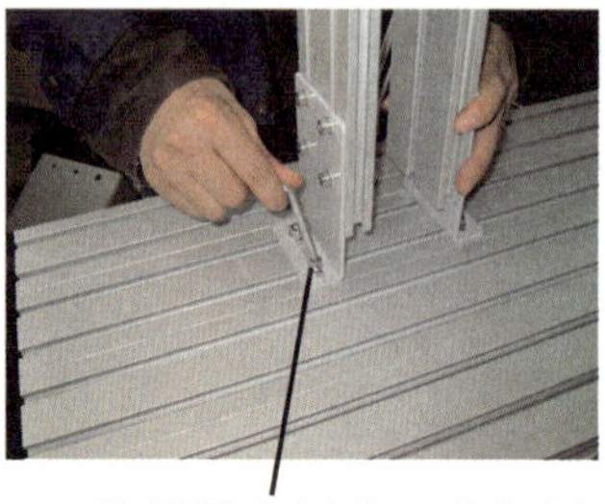

4.拧紧固定螺栓，将机械手安装在安装平台上。

5.先松开螺栓，调整安装高度为310mm后，拧紧固定螺栓。

6.机械手安装完毕。

图 5－1－6　在安装平台上安装机械手的方法与步骤

四、连接机械手的气路

机械手的气路连接需要完成气源组件的安装、电磁阀的安装和气管安装三项工作。

1. 气源组件的安装

为了提高系统压缩空气的质量，以保证气动系统正常工作和气动元件的工作寿命，需要对气源输入的空气进行过滤清洁、干燥和压力调节处理。气源组件组合的元件有空气过滤器、减压阀、油雾分离器和压力表等，常称气动三联件。气动三联件各元件的作用如下：

（1）空气过滤器。

用于清除压缩空气中的油污、水和粉尘等，以提高下游干燥器的工作效率。

（2）油雾分离器。

用于分离空气过滤器难以分离掉的 0.3～0.5μm 的气状溶胶油粒子及大于 0.3μm 的锈末与炭粒。

（3）空气干燥器。

用于进一步清除水蒸气（但不能除油）等。

（4）调压阀。

调压阀亦称减压阀。它能通过手动调节，将输出压力调整为比输入压力低的工作压力，从而满足气动执行元件工作压力的要求。它能使调整后的工作压力保持稳定，不受气压流量变化与气源压力波动的影响。

通常通气后，首先要先检查气源压力是否达到工作要求，由压力表的读数来确认。压力表刻度盘上的刻度有蓝色和红色两种标示，蓝色（外刻度）标示的刻度以帕为单位，红色（内刻度）标示的刻度以兆帕为单位。

在这里所讲的压力是大家习惯上的说法，实际是指压强。它的国际单位是 Pa（帕斯卡，简称帕），若面积为 $1m^2$ 的表面受到气体 1N（牛顿）的作用力，则它的大小就为 1Pa。压强单位之间的换算关系是：

$$1N/m^2=1Pa$$

大气压是人们常用的一种压强单位，在国际单位中，常用 MPa（兆帕）作大气压的单位。$1MPa=10^6Pa$。因此，1 个标准大气压 $=10^5Pa=0.1MPa$。

YL-235A 型光机电一体化实训装置中的气源组件如图 5-1-7所示。

图 5-1-7 气源组件外形

2. 电磁换向阀的安装

电磁换向阀除作个体安装外，还可以集中安装在汇流底座上。YL-235A 型光机电一体化实训装置上的汇流底座可安装 5 个电磁换向阀，底座上有三排通道，中间连通一排为进气通道，与侧边进气孔 P 连通，其余两排是排气通道，与侧边的排气孔 R1、R2 连通。电磁换向阀在汇流底座上的安装如图 5-1-8所示。

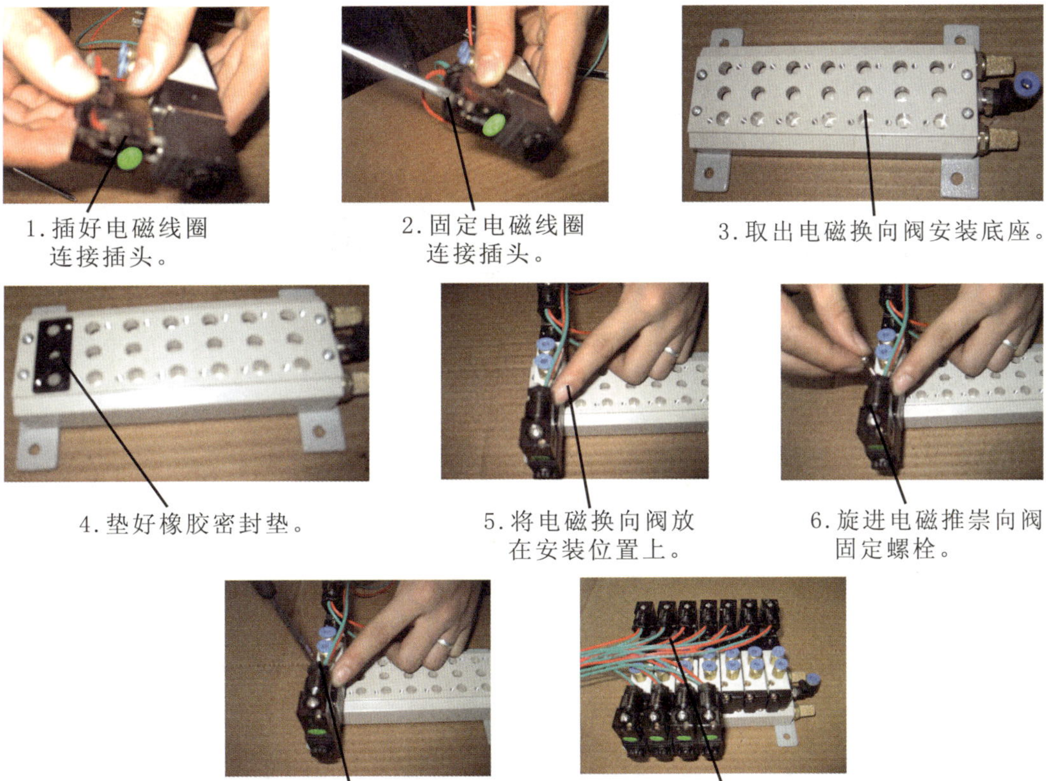

1. 插好电磁线圈连接插头。
2. 固定电磁线圈连接插头。
3. 取出电磁换向阀安装底座。
4. 垫好橡胶密封垫。
5. 将电磁换向阀放在安装位置上。
6. 旋进电磁推崇向阀固定螺栓。
7. 拧紧电磁换向阀固定螺栓。
8. 装好所有电磁换向阀。

图 5-1-8 电磁换向阀的安装方法与步骤

安装电磁换向阀应注意：为了安装方便，进、排气孔在底座两侧都有，安装时可将不需要接气管一端的孔封闭。电磁换向阀必须安装在密封胶垫上。安装时，电磁换向阀与底座的进、排气孔一定要对准，并用螺栓压紧，不能有漏气现象。

3. 气管连接

气管连接的方法与步骤如图 5-1-9 所示。

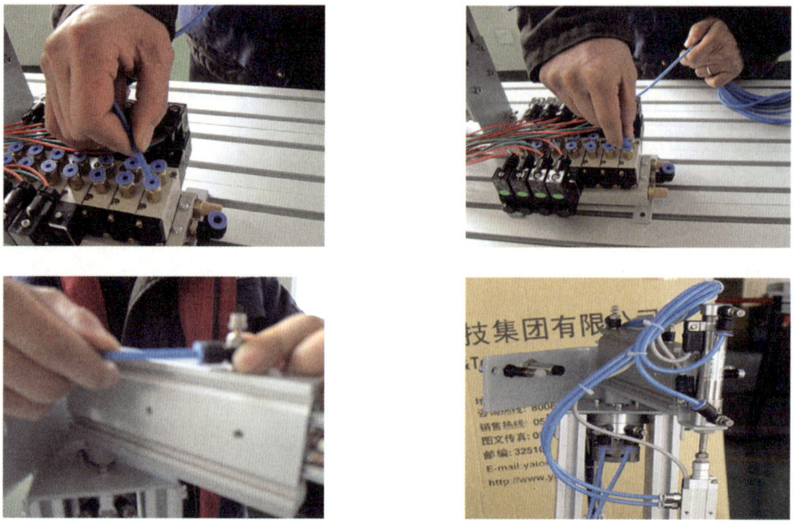

图 5-1-9　气管连接

五、完成安装

完成机械手组装并将其安装在安装平台上，并且完成电磁阀安装、气源组件安装以及气管连接，工作任务就完成了。完成全部安装的情形如图 5-1-10 所示。

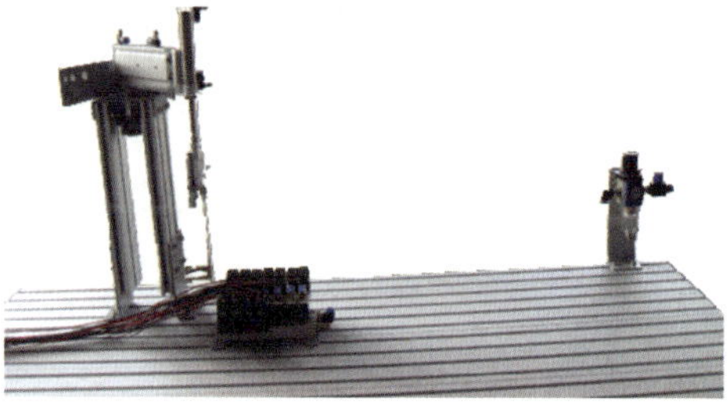

图 5-1-10　将机械手、电磁阀和气源组件安装在安装平台上的情形

思考与练习

1. 在 YL-253A 型光机电一体化实训装置上，使用了哪些气动元件？你知道这些气动元件在气动系统中的作用吗？你能画出这些气动元件的图形符号吗？

2. 按拆下气爪→拆下手臂气缸→拆下悬臂气缸→拆下旋转气缸→拆下限位挡板的步骤拆卸机械手行不行？会遇到什么问题？

3. 通过拆装 YL-235A 型光机电一体化实训装置上的气动机械手，你知道制作一个机械手需要哪些部件吗？要机械手能像人的手一样搬运东西，机械手应做哪些动作？

4. 请你总结拆卸和组装气动机械手的经验。

5. 组装气动机械手时，你使用什么工具测量悬臂气缸与手臂之间的夹角？要使悬臂气缸与手臂气缸之间的夹角为 90°，你采用了什么方法？

6. 请你填写完成工作任务评价表。

完成工作任务评价表

机械手底脚左端到安装平台左端的距离		机械手底脚上端到安装平台上端的距离	
机械手（气爪下端部）的安装高度		机械手左、右摆角的角度	
机械手气爪磁性开关所接的端子号			
机械手手臂气缸磁性开关所接的端子号			
机械手悬臂气缸的磁性开关所接的端子号			
机械手左限止位置的电容式接近开关所接的端子号			
机械手右限止位置的电容式接近开关所接的端子号			
控制机械手手臂气缸的电磁阀所接的端子号			
你在安装平台上安装机械手的步骤：			
你对机械手调试的项目与方法：			
你对气路工艺的评价：			
你对电路工艺的评价：			
你对完成本次工作任务的总体评价：			
小组同学对你完成本次工作任务的评价（请你去找小组的同学）：			
老师对你完成本次工作任务的评价（请你去找老师）：			

任务二　调试气动机械手

工作任务

1. 请按图 5－2－1 所示的电路图连接机械手的控制电路

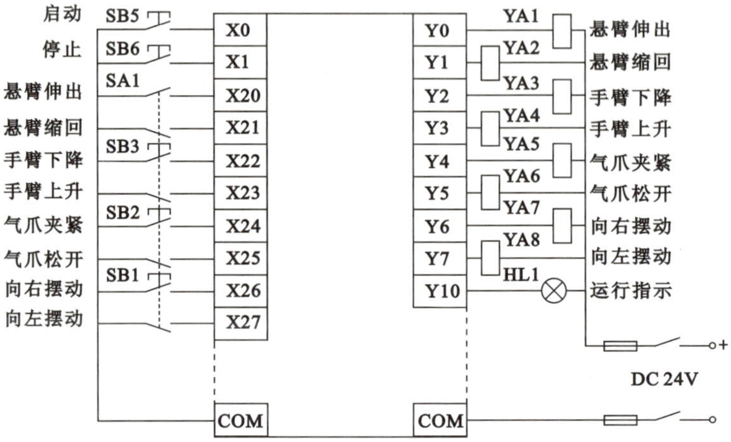

图 5－2－1　机械手控制电路图

2. 检测机械手动作

编写用 PLC 控制机械手的动作程序，进行如下操作时，机械手相应部件应发生的动作：

（1）接通电源，机械手在左限止、悬臂在缩回、手臂在最高、气爪松开的位置。

（2）顺时针旋转 SA1，悬臂伸出；悬臂伸出后，逆时针旋转 SA1，悬臂缩回。

（3）按下 SB3，机械手手臂下降；松开 SB3，机械手手臂上升。

（4）按下 SB2，机械手气爪夹紧；松开 SB2，机械手气爪松开。

（5）按下 SB1，机械手向右摆动；松开 SB1，机械手向左摆动。

完成工作任务指引

机械手组装好后，需要进行检测与调试，以保证机械手满足搬运工件的生产要求。对组装后的机械手进行检测与调试，除进行各部件安装尺寸的测量外，最重要的是检查机械手的动作是否灵活、准确。完成本次工作任务，首先需要选择 YL－235A 型光机电一体化实训装置上的模块、元件和器件，然后连接机械手的控制电路，编写 PLC 控制程序，最后检查机械手的动作。

一、机械手控制元件的选择

1. 指示灯、按钮和开关模块

指示灯、按钮和开关模块上的电气元件及其位置如图 5-2-2 所示。

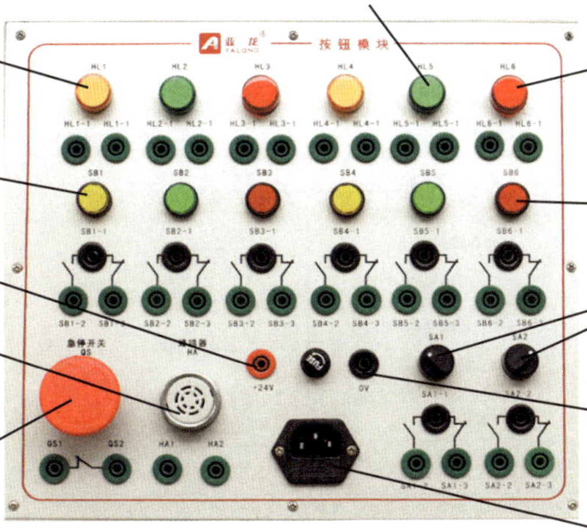

图 5-2-2　指示灯、按钮、开关模块上的元件及其位置

2. 选择电气元件

检测机械手时，需要使用的指示灯、按钮和开关模块上的电气元件以及电磁换向阀、各气缸上的电气元件如表 5-2-1 所示。

表 5-2-1　检测机械手时使用的电气元件

编号	元件名称及文字符号	规格	作用
1	按钮 SB5	动合型自动复位	机械手运行启动控制
2	按钮 SB6	动合型自动复位	机械手运行停止控制
3	按钮 SB1	动合型带自锁	机械手左、右摆动
4	按钮 SB2	动合型带自锁	气爪夹紧、松开
5	按钮 SB3	动合型带自锁	手臂下降、上升
6	转换开关 SA1	带自锁	悬臂伸出、缩回
7	气爪气缸电磁阀线圈 YA5、YA6	DC24V	气爪夹紧、松开控制
8	手臂气缸电磁阀线圈 YA3、YA4	DC24V	手臂下降、上升控制
9	悬臂气缸电磁阀线圈 YA1、YA2	DC24V	悬臂伸出、缩回控制
10	旋转气缸电磁阀线圈 YA7、YA8	DC24V	机械手左、右摆动控制

二、连接机械手的控制电路

1. 按钮、开关、指示灯与 PLC 的接线

在 YL-235A 型光机电一体化实训装置中，按钮、开关与指示灯都在同一个模块中，接线时，将按钮、开关的公共接线端子用短插接线连接，再用长插接线引至 PLC 模块，与 PLC 输入端的公共端“COM”连接；另用长插接线将按钮、开关的控制接线端子与 PLC 模块的输入端 X20～X27 接线端子连接。而指示灯的其中一个接线端子与

该模块上的“24V”接线端子连接，另一接线端子则与 PLC 输出端“Y0”接线端子连接，如图 5-2-3 所示。

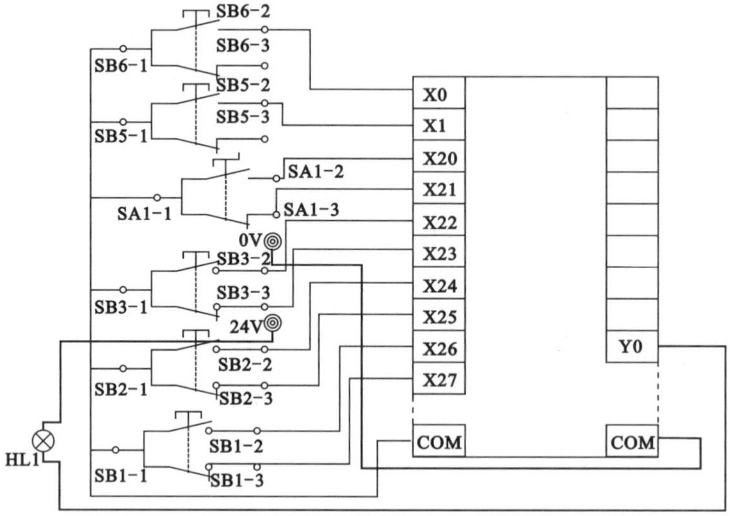

图 5-2-3　指示灯、按钮和开关模块上元件的连接

2. **电磁换向阀线圈与 PLC 的连接**

电磁换向阀线圈引线接到安装平台接线排的端子中，再与 PLC 的输出端相应的接线端子连接，如图 5-2-4 所示。接线时，用短的插接线将电磁阀线圈的“－”端（21、23、25、27、29、31、33、35）连接，并将端子 21 与指示灯、按钮与开关模块上的 DC24V 电源的＋24V 端子连接。再用长插接按图 5-2-4 将端子 20、22、24、26、28、30、32、34 分别与 PLC 模块上的输出端子 Y0～Y7 连接。

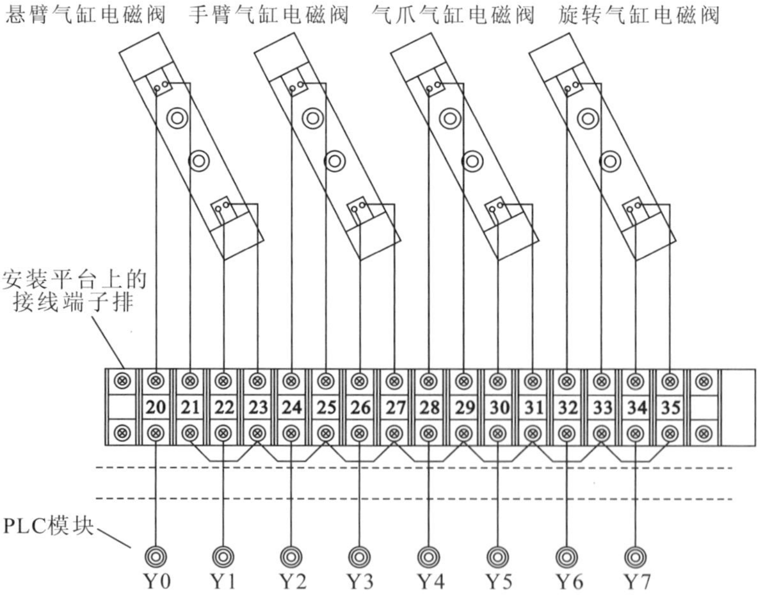

图 5-2-4　电磁阀线圈与 PLC 的连接

注意：线圈极性不要接反，若极性接反，LED 的线圈通电时指示灯不亮，会影响对线圈工作的判断。

三、根据控制要求编写 PLC 的梯形图程序

检测机械手的 PLC 控制程序，可由编程软件转变为指令程序。参考的 PLC 控制的梯形图程序如图 5－2－5 所示。

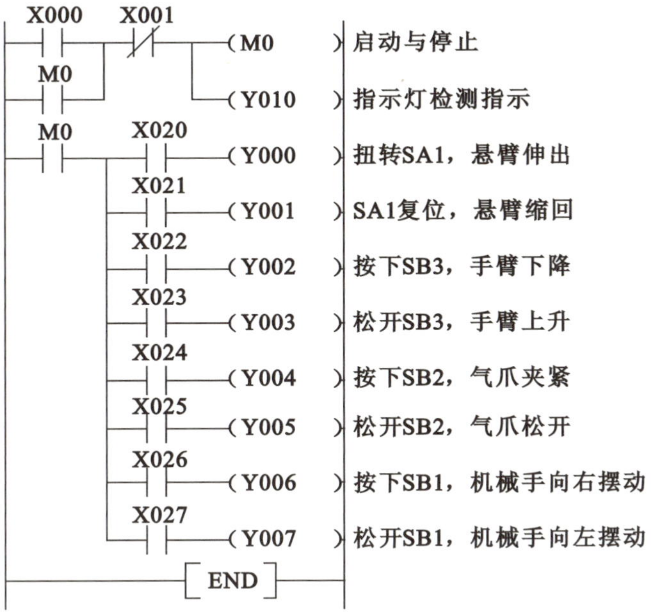

图 5－2－5　机械手检测的 PLC 控制程序

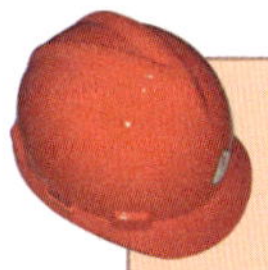

安全提示

由于双线圈电磁换向阀的两个线圈不能同时闭合，因此，从安全角度考虑，对同一电磁换向阀的两个线圈应在程序上加一个联锁保护。

四、检测机械手的动作

机械手手动控制程序编写完成后，将其传送到 PLC，即可送电运行。

1. 检测机械手的初始位置

按下启动按钮 SB5，运行指示灯 HL1 发光，此时，四个双线圈电磁阀都有一个线圈处于接通状态，机械手应处于初始位置，即：机械手手臂上升到位，机械手悬臂缩回到位，机械手左摆到位，机械手气爪放松。

检测方法是：

（1）机械手各气缸到位后，应观察到检测的磁性开关和接近开关的指示灯是否发光。若有不发光者，应检查安装位置是否有问题或是在安装中有损坏，再进行位置调整或更换。

（2）机械手如有未到位的情况，首先应检查 PLC 程序是否有错；若程序正确，则检查电磁换向阀的接线是否正确；若接线无误，则需检查电磁换向阀有无故障。

2. 机械手动作检测

分别操作按钮和开关，检查机械手是否能按正确动作操作。

（1）将开关 SA1 扳到左边，机械手悬臂伸出，然后将开关 SA1 扳回右边，机械手悬臂缩回到位。

（2）按下按钮 SB3 并锁住，机械手手臂下降，然后松开按钮复位，机械手手臂上升到位。

（3）按下按钮 SB2 并锁住，机械手气爪夹紧，然后松开按钮复位，机械手气爪松开。

（4）按下按钮 SB1 并锁住，机械手右摆，然后松开按钮复位，机械手左摆到位。

若有不能动作的气缸，请检查 PLC 程序是否有错；若程序正确，则检查电磁换向阀的接线是否正确；若接线无误，则需检查电磁换向阀有无故障。

3. 调整各气缸活塞杆的动作速度

分别按下按钮 SB1、SB2、SB3 和操作开关 SA1，观察各气缸活塞杆的动作情况，并通过速度调节阀调整活塞杆的动作速度。要求活塞杆动作速度适中、流畅，动作到位时无冲击现象。由于摆动气缸的左、右限止位置是用螺杆止摆，因此要反复对摆动气缸的摆动速度进行调整，一直调整到摆动到限止位置时无冲击、振动现象为止。

4. 检查并调整各气缸活塞杆动作符合机械手搬运物件的要求

操作各按钮和开关，观察机械手各部分的运行情况是否符合搬运物件的要求。

（1）调整机械手抓取物件位置。

将开关 SA1 扳至左边，机械手悬臂伸出到位，再按下 SB3，机械手手臂下降到位，观察机械手气爪是否到达抓取物件的位置。若前伸未到位，可松开机械手底脚螺栓移动机械手进行调整；若高度未到位，可松开机械手悬臂与竖杆连接的螺栓来调整悬臂的高低，直到调整到满足位置要求为止。

（2）调整机械手气爪对物件的抓取。

按下 SB2，检查机械手气爪是否能夹紧物件。要求机械手气爪夹持到物件的中部，对圆柱形物件，应是其最大直径处。

思考与练习

1. 为什么机械手完成安装后要进行 PLC 控制运行的测试？主要测试项目是什么？
2. 为了保证停止时被夹持的物件不掉下来，除在物件搬运过程中限制停止外，你认为还可以采用哪种方法？
3. 你能让机械手既能实现手动控制，又能实现自动控制运行吗？
4. 你能让机械手实现连续、单周期和单步这三种自动运行模式吗？
5. 你怎样确认已完成安装与测试的机械手总体工艺符合规范要求呢？
6. 请你填写完成工作任务评价表。

完成工作任务评价表

机械手原点位置	
机械手启动控制	
机械手停止控制	
机械手连续运行	
机械手气缸动作	
机械手对物件夹持搬运	
编写机械手手动运行程序的要点是：	
编写机械手连续运行程序的要点是：	
你对气路工艺的评价：	
你对电路工艺的评价：	
你对完成本次工作任务的自我评价：	
小组同学对你完成本次工作任务的评价（请你去找小组的同学）：	
老师对你完成本次工作任务的评价（请你去找老师）：	

项目六　搬运机械手的动作程序

机械手搬运工件全过程由悬臂气缸、手臂气缸、气爪气缸和旋转气缸四个气缸之间的动作组合来完成。要使机械手能按要求完成工件的搬运，首先要考虑该装置是否能安全运行，在安全运行的基础上再考虑运行效率的问题，最后考虑操作控制是否简捷方便。这是编写生产设备控制程序时必须考虑的三要素。通过完成本项目设置的工作任务，学会机械手搬运工件的动作程序的编写与调试。

任务一　编写并调试机械手搬运工件的控制程序

工作任务

某生产线上的搬运机械手，要将在位置 A 处的工件搬运到位置 B 进行下一工序的加工。在启动前或正常停止后机械手必须停留在原位，也就是初始位置。机械手的初始位置是：机械手的悬臂气缸停留在左限位，悬臂气缸和手臂气缸的活塞杆均缩回，气爪处于松开状态。

当接通机械手的工作电源，按下启动按钮 SB5，机械手将按以下动作顺序搬运工件：悬臂气缸活塞杆伸出→伸出到前限位→传感器接到信号后手臂气缸活塞杆伸出→伸出到下限位后延时 0.5s 气爪夹紧→再延时 0.5s→手臂气缸的活塞杆缩回→缩回到上限位传感器接到信号后悬臂气缸活塞杆缩回→缩回到后限位传感器接到信号后旋转气缸驱动机械手右转→右转到右限位传感器接到信号后悬臂气缸活塞杆伸出→伸出到前限位传感器接到信号后手臂气缸活塞杆伸出→伸出到下限位后延时 0.5s 气爪松开→机械手臂的活塞杆缩回→缩回到上限位传感器接到信号后悬臂气缸活塞杆缩回→缩回到后限位传感器接到信号后旋转气缸驱动机械手左转→返回到初始位置，机械手完成搬运工作的一个循环。

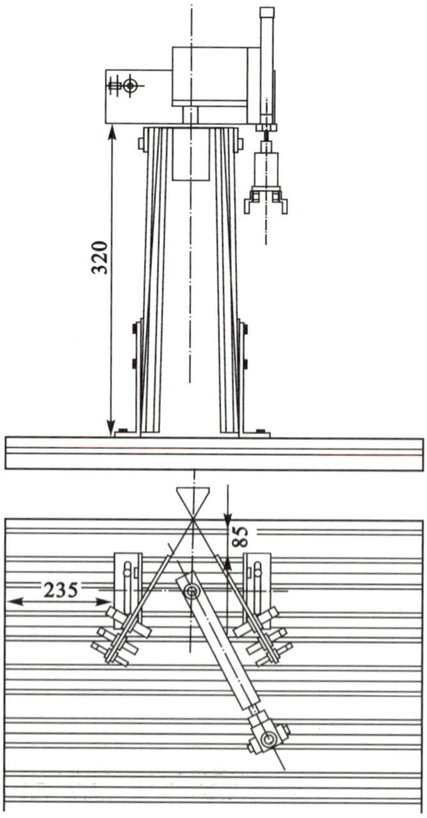

图 6－1－1　机械手安装图

不按下停止按钮 SB6，机械手将按上述动作流程连续自动搬运工件；如果按下停止按钮 SB6，机械手在完成当前工件的搬运后，回到初始位置停止。

请你根据机械手搬运工件的动作要求，完成下列工作任务：

（1）按图 6－1－1 所示的机械手安装图，将机械手安装在安装平台上。

(2) 根据图 6-1-2 所示的机械手气动系统图连接气路。

(3) 根据机械手气动系统图和搬运工件的动作要求，画出电气控制原理图。

(4) 根据机械手搬运工件的动作要求，编写并调试 PLC 的控制程序。

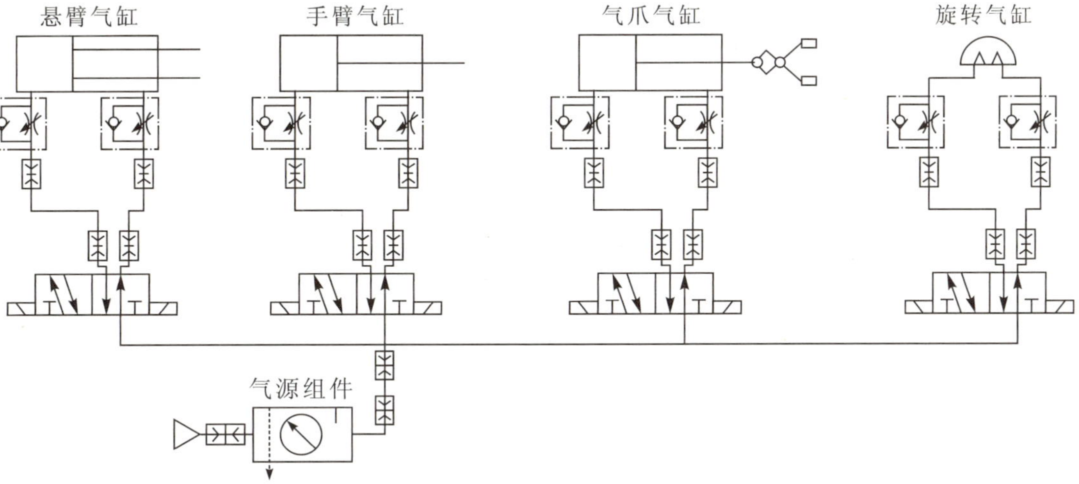

图 6-1-2　机械手气动系统图

相关知识

1. 机电设备的初始位置

很多机电设备都需要设置初始位置，当设备中的相关部件不在初始位置时，设备就不能启动运行。如汽车发动时，离合器必须在“离”的位置或挡位必须在“空挡”的位置，否则会造成汽车发动机带负荷启动而损坏零件；也可能会因为方向盘没有打好造成汽车乱跑的事故。为了保证设备和人身安全，机电设备必须设置初始位置。

(1) 机械手有初始位置的要求。

任何有程序控制的机械设备或装置都有初始位置，它是设备或装置运行的起点。初始位置的设定应结合设备或装置的特点和实际运行状况进行，不能随意设置。

机械手的初始位置要求所有气缸活塞杆均缩回。由于机械手的所有动作都是通过气缸来完成的，因此初始位置也就是机械手正常停止的位置。因为停止的时间有可能比较长，如果停止时气缸的活塞杆处于伸出状态，活塞杆表面长时间暴露在空气中，容易受到腐蚀和氧化，导致活塞杆表面光洁度降低，引起气缸的气密性变差。当气缸动作时活塞杆缩进、伸出，由于表面光洁度降低，就好像拿一把锉刀在锉气缸内的密封圈，时间长了就会引起气缸漏气。一旦漏气，气缸就不能稳定地工作，严重时还会造成气缸损坏。因此初始位置要求所有气缸活塞杆均缩回，保证了气缸的正常使用寿命。从安全的角度出发，气缸的稳定工作也保证了机械手的安全运行。由于机械手的旋转气缸没有活塞杆，初始位置机械手的悬臂气缸如果停留在右限位，也是可以的。

(2) 旋转气缸转动时，悬臂气缸活塞杆处于缩回状态。

在旋转气缸动作时，机械手悬臂伸出越长，悬臂气缸活塞杆受到的作用力就越大，旋转气缸转轴转动时要做的功也越大。如图 6-1-3 所示，图中机械手悬臂气缸活塞杆伸出时，旋转气缸轴心到手臂气缸活塞杆的垂直距离为 278mm；缩回时的垂直距离为 178mm。如果机械手悬臂伸出较长，旋转时会增加启动负荷，停止时会增加对设备的冲击，容易造成悬臂气缸活塞杆扭曲变形和设备的损坏，如图 6-1-4 所示。因此，从设备安全运行的角度出发，旋转气缸转动时悬臂气缸活塞杆必须处于缩回状态。

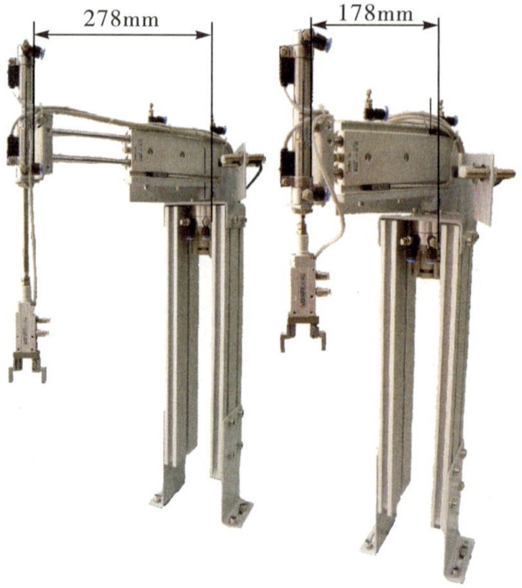

图 6-1-3　悬臂伸出与不伸出的力矩不同

2. 气爪在抓取工件前后和放置工件前有延时

这种设计思路唯一的目的是让气爪能稳定可靠地抓取和放置工件。因为气爪较小，当手臂气缸活塞杆下降到下限位传感器接到信号时，直接驱动气爪夹紧，一方面显得很仓促，另一方面要夹准工件，对设备的调试精度要求很高：首先要将气爪的中心与工件停留位置的中心对准，然后又要确保每次送过来的工件停留位置一致，另外手臂气缸下限位传感器安装的位置要合适，偏高会造成手臂气缸活塞杆的行程没到底就驱动气爪夹紧，工件会被气爪撞击。

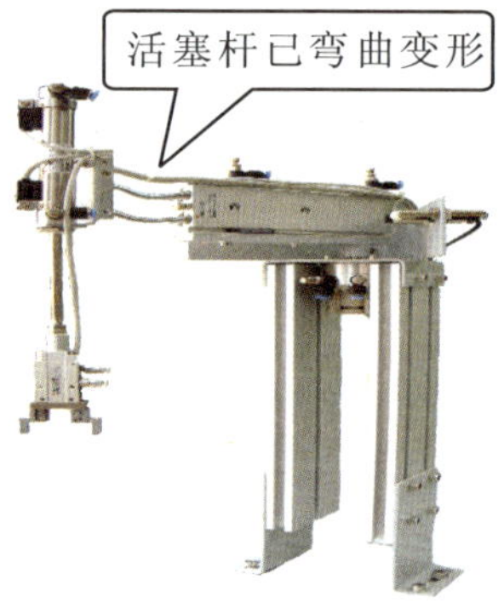

图 6-1-4　伸出太长活塞杆变形

若在气爪夹紧工件、手臂气缸活塞杆提升的环节里加入延时，就能可靠地将工件提升搬运。在机械手放置工件前加延时，一方面是为了让手臂气缸活塞杆下降到最低处，另一方面在降到最低处后有个停顿，能消除工件下降过程中的惯性作用，使工件以最小的冲击力平稳地放到位置上。这些细节上的要求在调试 YL-235A 型光机电一体化设备时，更突出了它的重要性。具体内容我们将在后面的项目中详细介绍。

3. 机械手每个动作之间的转换都通过传感器的位置信号控制

通过传感器来检测机械手的每个动作执行情况以及是否到位，能确保机械手完整地执行每个搬运环节，可靠地完成整个工作过程。这种控制方式属于状态控制，是目前机械设备操控设计普遍采用的控制方法。它能使机械设备准确无误地完成工作任务，一旦出现故障，设备维修人员能快速准确地判断故障出现的位置，及时修复。

4. 停止信号的处理

在机械手运行过程中，按下停止按钮 SB6，要求机械手完成当前工件的搬运后，回到原位停止。也就是当停止信号出现时不能立即停止，必须让机械手完成一个工作循环后才能停止。那么首先要分清楚机械手一个工作循环的起点和终点，工作任务中讲的初始位置就是机械手一个工作循环的起点和终点。编写程序时可利用一个辅助继电器 M，通过停止信号使辅助继电器 M 吸合并自锁，利用启动信号切断回路使 M 复位，然后在最后一个步进完成时，将辅助继电器 M 的常开触点串进输出停止步进的回路，将辅助继电器 M 的常闭触点串进输出启动步进的回路，就可符合工作任务的要求。

如果机械手在搬运过程中遇到突然断电等突发情况，要保证机械手所有气缸的气路状态断电瞬间不改变、夹持的工件不掉下，电磁阀的配置就需要有选择。要做到上述功能，机械手的悬臂气缸、手臂气缸、旋转气缸必须用二位五通双控电磁阀驱动。气爪气缸一般情况下选用二位五通单控电磁阀。我们来分析一下气爪的工作过程：机械手手臂降到 A 处气爪夹紧工件，运到 B 处放下，那么我们只要使气爪夹工件前松开一次、夹紧后搬运到 B 处放料时再松开一次，其余时间段全部夹紧。让二位五通单控电磁阀线圈通电时气爪松开，断电时气爪夹紧，那么无论在哪个环节，即使遇到突然断电等突发情况，夹持的工件也不会掉下。这样的配置，电磁阀线圈通电时间很短，既节约用电，也延长了电磁阀的使用寿命，更保证了机械手搬运工件过程中的安全运行。可见，要使设备安全运行需要多方面的考虑。

完成工作任务指引

（1）根据工作任务描述，使用四个二位五通双控电磁阀分别驱动机械手的四个气缸，确定 PLC 输入/输出元件地址分配如表 6-1-1 所示。

表 6-1-1 机械手 PLC 输入/输出元件地址分配表

输入		输出	
启动按钮 SB5	X0	驱动悬臂伸出	Y0
停止按钮 SB6	X1	驱动悬臂缩回	Y1
悬臂气缸前限位传感器	X2	驱动手臂下降	Y2
悬臂气缸后限位传感器	X3	驱动手臂上升	Y3
手臂气缸下限位传感器	X4	驱动机械手向右旋转	Y4
手臂气缸上限位传感器	X5	驱动机械手向左旋转	Y5
旋转气缸左限位传感器	X6	驱动气爪夹紧	Y6
旋转气缸右限位传感器	X7	驱动气爪放松	Y7
气爪气缸夹紧限位传感器	X10		

（2）写出机械手动作流程如下：

初始位置→启动→悬臂伸出→手臂下降→延时 0.5s→气爪夹紧→延时 0.5s→手臂上升→悬臂缩回→机械手向右旋转→悬臂伸出→手臂下降→延时 0.5s→气爪放松→手臂

上升→悬臂缩回→机械手向左旋转→初始位置。

（3）根据机械手的动作特点，采用步进指令编程的方法，将整个工作任务的运行程序编制如图 6－1－5 所示。

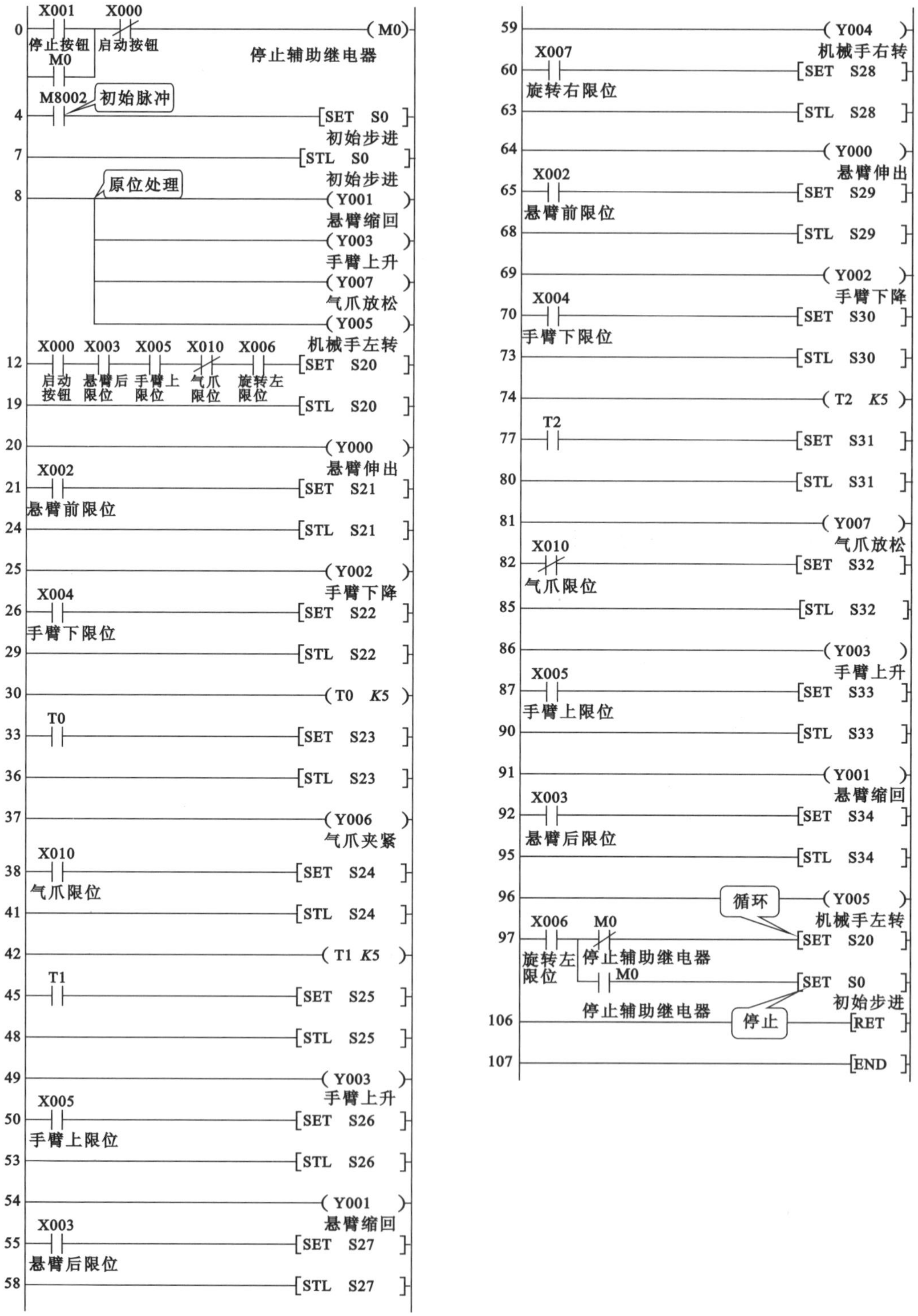

图 6－1－5　机械手运行控制程序

(4) 将编好的程序输入 PLC。

(5) 根据 PLC 输入/输出元器件地址分配表，画出的参考电气控制原理图如图 6-1-6 所示。

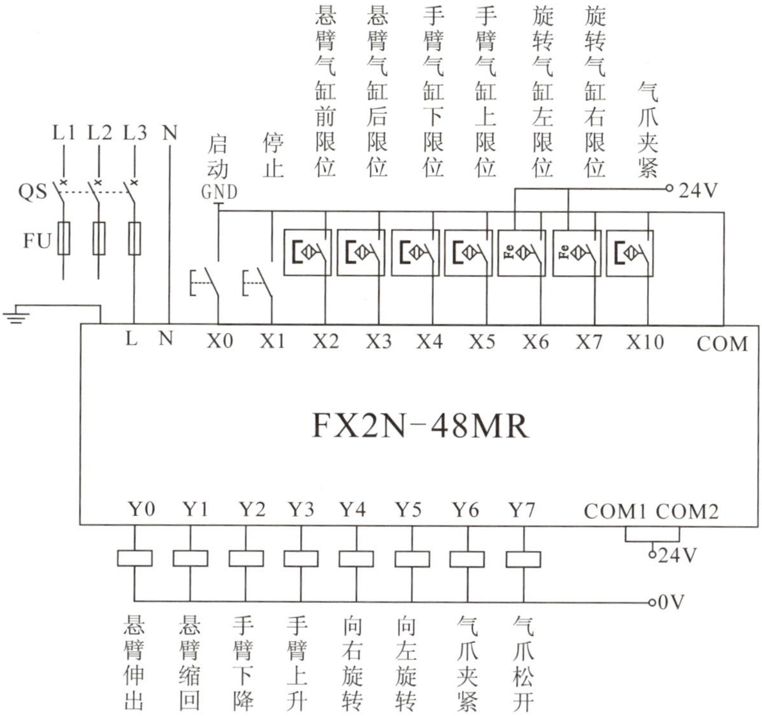

图 6-1-6 机械手电气控制原理图

(6) 根据电气控制原理图连接电路。

(7) 根据机械手四个气缸的气路控制要求画出气路控制图。

(8) 根据气路控制图连接气路。

(9) 检查接线正确无误后方可通电调试。

PLC 运行后，初始脉冲 M8002 置位初始步进 S0，集中输出 Y001、Y003、Y005、Y007（程序步 8～11），目的是使所有气缸满足初始位置要求。此时要检查每个气缸是否符合初始位置要求，不符合要求的须调换该气缸与电磁阀连接的气路，然后可在监控状态下调试程序。

1. 一些机电设备为什么要规定初始位置？你能说出一些规定初始位置的机电设备的名称吗？规定初始位置的原因是什么？

2. 为什么气缸不工作时，活塞杆应处于缩回状态？根据你的看法，说说机械手转动时，悬臂气缸的活塞杆必须缩回的理由。

3. 机械手搬运物件时，会有不同的动作顺序。如：悬臂伸出→手臂下降→抓取物件→手臂上升→悬臂缩回→机械手转动→悬臂伸出→放下物件。你还能说出其他搬运物件的动作顺序吗？你为什么要采用这样的动作顺序来搬运物件？

4. 机械手在搬运物件过程中，物件有可能从气爪中脱落。应怎样防止物件从气爪中脱落？

5. 突然断电时，气爪松开，物件会从气爪中脱落。你有哪些办法可以防止这样的事件发生？

6. 请你填写完成工作任务评价表。

完成工作任务评价表

你连接的电路正确吗？	
你连接的气路正确吗？	
你编写的程序中初始位置是否符合工作任务要求？	
按下启动按钮，机械手能运行吗？	
在机械手旋转过程中，悬臂气缸活塞杆是否缩回？	
气爪抓取工件前后有延时吗？	
机械手运行过程中按下停止按钮，是否立即停止？	
你会调节机械手四个气缸动作的速度吗？怎样调节？	
你完成本次工作任务最大的困难在哪里？	
你对完成本次工作任务的自我评价：	
小组同学对你完成本次工作任务的评价（请你去找小组的同学）：	
老师对你完成本次工作任务的评价（请你去找老师）：	

任务二　编写并调试机械手高效搬运工件的控制程序

工作任务

在某生产线上，工件需要由位置 A 搬运到位置 B，这一任务由气动机械手完成。在接通工作电源后，机械手必须停留在初始位置后才能启动。初始位置要求与任务一相同。

当接通设备工作电源，按下启动按钮 SB5，机械手将按以下动作顺序执行工件搬运工作：悬臂气缸活塞杆伸出的同时手臂气缸活塞杆下降，到悬臂气缸前限位传感器和手臂气缸下限位传感器接到信号后，延时 0.5s，气爪夹紧，然后再延时 0.5s，手臂气缸和悬臂气缸的活塞杆同时缩回，到手臂气缸上限位传感器和悬臂气缸后限位传感器接到信号后，旋转气缸驱动机械手臂右转，到右限位，传感器接到信号后，悬臂气缸活塞杆伸出的同时手臂气缸活塞杆下降，到悬臂气缸前限位传感器和手臂气缸下限位传感器接到信号后，延时 0.5s，气爪放松，然后机械手臂按原路返回到初始位置，机械手完成一个循环的搬运工作。如果没有出现停止信号，机械手将按上述动作过程连续运行。

在机械手搬运过程中按下停止按钮 SB6，机械手立即停止当前的搬运工作，再按下启动按钮 SB5，机械手接着停止时所处的位置继续运行。

请你根据以上描述，编写 PLC 控制程序。

相关知识

根据上述工作任务的描述，我们可以发现两点：

（1）有两个气缸同时工作。

机械手搬运工件过程中，手臂气缸和悬臂气缸的活塞杆同时伸出和缩回。这样的设计与任务一相比较，减少了机械手搬运工件的搬运距离，缩短了搬运工件的时间，提高了机械手的工作效率。在编写程序时，只要将两个输出继电器 Y 并联输出就可以了，但如果作为定型生产设备的程序设计就不妥当。因为两个输出继电器 Y 并联输出，还要连接相应的电气控制线路，必然又增加了控制元件（电磁阀）。这样做既浪费 PLC 输出点资源，增加设备的制造成本，同时增加的电气控制线路和电磁阀又给设备的正常运行增加了发生故障的可能性。像这种情况在编程时只要输出一个（Y），控制相应的电磁阀线圈，用一个电磁阀驱动两个气缸同时动作，电磁阀只要能保证两个气缸同时动作时的气流量就可以了。

（2）停止信号的处理。

在机械手运行过程中按下停止按钮 SB6，要求立即停止当前的搬运工作。因此使用步进指令编程时，必须在每个步进中串入一个运行的条件，就是当启动信号出现时接通、停止信号出现时断开。在编程时可利用一个辅助继电器 M，通过停止信号使 M 吸合并自锁，利用启动信号切断回路使 M 复位，然后将 M 的常闭触点串入每个步进，就可满足任务中启动和停止的要求。

完成工作任务指引

（1）根据工作任务，使用一个二位五通双控电磁阀驱动手臂气缸和悬臂气缸，两个二位五通双控电磁阀驱动旋转气缸和气爪气缸，确定 PLC 输入/输出元件地址分配如表 6-2-1所示。

表 6-2-1　机械手 PLC 输入/输出元件地址分配表

输入		输出	
启动按钮 SB5	X0	驱动悬臂伸出、手臂下降	Y0
停止按钮 SB6	X1	驱动悬臂缩回、手臂上升	Y1
悬臂气缸前限位传感器	X2	驱动机械手向右旋转	Y2
悬臂气缸后限位传感器	X3	驱动机械手向左旋转	Y3
手臂气缸下限位传感器	X4	驱动气爪夹紧	Y4
手臂气缸上限位传感器	X5	驱动气爪放松	Y5
旋转气缸左限位传感器	X6		
旋转气缸右限位传感器	X7		
气爪气缸夹紧限位传感器	X10		

（2）写出机械手动作流程如下：

初始位置→启动→悬臂伸出、手臂下降→延时 0.5s→气爪夹紧→延时 0.5s→悬臂缩回、手臂上升→机械手向右旋转→悬臂伸出、手臂下降→延时 0.5s→气爪放松→悬臂缩回、手臂上升→机械手向左旋转→初始位置。

（3）根据机械手的动作特点，采用步进指令编程的方法，将整个工作任务的运行程序编制如图 6-2-1 所示。

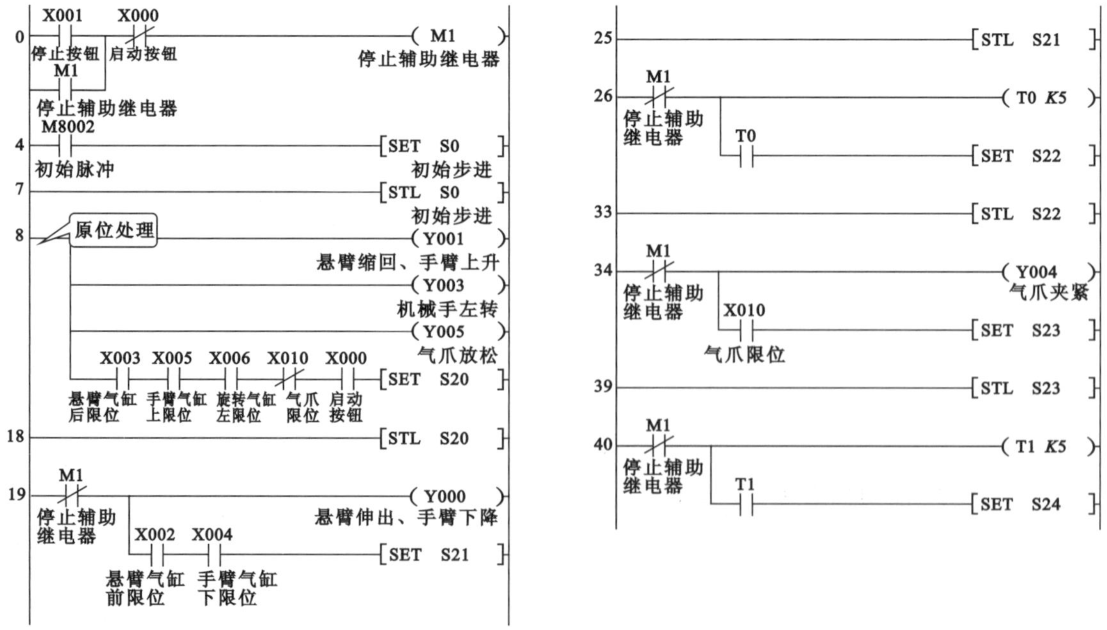

图 6-2-1　机械手运行控制程序

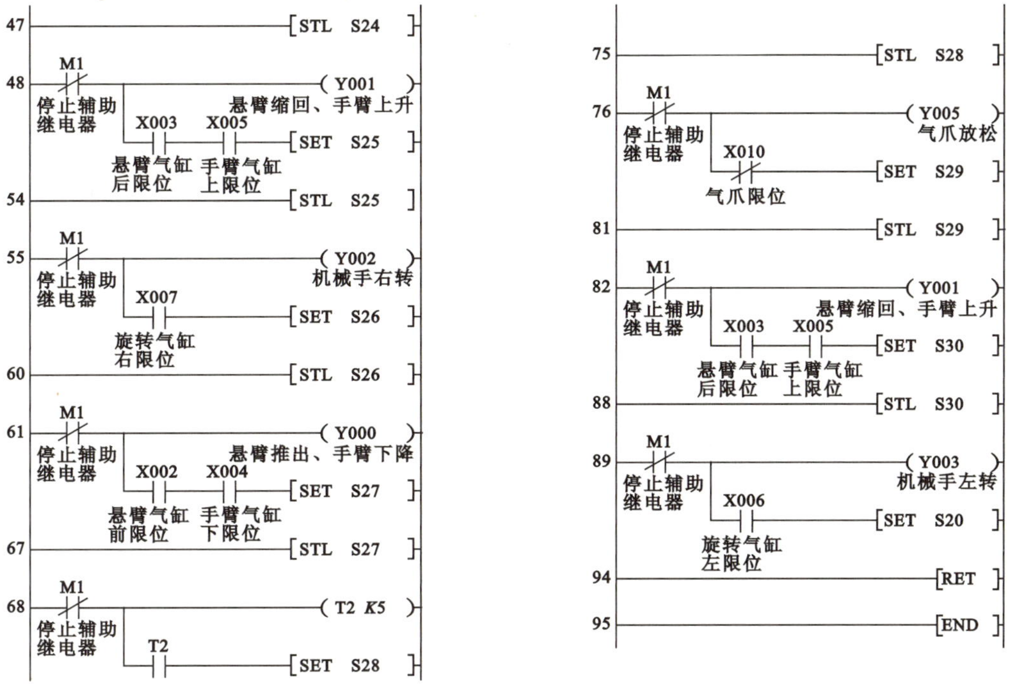

图 6－2－1　机械手运行控制程序（续图 6－2－1）

（4）将编好的程序输入 PLC。

（5）检查接线正确无误后方可通电调试。

由于手臂气缸和悬臂气缸用一个电磁阀驱动，通电调试时可能出现两个气缸动作有先后，可以调节两个气缸上的四个单向节流阀，通过调节两个气缸活塞杆的动作速度，使气爪的运行轨迹在两点间直线运行，也可以调节为三点或四点间的直线运行，具体方案根据实际需要决定。

1. 本次工作任务没有画电气原理图。你能根据完成这次工作任务的控制电路，画出机械手的电气原理图吗？试试看。

2. 若要按“悬臂伸出的同时手臂下降，悬臂缩回的同时手臂上升”的要求搬运物件，有哪些做法？请你尝试改变电路或编写的程序，看看行不行。

3. 请你总结一下，机械手搬运物件时，怎样根据搬运要求和搬运环境的不同设计搬运的动作和动作顺序？

4. 请你填写完成工作任务评价表。

完成工作任务评价表

你连接的电路正确吗？	
你连接的气路正确吗？	
你编写的程序中初始位置是否符合工作任务要求？	
按下启动按钮，机械手能运行吗？	

续表

机械手悬臂气缸和手臂气缸是否同时工作？	
你会调节气爪的运行轨迹吗？	
在机械手运行过程中按下停止按钮，是否立即停止？	
你完成本次工作任务最大的困难在哪里？	
你对完成本次工作任务的自我评价：	
小组同学对你完成本次工作任务的评价（请你去找小组的同学）：	
老师对你完成本次工作任务的评价：	

任务三　编写并调试机械手多控的控制程序

工作任务

在某生产线上，工件需要由位置A搬运到位置B，这一任务由气动机械手完成。在接通工作电源后，机械手必须停留在原位后才能启动。原位要求与任务一相同。

在搬运不同的工件时，需要调试机械手的动作顺序，故机械手设有调试与运行两种方式。可改变转换开关的位置，选择调试或运行。

在调试状态下每按一次启动按钮SB5，机械手将按以下动作顺序执行工件搬运工作：悬臂气缸活塞杆伸出→伸出到前限位传感器接到信号后手臂气缸活塞杆伸出→伸出到下限位后延时0.5s气爪夹紧→再延时0.5s，手臂气缸的活塞杆缩回→缩回到上限位传感器接到信号后，悬臂气缸活塞杆缩回→到后限位传感器接到信号后旋转气缸驱动机械手右转→到右限位传感器接到信号后悬臂气缸活塞杆伸出→伸出到前限位传感器接到信号后手臂气缸活塞杆伸出→伸出到下限位后延时0.5s气爪松开→手臂气缸活塞杆缩回→缩回到上限位传感器接到信号后，悬臂气缸活塞杆缩回→到后限位传感器接到信号后旋转气缸驱动机械手左转→返回到初始位置的顺序向前执行一个动作；每按一次停止按钮SB6，机械手将按运行顺序向后返回一个动作。如果两个按钮交替按，机械手将在一个动作上来回执行，以便于设备运行前调试各部件的功能，满足机械手正常运行。

在运行状态下按启动按钮SB5，机械手将按以下动作顺序执行工件搬运工作：悬臂气缸活塞杆伸出→伸出到前限位传感器接到信号后手臂气缸活塞杆下降→降到下限位后延时 0.5s 气爪夹紧→再延时 0.5s 手臂气缸的活塞杆缩回→缩回到上限位传感器接到信号后，悬臂气缸活塞杆缩回→到后限位传感器接到信号后旋转气缸驱动机械手右转→到右限位传感器接到信号后悬臂气缸活塞杆伸出→伸出到前限位传感器接到信号后手臂气缸活塞杆下降→降到下限位后延时 0.5s 气爪松开→机械手臂按原路返回到原位，机械手完成一个循环的搬运工作。

如果在机械手搬运过程中没有按停止按钮 SB6，机械手将按上述动作流程连续运行。如果按下停止按钮 SB6，机械手将完成当前工件的搬运后，回到原位停止。

请你根据机械手的动作要求，完成下列工作任务：

（1）根据动作要求画出电气控制原理图。

（2）根据两种工作方式的要求，编写并调试 PLC 的控制程序。

完成工作任务指引

通过工作任务的描述，我们发现机械手的操控多了一个调试功能。调试时要求每按一次启动按钮，机械手按运行顺序向前执行一个动作；每按一次停止按钮，机械手按运行顺序向后返回一个动作。如果两个按钮交替按，机械手将在一个动作上来回执行，以满足设备调试的要求。

这种动作程序应怎样设计？已知调试和运行通过选择开关选择，编写程序时让选择开关的 0/1 状态信号分别置位两条步进运行回路，一条步进回路执行调试，另一条执行正常运行。在执行调试回路的每一个步进中，利用启动和停止的上升沿脉冲信号，分别置位向前和向后的运行步进（具体可见下面的程序）。每按一次按钮，由于使用脉冲信号，只驱动当前程序步的输出，就可满足工作任务中调试的要求。

（1）根据工作任务，使用 4 个二位五通双控电磁阀分别驱动机械手的 4 个气缸，确定 PLC 输入/输出元件地址分配如表 6－3－1 所示。

表 6－3－1　PLC 输入/输出元件地址分配表

输入		输出	
启动按钮 SB5	X0	驱动悬臂伸出	Y0
停止按钮 SB6	X1	驱动悬臂缩回	Y1
选择开关	X2	驱动手臂下降	Y2
悬臂气缸前限位传感器	X3	驱动手臂上升	Y3
悬臂气缸后限位传感器	X4	驱动机械手向右旋转	Y4
手臂气缸下限位传感器	X5	驱动机械手向左旋转	Y5
手臂气缸上限位传感器	X6	驱动气爪夹紧	Y6
旋转气缸左限位传感器	X7	驱动气爪放松	Y7
旋转气缸右限位传感器	X10		
气爪气缸夹紧限位传感器	X11		

（2）写出机械手动作流程如下：

初始位置→选择调试（每按一次启动，向前执行一个动作；每按一次停止，向后执行一个动作）→悬臂伸出→手臂下降→气爪夹紧→手臂上升→悬臂缩回→向右旋转→悬臂伸出→手臂下降→气爪放松→手臂上升→悬臂缩回→向左旋转→初始位置。

初始位置→选择运行→启动→悬臂伸出→手臂下降→延时 0.5s→气爪夹紧→延时 0.5s→手臂上升→悬臂缩回→向右旋转→悬臂伸出→手臂下降→延时 0.5s→气爪放松→手臂上升→悬臂缩回→向左旋转→初始位置。

（3）根据机械手的动作特点，采用步进指令编程的方法，将整个工作任务的运行控制程序编制如图 6-3-1、图 6-3-2 与图 6-3-3 所示。

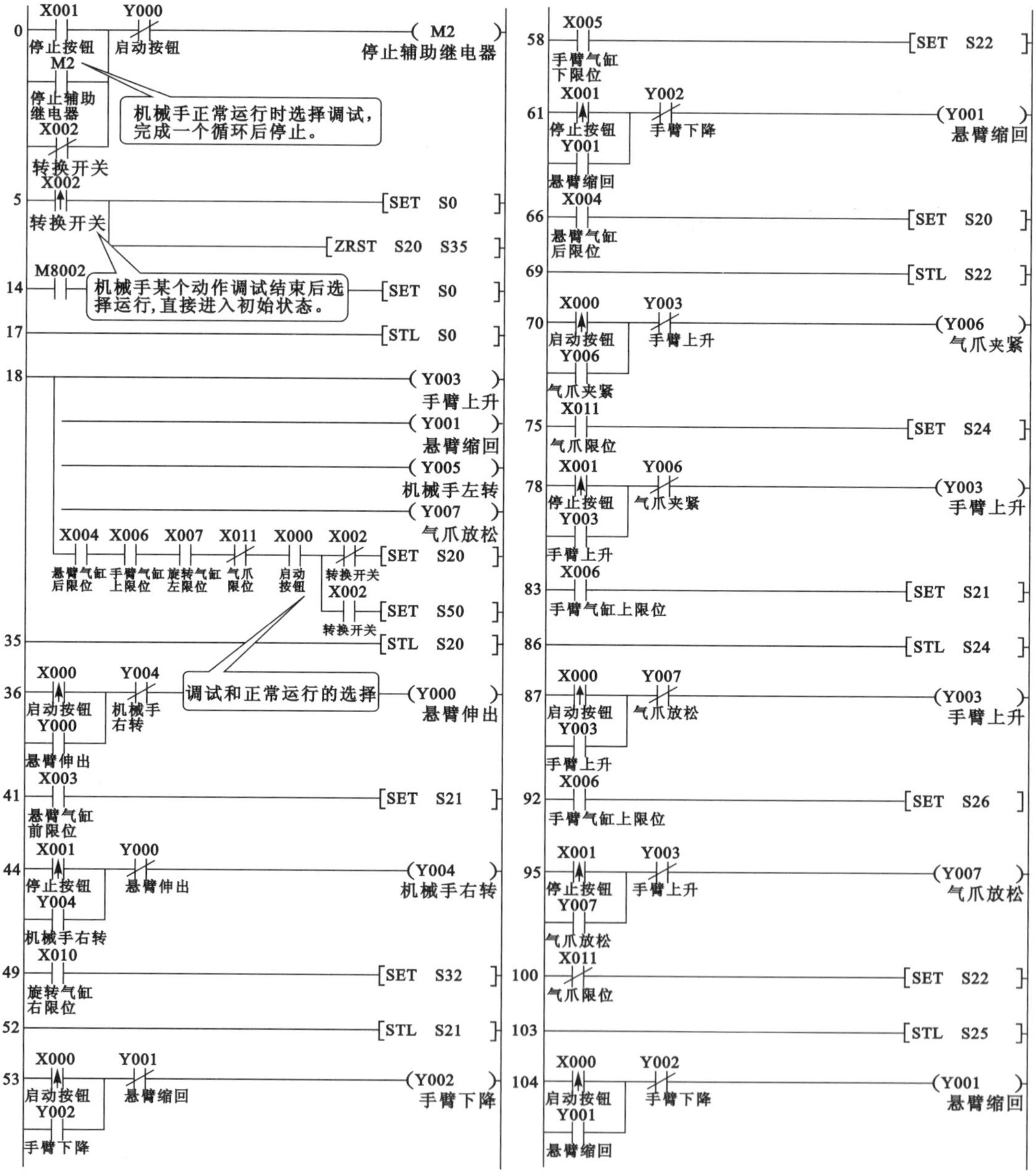

图 6-3-1　机械手运行控制程序

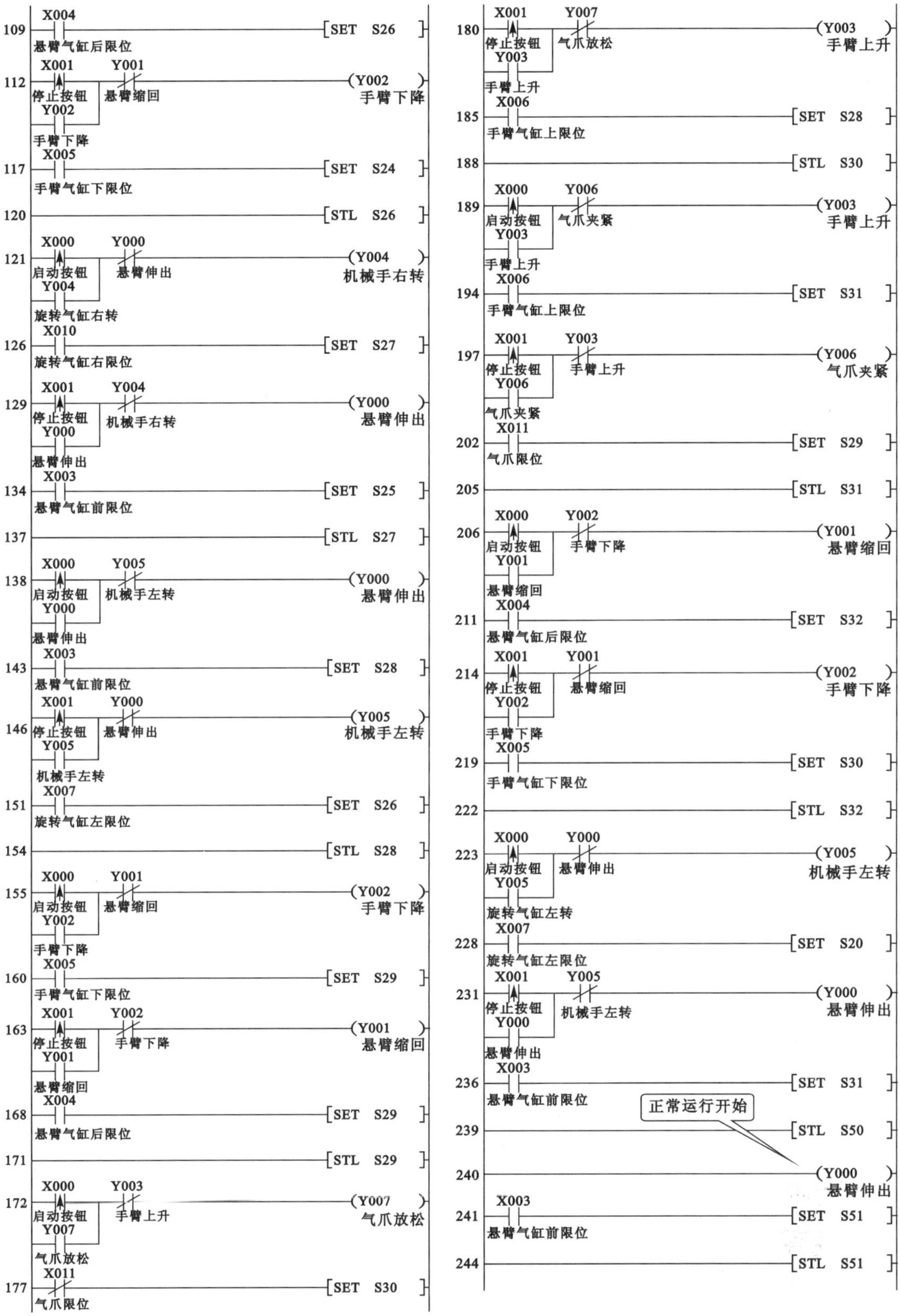

图6-3-2 机械手运行控制程序（续图6-3-1）

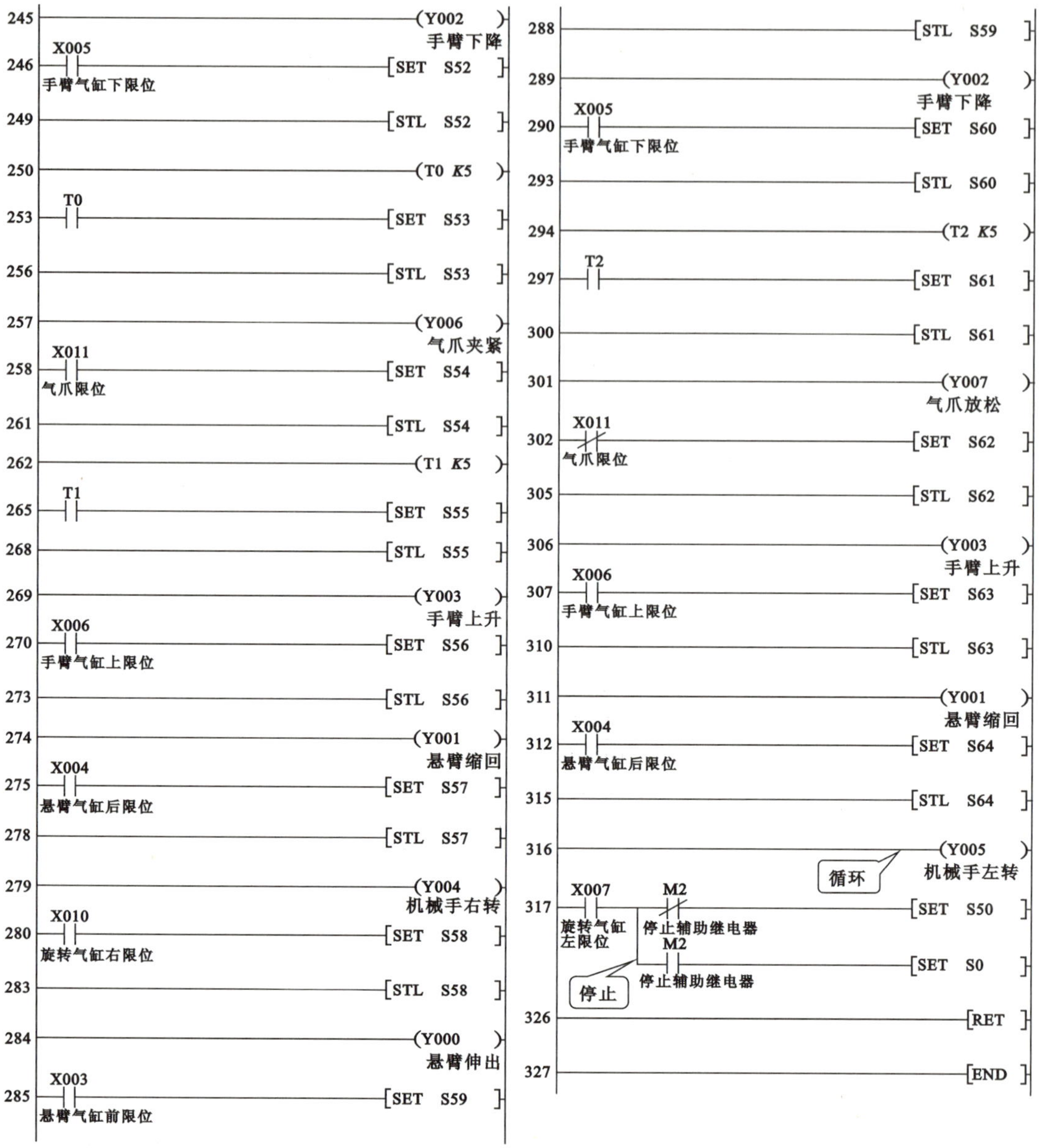

图 6－3－3　机械手运行控制程序（续图 6－3－2）

（4）将编好的程序输入 PLC。

（5）根据搬运工件的动作要求，画出电气控制原理图，如图 6－3－4 所示。

（6）根据电气控制原理图连接电路。

（7）检查接线正确无误后方可通电调试。

1. 一个气动机械手搬运物件时有两种动作程序，你怎样编写控制程序？编写这样的控制程序时要注意哪些问题？有可能出现哪些问题？你想什么办法防止这些问题的出现？

2. 你现在了解气动机械手的结构和工作情况了吗？如果要选一台电动机械手，你

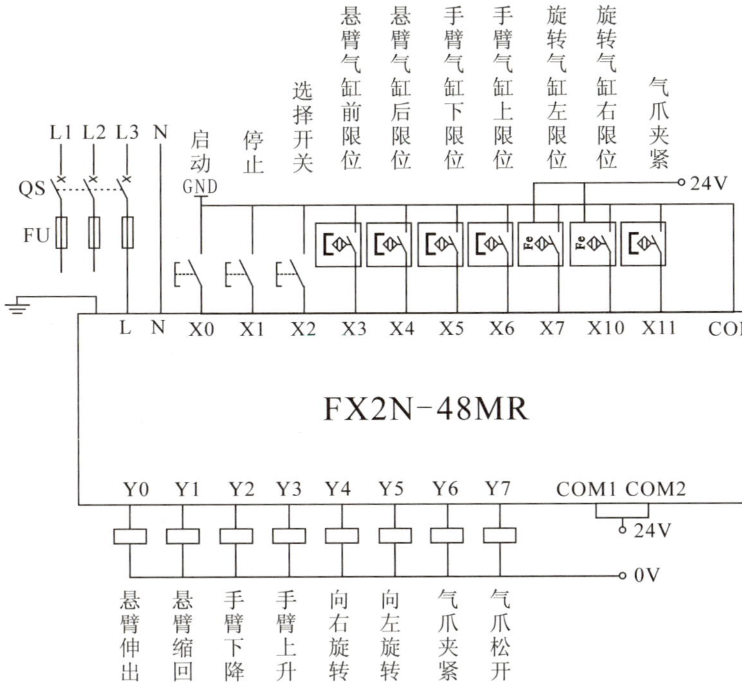

图 6-3-4　机械手电气控制原理图

应该选择哪些元件和器件？怎样编写电动机械手的控制程序？

3. 请你填写完成工作任务评价表。

完成工作任务评价表

你连接的电路正确吗？	
你连接的气路正确吗？	
你编写的程序中初始位置是否符合工作任务要求？	
在调试状态下按一次启动按钮，机械手执行几个动作？	
在调试状态下按一次停止按钮，机械手执行几个动作？	
机械手四个气缸的动作都能调试吗？	
在运行状态下按下启动按钮，机械手能运行吗？	
机械手搬运过程中按下停止按钮，是否立即停止？	
你完成本次工作任务最大的困难在哪里？	
你对完成本次工作任务的自我评价：	
小组同学对你完成本次工作任务的评价（请你去找小组的同学）：	
老师对你完成本次工作任务的评价（请你去找老师）：	

项目七　安装和调整圆盘

在实际生产中，要将储存在料仓中的物料或储存的工件送往加工位置，常常需要送料装置。YL－235A型光机电一体化实训装置中的送料装置由圆盘（带出料口）、拨杆、微型直流电动机、圆盘固定支架和相关的固定件组成，如图7－1－1所示。

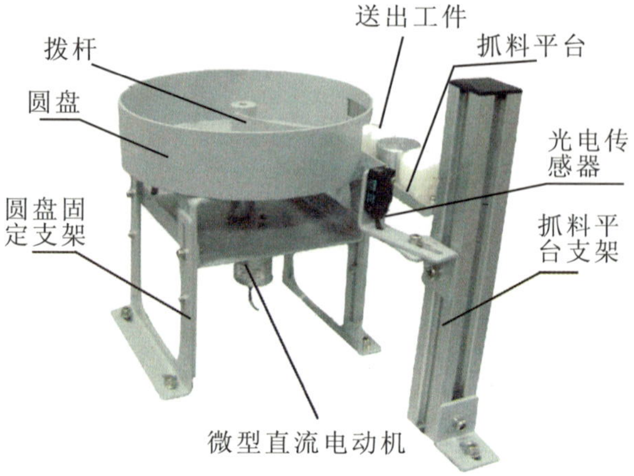

图7－1－1　圆盘及各部分名称

圆盘盛放物料，也叫存料盘、送料盘、供料盘。圆盘直径为200mm，高为80mm。物料由人工放进圆盘中，圆盘底架下装有一台微型直流电动机，圆盘中的拨杆安装在直流电动机机轴上，由微型直流电动机带动拨杆转动。微型直流电动机带有减速箱，所以拨杆的转动速度比较平缓。由于拨杆靠近圆盘的底部，因此在拨杆旋转时能将圆盘中的物料通过圆盘的出料口平推至抓料平台。在抓料平台旁边装有1个光电传感器，作物料到位检测用。

工作任务

（1）按图7－1－2所示的圆盘安装图完成圆盘的安装。要求：

①按图纸安装位置的尺寸要求，将圆盘固定在安装平台上；圆盘一般不用将微型直流电动机、圆盘与拨杆解拆，只作部件的整体安装。

②将供料装置高度调到图纸要求的高度。

③将抓料平台与圆盘出口对接，并固定在安装平台上。

④将光电传感器安装在抓料平台检测位置上，作物料出料的到位检测用。

（2）按图7－1－3所示的电气原理图完成电路的连接。

①将光电传感器的引线接入接线排。

②将直流电动机的引线接入接线排。

③将引线压入线槽中，外露的引线按工艺规范

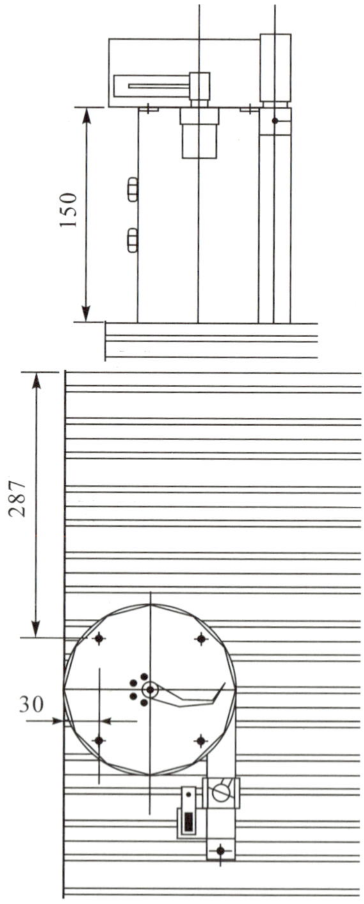

图7－1－2　圆盘的安装图

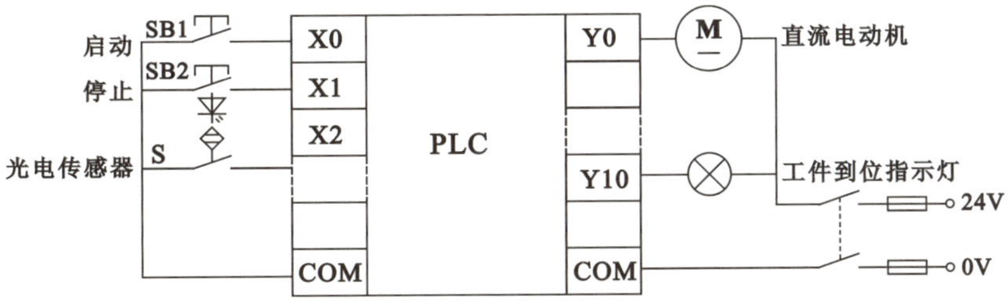

图 7-1-3　圆盘控制电路

要求走线与捆扎。

（3）编写圆盘送料的 PLC 控制程序。

①直流电动机转动后应能带动拨杆推动物件运动。

②拨杆转动后，能将物件从圆盘出口推到抓料平台。

③当黑色、白色和金属物件被送到抓料平台时，光电传感器能检测并输出到位信号。

④物件到位后，直流电动机延时 0.5s 停止运行；当物件被取走后，圆盘直流电动机又自动恢复运行，拨杆转动，将物件推出。

⑤物件搬走后，如果在 10s 内没有物件到位，视为圆盘无料。圆盘无料时，圆盘直流电动机应停止转动。

相关知识

1. 微型直流电动机

微型直流电动机是自动化设备应用较多的一种电动执行元件。直流电动机的定子由永磁钢制成，转子绕有线圈，直流电源通过电刷与换向器输入到转子绕组，产生电磁场，这样，转子电磁场与定子磁铁的磁场相互作用使转子产生旋转力矩而转动。直流电动机有启动转矩大、转矩和速度容易控制调节的优点，但也由于结构上有电刷和换向器，使其在使用寿命、运行噪声、故障产生率等方面存在不足。

除带电刷的直流电动机外，目前已发展有无刷直流电动机、无铁芯直流电动机等，无刷直流电动机用霍尔传感器（半导体磁敏元件）替代换向器，它具有低温升、高效率、低噪声、运行平稳和节能等优点，目前已在精密机械、医疗设备、航空、航天设备及自动化设备中大量应用。常见的微型直流电动机如图 7-1-4 所示。

图 7-1-4　常见的微型直流电动机

2. 圆盘送料的工作原理

YL－235A 型光机电一体化实训装置的圆盘中的物件是靠拨杆推动的，由于拨杆推动物件时所需力矩较小，因此，拨杆通过轴套与直流电动机联接做直接传动。首先将直流电动机的转轴穿过圆盘底部的圆孔，对准螺栓孔并用螺栓将直流电动机安装在圆盘上，然后将拨杆轴套套在直流电动机的转轴上，再用螺栓将拨杆压紧在直流电动机转轴上，如图 7－1－5 所示。

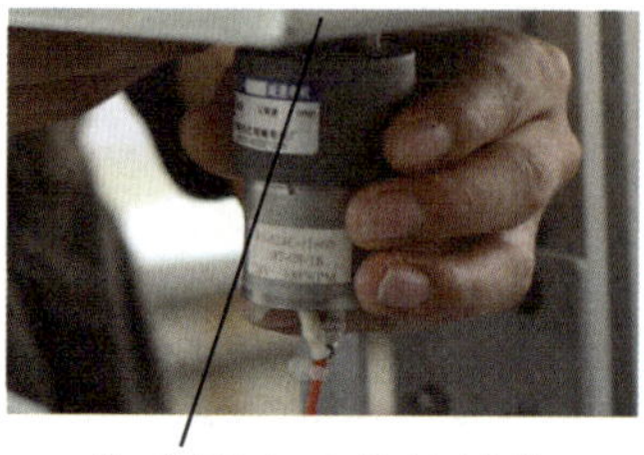

1.将直流电动机转轴从圆盘底部中心孔穿过。

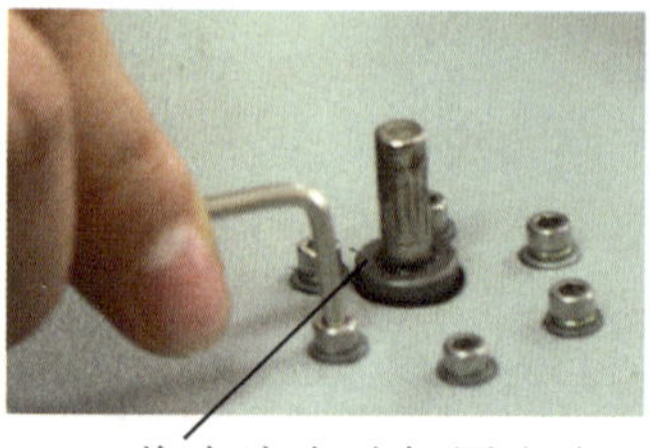

2.将直流电动机固定在圆盘底部。

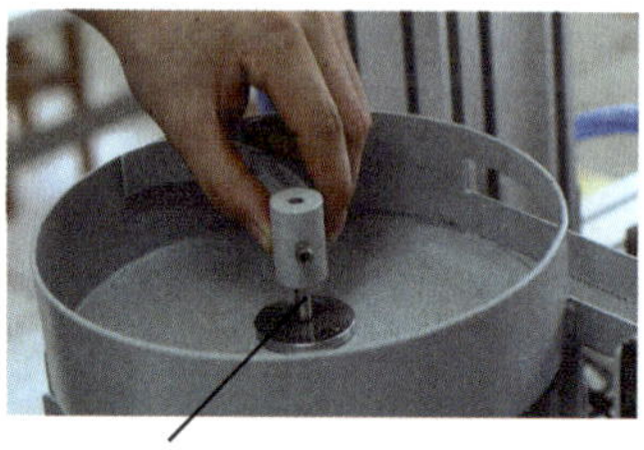

3.将拨杆轴套套在直流电动机转轴上。

4.用紧固螺栓固定拨杆轴套。

图 7－1－5　拨杆与直流电动机的联接

直流电动机转动时，带动拨杆在圆盘中旋转，并沿着圆盘底平面将放在圆盘中的圆柱形物件从圆盘的出料口推出。由于直流电动机带减速装置，因此拨杆的旋转速度较慢，从而保证了推料时的平稳和力矩。减速后的转动速度为 6r/min，即转一圈约为 10s。

注意：在圆盘有多个物件时，当物件被推出到抓料平台上后，拨杆会被物件顶住，此时若不及时切断直流电动机的电源，就会造成直流电动机的堵转，极容易使直流电动机损坏。为防止直流电动机堵转造成过流使直流电动机损坏，部分设备中在直流电动机电路串联了 1 个 300Ω 的电阻，以减小电动机的堵转电流。当然，此电阻也对直流电动机的转速有影响。

完成工作任务指引

一、供料装置安装工具与器材准备

供料装置安装器材清单见表 7－1－1。

表 7－1－1 供料装置安装器材配备表

序号	名称	型号规格	单位	数量	用途
1	圆盘	（含微型直流电动机、电动机固定架、圆盘、拨杆等）	个	1	盛料和拨料用
2	圆盘固定支架	—	个	2	固定圆盘用
3	抓料平台支架	带“L”形底脚	个	1	固定抓料平台与检测用的光电传感器
4	抓料平台	—	个	1	放置推出物件用
5	光电传感器固定件	—	件	1	固定光电传感器
6	光电传感器	—	个	1	检测物料推出到位
7	内六角螺栓	带螺帽、垫片 M6×15mm M4×15mm	套	若干	连接器件和固定支架用

YL－235A 型光机电一体化实训装置圆盘的直流电动机采用的是带减速装置的 37ZYJ－4－70 型微型直流电动机，其外形和技术数据如图 7－1－6 所示。

电动机型号：37ZYJ－4－70
额定电压：DC 24V
减速后输出转速：6r/min

图 7－1－6 直流电动机的外形及技术数据

二、完成任务的工作步骤与方法

1. 安装准备工作

（1）工具与器材清点。

安装开始前，请准备好所需的工具与器材并作清点。

①按项目一的工具清单清点工具，并将清点后的工具放置在辅助工作台方便操作的位置，工具应摆开，排列有序。

②按表 7－1－1 将器材清点并放置在辅助工作台合适的位置，器材要摆开，螺栓应用盒子分规格放置。

（2）直流电动机与光电传感器安装前检查。

①直流电动机的接线与检测。

安装前，应对直流电动机进行检查。先用手旋动直流电动机的减速器输出轴，检查有无卡阻或噪声现象，然后可用万用表低阻挡测量直流电动机的两条引线，排除断线故障。

②光电传感器的检查。

安装在抓料平台的光电传感器属通用型。考虑到安装位置与检测需要，选用了与皮带输送机进料口检测光电传感器不同的型号。其外形与接线如图 7－1－7 所示。

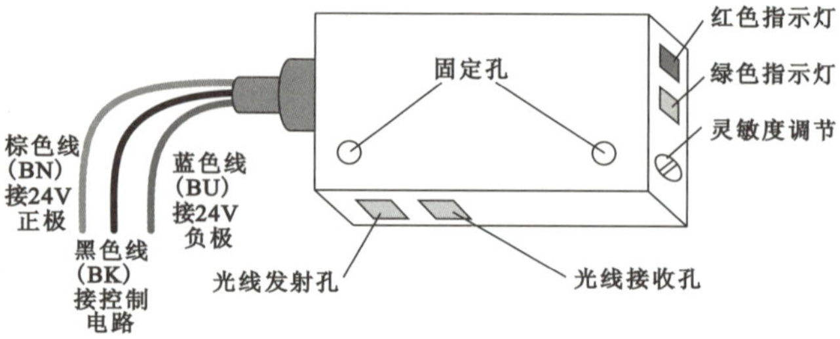

图 7－1－7　传感器外形及接线

2. 阅读工作任务书与安装图纸，明确安装要求

（1）请认真阅读工作任务书与机械图纸（图 7－1－2），明确圆盘安装尺寸。

圆盘底脚固定件的安装尺寸参照边在安装平台的左端与上端。从图 7－1－2 可知，圆盘底脚固定件左端面与左参照边的距离为 30mm；圆盘底脚固定件后端面与上参照边的距离为 287mm；圆盘底部位置对安装平台的安装高度要求为 150mm。允许误差为 ±1mm。

（2）明确供料装置安装的注意事项。

①圆盘的出料口一定要与抓料平台相对接，并注意圆盘出口与抓料平台的对接口要对齐。

②由于光电传感器需要检测物件的到位，因此安装后需要对其检测方向进行调节。

（3）按图 7－1－8 所示的步骤完成供料装置的安装。

1. 测量并调整支架螺栓孔中心到左侧边距为30mm。

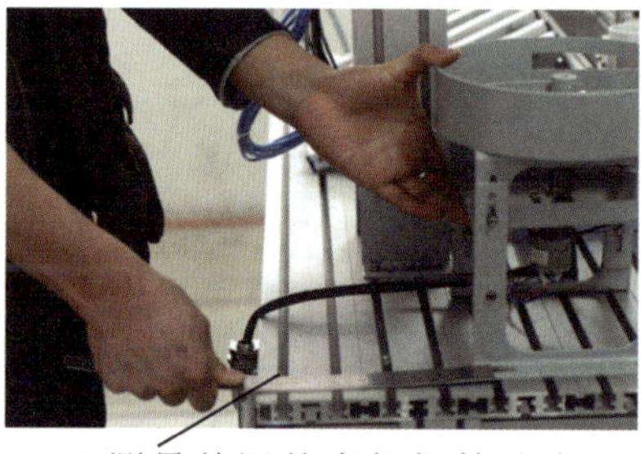

2. 测量并调整支架螺栓孔中心到左侧边距为175mm。

3. 固定圆盘支架。

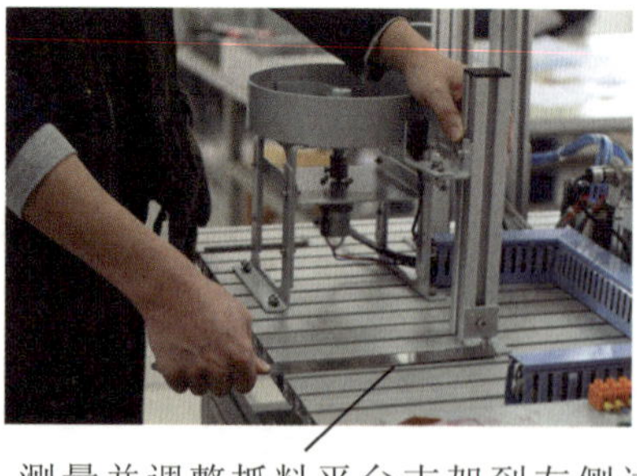

4. 测量并调整抓料平台支架到左侧边距离，使抓料平台与圆盘出料口平齐。

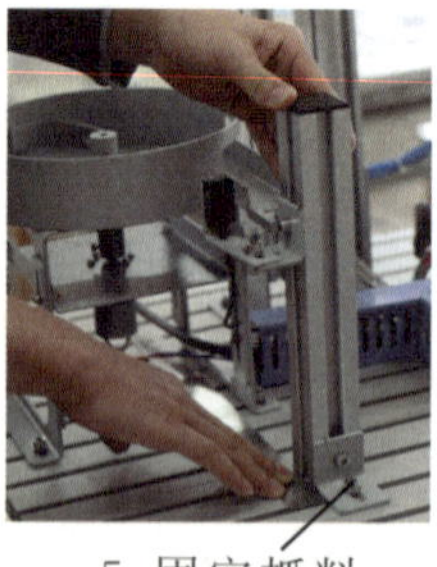

5. 固定抓料平台支架。

图 7－1－8　圆盘的安装方法和步骤

（4）供料装置的运行调试。

供料装置运行的控制要求是：

①用 PLC 作控制。

②系统启动后，直流电动机应能立即带动圆盘的拨杆转动。

③圆盘拨杆转动后，能将物件从圆盘出料口推到抓料平台。

④光电传感器对不同材质的物件（黑色物件、白色物件、浅色金属物件）的到位都能检测。

⑤物件到位后，直流电动机应立即停止运行，当物件被搬运（取走）后，直流电动机又自动恢复运行。拨杆继续将物件推出。

3. 编写 PLC 梯形图控制程序

（1）供料装置运行检测的 PLC 控制程序见图 7－1－9（供参考）。

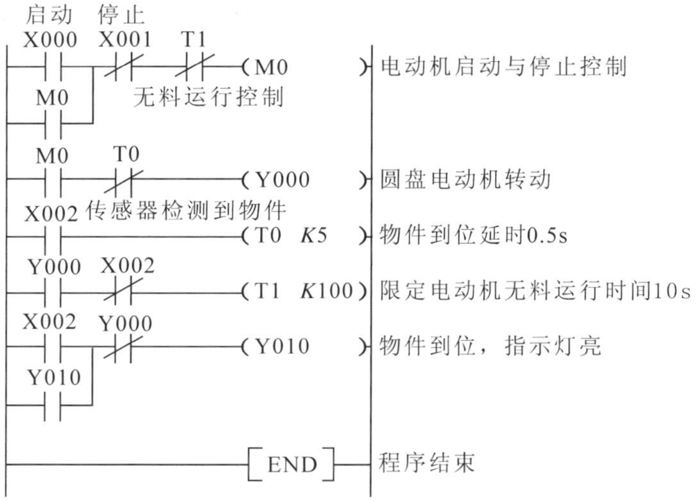

图 7－1－9　供料装置运行控制程序

（2）程序中各定时器的作用是：

① T0——检测到物件后延时 0.5s 断开直流电动机。正常情况下，为防止物件到位后直流电动机可能会发生堵转现象，当光电传感器一检测到物件到位，就应该立刻切断直流电动机的电源，但这样可能会使物件不能准确到位，从而影响机械手对物件的夹持。因此，可适当加一个到位断电延时时间（0.5～1s），使光电传感器检测到物件后稍迟一点时间再切断直流电动机的电源，以保证物件准确到位。

②T1——在圆盘无料时，控制直流电动机的运行时间不超过 10s。此定时器触点串接在启动/停止控制支路中，因此停止后要重启需按启动按钮。

程序中，只要光电传感器检测到物件，直流电动机就停转。而只要物件被搬走，直流电动机就会重新转动，继续将物件推出圆盘。指示灯 HL1 作物件到位显示，在设备综合使用后，此功能是可以忽略的。

4. 物料到位检测须知

一般情况下，光电传感器一检测到物件，就应发出信号，控制直流电动机停止转动。但由于物件有金属物件、白色物件和黑色物件三种，而光电传感器会因为安装位置的影响，检测到物件的时刻会有差异，如检测到白色物件和金属物件的时刻会早一些，而检测到黑色物件的时刻会迟一些，若设定为光电传感器一检测到物件就发出信号控制直流电动机停止转动，那么检测过早的，直流电动机停机后由于圆盘拨杆的惯性不足，出现物件不能准确到位的情况；而检测过迟的，直流电动机停机后拨杆由于惯性过大，又会造成物件挤压过紧的情况。这两种情况的出现，都会使机械手气爪不能准确抓取物件，影响物件的传送。

安全提示

当物件到位后，直流电动机很容易发生堵转现象。直流电动机发生堵转时，电流会急剧增大，严重发热，使直流电动机损坏。因此必须防止此现象的发生，必要时可停止运行或切断直流电动机电源。

思考与练习

1. 为什么供料装置的圆盘拨杆要用低速直流电动机带动？
2. 如何防止拨料时发生直流电动机堵转现象？
3. 你能通过对供料装置的运行检测，将 PLC 检测程序中的定时器的设定时间进一步优化吗？
4. 想一想，有什么更有效的办法来调整光电传感器，使其对三种不同材质的物件都能较准确地检测到位？
5. 供料装置有哪些方面需要注意安装工艺的？
6. 请你填写完成工作任务评价表。

完成工作任务评价表

圆盘安装的位置	
圆盘安装的高度	
抓料平台支架安装的位置	
圆盘与支架的对接	
光电传感器对白色物件的检测	
光电传感器对黑色物件的检测	
光电传感器对浅色金属物件的检测	
供料装置检测程序的分析：	
供料装置的检测要求：	
供料装置的工艺要求：	
直流电动机与光电传感器的接线要注意的问题：	
你对完成本次工作任务的自我评价：	
小组同学对你完成本次工作任务的评价（请你去找小组的同学）：	
老师对你完成本次工作任务的评价（请你去找老师）：	

项目八　供料与搬运

随着生产自动化程度的提高，机械手的应用也越来越广泛，但机械手的作用仅仅是自动化控制中的一个环节。要提高生产的自动化程度，机械手还要配合其他环节来工作。在本项目中，通过完成安装与调试某生产线的进入环节及编写和调试送料与搬运装置的控制程序两个工作任务，了解在自动生产线上产品的零件或部件是怎样进入生产线的，加工完成的产品又是怎样从生产线到达指定位置的，学会生产线进入环节的装置和机电一体化设备的安装和调试。

任务一　安装与调试某生产线的进入环节

工作任务

如图 8-1-1 所示的装置，是某自动生产线的进入环节。该环节的任务是将存储在存料仓（圆盘）中的白色圆形塑料工件、黑色圆形塑料工件和金属圆形工件送到指定位置，然后由机械手搬运到皮带输送机的进料口处，因此称它为供料与搬运装置。

圆盘下有一个工作电压为 24V 的直流电动机，顺时针转动时带动拨杆，将圆盘内的工件运送到机械手的抓料平台，再由机械手搬运到皮带输送机的进料口。供料与搬运装置的动作要求是：在启动前或正常停止后机械手必须停留在初始位置。

初始位置要求是：机械手的悬臂气缸停留在左限止位置（简称左限位），悬臂气缸和手臂气缸的活塞杆均缩回，气爪处于松开状态，直流电动机停止运行。

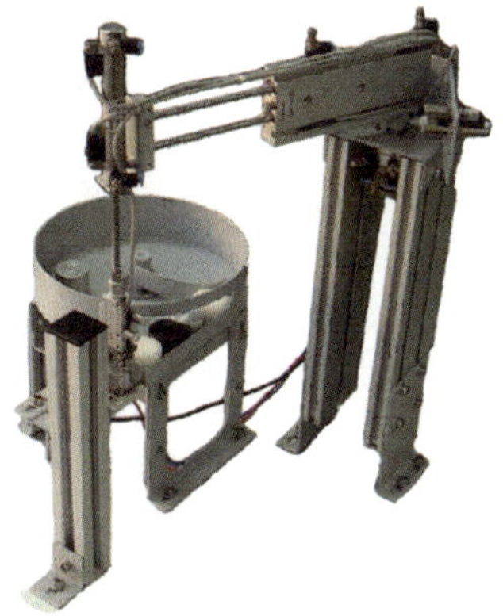

图 8-1-1　供料与搬运装置

当接通装置的工作电源，按下启动按钮 SB5 后，圆盘直流电动机转动，运送工件至机械手抓料平台位置 A。光电传感器检测到工件到达位置 A，圆盘直流电动机停止转动，同时机械手悬臂气缸活塞杆伸出→伸出到前限位传感器接到信号后手臂气缸活塞杆伸出，手臂下降→降到下限位后延时 0.5s 气爪夹紧→再延时 0.5s→手臂气缸的活塞杆缩回→手臂上升→手臂上升到上限位传感器接到信号后悬臂气缸活塞杆缩回→到后限位传感器接到信号后旋转气缸驱动机械手右转→到右限位传感器接到信号后悬臂气缸活塞杆伸出→伸出到前限位传感器接到信号后手臂气缸活塞杆伸出→手臂下降→手臂降到下限位后延时 0.5s 气爪松开→手臂气缸的活塞杆缩回→手臂上升→手臂上升到上限位传感器接到信号后悬臂气缸活塞杆缩回→到后限位传感器接到信号后旋转气缸驱动机械手左转→到左限位传感器接到信号后回到初始位置，机械手完成一个循环的搬运工作。

机械手在搬运工件离开抓料平台时，圆盘处的直流电动机继续转动，将工件运送到抓料平台后停止，为机械手的下一个搬运环节做好准备。

在供料与搬运过程中没有按下停止按钮 SB6，圆盘直流电动机与机械手将按上述动作流程连续运行。如果按下停止按钮 SB6，圆盘直流电动机立即停止供料，机械手完成当前工件的搬运后，回到初始位置停止。

请你根据送料与搬运装置的工作要求，完成下列工作任务：

（1）按图 8－1－2 所示的安装图，在 YL－235A 型光机电一体化实训装置的安装平台上安装圆盘、机械手、皮带输送机和相关的元件和器件。

（2）根据图 8－1－3 所示的气动系统图连接气路。

（3）根据气动系统图和送料与搬运装置的工作要求，画出电气控制原理图并连接电路。

（4）根据送料与搬运装置的工作要求，编写 PLC 控制程序。

（5）调节机械手的安装位置和高度，使其能够准确地在位置 A 抓取工件，再将工件准确地送入皮带输送机的进料口。调试编写的控制程序，使其符合送料与搬运装置的工作要求。

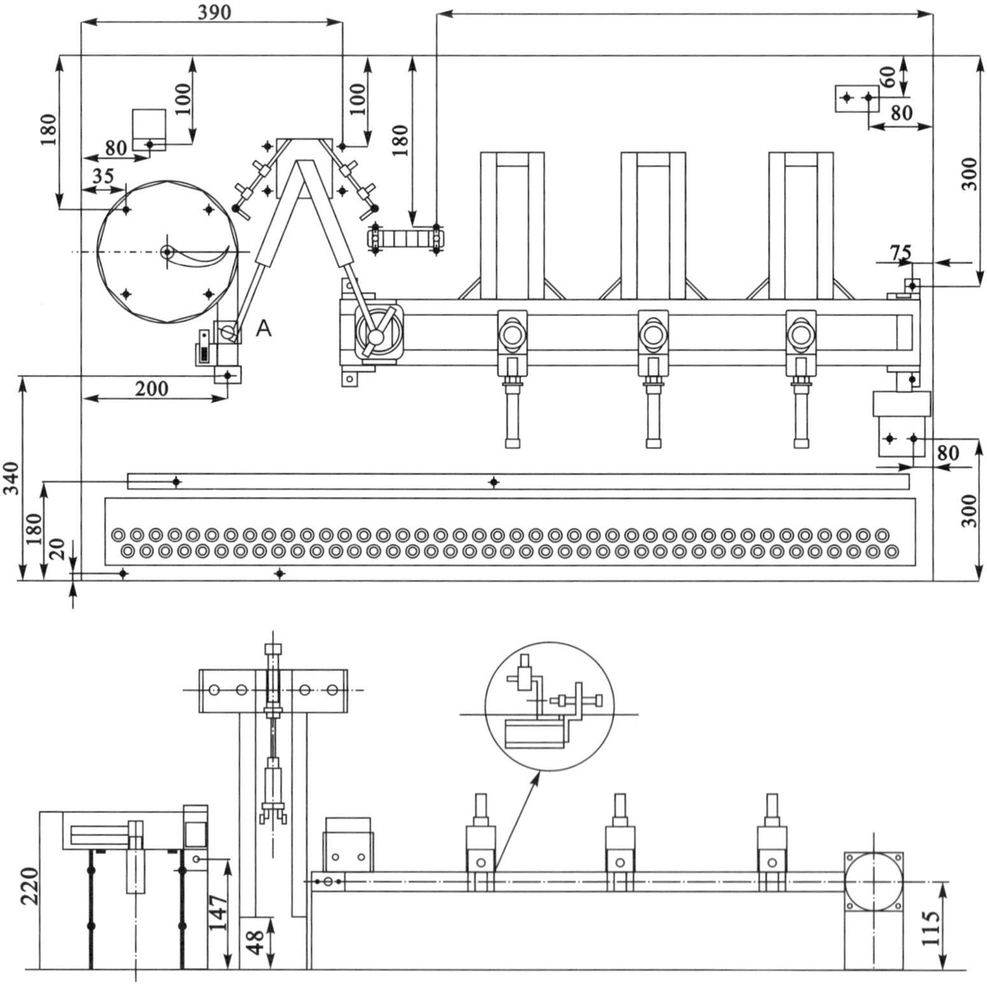

图 8－1－2　生产线进入环节部件组装图

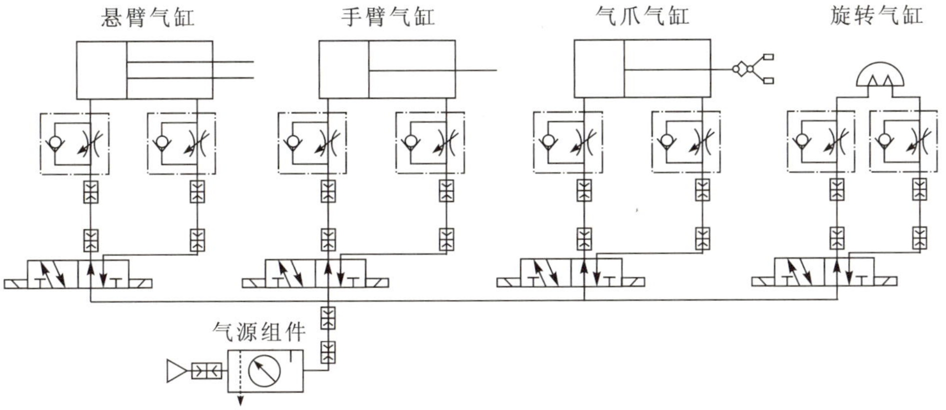

图 8-1-3　生产线进入环节气动系统图

完成工作任务指引

机械手搬运工件的运行方式在项目七中已介绍，如何使供料与搬运的动作协调，编写的程序既要简洁明了，又能控制设备进行正常供料与搬运，是本次工作任务的主要内容。

圆盘直流电动机转动，将工件运送至抓料平台，配合机械手的搬运。但直流电动机转动需要两个条件：一是有启动信号，二是抓料平台处的光电传感器没有接收到工件到达的信号。也就是启动后，若抓料平台无工件，直流电动机转动；有工件，直流电动机停止。由于直流电动机的停止、启动都通过光电传感器信号控制，因此控制程序采用基本指令编写，利用辅助继电器 M 的常开触点，串联光电传感器信号的常闭触点，输出直流电动机控制线圈，就可满足工作要求。

(1) 根据送料与搬运装置的工作要求，使用 4 个二位五通双控电磁阀分别驱动机械手的 4 个气缸，确定 PLC 输入/输出元件地址分配如表 8-1-1 所示。

表 8-1-1　PLC 输入/输出元件地址分配表

输入		输出	
启动按钮 SB5	X0	驱动悬臂伸出	Y0
停止按钮 SB6	X1	驱动悬臂缩回	Y1
悬臂气缸前限位传感器	X2	驱动手臂下降	Y2
悬臂气缸后限位传感器	X3	驱动手臂上升	Y3
手臂气缸下限位传感器	X4	驱动机械手向右旋转	Y4
手臂气缸上限位传感器	X5	驱动机械手向左旋转	Y5
旋转气缸左限位传感器	X6	驱动气爪夹紧	Y6
旋转气缸右限位传感器	X7	驱动气爪放松	Y7
气爪气缸夹紧限位传感器	X10	圆盘直流电动机	Y10
抓料平台光电传感器	X11		

（2）写出供料与搬运的动作流程如下：

初始位置→启动→直流电动机转动→有工件信号→悬臂伸出→手臂下降→延时 0.5s→气爪夹紧→延时 0.5s→手臂上升的同时直流电动机转动→悬臂缩回→向右旋转→悬臂伸出→手臂下降→延时 0.5s→气爪放松→手臂上升→悬臂缩回→向左旋转→初始位置。

（3）根据圆盘直流电动机和机械手的动作特点，采用基本指令和步进指令相结合的编程方法，参考的运行程序如图 8-1-4 所示。

图 8-1-4　生产线进入环节控制程序

（4）将编好的程序输入 PLC。

（5）根据图 8-1-3 所示送料与搬运装置的气动系统图连接气路。

（6）根据 PLC 输入/输出元件地址分配表画出电气控制原理图，如图 8-1-5 所示。

（7）根据电气控制原理图连接电路。

（8）检查接线正确无误后方可通电调试。

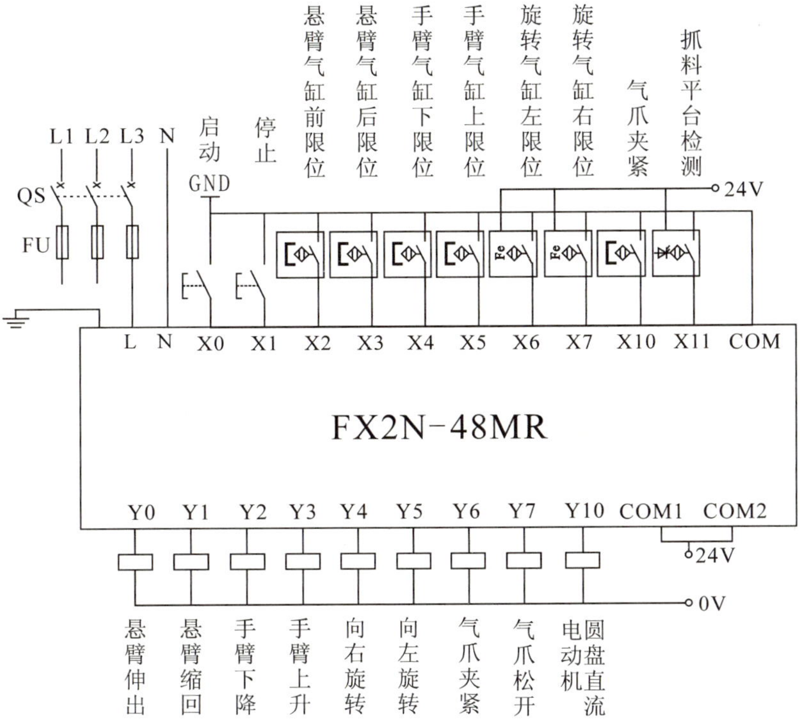

图 8－1－5　生产线进入环节电气控制原理图

思考与练习

1. 生产线进入环节由哪些部件组成？安装这些部件时你遇到了哪些困难？你想了什么办法克服这些困难？

2. 你是怎样调整机械部件的安装位置，保证机械手气爪能从抓料平台上抓走工件的？

3. 如果机械手只能在抓料平台上抓取金属工件，生产线进入环节还应该增加哪些元件？这些元件应该安装在什么位置？PLC 控制程序应该怎样编写？请你动手试一试。

4. 送料装置与机械手之间的协调、配合方式有很多，除这次工作任务中的配合方式外，你还能想出哪几种配合方式？你能动手试一试吗？

5. 请你填写完成工作任务评价表。

完成工作任务评价表

你连接的电路正确吗？	
你连接的气路正确吗？	
你编写的程序中初始位置符合工作任务要求吗？	
按下启动按钮，抓料平台无工件，圆盘直流电动机是否转动？	
按下启动按钮，抓料平台无工件，机械手能运行吗？	
机械手将工件抓起时，圆盘直流电动机是否立即转动？	

续表

圆盘直流电动机转动时按下停止按钮，是否立即停止？	
在机械手搬运过程中按下停止按钮，是否立即停止？	
你完成本次工作任务最大的困难是：	
你对完成本次工作任务的自我评价：	
小组同学对你完成本次工作任务的评价（请你去找小组的同学）：	
老师对你完成本次工作任务的评价（请你去找老师）：	

任务二　编写和调试送料与搬运装置的控制程序

工作任务

某供料与搬运装置能根据实际运行情况自动调节运行方式。装置启动前，相关部件的初始位置要求是：圆盘直流电动机不转动，机械手的悬臂气缸停留在左限位，悬臂气缸和手臂气缸的活塞杆均缩回，气爪处于松开状态。

当接通装置的工作电源，按下启动按钮 SB5 后，圆盘直流电动机转动，运送工件至机械手抓料平台，抓料平台光电传感器检测到工件到达信号后，停止圆盘直流电动机并驱动机械手悬臂气缸活塞杆伸出→伸出到前限位传感器接到信号后手臂气缸活塞杆伸出→手臂下降→手臂下降到下限位后延时 0.5s 气爪夹紧→再延时 0.5s 手臂气缸活塞杆缩回→手臂上升→上升到上限位传感器接到信号后悬臂气缸活塞杆缩回→到后限位传感器接到信号后旋转气缸驱动机械手右转→到右限位传感器接到信号后悬臂气缸活塞杆伸出→伸出到前限位传感器接到信号后手臂气缸活塞杆伸出→手臂下降→手臂下降到下限位后延时 0.5s 气爪松开→机械手臂按手臂气缸活塞杆缩回→手臂上升→上升到上限位传感器接到信号后悬臂气缸活塞杆缩回→到后限位传感器接到信号后旋转气缸驱动机械手左转→到左限位传感器接到信号后回到初始位置，机械手完成一个搬运工件的循环。

机械手在搬运工件离开抓料平台时，圆盘直流电动机继续转动，将工件运送到抓料平台后停止，为机械手的下一个搬运环节做好准备。如果供料系统正常，机械手将按上述方案正常搬运。

由于供料系统有可能出现不能及时供料等非正常情况，当机械手完成一个工件的搬运回到原位时，抓料平台没有工件送达，机械手将在原位等待。如果等待的时间超过3s，下一个工件到达后，为了追回等待的时间，机械手将连续2次按以下动作顺序执行工件的快速搬运：

悬臂气缸活塞杆伸出的同时手臂气缸活塞杆伸出→手臂下降→到悬臂气缸前限位传感器和手臂气缸下限位传感器接到信号后延时0.5s气爪夹紧→再延时0.5s手臂气缸和悬臂气缸的活塞杆同时缩回→到手臂气缸上限位传感器和悬臂气缸后限位传感器接到信号后旋转气缸驱动机械手臂右转→到右限位传感器接到信号后悬臂气缸活塞杆伸出的同时手臂气缸活塞杆下降→到悬臂气缸前限位传感器和手臂气缸下限位传感器接到信号→延时0.5s气爪放松→机械手臂按原路返回到原位。

如果快速搬运过程中仍然出现等待现象，机械手将重新连续2次快速搬运。如果供料正常，机械手连续2次快速搬运后回到正常搬运状态。

在供料与搬运过程中没有按下停止按钮SB6，圆盘直流电动机与机械手将按上述动作流程连续运行。如果按下停止按钮SB6，圆盘直流电动机在工件送到位后停止，机械手完成当前工件的搬运后，回到原位停止。

请你根据供料与搬运装置的工作要求，完成下列工作任务：

（1）如果安装平台上的部件没有按图8－1－2所示的安装图安装，请按该图的要求进行安装。

（2）根据供料与搬运装置的工作要求，编写并调试PLC控制程序。

相关知识

从供料与搬运装置的工作要求中我们可以发现：

（1）机械手有两种运行模式。

机械手有正常搬运和快速搬运两种运行模式。具体选择何种模式运行，要根据圆盘运送工件的实际情况决定，选择的条件是：启动后机械手在原位等待工件的时间超过3s。因此编写控制程序时，最基本的方法是用两条步进回路，分别编写两种运行模式的程序，通过条件来选择具体运行的步进回路。还有一种更好的方法，只写一条步进回路，把机械手悬臂和手臂的动作放在一个步进里执行，用一个辅助继电器M的常开触点并接在悬臂伸出时的前限位信号和悬臂缩回时的后限位信号上（具体看下面程序）。当正常运行时，辅助继电器M不吸合，机械手悬臂和手臂按顺序分别驱动；当快速运行时，辅助继电器M吸合，短接限位信号，机械手悬臂和手臂同时驱动，执行快速搬运。选择的功能是：在机械手等待的步进里，输出一个3s的定时器线圈，回路中串入光电传感器信号的长闭触点，就可满足选择的要求。

（2）机械手在快速搬运过程中仍然出现等待现象将重新连续2次快速搬运。

这个要求涉及何时计数、何时清零的问题。根据工作任务要求，在快速搬运一个循环的最后步进里，输出一个计数器C，常数为2，用计数器的常开触点串入复位辅助继电器M的回路中，可完成计数和切换运行模式的要求。另外，搬运过程中只要出现等待现象就要清零，只要输出复位计数器C和3s的定时器线圈并联就可符合工作任务的要求。

完成工作任务指引

（1）根据工作任务描述，使用4个二位五通双控电磁阀分别驱动机械手的4个气缸，确定PLC输入/输出元件地址分配如表8-2-1所示。

表8-2-1 PLC输入/输出元件地址分配表

输入		输出	
启动按钮SB5	X0	驱动悬臂伸出	Y0
停止按钮SB6	X1	驱动悬臂缩回	Y1
悬臂气缸前限位传感器	X2	驱动手臂下降	Y2
悬臂气缸后限位传感器	X3	驱动手臂上升	Y3
手臂气缸下限位传感器	X4	驱动机械手向右旋转	Y4
手臂气缸上限位传感器	X5	驱动机械手向左旋转	Y5
旋转气缸左限位传感器	X6	驱动气爪夹紧	Y6
旋转气缸右限位传感器	X7	驱动气爪放松	Y7
气爪气缸夹紧限位传感器	X10	圆盘直流电动机	Y10
抓料平台光电传感器	X11		

（2）写出供料与搬运的动作流程。

初始位置→启动→直流电动机转动→有工件信号。

正常运行：悬臂伸出→手臂下降→延时0.5s→气爪夹紧→延时0.5s→手臂上升的同时直流电动机转动→悬臂缩回→机械手向右旋转→悬臂伸出→手臂下降→延时0.5s→气爪放松→手臂上升→悬臂缩回→机械手向左旋转→初始位置。

工件等待时间超过3s时快速运行：悬臂伸出→手臂下降→延时0.5s→气爪夹紧→延时0.5s→悬臂缩回→手臂上升→机械手向右旋转→悬臂伸出→手臂下降→延时0.5s→气爪放松→悬臂缩回→手臂上升→机械手向左旋转→初始位置→运行2次→如有等待现象，继续快速运行2次，如供料正常，回到正常运行状态。

（3）根据圆盘直流电动机和机械手的动作特点，采用基本指令和步进指令相结合的编程方法编写运行程序，参考运行程序如下：

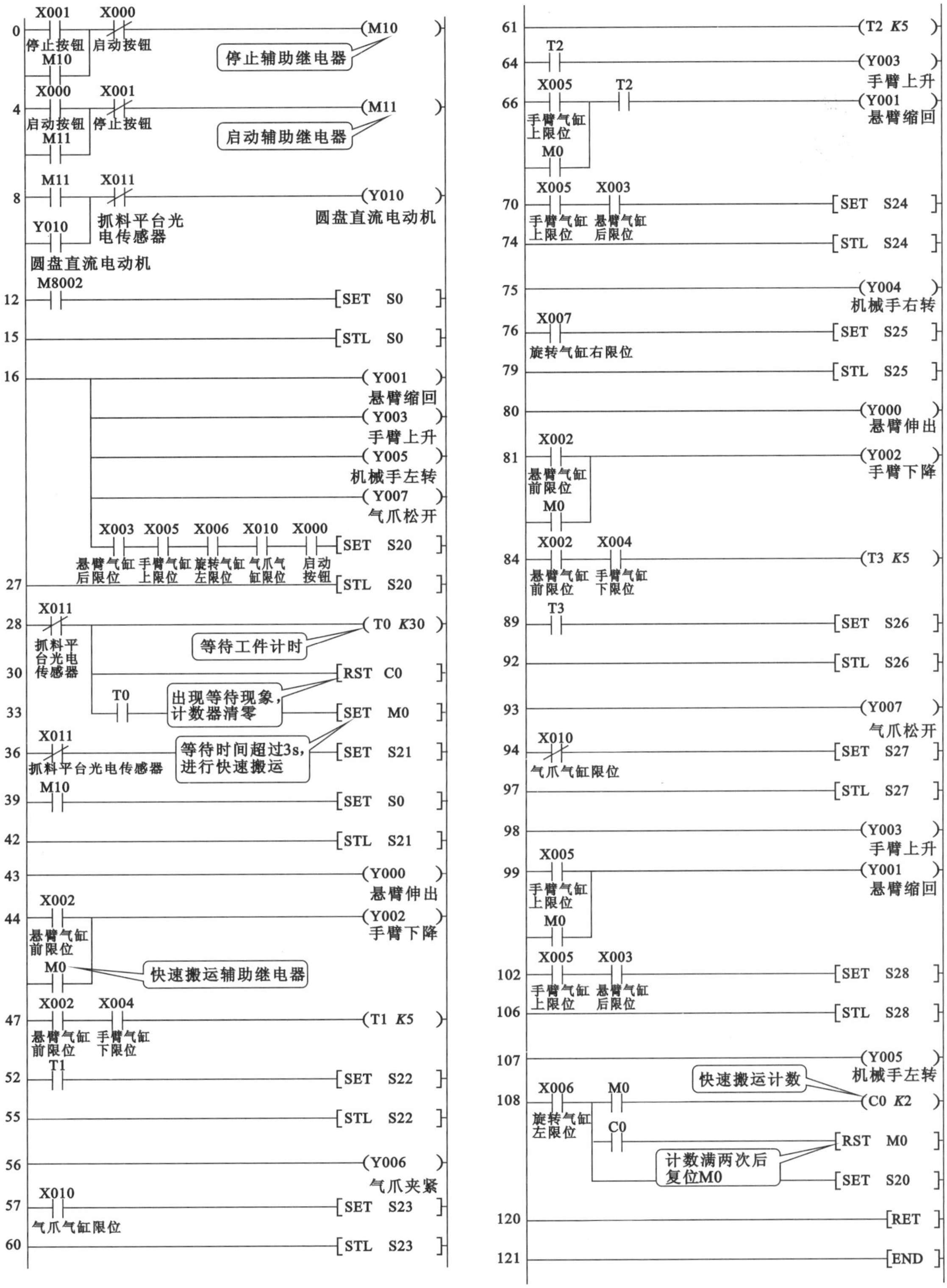

图 8－2－1 送料与搬运参考程序

（4）将编好的程序输入 PLC。

（5）按图 8－1－3 所示的生产线进入环节气动系统图连接气路。

（6）按图 8-1-5 所示的生产线进入环节电气控制原理图连接电路。

（7）检查接线正确无误后方可通电调试。

1. 你见过有送料与搬运装置的生产设备吗？这些生产设备上的送料与搬运装置和我们安装的送料与搬运装置有哪些不同？

2. 这次完成调试的供料与搬运装置可用于生产线的进入环节吗？

3. 本次工作任务，考虑了装置在工作过程中出现的什么意外情况？出现这种意外时采取了什么措施进行补救？在实际生产中，还可能出现哪些意外？你有什么方法来防止这些意外吗？

4. 请你填写完成工作任务评价表。

完成工作任务评价表

你连接的电路正确吗？	
你连接的气路正确吗？	
你编写的程序中初始位置符合工作任务要求吗？	
按下启动按钮，抓料平台无工件，圆盘直流电动机能运行吗？	
按下启动按钮，抓料平台无工件，机械手能运行吗？	
圆盘直流电动机转动时按下停止按钮，是否立即停止？	
圆盘直流电动机供料正常，机械手能否正常运行？	
机械手在原位等待时间超过 3s 后，能否正常运行？	
正常运行中机械手在原位等待时间不到 3s，能否继续正常运行？	
快速运行中机械手在原位等待时间不到 3s，能否继续快速运行？	
快速运行中没有出现等待现象，2 次搬运结束后，机械手能否继续快速运行？	
机械手在搬运过程中按下停止按钮，是否立即停止？	
你完成本次工作任务最大的困难是：	
你对完成本次工作任务的自我评价：	
小组同学对你完成本次工作任务的评价（请你去找小组的同学）：	
老师对你完成本次工作任务的评价（请你去找老师）：	

项目九　工件分拣设备

在生产过程中，有时需要对不同材质的材料或不同颜色、不同形状的工件进行分拣，然后再将它们送到不同的位置进行加工。能够按要求完成输送、搬运和分拣的设备，称作物料分拣设备。

YL－235A型光机电一体化实训装置上安装的部件，可以模拟工件分拣设备。如图9－0－1所示，圆盘将工件送到抓料平台，机械手从抓料平台抓取工件并搬运到皮带输送机的进料口，皮带输送机传送工件到达相应的位置进行加工或分拣。对于整个机电一体化设备而言，分拣装置是工件的处理环节，什么材料或者什么颜色的工件，在何处加工、输送皮带以怎样的速度运送工件、在何处分拣等，是在实际工作中经常遇到的问题。通过完成安装与调式分拣设备、调试××生产设备和调试××装配设备等工作任务，学会分拣装置的安装与调试。

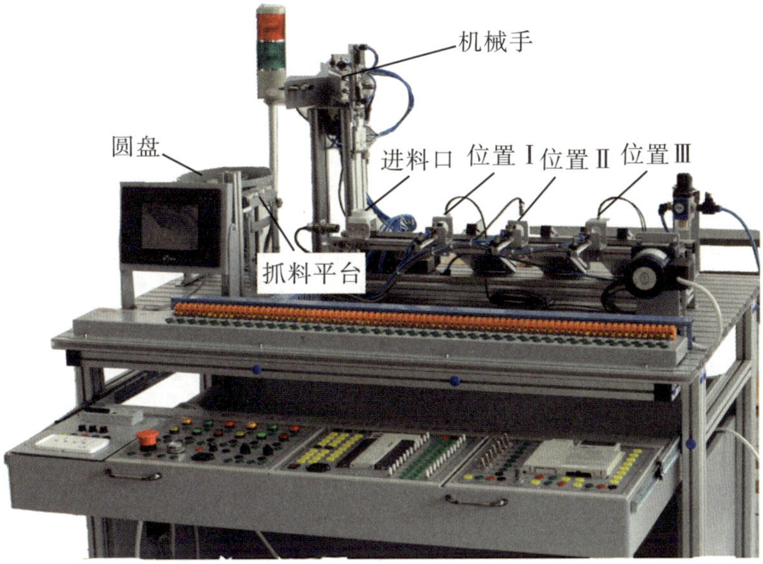

图9－0－1　YL－235A型光机电一体化实训装置模拟的工件分拣设备

任务一　安装与调试分拣设备

工作任务

某分拣设备的圆盘内有金属、白色、黑色三种圆柱形工件，通过圆盘直流电动机运送、机械手搬运和皮带输送机传送，在对应的出料斜槽进行分拣。各部件安装位置及名称如图9－1－1所示。

设备在运行前应检查：机械手是否停在左限位，悬臂气缸、手臂气缸的活塞杆是否缩回，气爪是否处于松开状态，三个负责分拣的气缸的活塞杆是否处于缩回状态。如不符合初始位置要求，设备不能启动。

当按下启动按钮SB5，HL5运行指示灯亮，设备将按以下动作顺序运行：圆盘直流电动机转动，运送工件至机械手抓料平台。抓料平台处的光电传感器检测到工件信号后，使圆盘直流电动机停止并驱动机械手运行，机械手按以下顺序动作：悬臂伸出→手臂下降→延时0.5s→气爪将工件夹紧→延时0.5s→手臂上升→悬臂缩回→机械手右转至右限位→悬臂伸出→手臂下降→延时0.5s→气爪放松，通过进料口将工件放到输送皮带上。机械手放下夹持的工件后：手臂上升→悬臂缩回→机械手左转至左限位。机械手将工件搬离抓料平台时，圆盘直流电动机继续转动，如果没有出现停止信号，圆盘能及时将工件送到机械手抓料平台，机械手将连续运行。

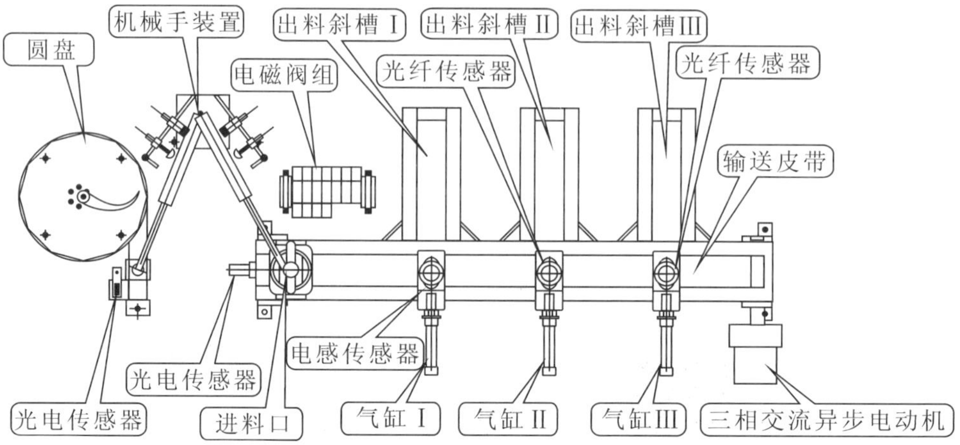

图9-1-1 设备各主要部件名称俯视图

输送皮带进料口光电传感器接收到工件到达信号后，三相交流异步电动机启动并以30Hz的频率正向高速运行，运送工件到对应的出料斜槽进行分拣。金属工件运送到出料斜槽Ⅰ处，传感器接到工件到达信号后，驱动气缸Ⅰ活塞杆伸出，将其推入出料斜槽Ⅰ；按同样动作顺序，气缸Ⅱ将白色塑料工件推入出料斜槽Ⅱ，气缸Ⅲ将黑色塑料工件推入出料斜槽Ⅲ。当气缸将工件推入出料斜槽，输送皮带上无工件时，三相交流异步电动机改为以15Hz的频率正向低速运行，等待下一个工件到达后，再以30Hz的频率正向高速运行。

设备运行过程中有许多不可测因素导致不能连续高效运行时须报警。比如：圆盘内无工件，造成圆盘直流电动机超时运行；输送皮带上无工件，三相交流异步电动机低速运行超时。为了有所区别，这两种故障报警方式应不同。圆盘直流电动机连续运行5s须报警，报警形式：蜂鸣器响1s、停1s，HL4指示灯1s闪烁1次。三相交流异步电动机连续低速运行时间满8s须报警，报警形式：蜂鸣器响0.5s、停0.5s，HL4指示灯1s闪烁2次。任何一种报警时间满10s，状态仍未恢复时，设备停止运行，指示灯HL5灭、HL6亮，报警依旧。等故障排除后，按下启动按钮SB5，设备重新开始运行。如果在报警开始的10s内，运行恢复正常，设备接着报警前的运行顺序继续运行，报警自动撤消。

设备运行过程中如按下停止按钮SB6，圆盘直流电动机立即停止，机械手将完成当前工件的搬运后回到原位停止，分拣装置须完成输送皮带上工件的分拣后才能停止。停止后指示灯 HL5 灭、HL6 亮。

请你根据分拣设备的工作要求，完成下列工作任务：

（1）按图 8－1－2 所示的安装图，在 YL－235A 型光机电一体化实训装置的安装平台上安装圆盘、机械手、皮带输送机和相关的元件与器件，组成模拟的分拣设备（如在项目八中已经完成安装，可以免除本项工作任务）。

（2）按图 9－1－2 所示的气动系统图连接分拣设备的气路。

（3）根据气动系统图和分拣设备的工作要求，画出分拣设备的电气控制原理图并连接电路。

（4）根据分拣设备的工作要求，编写 PLC 的控制程序，设置变频器参数。

（5）调节机械部件或零件的位置，调试编写的 PLC 控制程序，使其满足工件分拣的要求。

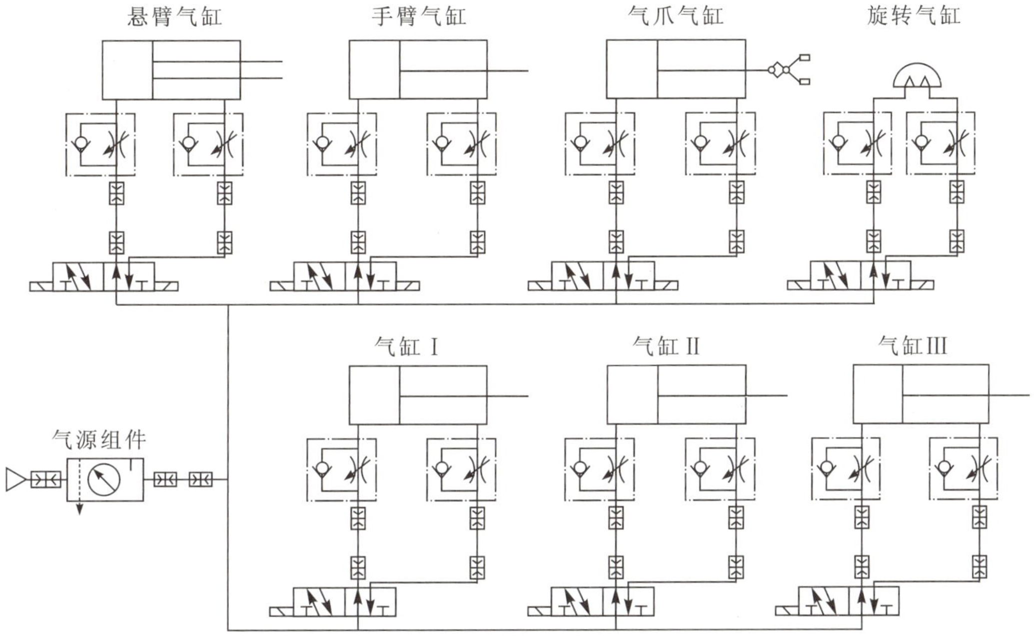

图 9－1－2　分拣设备气动系统图

完成工作任务指引

工作任务中新增了分拣与报警两部分内容，从任务描述中可知，分拣部分有三种运行状态：一是输送皮带进料口有第一个工件到达，三相交流异步电动机以 30Hz 的频率启动并正向高速运行，运送工件到对应的出料斜槽进行分拣；二是完成分拣后三相交流异步电动机由高速运行转为以 15Hz 的频率低速运行；三是三相交流异步电动机低速运行超时报警，报警开始后 10s 内须保持低速运行状态。编写程序时可使用步进指令，将三种状态通过三个步进分别编写。

报警由两部分组成：一部分是圆盘直流电动机运转超时报警，另一部分是三相交流异步电动机低速运行超时报警。因此，报警程序相应也有两部分：基本指令和步进指令。应当注意的是，基本指令的报警程序必须写在步进指令前，否则报警程序无效。

根据分拣设备的工作要求，供料部分的程序使用基本指令编写，搬运与分拣部分的程序使用步进指令编写。

完成工作任务的方法和步骤：

（1）根据工作任务描述，使用 4 个二位五通双控电磁阀分别驱动机械手的 4 个气缸，使用 3 个二位五通单控电磁阀分别驱动 3 个推料的气缸，确定 PLC 输入/输出元件地址分配如表 9-1-1 所示。

表 9-1-1　PLC 输入/输出元件地址分配表

输入地址		输出地址	
启动按钮 SB5	X0	驱动悬臂伸出	Y0
停止按钮 SB6	X1	驱动悬臂缩回	Y1
悬臂气缸前限位传感器	X2	驱动手臂下降	Y2
悬臂气缸后限位传感器	X3	驱动手臂上升	Y3
手臂气缸下限位传感器	X4	驱动向右旋转	Y4
手臂气缸上限位传感器	X5	驱动向左旋转	Y5
旋转气缸左限位传感器	X6	驱动气爪夹紧	Y6
旋转气缸右限位传感器	X7	驱动气爪放松	Y7
气爪气缸夹紧限位传感器	X10	圆盘直流电动机	Y10
抓料平台光电传感器	X11	气缸Ⅰ推出	Y11
进料口光电传感器	X12	气缸Ⅱ推出	Y12
位置Ⅰ电感传感器	X13	气缸Ⅲ推出	Y13
气缸Ⅰ前限位	X14	设备报警指示灯 HL4	Y14
气缸Ⅰ后限位	X15	设备运行指示灯 HL5	Y15
位置Ⅱ光纤传感器	X16	设备停止指示灯 HL6	Y16
气缸Ⅱ前限位	X17	蜂鸣器	Y17
气缸Ⅱ后限位	X20	三相交流异步电动机正转运行	Y20
位置Ⅲ光纤传感器	X21	三相交流异步电动机高速运行	Y21
气缸Ⅲ前限位	X22	三相交流异步电动机低速运行	Y22
气缸Ⅲ后限位	X23		

（2）写出供料、搬运与分拣的动作流程如下：

初始位置→启动→圆盘直流电动机转动→机械手抓料平台有工件到达信号同时圆盘直流电动机停止→悬臂伸出→手臂下降→延时 0.5s→气爪夹紧→延时 0.5s→手臂上升的同时圆盘直流电动机转动→悬臂缩回→机械手向右旋转→悬臂伸出→手臂下降→延时 0.5s→气爪放松→手臂上升→悬臂缩回→机械手向左旋转→初始位置。

输送皮带进料口有工件到达信号→三相交流异步电动机高速运行→完成分拣后低速运行。

（3）采用基本指令和步进指令相结合的编程方法，运行的参考程序如下：

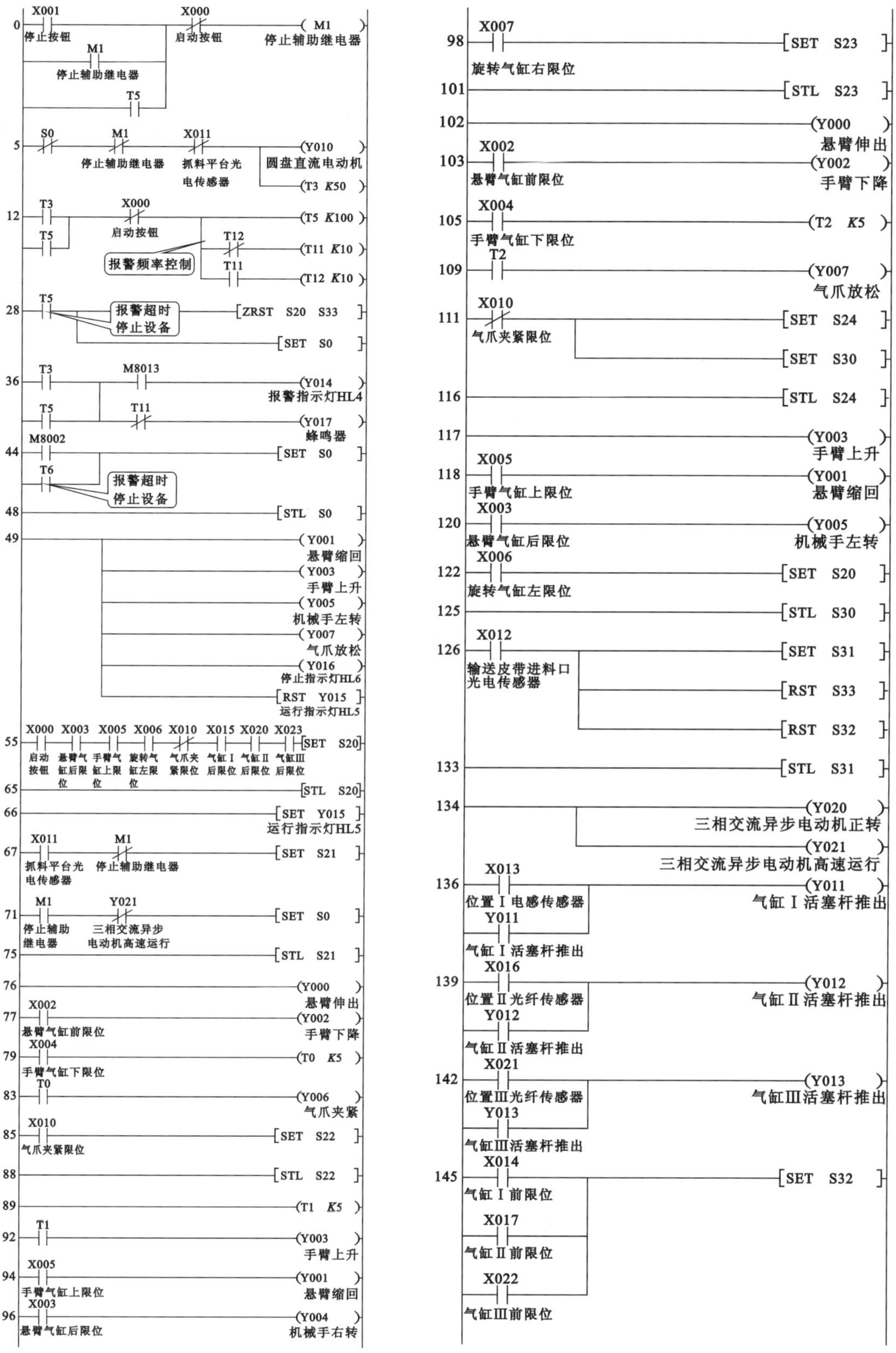

图9-1-3 分拣设备运行参考程序

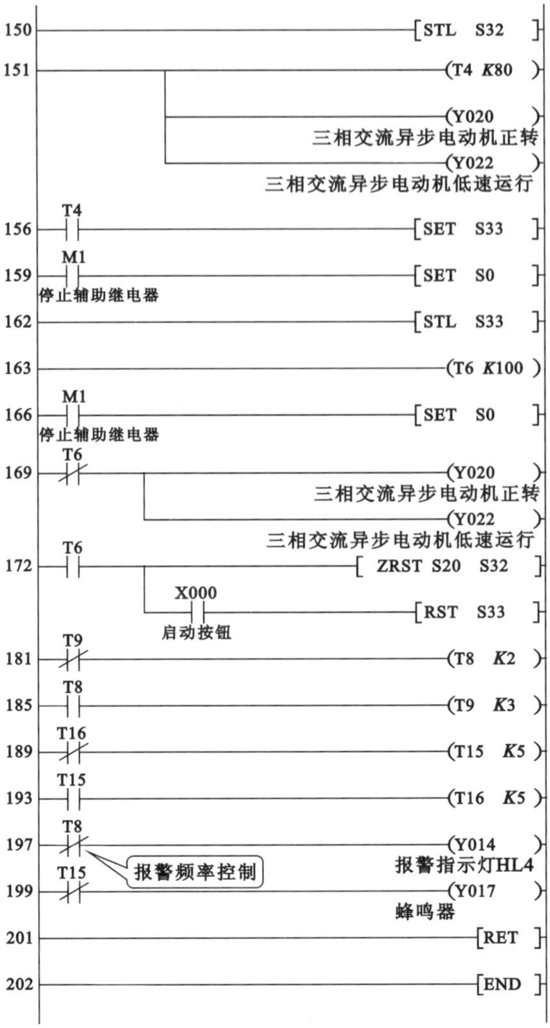

图 9-1-4　分拣设备运行参考程序（续图 9-1-3）

（4）将编好的程序输入 PLC。

（5）按图 9-1-2 连接气路。

（6）根据 PLC 输入/输出元器件地址分配表画出电气控制原理图，如图 9-1-5 所示，连接电路。

（7）检查接线正确无误后方可通电调试。

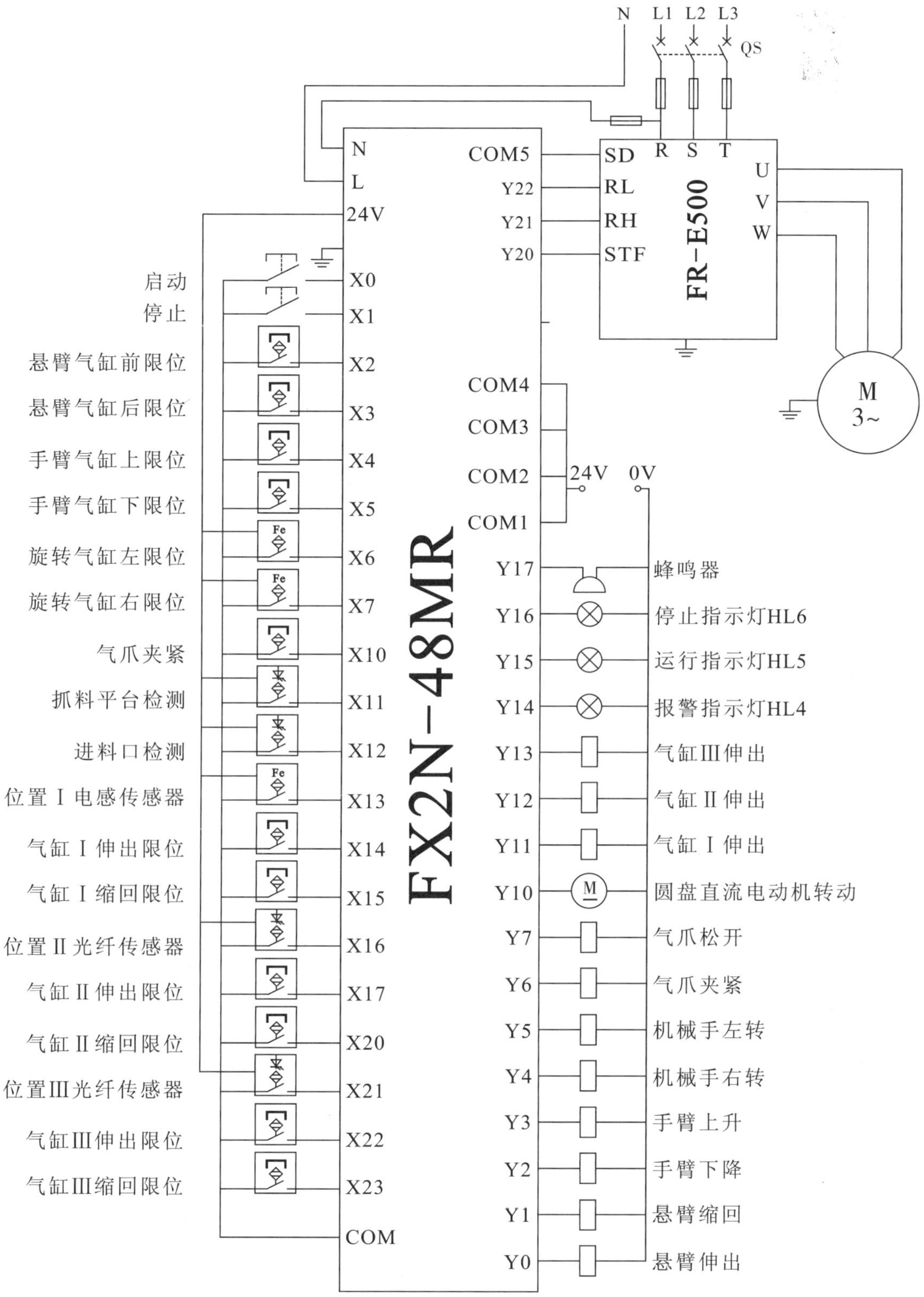

图9-1-5　分拣设备电气控制原理图

思考与练习

1. 组装分拣设备时，你使用了哪些元件和器件。请你列表说明这些元器件的名称、型号与规格、在分拣设备中的作用。

2. 分拣设备在工件输送、搬运、检测、分拣的过程中，可能会出现哪些意外？你能用什么办法防止这些意外？

3. 你在工厂或其他地方，看见过和我们安装的分拣设备相似的生产设备吗？是加工什么产品的？有什么特点？

4. 请你填写完成工作任务评价表。

完成工作任务评价表

你连接的电路正确吗？	
你连接的气路正确吗？	
你编写的程序中初始位置符合工作任务要求吗？	
按下启动按钮，HL5 运行指示灯会亮吗？	
按下启动按钮，抓料平台无工件，圆盘直流电动机能运行吗？	
圆盘直流电动机转动时按下停止按钮，是否立即停止？	
机械手搬运过程中按下停止按钮，是否立即停止？	
输送皮带进料口有工件到达，三相交流异步电动机会高速运行吗？	
输送皮带上无工件，三相交流异步电动机会高速运行吗？	
三相交流异步电动机高速运行时按下停止按钮，是否立即停止？	
三相交流异步电动机低速运行时按下停止按钮，是否立即停止？	
三种工件分拣符合工作任务要求吗？	
圆盘直流电动机连续运行 5s 后，报警装置会报警吗？	
圆盘直流电动机报警装置符合工作任务要求吗？	
输送皮带连续低速运行时间满 8s，报警装置会报警吗？	
三相交流异步电动机报警装置符合工作任务要求吗？	
报警时间未满 10s，状态已恢复，设备能继续运行吗？	
报警时间满 10s，状态仍未恢复，设备能停止运行吗？	
报警时间满 10s，设备停止后，报警能保持吗？	
报警后设备停止，指示灯符合工作任务要求吗？	
按下停止按钮，指示灯 HL6 会亮吗？	
你完成本次工作任务最大的困难是：	
你对完成本次工作任务的自我评价：	
小组同学对你完成本次工作任务的评价（请你去找小组的同学）：	
老师对你完成本次工作任务的评价（请你去找老师）：	

任务二　调试××生产设备

工作任务

××生产设备由供料装置、机械手搬运装置和分拣装置组成。供料装置将圆盘内的工件送到机械手抓料平台，通过机械手搬运，放入分拣装置的输送皮带进料口。分拣装置能将合格的工件（金属工件和白色塑料工件）进行“清洗”和分类包装，将不合格的工件（黑色塑料工件）直接推入废料槽（出料斜槽Ⅰ）。设备主要部件名称参考图 9-1-1。

1. 设备启动前的状态

设备在运行前应检查各部件是否在初始位置，是否能按要求运行。初始位置要求：机械手停在左限位，悬臂气缸、手臂气缸的活塞杆缩回，气爪处于松开状态，三个负责分拣的气缸的活塞杆均处于缩回状态。各部件符合上述要求后，警示灯组红色警示灯闪亮，指示设备已进入准备启动的状态。如不符合初始位置要求，设备不能启动。

2. 设备各装置正常的工作流程

按下启动按钮 SB5，警示灯组红色警示灯熄灭、绿色警示灯闪亮，指示设备正在运行中。同时圆盘直流电动机转动，运送工件至机械手抓料平台。抓料平台光电传感器检测到工件到达信号后，使圆盘直流电动机停止并驱动机械手搬运工件。机械手搬运工件的动作顺序如下：悬臂伸出→手臂下降→延时 0.5s→气爪夹紧→延时 0.5s→手臂上升→悬臂缩回→机械手向右旋转→悬臂伸出→手臂下降→延时 0.5s→气爪放松→手臂上升→悬臂缩回→机械手向左旋转→初始位置。

机械手将工件放入输送皮带工件进料口、手臂上升的同时，圆盘直流电动机转动，运送下一个工件至机械手抓料平台，为机械手继续搬运作准备。

在机械手搬运工件、悬臂气缸到达右限位的同时，三相交流异步电动机启动，以 15Hz 的频率正向运行。当进料口光电传感器接收到工件到达信号后，三相交流异步电动机以 30Hz 的频率正向运行。如果运送的是黑色塑料工件，将被视为不合格工件，运送到气缸Ⅰ处，气缸Ⅰ的活塞杆伸出，将其直接推入废料槽，工件推出输送皮带后三相交流异步电动机停止。如果运送的是金属和白色塑料工件，将被视为合格的工件，运送到气缸Ⅱ处，三相交流异步电动机改为以 20Hz 的频率正向运行。两种工件必须运送到电感传感器下，三相交流异步电动机停止，进行合格工件包装前的“清洗”，时间为 3s。“清洗”完成后，金属工件由气缸Ⅲ的活塞杆伸出，将其推入金属包装槽；如果是白色塑料工件，“清洗”完成后三相交流异步电动机以 20Hz 的频率反向运行，运送到气缸Ⅱ处，气缸Ⅱ的活塞杆伸出，将其直接推入白色塑料包装槽，工件推出输送皮带后三相交流异步电动机停止。

当任何一条合格工件包装槽内满 3 个工件时需要包装，时间为 30s。白色塑料工件包装时指示灯 HL4 亮，金属工件包装时指示灯 HL5 亮。包装结束后指示灯熄灭，将工件取走后，计数自动归零。

注意：正在包装的时候禁止合格工件推入包装槽，如果有合格工件到达，需要推入时，必须等包装完成后才可推入。

为保证设备的正常运行，分拣装置有工件在输送皮带上时，机械手悬臂气缸的活塞杆不能伸出搬运工件。等工件推出后，机械手继续运行。

3. 设备的正常停止

设备运行过程中按下停止按钮 SB6，圆盘直流电动机立即停止，机械手将完成当前工件的搬运后回到初始位置停止，分拣装置须完成输送皮带上工件的分拣后才能停止。停止后绿色警示灯熄灭、红色警示灯闪亮。

4. 紧急情况的处理

设备运行过程中如果出现紧急情况，需要立即停止设备时，可按下急停开关，按下急停开关后所有装置都停止运行，绿色警示灯熄灭、指示灯 HL6 每秒闪亮 2 次、蜂鸣器鸣叫。急停开关复位后，指示灯 HL6 由闪亮变为长亮、蜂鸣器停止鸣叫。如要启动设备，再按下启动按钮 SB5，指示灯 HL6 熄灭、绿色警示灯闪亮，设备接着急停时的工作顺序运行。

请你根据××生产设备的工作要求完成下列工作任务：

（1）画出××生产设备的电气控制原理图，并按照电气控制原理图连接电路。

（2）编写 PLC 控制的××生产设备工作程序，设置变频器参数。

（3）运行并调试程序，达到××生产设备的工作要求。

完成工作任务指引

××生产设备有以下功能：供料、搬运、区分合格与不合格工件、“清洗”、“包装”、分拣、急停、报警、三相交流异步电动机以三种速度及正反转运行。任务一中已介绍了供料、搬运、分拣和报警的控制程序，相同功能的程序编写方法在此可以参考。“清洗”、“包装”涉及计时和计数的概念，可利用状态位置信号进行控制。三相交流异步电动机的三种速度和正反转可通过步进指令进行不同状态分别驱动。在此重点分析一下“区分合格与不合格工件”。

不合格工件（黑色塑料工件）运送到气缸Ⅰ处直接推入废料槽。由于位置Ⅰ装了光纤传感器，如果能检测到黑色工件信号，那么其他两种工件也能检测到。因此，直接利用光纤传感器信号就无法区别合格与不合格工件。根据设备主要部件安装位置俯视图发现，输送皮带工件进料口装的是光电传感器，属于漫反射式。这类传感器有一个特点：反射光的强弱通过位移可决定输出信号的长短。因此，可利用这一特点，在工件到达输送皮带开始，用一个定时器计录工件信号保持时间的长短，以此来区分工件的种类，然后根据工作任务要求，使用步进指令编写相对应的运行回路，合格与不合格工件的区分就迎刃而解。但需要注意，因为采用工件信号保持时间的长短来区分工件的种类，所以机械手将工件放到输送皮带上一定要平稳，不能有跳变现象，否则会出现误判。

在合格工件处理中，白色塑料工件要到位置Ⅲ电感传感器下“清洗”，但电感传感器检测不出白色塑料工件的到达信号，那么怎样使白色塑料工件停在位置Ⅲ，满足工作任务要求？因为电感传感器只能检测到金属工件，可以先通过金属工件的运行，将金属工件从位置Ⅱ到位置Ⅲ输送皮带的运行时间，通过积算型定时器记录下来，放入数据寄存器D中，在白色塑料工件运行时，利用这一时间控制输送皮带在相同位置停止，就可满足工作任务要求。另外，金属工件“清洗”完成后直接推入金属包装槽，为了精确定位，使工件准确推出，根据工作任务确定输送皮带的运行速度，变频器减速时间应设为1.3s左右。

完成工作任务的方法和步骤：

（1）根据××生产设备的工作要求，使用4个二位五通双控电磁阀分别驱动机械手的4个气缸，使用3个二位五通单控电磁阀分别驱动3个负责推料的气缸，确定PLC输入/输出元件地址分配如表9-2-1所示。

表9-2-1 PLC输入/输出元件地址分配表

输入地址		输出地址	
启动按钮SB5	X0	驱动悬臂伸出	Y0
停止按钮SB6	X1	驱动悬臂缩回	Y1
悬臂气缸前限位传感器	X2	驱动手臂下降	Y2
悬臂气缸后限位传感器	X3	驱动手臂上升	Y3
手臂气缸下限位传感器	X4	驱动机械手向右旋转	Y4
手臂气缸上限位传感器	X5	驱动机械手向左旋转	Y5
旋转气缸左限位传感器	X6	驱动气爪夹紧	Y6
旋转气缸右限位传感器	X7	驱动气爪放松	Y7
气爪气缸夹紧限位传感器	X10	圆盘直流电动机	Y10
抓料平台光电传感器	X11	气缸Ⅰ推出	Y11
输送皮带进料口光电传感器	X12	气缸Ⅱ推出	Y12
位置Ⅰ光纤传感器	X13	气缸Ⅲ推出	Y13
气缸Ⅰ前限位	X14	白色塑料包装指示灯HL4	Y14
气缸Ⅰ后限位	X15	金属包装指示灯HL5	Y15
位置Ⅱ光纤传感器	X16	紧急停止指示灯HL6	Y16
气缸Ⅱ前限位	X17	蜂鸣器	Y17
气缸Ⅱ后限位	X20	三相交流异步电动机正转运行	Y20
位置Ⅲ电感传感器	X21	三相交流异步电动机反转运行	Y21
气缸Ⅲ前限位	X22	三相交流异步电动机高速运行	Y22
气缸Ⅲ后限位	X23	三相交流异步电动机中速运行	Y23
急停开关QS	X24	三相交流异步电动机低速运行	Y24
		红色警示灯	Y25
		绿色警示灯	Y26

（2）写出供料、搬运与分拣的动作流程如下：

初始位置→启动→圆盘直流电动机转动→机械手抓料平台有工件到达信号同时圆盘直流电动机停止→悬臂伸出→手臂下降→延时0.5s→气爪夹紧→延时0.5s→手臂上升的同时圆盘直流电动机转动→悬臂缩回→机械手向右旋转→悬臂伸出→手臂下降→延时

0.5s→气爪放松→手臂上升→悬臂缩回→机械手向左旋转→初始位置。当启动后每一个工件放入输送皮带进料口，圆盘直流电动机开始转动；每一个工件推出输送皮带，机械手悬臂伸出，开始搬运。

机械手右转的同时，三相交流异步电动机启动并正向低速运行→输送皮带进料口有工件到达信号→三相交流异步电动机正向高速运行→有 abc 三种流程：a 为黑色不合格工件运送到位置Ⅰ直接推入废料槽；b 为金属工件运送到位置Ⅱ后三相交流异步电动机正向中速运行→到位置Ⅲ停止→延时 3s→推入包装槽；c 为白色塑料工件运送到位置Ⅱ后三相交流异步电动机正向中速运行→到位置Ⅲ停止→延时 3s→三相交流异步电动机反向中速运行→到位置Ⅱ将白色塑料工件直接推入包装槽。

（3）采用基本指令和步进指令相结合的编程方法，参考的运行程序如图 9－2－1 和图 9－2－2 所示。

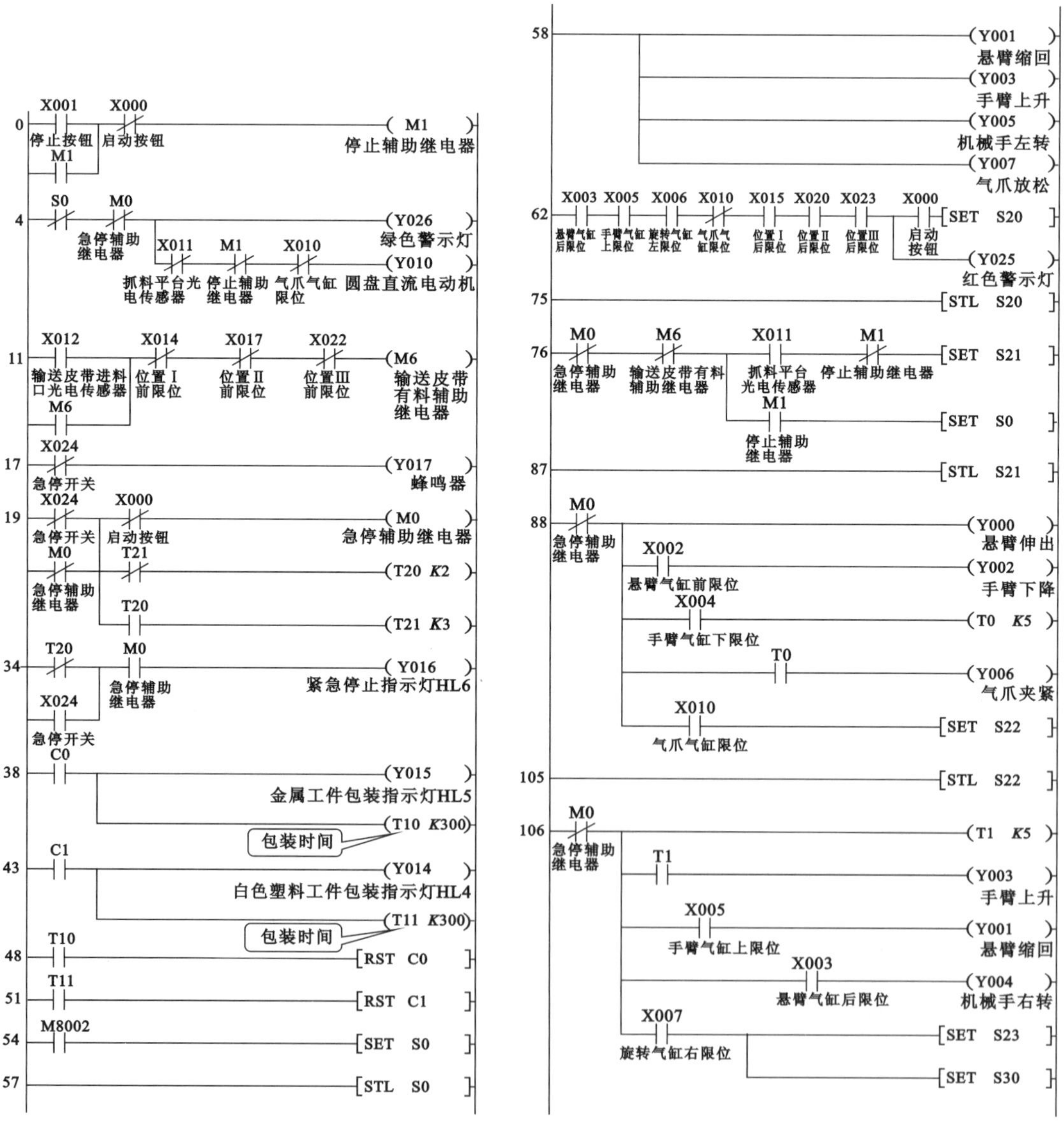

图 9－2－1　××生产设备运行控制程序

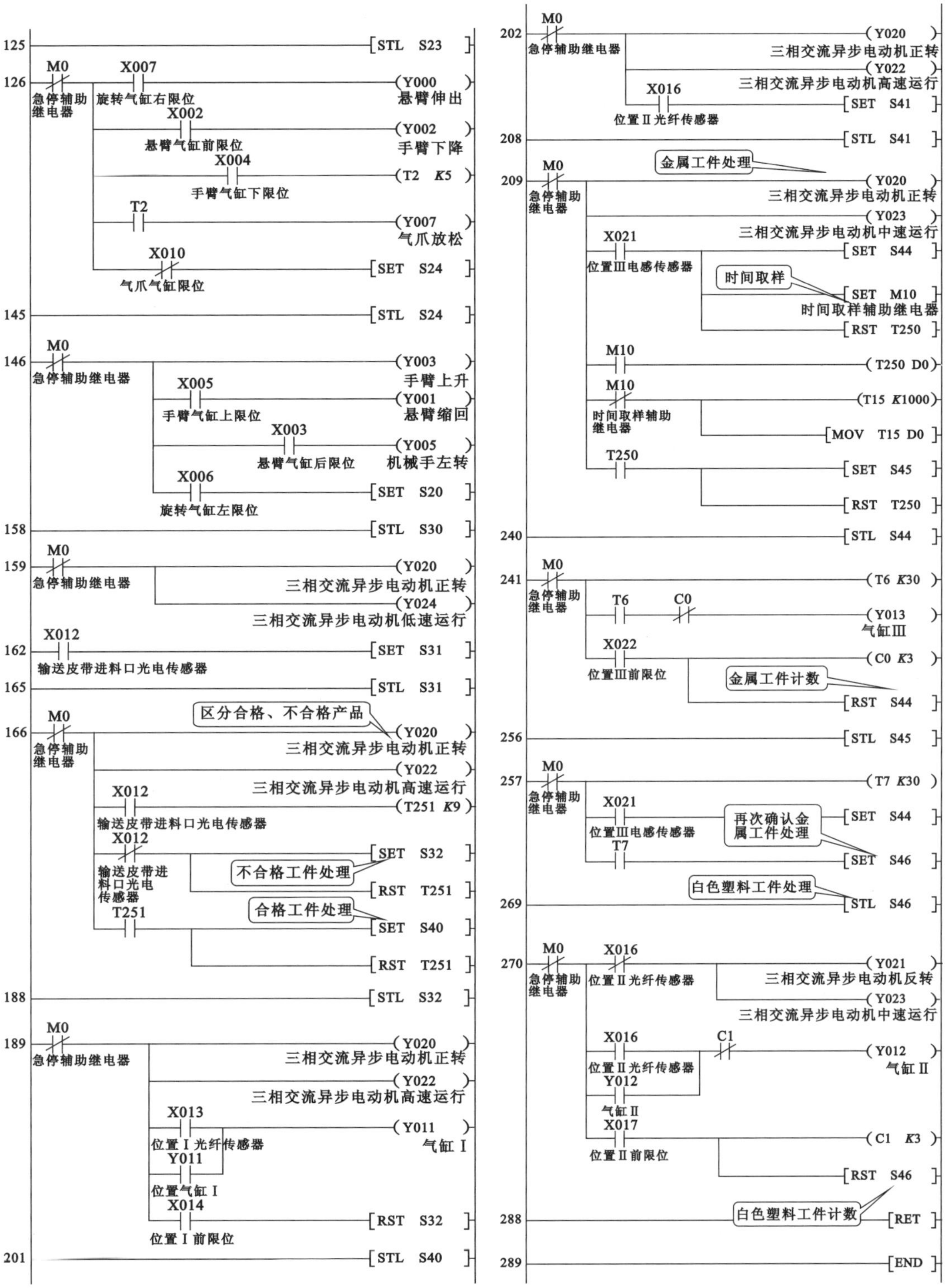

图9-2-2 ××生产设备运行控制程序（续图9-2-1）

（4）将编好的程序输入PLC。

（5）按图9-1-2连接气路。

（6）根据 PLC 输入/输出元件地址分配表画出电气控制原理图，如图 9－2－3 所示，连接电路。

（7）检查接线正确无误后方可通电调试。

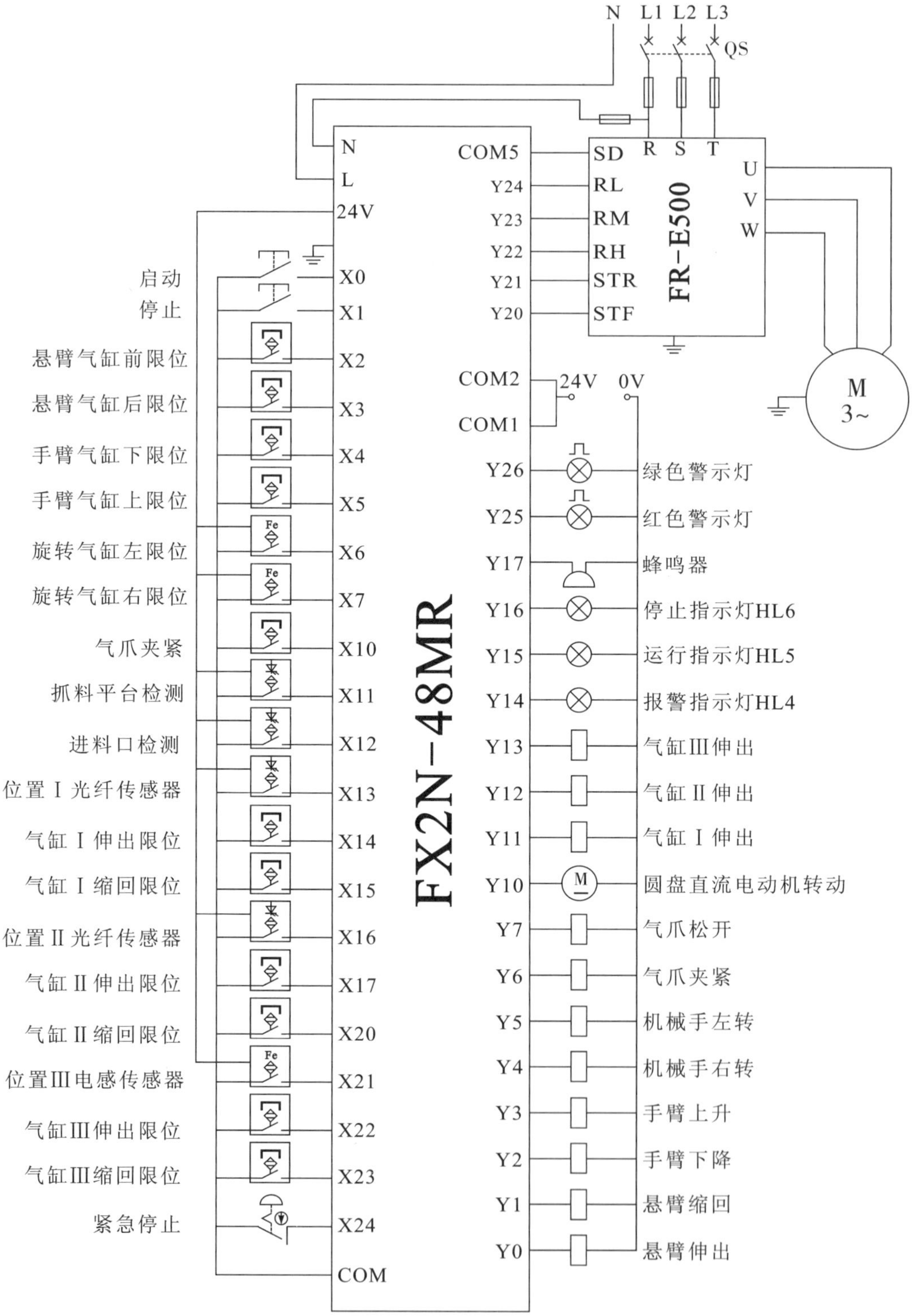

图 9－2－3　××生产设备电气控制原理图

1. ××生产设备有哪些功能？你编写的控制程序能实现这些功能吗？

2. 如果××生产设备在工作过程中突然停电，应如何处理机械手上夹持的工件？如何处理正在“清洗”的工件？如何处理在出料斜槽中的工件？

3. 请你填写完成工作任务评价表。

完成工作任务评价表

你连接的电路正确吗？	
你连接的气路正确吗？	
你编写的程序中初始位置符合工作任务要求吗？	
初始位置符合工作任务要求后，红色警示灯会闪亮吗？	
按下启动按钮后，红色警示灯会闪亮吗？	
按下启动按钮后，绿色警示灯会闪亮吗？	
在机械手搬运过程中按下停止按钮，机械手是否立即停止？	
当机械手悬臂到达右限位时，输送皮带是否启动？	
输送皮带进料口有工件到达，三相交流异步电动机会高速运行吗？	
输送皮带上有工件，机械手会继续搬运吗？	
输送皮带上工件推出后，三相交流异步电动机会高速运行吗？	
三相交流异步电动机高速运行时按下停止按钮，是否立即停止？	
三相交流异步电动机低速运行时按下停止按钮，是否立即停止？	
黑色塑料工件能推入废料槽吗？	
白色塑料工件能在电感传感器下停止吗？	
白色塑料工件包装时，HL4 指示灯亮吗？	
金属工件包装时，HL5 指示灯亮吗？	
包装时，有没有工件被推入正在包装的出料斜槽？	
按下急停开关，报警装置会报警吗？	
报警装置符合工作任务要求吗？	
急停开关复位后，没按启动按钮，设备能接着运行吗？	

续表

你完成本次工作任务最大的困难是：
你对完成本次工作任务的自我评价：
小组同学对你完成本次工作任务的评价（请你去找小组的同学）：
老师对你完成本次工作任务的评价（请你去找老师）：

任务三　调试××装配设备

工作任务

××装配设备由供料装置、机械手搬运装置和分拣装置组成。供料装置将圆盘内的半成品工件送到机械手抓料平台，通过机械手搬运，放入分拣装置的输送皮带进料口。分拣装置能将半成品工件进行最后的加工和成品组装，将次品工件推入废料槽（出料斜槽Ⅱ）。为了确保正常工作，该设备有试运行功能，用转换开关 SA1 进行选择。SA1 的旋钮置于“左”位置（动合触点接通状态），为试运行功能；反之，SA1 的旋钮置于“右”位置（动合触点断开状态），为运行功能。设备主要部件名称参考图 9－1－1。

1. 设备启动前的状态和试运行要求

接通设备的工作电源，警示灯组红、绿色警示灯同时闪亮，请检查各部件是否在初始位置。初始位置要求：机械手停在左限位，悬臂气缸、手臂气缸的活塞杆缩回，气爪处于松开状态，三个工件推出气缸的活塞杆均处于缩回状态。各部件符合上述要求后，蜂鸣器连续 3 次响 0.25s、停 0.5s 提示，如不符合初始位置要求，设备不能启动。

在设备符合初始位置要求后，可选择试运行或运行功能。将选择开关 SA1 的旋钮置于试运行位置，按下启动按钮 SB5，警示灯组红色警示灯闪亮、绿色警示灯熄灭，指示设备处在试运行状态。各部件试运行动作顺序如下：圆盘直流电动机转动 3s→机械手悬臂伸出→悬臂缩回→手臂下降→气爪夹紧→手臂上升→气爪松开→机械手右转→机械手左转的同时三相交流异步电动机以 15Hz 的频率正向运行→气缸Ⅰ、气缸Ⅱ、气缸Ⅲ

的活塞杆依次伸出→活塞杆依次缩回后，三相交流异步电动机停止。上述动作完成后，试运行结束，表示设备各部件可以正常动作。

2. **设备各装置正常的工作流程**

将选择开关 SA1 的旋钮置于运行位置，按下启动按钮 SB5，警示灯组红色警示灯熄灭、绿色警示灯闪亮，指示设备处在运行状态。同时圆盘直流电动机转动，运送工件至机械手抓料平台。抓料平台光电传感器检测到工件到达信号后，停止圆盘直流电动机并驱动机械手搬运工件。机械手搬运工件的动作顺序如下：悬臂伸出→手臂下降→延时 0.5s→气爪夹紧→延时 0.5s→手臂上升→悬臂缩回→机械手向右旋转→悬臂伸出→手臂下降→延时 0.5s→气爪松开→手臂上升→悬臂缩回→机械手向左旋转→初始位置。

机械手将工件放入输送皮带工件进料口、手臂上升的同时，圆盘直流电动机转动，运送下一个工件至机械手抓料平台，为机械手继续搬运作准备。

在机械手搬运工件、悬臂气缸到达右限位的同时，三相交流异步电动机启动，以 15Hz 的频率正向运行。当进料口光电传感器接收到工件到达信号后，三相交流异步电动机以 25Hz 的频率正向运行，将工件运送到位置Ⅱ电感传感器下，进行最后工序的加工，时间为 3s。加工完成后的成品工件（金属工件和白色塑料工件）推入组装槽，次品工件（黑色塑料工件）直接推入废料槽。成品工件运送到相应的组装槽时，三相交流异步电动机以 35Hz 的频率运行。工件到位后由相应的气缸活塞杆伸出，将其直接推入组装槽。工件推出输送皮带后三相交流异步电动机停止，机械手继续搬运工件。

分拣装置共有两条组装槽：组装槽Ⅰ（出料斜槽Ⅰ）和组装槽Ⅱ（出料斜槽Ⅲ）。每条组装槽内必须推入一个金属工件和一个白色塑料工件（顺序不限），才可进行组装。每条组装槽的组装时间为 30s，组装顺序为组装槽Ⅰ和组装槽Ⅱ交替进行。组装槽Ⅰ组装时 HL4 指示灯 1s 闪亮 2 次，组装槽Ⅱ组装时 HL5 指示灯 1s 闪亮 2 次，任何组装槽组装时禁止工件推入，此时如有需要推入组装槽的成品工件，需停在原地等待，等待时 HL6 指示灯 3s 闪亮 2 次，等组装完成后再推入组装槽。下面情况下工件不能推入组装槽：两条组装槽都不在组装，并且组装槽内已经推入了相同的工件。工件推入废料槽时，蜂鸣器发声报警。

注意：为了保证设备的正常运行，第一个搬运的工件必须是金属工件。

3. **设备的正常停止**

设备运行过程中按下停止按钮 SB6，圆盘直流电动机立即停止，机械手将完成当前工件的搬运后回到初始位置停止，分拣装置须完成输送皮带上工件的分拣后才能停止。全部停止后警示灯组红、绿色警示灯同时闪亮。

4. **紧急情况的处理**

设备运行过程中如果出现紧急情况，需要立即停止设备时，可按下急停开关 QS，按下后所有装置都停止运行，警示灯组红、绿色警示灯同时闪亮，蜂鸣器响。急停开关复位后，警示灯组红色警示灯熄灭、蜂鸣器停止报警。如要启动设备，再按下 SB5 启动按钮，设备接着急停时的工作顺序运行。

5. 突然断电的处理

如遇突然断电，设备停止工作，但机械手夹持的工件不能掉下。恢复供电后，按下 SB5 启动按钮，设备应接着断电前所处的工作状态运行。但如果断电时有工件在位置Ⅱ电感传感器下，还没有完成最后工序的加工，此工件将报废。即电源恢复后，按下 SB5 启动按钮，应将工件直接推入废料槽，然后设备继续运行。

请你根据××装配设备的工作要求完成下列工作任务：

（1）画出××装配设备的电气控制原理图并按照电气控制原理图连接电路。

（2）编写 PLC 控制的××装配设备工作程序，设置变频器参数。

（3）运行并调试程序，达到××装配设备的工作要求。

完成工作任务指引

工作任务中，供料与搬运的运行要求和前面任务基本相同，但分拣装置出现了工件组合的要求，两条组装槽推入的工件必须是一个金属工件和一个白色塑料工件，才能进行组装。由于供料装置送出的工件没有规律，而且还要求两条组装槽交替组装，因此，编写程序时需要运用逻辑回路控制。首先当工件运送到位置Ⅱ电感传感器下，已经知道三种工件的材质，可以选择三条步进并行分支，分别对三种不同的工件进行处理。一条处理黑色塑料工件（次品），一条处理白色塑料工件，另一条处理金属工件。在成品工件的处理中，哪条组装槽推入了哪种工件，相应的计数器动作，运用计数器 C 作为逻辑回路控制条件，进行具体的驱动处理。组装完成后相应的计数器清零，为下一次的分拣作准备。

工作任务中另外还有一种断电处理的要求，如果断电时有工件在位置Ⅱ电感传感器下，还没有完成最后工序的加工时，作报废处理，即直接将工件推入废料槽。编写程序时可在工件加工的步进里，使用 M8008 特殊辅助继电器的常开触点，置位报废处理的步进，就可满足工作任务的要求，具体方法可参考下面的程序。

完成工作任务的方法和步骤：

（1）根据工作任务描述，使用 4 个二位五通双控电磁阀分别驱动机械手的 4 个气缸，使用 3 个二位五通单控电磁阀分别驱动 3 个推料的气缸，确定 PLC 输入/输出元件地址分配如表 9－3－1 所示。

表 9－3－1　PLC 输入/输出元件地址分配表

输入地址		输出地址	
启动按钮 SB5	X0	驱动悬臂伸出	Y0
停止按钮 SB6	X1	驱动悬臂缩回	Y1
悬臂气缸前限位传感器	X2	驱动手臂下降	Y2
悬臂气缸后限位传感器	X3	驱动手臂上升	Y3
手臂气缸下限位传感器	X4	驱动机械手向右旋转	Y4

续表

输入地址		输出地址	
手臂气缸上限位传感器	X5	驱动机械手向左旋转	Y5
旋转气缸左限位传感器	X6	驱动气爪夹紧	Y6
旋转气缸右限位传感器	X7	驱动气爪松开	Y7
气爪气缸夹紧限位传感器	X10	圆盘直流电动机	Y10
抓料平台光电传感器	X11	气缸Ⅰ推出	Y11
输送皮带进料口光电传感器	X12	气缸Ⅱ推出	Y12
位置Ⅰ光纤传感器	X13	气缸Ⅲ推出	Y13
气缸Ⅰ前限位	X14	白色塑料包装指示灯 HL4	Y14
气缸Ⅰ后限位	X15	金属包装指示灯 HL5	Y15
位置Ⅱ电感传感器	X16	紧急停止指示灯 HL6	Y16
气缸Ⅱ前限位	X17	蜂鸣器	Y17
气缸Ⅱ后限位	X20	三相交流异步电动机正转运行	Y20
位置Ⅲ光纤传感器	X21	三相交流异步电动机反转运行	Y21
气缸Ⅲ前限位	X22	三相交流异步电动机高速运行	Y22
气缸Ⅲ后限位	X23	三相交流异步电动机中速运行	Y23
急停开关 QS	X24	三相交流异步电动机低速运行	Y24
转换开关 SA1	X25	红色警示灯	Y25
		绿色警示灯	Y26

（2）写出供料、搬运与分拣的动作流程如下：

初始位置→启动→圆盘电动机转动→机械手抓料平台有工件到达信号同时圆盘直流电动机停止→悬臂伸出→手臂下降→延时 0.5s→气爪夹紧→延时 0.5s→手臂上升的同时圆盘直流电动机转动→悬臂缩回→机械手向右旋转→悬臂伸出→手臂下降→延时 0.5s→气爪松开→手臂上升→悬臂缩回→机械手向左旋转→初始位置。在设备运行过程中，每一个工件放入输送皮带进料口，圆盘直流电动机开始转动；每一个工件推出输送皮带，机械手悬臂伸出，开始搬运。

机械手右转→三相交流异步电动机以 15Hz 的频率正向运行→输送皮带进料口有工件到达信号→三相交流异步电动机以 25Hz 的频率正向运行→运送到位置Ⅱ电感传感器下停止→延时 3s，完成最后工序的加工→有 A、B、C、D 四种可能。A. 三相交流异步电动机以 35Hz 的频率反向运行→将工件推入组装槽Ⅰ；B. 直接推入废料槽；C. 三相交流异步电动机以 35Hz 的频率正向运行→将工件推入组装槽Ⅱ；D. 停在原地等待，待组装完成后再运送到相应的位置推入。

（3）采用基本指令和步进指令相结合的编程方法，参考的运行程序如图 9－3－1、图 9－3－2 和图 9－3－3 所示。

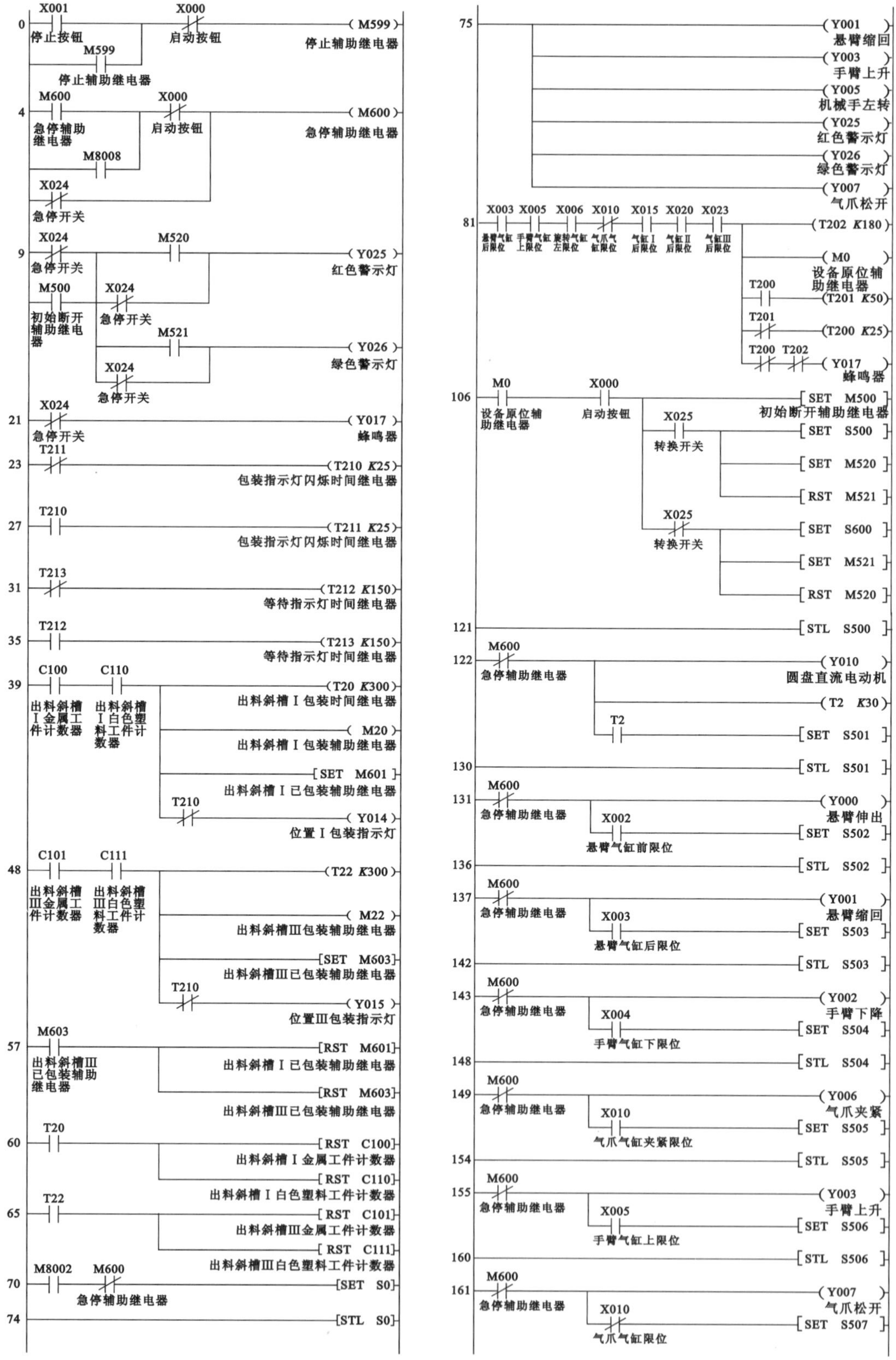

图 9-3-1　××装配设备运行控制程序

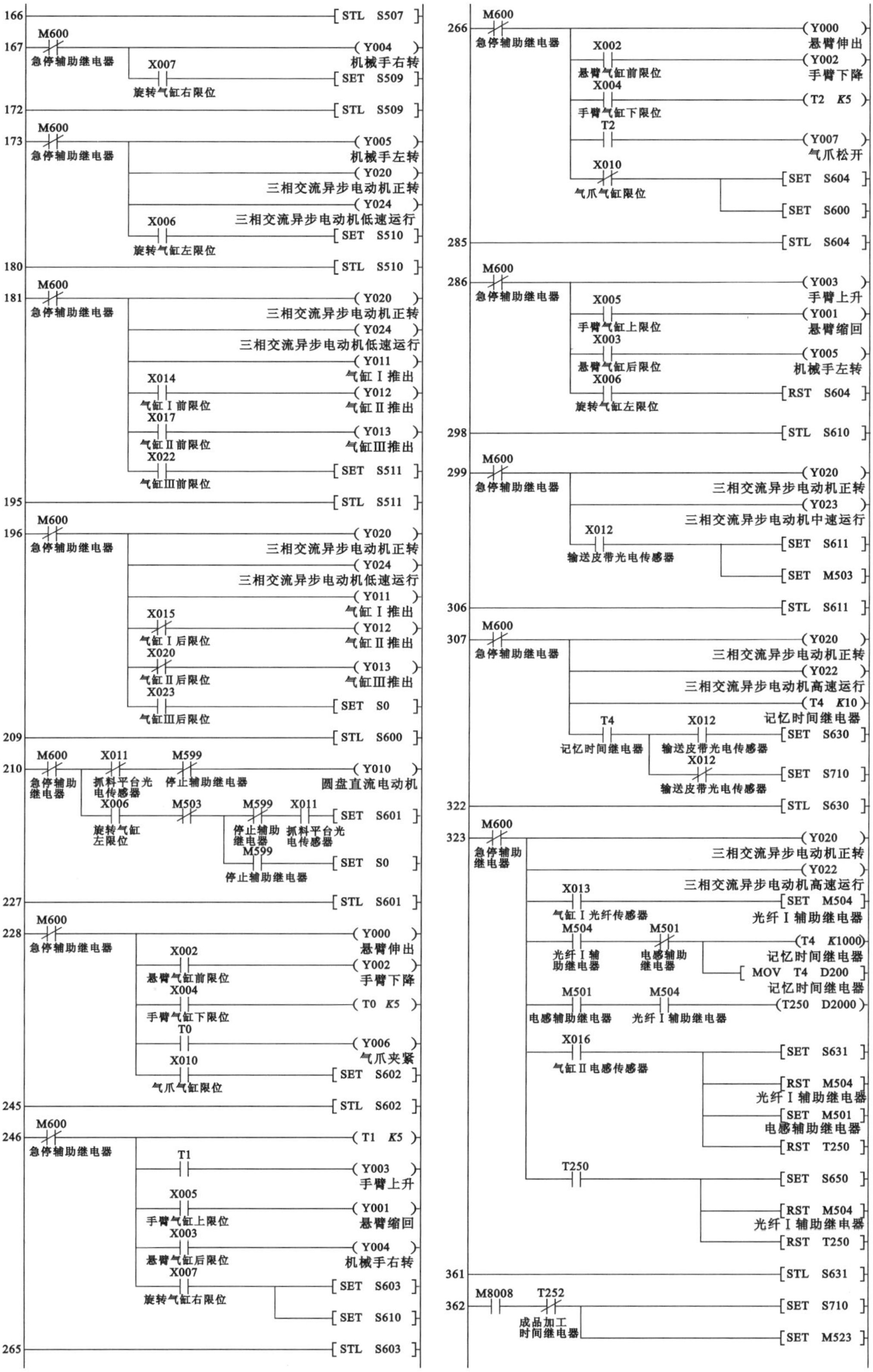

图9-3-2 ××装配设备运行控制程序（续图9-3-1）

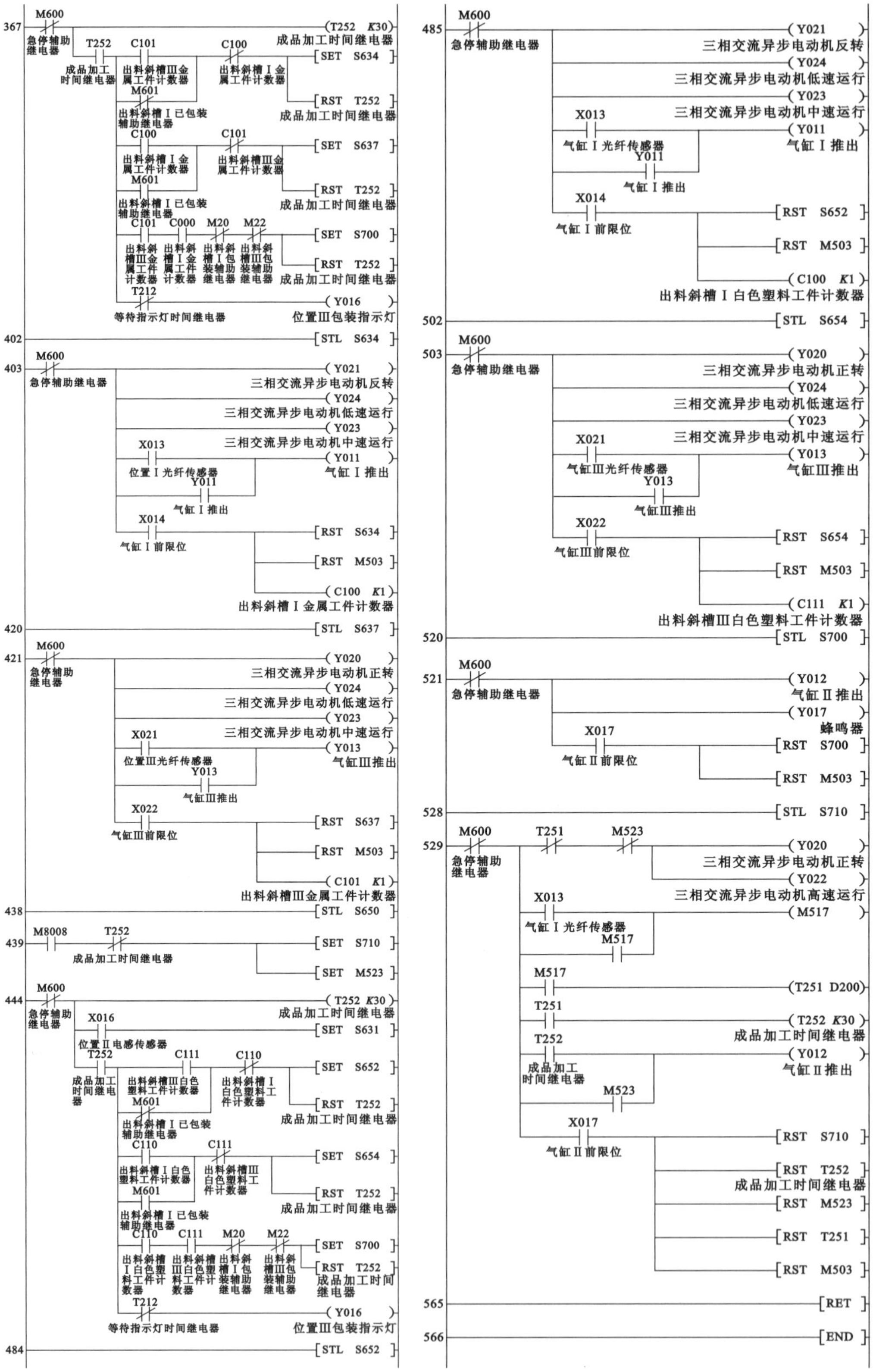

图9-3-3 ××装配设备运行控制程序（续图9-3-2）

(4) 将编好的程序输入 PLC。

(5) 按图 9－1－2 连接气路。

(6) 根据 PLC 输入/输出元件地址分配表画出电气控制原理图，如图 9－3－4 所示，连接电路。

(7) 检查接线正确无误后方可通电调试。

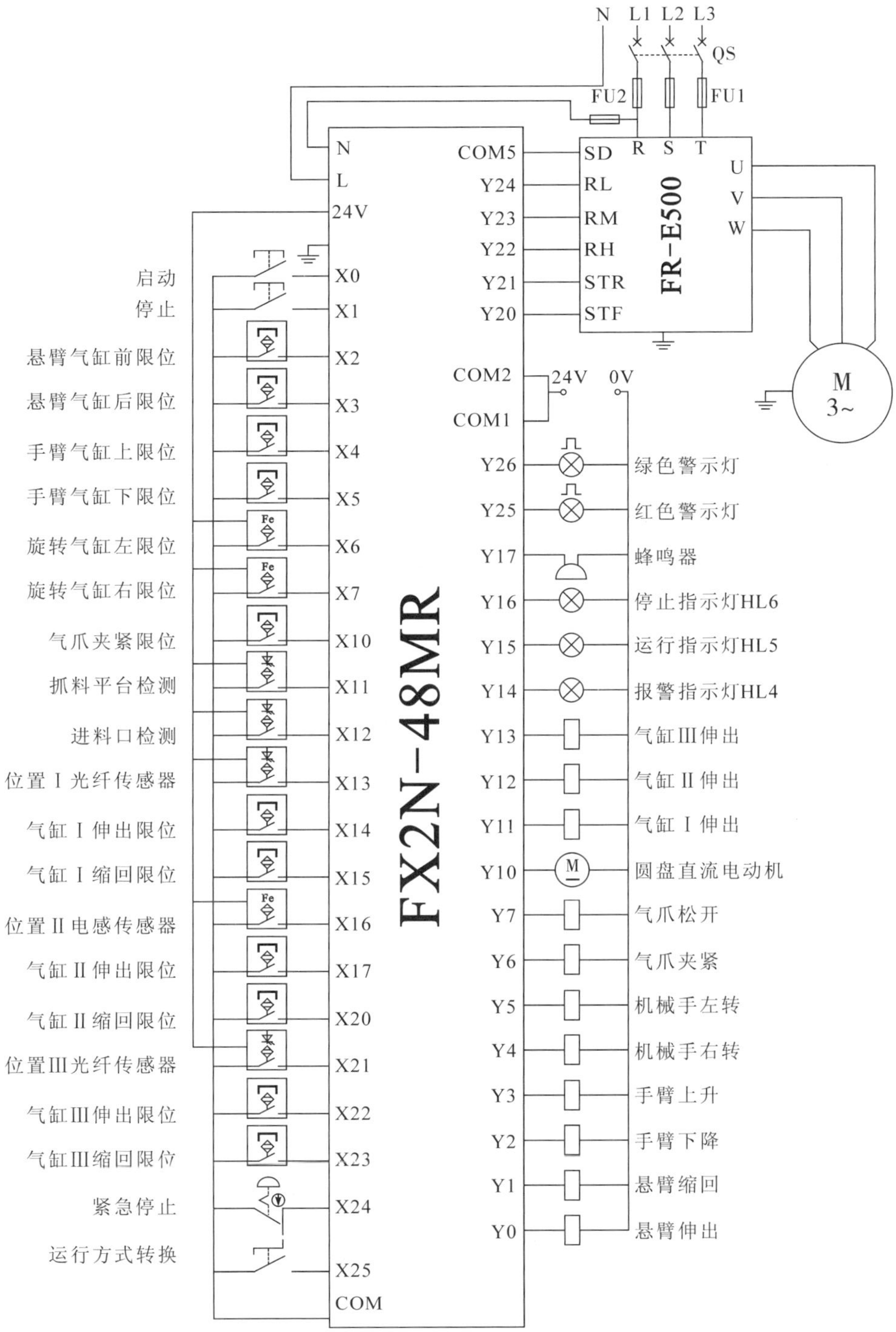

图 9－3－4　××装配设备电气控制原理图

思考与练习

1. 分拣设备要区别不同材质或不同颜色的工件时，使用什么元件？这些元件有什么作用？电容传感器能区分金属和非金属吗？为什么？

2. 在位置 A 装有电感传感器，在位置 B 装有能检测黑色塑料工件的光纤传感器，怎样把一个黑色塑料工件从位置 B 送到位置 A？

3. 金属工件的质量为 50g，白色塑料工件的质量为 25g，黑色塑料工件的质量为 20g，如果出料斜槽Ⅰ中需要工件的质量为 95g，你怎样编写这台分拣设备的运行程序？

4. 请你填写完成工作任务评价表。

完成工作任务评价表

你连接的电路正确吗？	
你连接的气路正确吗？	
接通设备工作电源，红、绿色警示灯闪亮吗？	
你编写的程序中初始位置符合工作任务要求吗？	
初始位置符合要求后，蜂鸣器有报警提示吗？	
选择试运行，按下启动按钮后，红色警示灯闪亮吗？	
试运行符合工作任务要求吗？	
选择运行，按下启动按钮后，绿色警示灯会闪亮吗？	
机械手搬运过程中按下停止按钮，是否立即停止搬运？	
输送皮带上有工件，机械手会继续搬运吗？	
塑料工件能在电感传感器下停止吗？	
最后工序的加工时间符合工作任务要求吗？	
黑色塑料工件是否作为次品推入废料槽？	
组装槽内推入的工件符合工作任务要求吗？	
组装槽Ⅰ组装时，HL4 指示灯能按要求闪亮吗？	
组装槽Ⅱ组装时，HL5 指示灯能按要求闪亮吗？	
两条组装槽的组装顺序符合工作任务要求吗？	
组装时，有没有工件推入正在组装的组装槽？	
按下急停开关，报警装置会报警吗？	
运行中突然断电，恢复通电后，按下启动按钮 SB5，设备能接着断电时的工作顺序运行吗？	
断电时有工件正在加工，恢复通电后是否作废料处理？	
你完成本次工作任务最大的困难是：	
你对完成本次工作任务的自我评价：	
小组同学对你完成本次工作任务的评价（请你去找小组的同学）：	
老师对你完成本次任务的评价（请你去找老师）：	

项目十　触摸屏的应用

触摸屏作为一种新型的人机界面，从一出现就受到关注。它简单易用，强大的功能及优异的稳定性使它广泛应用于工业环境与日常生活之中，比如自动化停车设备、自动洗车机、龙门吊车升降控制、生产线监控等，甚至还用于智能大厦管理、会议室声光控制、温度调节等。

本项目将通过完成用触摸屏控制皮带输送机运行和用触摸屏监控控制物件数据两个工作任务，学会触摸屏的简单操作，会用触摸屏控制或监控简单的机电一体化设备。

任务一　用触摸屏控制皮带输送机运行

工作任务

某工地运送物料的皮带输送机需要通过触摸屏上的点动按钮随时改变电动机的运行方向，以及皮带输送机高速、中速、低速的相互转换，请按要求完成下列任务：

（1）请按项目二的图 2－2－1 在安装平台上安装好皮带输送机和接线排。

（2）请根据控制要求分配 PLC 输入/输出地址，画出电气控制原理图，并按电气控制原理图连接好电路。

（3）请按项目二中的任务一的变频器参数设置的方法设置变频器参数。

（4）根据控制要求编写 PLC 程序。

（5）根据要求创建组态工程。

（6）根据要求进行通讯连接测试，调试设备达到控制要求。

相关知识

触摸屏作为一种人机界面，是操作人员和机械设备之间做双向沟通的平台，用户可以自由组合文字、按钮、图形、数字等来处理或者监控管理及应付随时可能变化的信息。

以往的操作界面需要熟练的操作员才能操作，而且操作困难，无法提高工作效率。随着机电技术的飞速发展，触摸屏作为一种人机界面能够显示并告知操作员机电设备目前的状况，使操作变得简单生动，并且可以减少操作上的失误，即使是新手也可以很轻松地操作整个机电设备。使用触膜屏还可以使机器的配线标准化、简单化，同时也能减少 PLC 控制器所需的输入/输出点数，在降低生产成本的同时，由于面板控制的小型化及高性能，相对提高了整套设备的性价比。

1. 触摸屏的外观及硬件结构

触摸屏的外观及硬件结构如图 10－1－1 和图 10－1－2 所示。

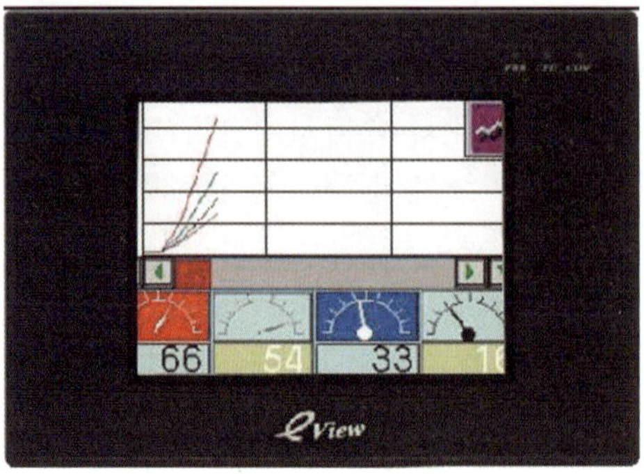

图 10－1－1　触摸屏外观

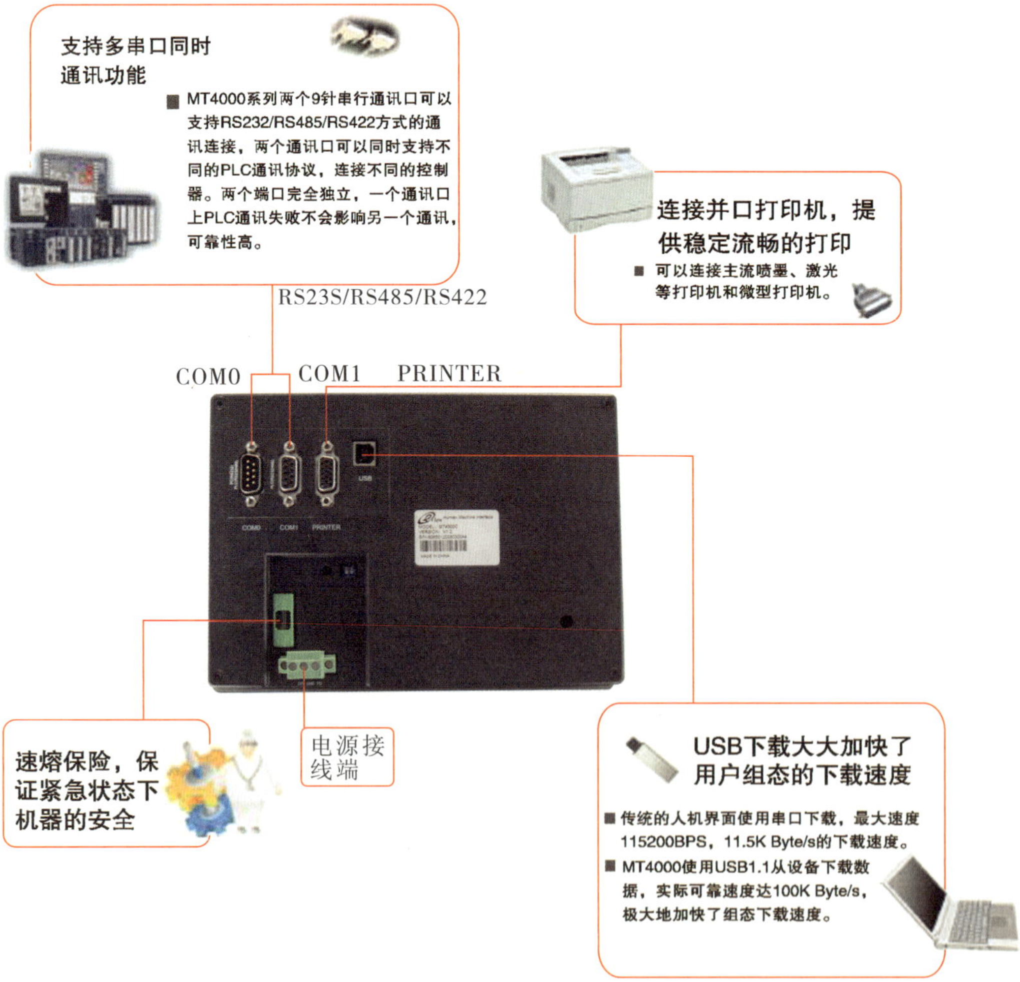

图 10－1－2　触摸屏硬件结构

2. 触摸屏的应用

触摸屏的应用如图 10－1－3 所示。

品牌触摸屏

品牌触摸屏

排队机

点歌台

手机

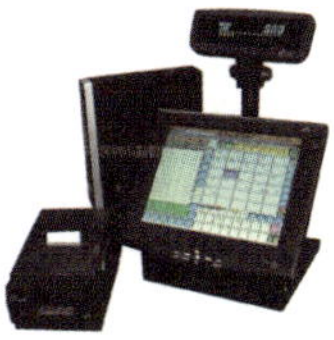
收款机

图 10－1－3 常见触摸屏及其应用

3. 触摸屏组态软件的安装与运行

（1）将光盘放入计算机的光驱，计算机将会自动运行安装程序，或者你手动运行光盘根目录下的［Setup. exe］，计算机的屏幕显示如图 10－1－4 与图 10－1－5 所示。

图 10－1－4 触摸屏驱动软件安装界面（一）

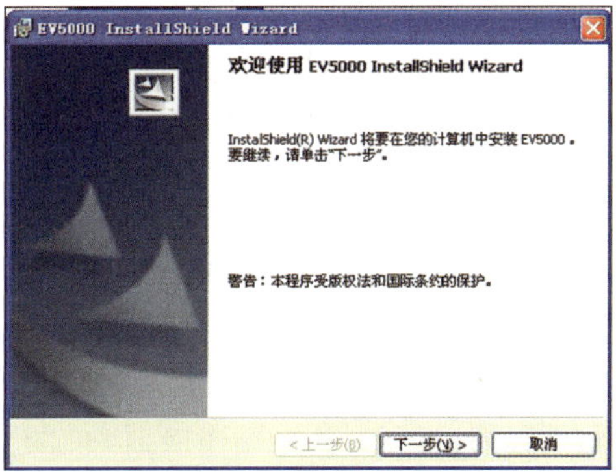

图 10－1－5 触摸屏驱动软件安装界面（二）

（2）在图 10－1－5 的界面中，按下［下一步］，出现如图 10－1－6 所示的界面。在该界面中输入用户信息后，再按［下一步］。

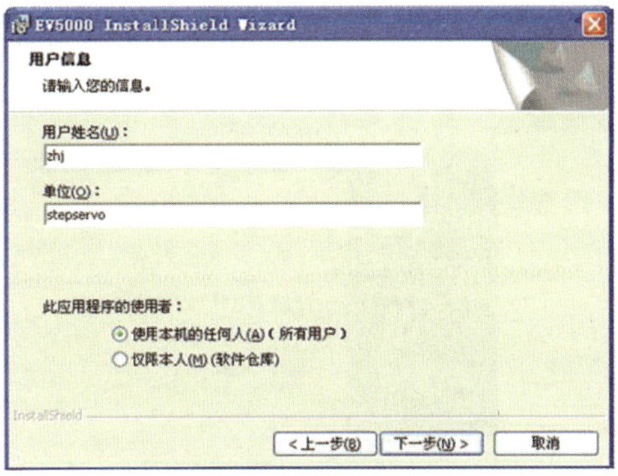

图 10－1－6 在用户信息界面中输入姓名和工作单位

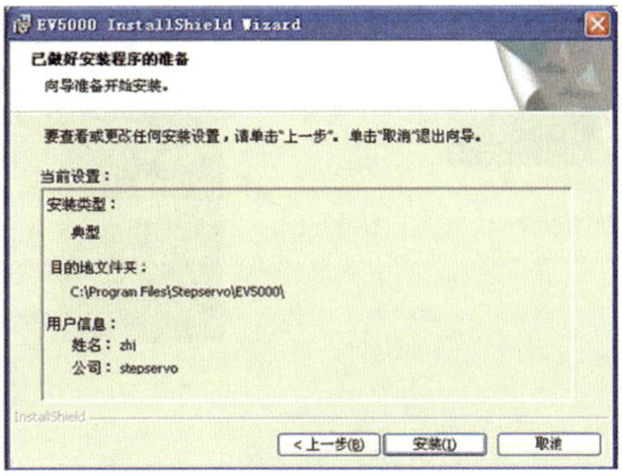

图 10－1－7 确认安装触摸屏软件的界面

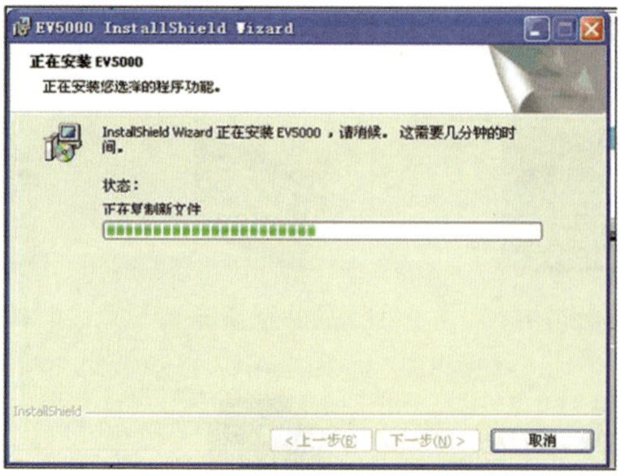

图 10－1－8　提示安装触摸屏软件进度

（3）在接受软件协议和选择安装类型、安装路径后，按下图 10－1－7 中的［安装］，出现如图 10－1－8 所示界面。当安装完成界面出现时，按下［完成］，软件安装完毕。

（4）要运行组态软件时，可以从菜单［开始］→［所有程序］→［eview］→［EV5000］下找到相应的可执行程序，如图 10－1－9 所示。

图 10－1－9　运行触摸屏软件的操作

4. 将创建的工程下载到触摸屏

在计算机上完成工程的创建后，你需要将其下载到触摸屏中。

（1）用专用 USB 下载线将计算机与触摸屏连接，第一次使用 USB 下载，要手动安装驱动程序。把 USB 一端连接到 PC 的 USB 接口上，一端连接触摸屏的 USB 接口，在触摸屏上电的条件下，会弹出如图 10－1－10 和图 10－1－11 所示的安装信息：

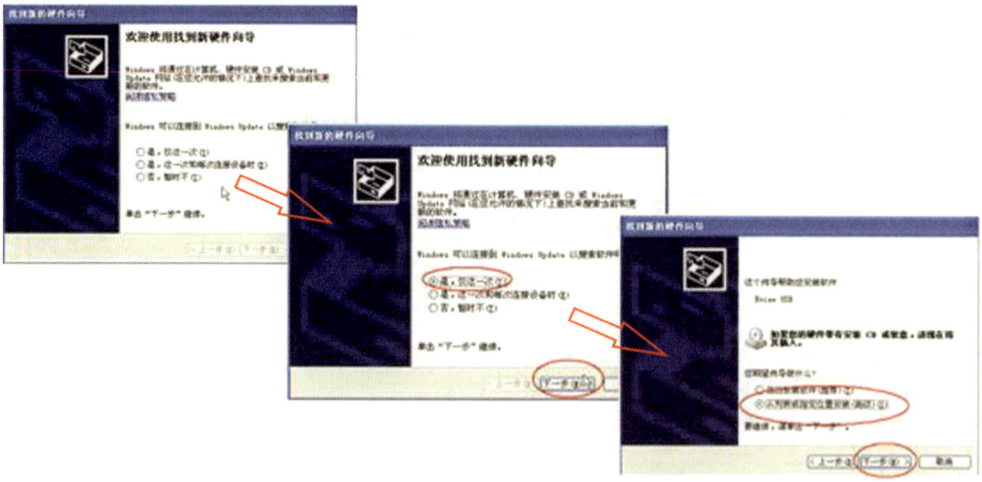

图 10－1－10　触摸屏与计算机的连接（一）

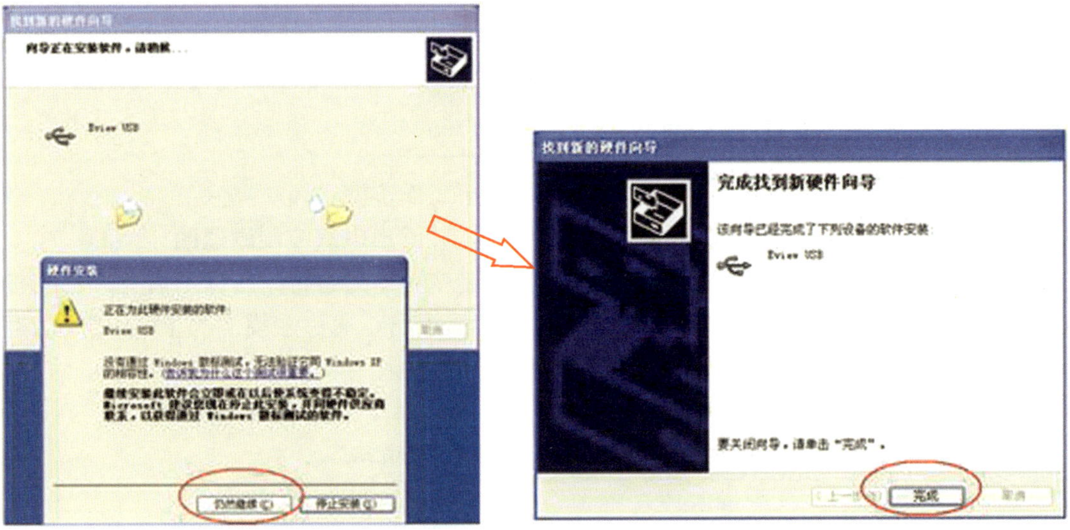

图 10－1－11　触摸屏与计算机的连接（二）

（2）从［我的电脑］→［属性］→［硬件］→［设备管理器］里，找到［通用串行总线控制器］，可以查看到 USB 驱动是否安装成功，如图 10－1－12 所示。

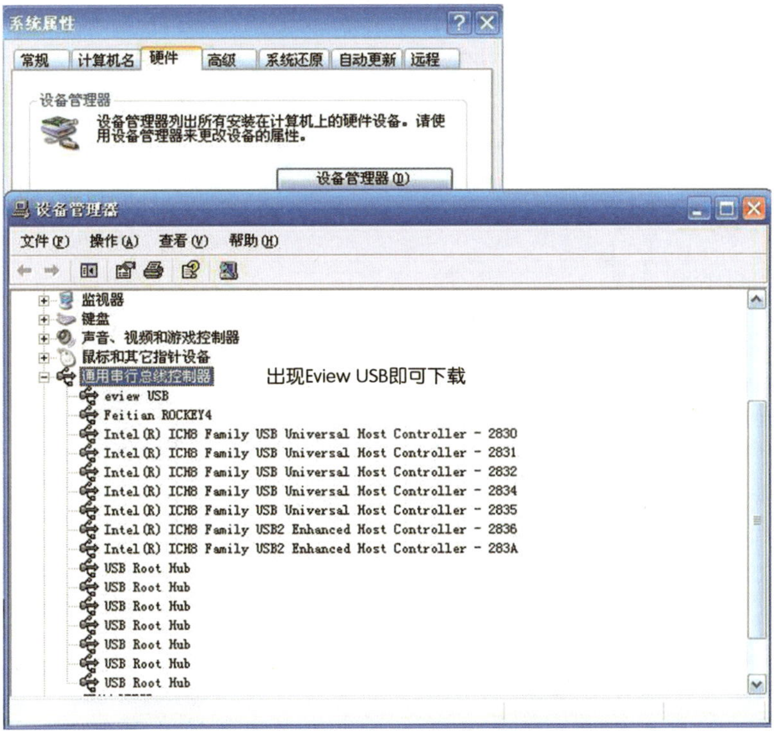

图 10－1－12　触摸屏与计算机的连接（三）

（3）安装 USB 驱动程序后，使用 USB 将计算机中创造的工程下载到触摸屏中就不需要进行其他设置了，在下载时下载设备选择［USB］→［确定］，即可进行下载。

（4）选择菜单［工具］→［下载］，将你创建的工程下载到触摸屏中。

完成工作任务指引

用触摸屏控制皮带输送机运行，可以参考以下工作步骤：

1. 根据控制要求分配 PLC 的输入/输出地址，并画出电气控制原理图

该工作任务是通过触摸屏上的组态按钮来控制变频器的运行，所以不需要外部的按钮作为变频器的输入信号。对于 PLC，只用到它的输出，通过触摸屏与 PLC 之间的通讯，用 PLC 内部的中间继电器来完成对外部设备的控制。

（1）输入/输出地址分配见表 10-1-1。

表 10-1-1　输入/输出地址分配表

输入			输出		
序号	名称	地址	序号	名称	地址
1	正转启动按钮	M0	1	正转	Y0
2	反转停止按钮	M1	2	反转	Y1
3	高速按钮	M2	3	高速	Y2
4	中速按钮	M3	4	中速	Y3
5	低速按钮	M4	5	低速	Y4
6	停止按钮	M5			

（2）电气控制原理图如图 10-1-13 所示。

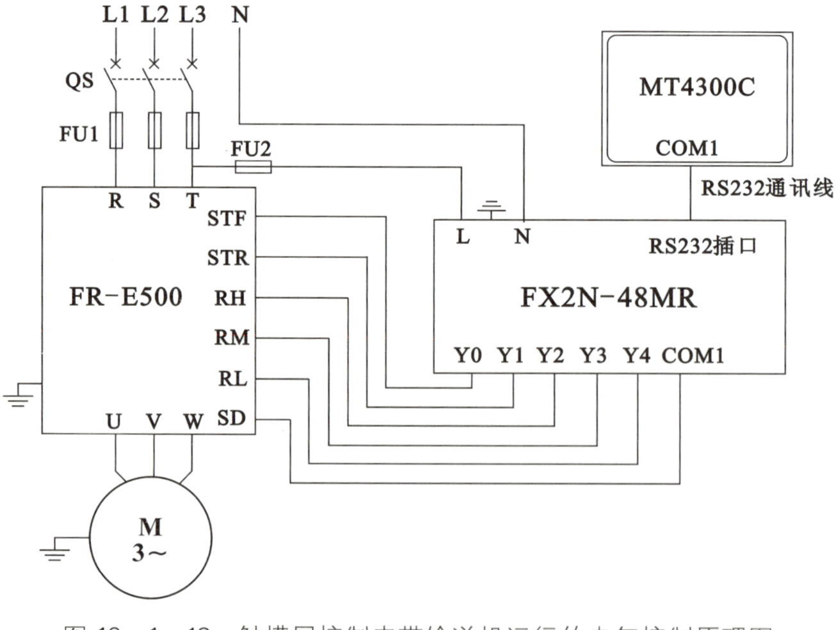

图 10-1-13　触摸屏控制皮带输送机运行的电气控制原理图

2. 编写相关示例程序

（1）根据控制要求以及 PLC 的输入/输出地址分配，示例程序如下：

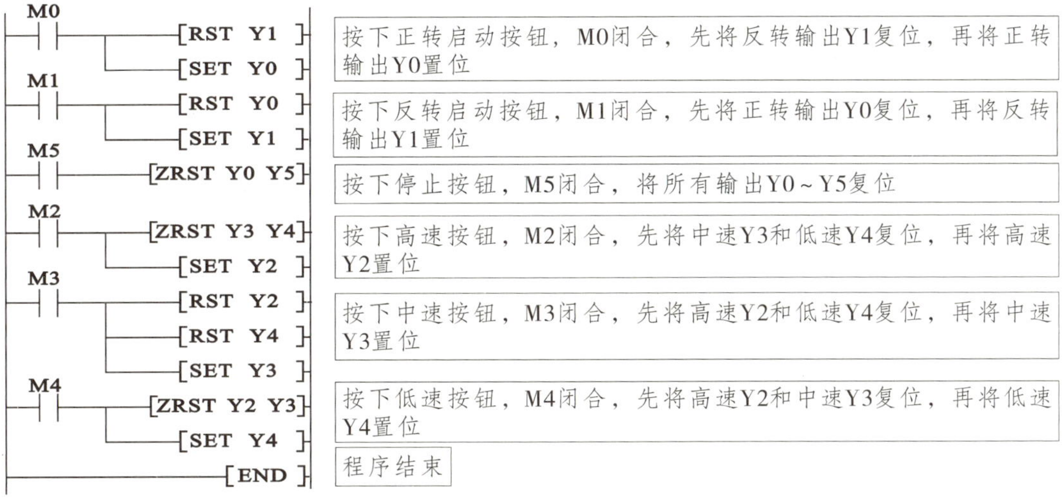

图 10－1－14

（2）将程序下载到 PLC 控制器中。

3. 创建组态工程画面

（1）创建工程名称。

创建工程名称是给触摸屏控制或监控的系统命名，按以下方法和步骤完成：

①首先，我们来创建一个新的空白的工程，安装好 EV5000 软件后，点击［开始］→［所有程序］→［eview］→［EV5000］下相应的可执行程序，如图 10－1－15 所示。

图 10－1－15 创建工程名称的操作（一）

②这时将弹出如图 10－1－16 所示的界面。

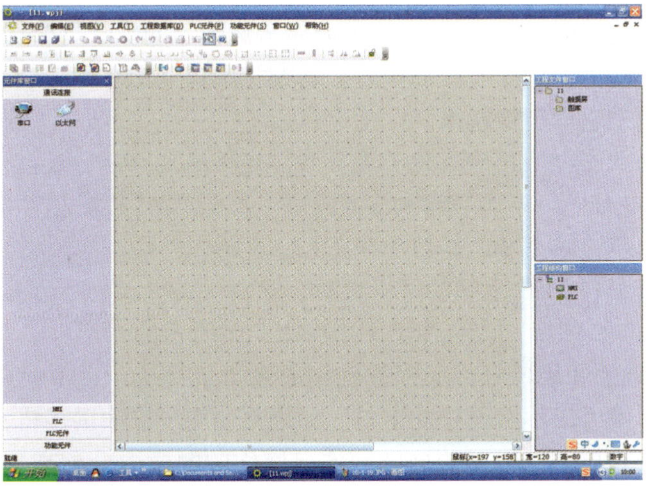

图 10－1－16 创建工程名称的操作（二）

③点击菜单［文件］里的［新建工程］，这时将弹出如图 10－1－17 所示对话框，输入你想建工程的名称。你也可以点击［>>］来选择你所建文件的存放路径。在这里我们命名为“触摸屏控制输送机”。点击［建立］即可。

图 10－1－17　创建工程名称的操作（三）

（2）确定触摸屏与 PLC 的连接和通讯方式。

①确定触摸屏的通讯方式。MT5000 支持串口、以太网连接，点击［元件库窗口］里的［通讯连接］，选中你所需的连接方式拖入工程结构窗口中即可。

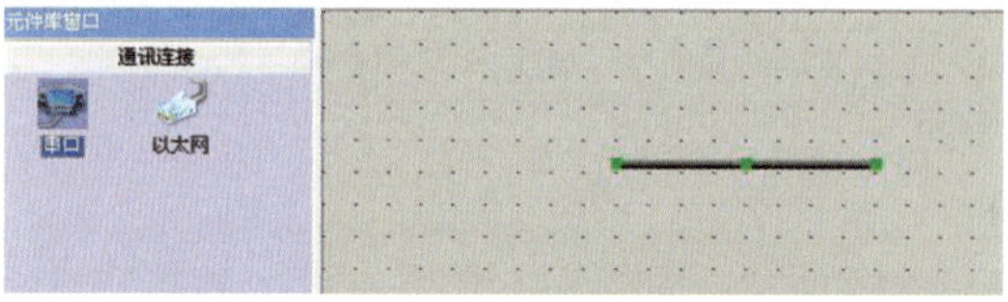

图 10－1－18　选择触摸屏的通讯方式

②选择触摸屏的型号和显示方式。将界面显示的触摸屏型号的图标拖入工程结构窗口，放开鼠标，将弹出如图 10－1－19 所示的对话框，可以选择“水平”或“垂直”方式显示，即水平还是垂直使用触摸屏，然后点击［OK］确认。

图 10－1－19　确认使用的触摸屏

③选择你需要连线的 PLC 型号。将界面显示你使用的 PLC 型号的图标拖入工程结构窗口里。适当移动 HMI 和 PLC 的位置，将连接端口（白色梯形）靠近连接线的任意一端，就可以顺利把它们连接起来。

注意：工程结构窗中连接的端口号要与实际连接的端口号一致，才能成功地在 PLC 与 HMI 之间建立连接。拉动工程结构窗中 HMI 或者 PLC 的图标，检查连接线是否断开，如不断开就表示连接成功，如图 10－1－20 所示。

（3）设置触摸屏与 PLC 之间的通讯参数。

①双击 MT4300C 图标，就会弹出图 10－1－21 所示的对话框。在此对话框中需要设置触摸屏的 IP 地址和端口号。如果你使用的是单机系统，且不使用以太网下载组态和间接在线模拟，则可以不必设置此窗口。如果你使用了以太网多机互联或以太网下载组态等功能，则必须根据你所在的局域网情况给你的触摸屏分配唯一的 IP 地址。如果网络内没有冲突，建议你不要修改默认的端口号。

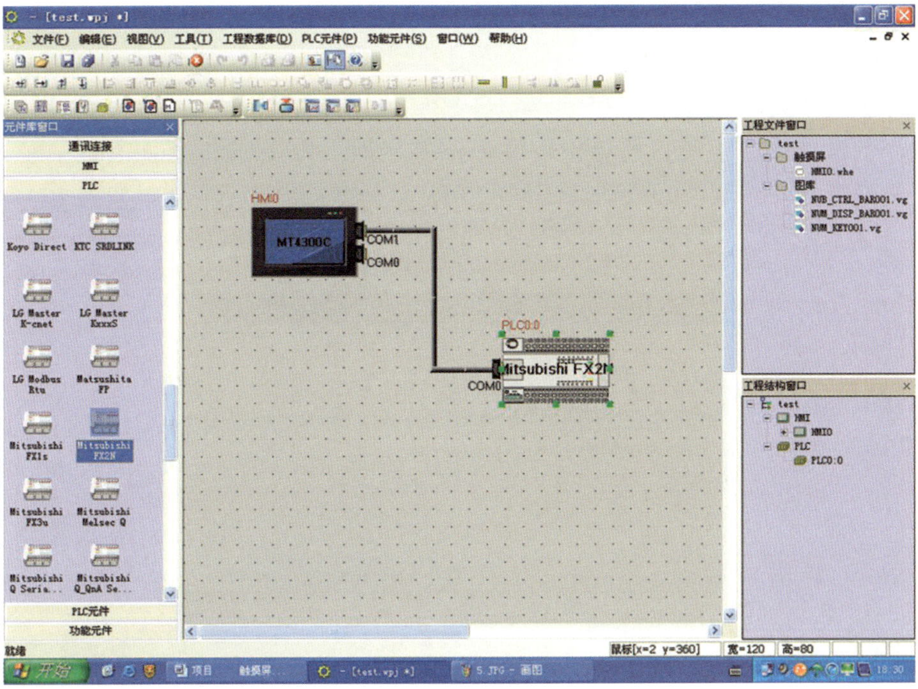

图 10-1-20　确认触摸屏连接的 PLC 的型号

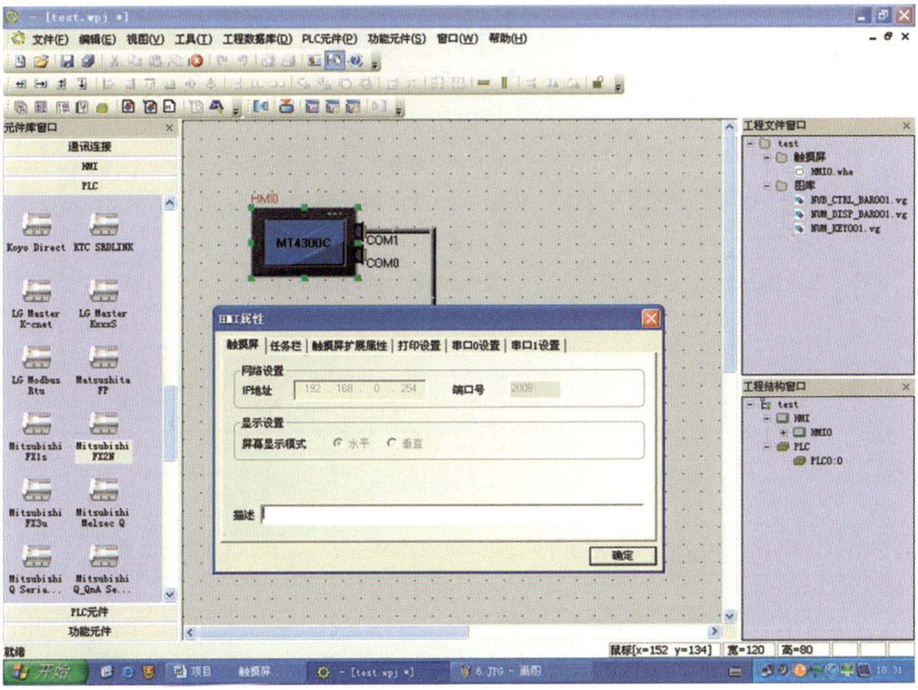

图 10-1-21　设置触摸屏的 IP 地址和端口号

②为 PLC 设置站号。双击 PLC 图标，设置站号为相应的 PLC 站号，如图 10-1-22所示。

③设置通讯参数。双击 HMI 图标，在弹出的［HMI 属性］框里切换到［串口 1 设

置]，修改串口 1 的参数。如果 PLC 连接在 COM0，请在［串口 0 设置］里修改串口 0 的参数，如图 10－1－23 所示。

设置通讯参数时，设置通讯类型为 RS232、RS485－4 或 RS485－2，并设置与 PLC 相同的波特率、字长和校验位、停止位等属性。HMI 属性界面右面一栏的通讯参数，非高级用户一般不必改动。不同的 PLC，其参数设置不一样，如表 10－1－2 至表10－1－5所示。

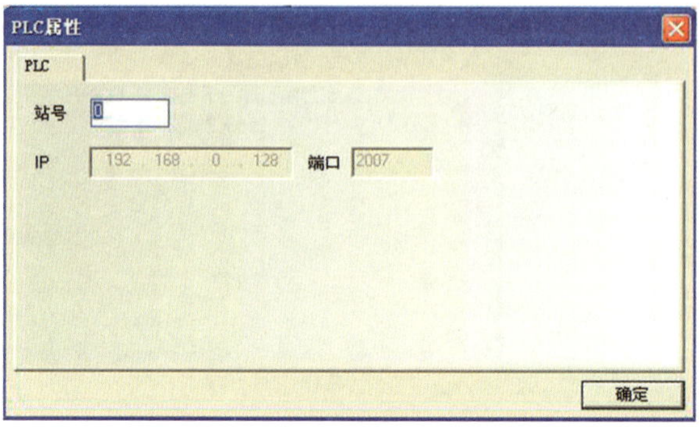

图 10－1－22　为 PLC 设置站号

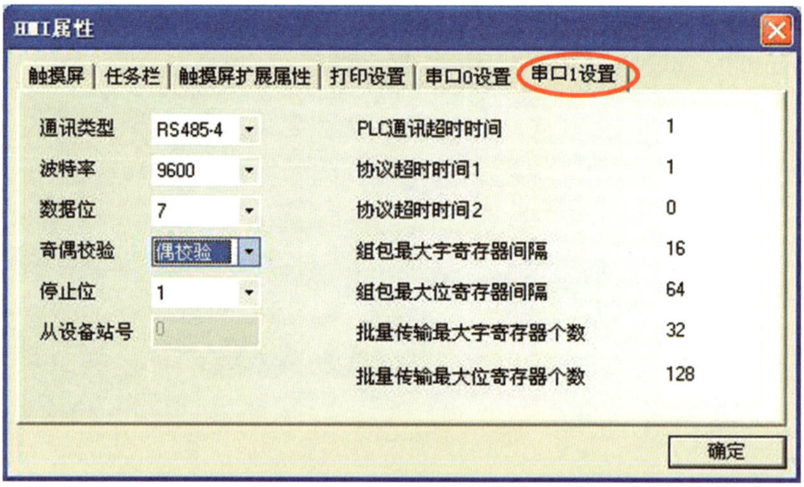

图 10－1－23　设置触摸屏与 PLC 通讯参数

表 10－1－2　三菱主机 FX2N－48MR 与触摸屏 MT4300C 通讯设置

参数项	推荐设置	可选设置	注意项
PLC 类型	FX2N－48MR	—	—
通讯口类型	COM1	COM0/COM1	—
通讯类型	RS485－4	RS232/RS485	—
数据位	7	7/8	必须与 PLC 通讯口设定一致
停止位	1	1/2	必须与 PLC 通讯口设定一致
波特率	9600	9600/19200/38400/57600/115200	必须与 PLC 通讯口设定一致
校验	偶校验	无/奇校验/偶校验	必须与 PLC 通讯口设定一致
PLC 站号	0	0～255	必须采用推荐设定

表 10－1－3 西门子主机 S7－200 与触摸屏 MT4300C 通讯设置

参数项	推荐设置	可选设置	注意项
PLC 类型	S7－200	—	—
通讯口类型	COM1	COM0/COM1	—
通讯类型	RS485－2	RS232/RS485	—
数据位	8	7/8	必须与 PLC 通讯口设定一致
停止位	1	1/2	必须与 PLC 通讯口设定一致
波特率	9600	9600/19200/38400/57600/115200	必须与 PLC 通讯口设定一致
校验	偶校验	无/奇校验/偶校验	必须与 PLC 通讯口设定一致
PLC 站号	2	0～255	必须采用推荐设定

表 10－1－4 松下主机 FP－X L60 与触摸屏 MT4300C 通讯设置

参数项	推荐设置	可选设置	注意项
PLC 类型	FP－X L60	—	—
通讯口类型	COM1	COM0/COM1	—
通讯类型	RS232	RS232/RS485	—
数据位	8	7/8	必须与 PLC 通讯口设定一致
停止位	1	1/2	必须与 PLC 通讯口设定一致
波特率	9600	9600/19200/38400/57600/115200	必须与 PLC 通讯口设定一致
校验	奇校验	无/奇校验/偶校验	必须与 PLC 通讯口设定一致
PLC 站号	1	0～255	必须采用推荐设定

表 10－1－5 欧姆龙主机 CPM 2AH 与触摸屏 MT4300C 通讯设置

参数项	推荐设置	可选设置	注意项
PLC 类型	CPM2AH	—	—
通讯口类型	COM1	COM0/COM1	—
通讯类型	RS232	RS232/RS485	—
数据位	7	7/8	必须与 PLC 通讯口设定一致
停止位	2	1/2	必须与 PLC 通讯口设定一致
波特率	9600	9600/19200/38400/57600/115200	必须与 PLC 通讯口设定一致
校验	偶校验	无/奇校验/偶校验	必须与 PLC 通讯口设定一致
PLC 站号	0	0～255	必须采用推荐设定

（4）保存文件。

按下工具条上的［保存］图标即可保存工程。

（5）编译。

确认触摸屏与 PLC 的连接有没有错误，使用［编译］。如果连接没有错误，则在［编译信息窗口］显示“编译完成”。

①选择菜单［工具］→［编译］，或者按下工具条上的［编译］图标。编译完毕后，在［编译信息窗口］会出现“编译完成”，如图 10－1－24 所示。

②在触摸屏上显示工程画面。选择菜单［工具］→［离线模拟］，或者按下工具条上的［离线模拟］图标，如图 10－1－25 所示。出现如图 10－1－26 所示界面。按下

［仿真］，这时就可以看到我们刚刚创建的新空白工程的模拟图了，如图 10－1－27 所示。可以看到，该工程没有任何元件，不能执行任何操作。

在当前屏幕上用鼠标右键单击［Close］或者直接按下空格键可以退出模拟程序。

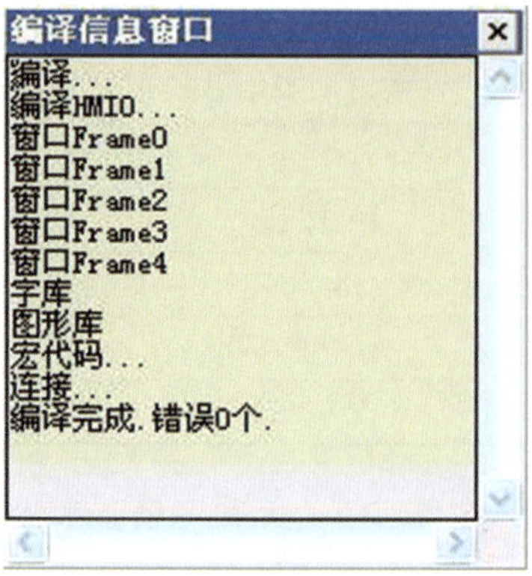

图 10－1－24　编译信息窗口界面

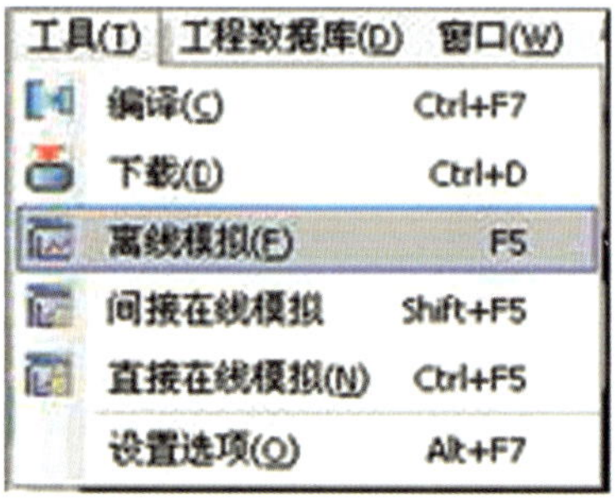

图 10－1－25　显示工程画面的方式为离线模拟

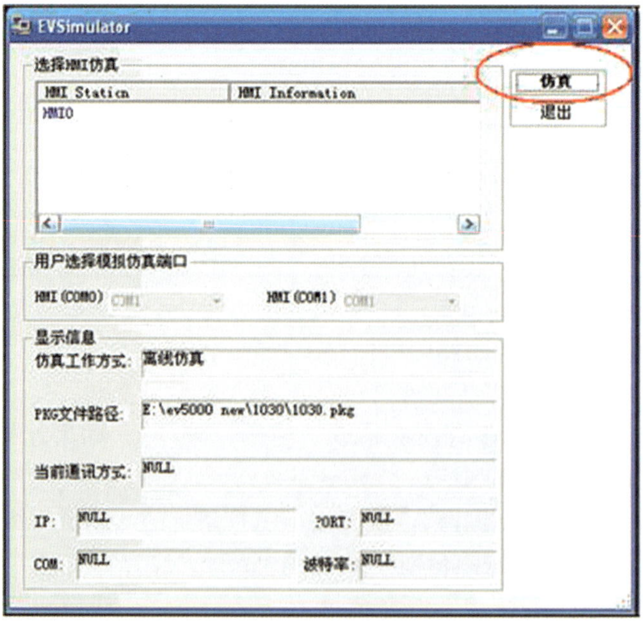

图 10－1－26　选择［离线模拟］后弹出的窗口

图 10－1－27 触摸屏显示的工程模拟图

（6）创建工程画面。

①创建一个开关元件。首先在工程结构窗口中，选中 MT4300C 图标，用鼠标右键点击［编辑组态］，然后就进入了组态窗口，如图 10－1－28 所示。

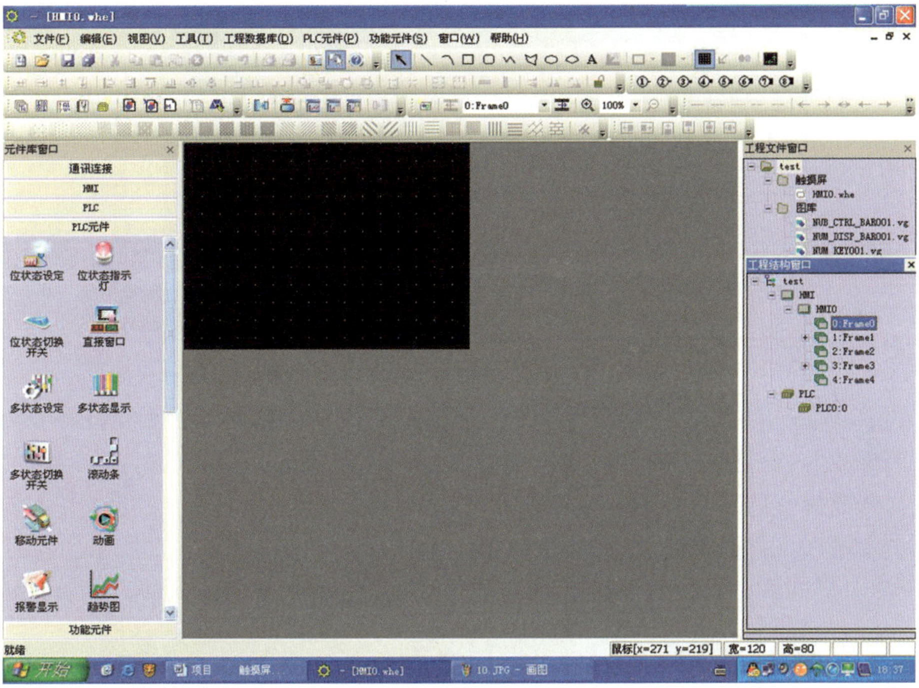

图 10－1－28 创建工程画面的组态窗口

②确定开关元件的属性。

a. 确定开关基本属性。在图 10－1－28 界面左边的 PLC 元件窗口里，选中［位状态切换开关］图标，将其拖入组态窗口中放置，这时将弹出「位状态切换开关元件属性］对话框，在［基本属性］中设置位控制元件的输入/输出地址，如图 10－1－29 所示。

b. 确定开关类型。在［位状态开关元件属性］界面中，用鼠标点击［位状态切换开关］，出现如图 10－1－30 所示的界面，设定开关类型。将开关类型设定为复位开关，按下［确定］。

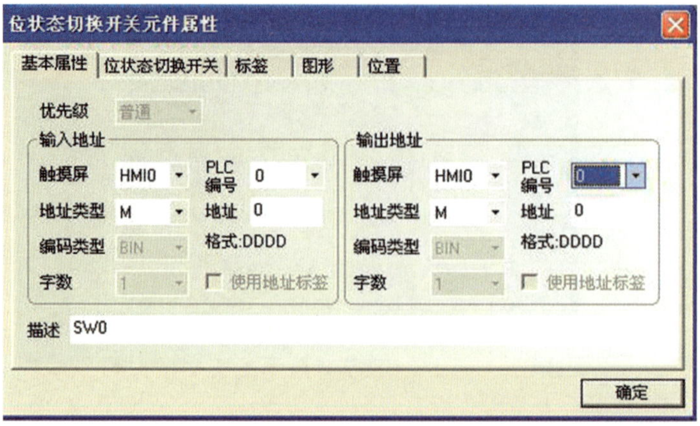

图 10-1-29　确定开关元件基本属性的界面

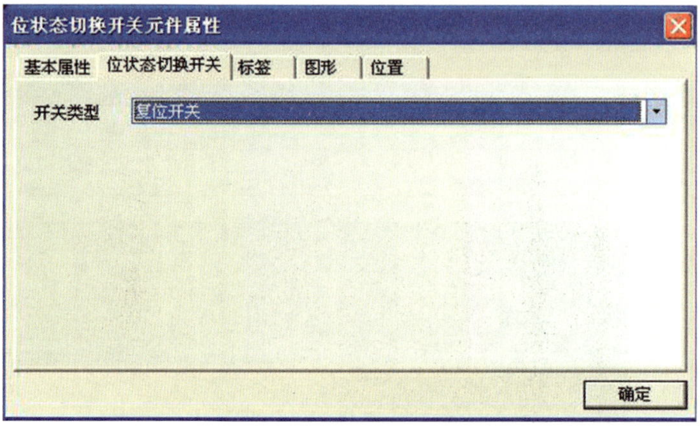

图 10-1-30　确定开关类型的界面

c. 选择开关元件状态。用鼠标右键点击［标签］，在图 10-1-31 所示的界面中选中［使用标签］，分别在［标签列表］里输入状态 0、状态 1 相应的标签，并选择标签的颜色，修改标签的对齐方式、字号、颜色等。

d. 选择开关元件的形状。用鼠标右键点击［图形］，在图 10-1-32 所示的界面中选中［使用位图］复选框，选择一个你想要的图形，这里选择了图 10-1-32 所示的开关。

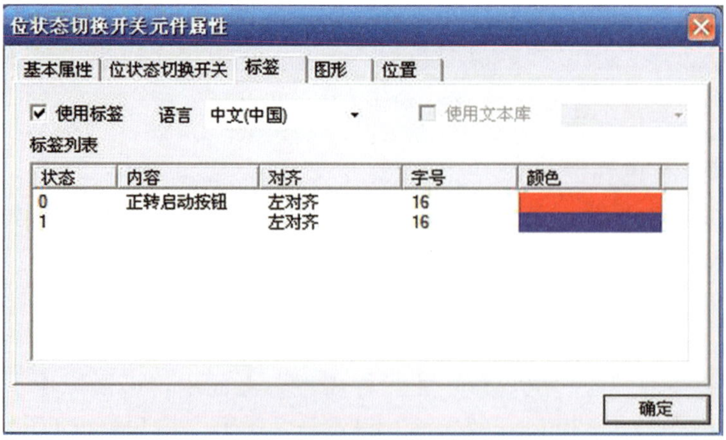

图 10-1-31　选择开关元件状态的界面

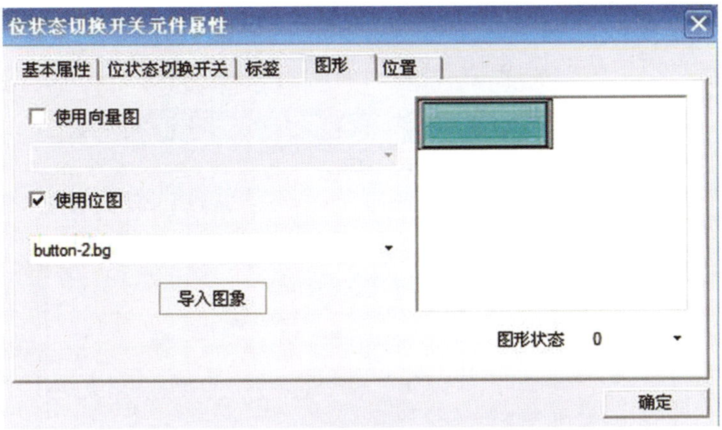

图 10-1-32　选择开关元件的形状界面

e. 最后按［确定］，关闭对话框，回到图 10-1-28 所示的界面。放置好的元件如图10-1-33所示。

图 10-1-33　完成开关元件属性设置

③确定指示灯元件属性。

a. 确定基本属性。在图 10-1-28 所示界面中，选中 PLC 元件窗口中的［位状态指示灯］图标，将其拖入组态窗口中，将［地址类型］选择为与 PLC 输入/输出地址分配相一致的 Y0，显示画面如10-1-34所示。

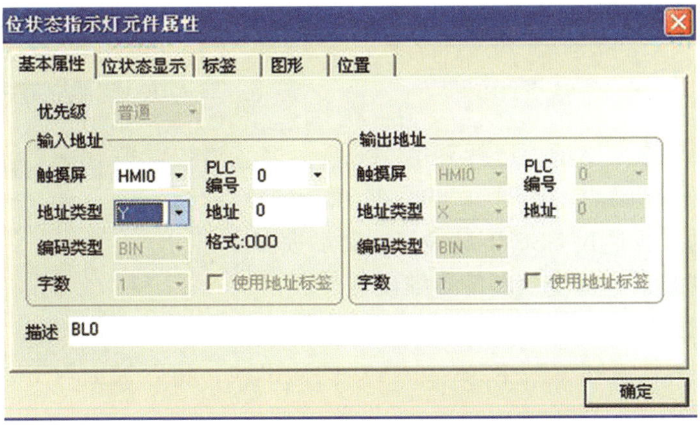

图 10-1-34　确定指示灯元件属性界面

b. 确定位状态显示。选择［位状态显示］，将功能选为“值为 1 切换显示 0 状态和 1 状态”，频率设置为“3”，如图 10-1-35 所示。

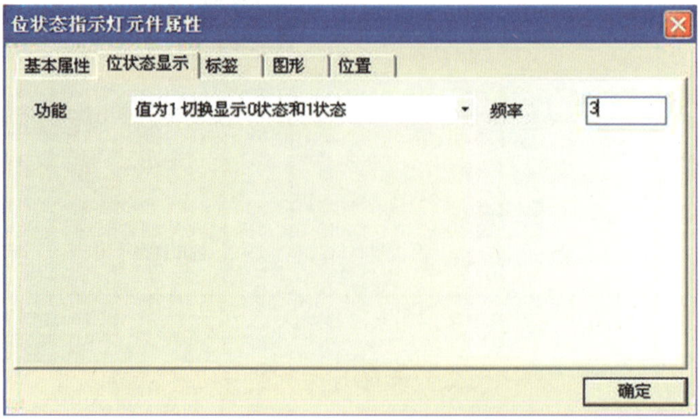

图 10-1-35　确定位状态显示

c. 选择图形。与选择开关元件的形状一样，导入合适的指示灯图标，如图10-1-36 所示。

④保存文件。选择工具条上的［保存］，接着选择菜单［工具］→［编译］。如果编译没有错误，那么就完成了对开关元件和运行指示灯的工程创建。其他元件的制作方法与此类似。

根据上述创建工程画面的方法与步骤，将正转启动按钮、反转启动按钮、停止按钮、高速按钮、中速按钮、低速按钮、各段速的指示灯等 PLC 元件创建在同一个组态窗口内，如图10-1-37所示。

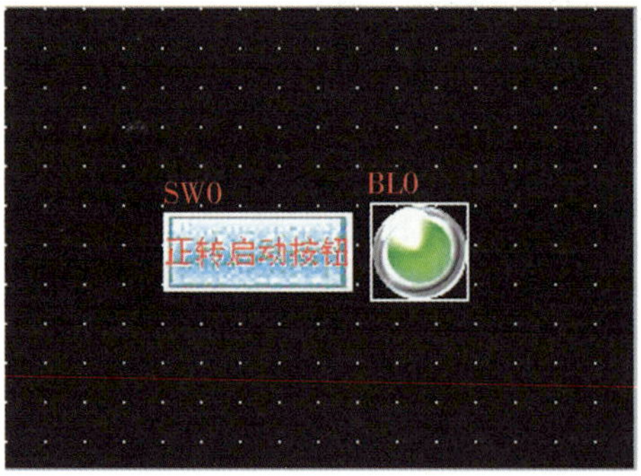

图 10-1-36　完成图形选择

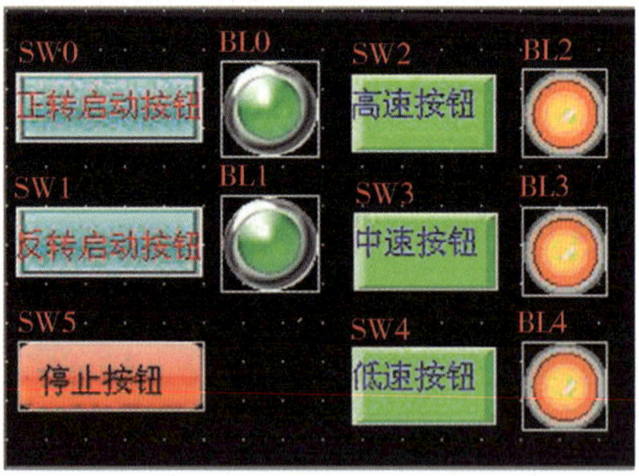

图 10-1-37　完成创建的工程画面

⑤在计算机上仿真显示。选择菜单［工具］→［离线模拟］→［仿真］，可以看到你创建的工程的仿真画面，如图 10-1-38 所示。

4. 将创建的工程通过 USB 下载线下载到触摸屏中

5. 根据控制要求进行变频器的参数设置

6. 进行通讯连接测试（以三菱 FX2N 为例）

（1）用专用的触摸屏与三菱 FX2N PLC 的通讯线，将触摸屏与 PLC 连接起来，如图 10-1-39 所示。

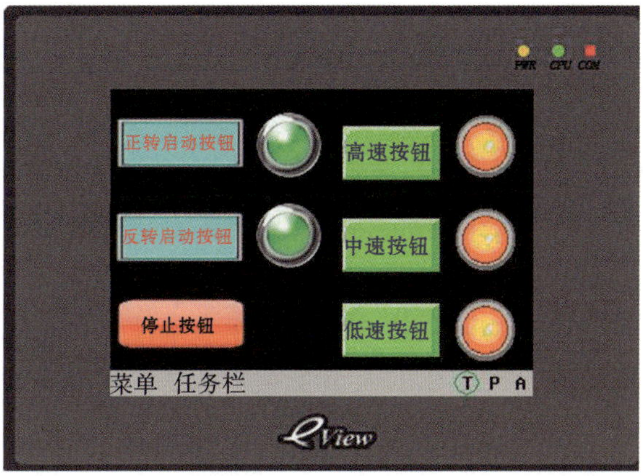

图 10-1-38　计算机显示的仿真画面

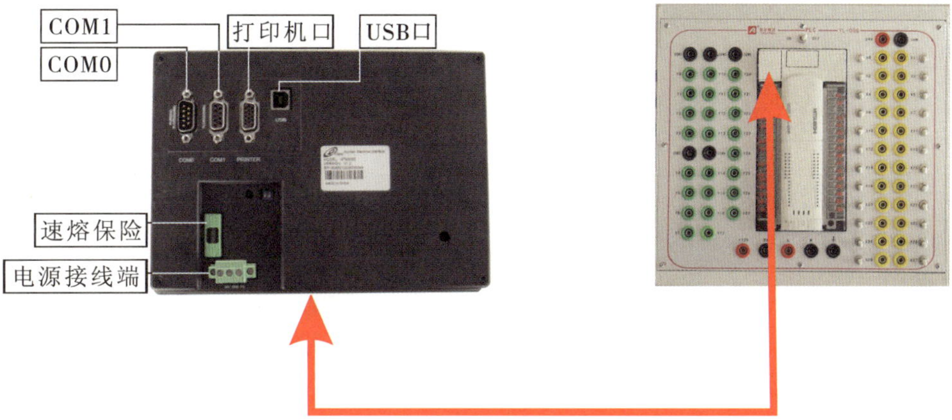

图 10-1-39　触摸屏与 PLC 的连接

（2）按照图 10-1-40 所示的方法，将 PLC 与变频器连接起来。

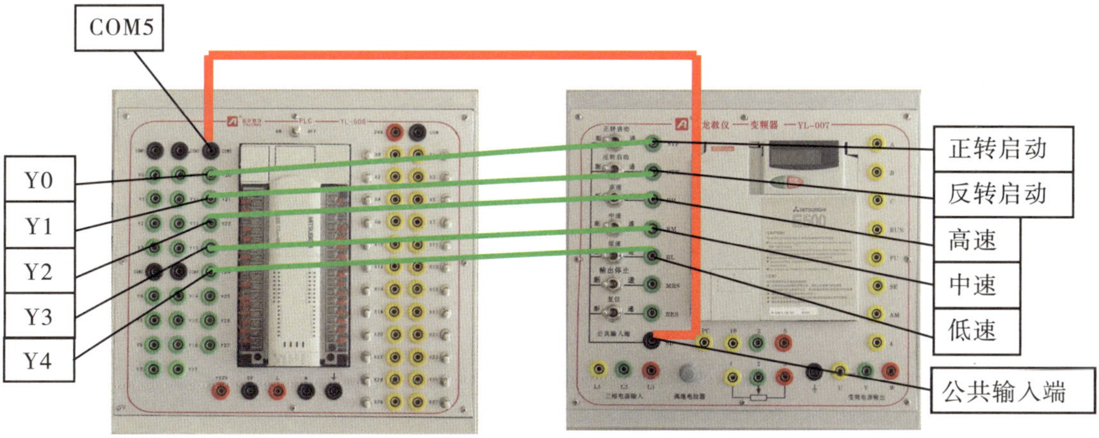

图 10-1-40　PLC 与变频器的连接

7. 确认参数设置以及连接没有错误后，通电，在通讯正常的情况下就可以通过触摸屏上的按钮来控制变频器的正反转以及多种速度运行了

1. 你会根据控制要求列出 PLC 的输入/输出地址分配表吗？请根据下列控制要求列出 PLC 两种不同的输入/输出地址分配表。

控制要求：触摸屏通过 PLC 控制变频器，变频器实现皮带输送机正反转以及调速。要求按下启动按钮后，皮带输送机能以正转 30Hz 的频率和反转 20Hz 的频率自动切换运行，时间间隔为 20s，并在触摸屏上显示运行状态。

2. 你认为在做触摸屏工程的时候什么最重要？应该注意些什么？

3. 你在进行触摸屏与计算机通讯的时候是否出现过问题？是什么原因造成的？

4. 触摸屏与 PLC 建立通讯的时候顺利吗？出现过什么问题？你是怎样解决的？

5. 在通电前你做了哪些检测？检测到什么故障吗？若有，请说明是什么故障。

6. 在编写 PLC 程序过程中，你碰到什么困难？

7. 仿照工作任务描述，自编触摸屏监控皮带输送机运行状态的工作任务，并完成工作任务。

8. 请你填写完成工作任务评价表。

完成工作任务评价表

<table>
<tr><td colspan="2">前面两轴的中心距</td><td></td><td>后面两轴的中心距</td><td></td><td>不同轴度</td><td></td></tr>
<tr><td colspan="2">三相交流异步电动机处皮带的高度</td><td></td><td>进料口处皮带的高度</td><td></td><td>水平度</td><td></td></tr>
<tr><td rowspan="3">尺寸检查</td><td colspan="4">皮带输送机架离后边沿和右边沿的尺寸</td><td colspan="2"></td></tr>
<tr><td colspan="4">警示灯的高度</td><td colspan="2"></td></tr>
<tr><td colspan="4">警示灯离左边沿和后边沿的尺寸</td><td colspan="2"></td></tr>
<tr><td colspan="3">皮带输送机主轴转动是否流畅</td><td colspan="4"></td></tr>
<tr><td colspan="3">触摸屏与 PLC 建立通讯是否正常</td><td colspan="4"></td></tr>
<tr><td colspan="3">触摸屏的按钮是否达到功能要求</td><td colspan="4"></td></tr>
<tr><td colspan="3">触摸屏上的指示灯是否正确</td><td colspan="4"></td></tr>
<tr><td colspan="3">你设定的 PLC 输入/输出地址分配表：</td><td colspan="4">你安装电路的方法和步骤：</td></tr>
<tr><td colspan="7">调试结果记录（写出操作过程和观察到的控制过程）：</td></tr>
<tr><td colspan="7">你完成本次工作任务的步骤：</td></tr>
<tr><td colspan="7">你对完成本次工作任务的自我评价：</td></tr>
<tr><td colspan="7">小组同学对你完成本次工作任务的评价（请你去找小组的同学）：</td></tr>
<tr><td colspan="7">老师对你完成本次工作任务的评价（请你去找老师）：</td></tr>
</table>

任务二 用触摸屏监控工件数量

工作任务

某公司生产线上运送工件的皮带输送机需要通过触摸屏对不同工件的数量进行远程监控，请按要求完成下列任务：

（1）按项目四中任务一的要求安装工件分拣系统的机械部件。

（2）根据控制要求分配 PLC 输入/输出地址，并画出电气控制原理图，按电气控制原理图连接好电路。

（3）按任务要求设置变频器参数。

（4）根据控制要求编写 PLC 程序。

（5）根据控制要求创建组态工程。

（6）进行通讯连接测试，调试设备达到控制要求。

完成工作任务指引

用触摸屏监控工件数量是以 PLC 控制为中心、触摸屏控制为辅的控制方式，要完成该工作任务，可以参考以下工作步骤：

1. 根据控制要求分配 PLC 的输入/输出地址，并画出电气控制原理图

设备启动后，皮带输送机以 25Hz 的频率正转启动，由皮带输送机机架上的检测传感器（电感传感器、光纤传感器）的检测信号来对金属工件和白色工件进行计数。触摸屏通过监控 PLC 控制程序中的数据寄存器 D 的变化，实现对数据的显示。

（1）输入/输出地址分配见表 10-2-1。

表 10-2-1 输入/输出地址分配表

输入			输出			数据寄存器		
序号	名称	地址	序号	名称	地址	序号	名称	地址
1	电感传感器	X0	1	以 25Hz 的频率中速正转	Y0	1	金属工件个数	D0
2	光纤传感器 I	X1				2	白色工件个数	D1
3	停止按钮	M0						
4	启动按钮	M1						

（2）电气控制原理图如图 10-2-1 所示。

2. 编写相关程序

（1）根据控制要求以及输入/输出地址分配编写程序，示例程序如图 10-2-2 所示。

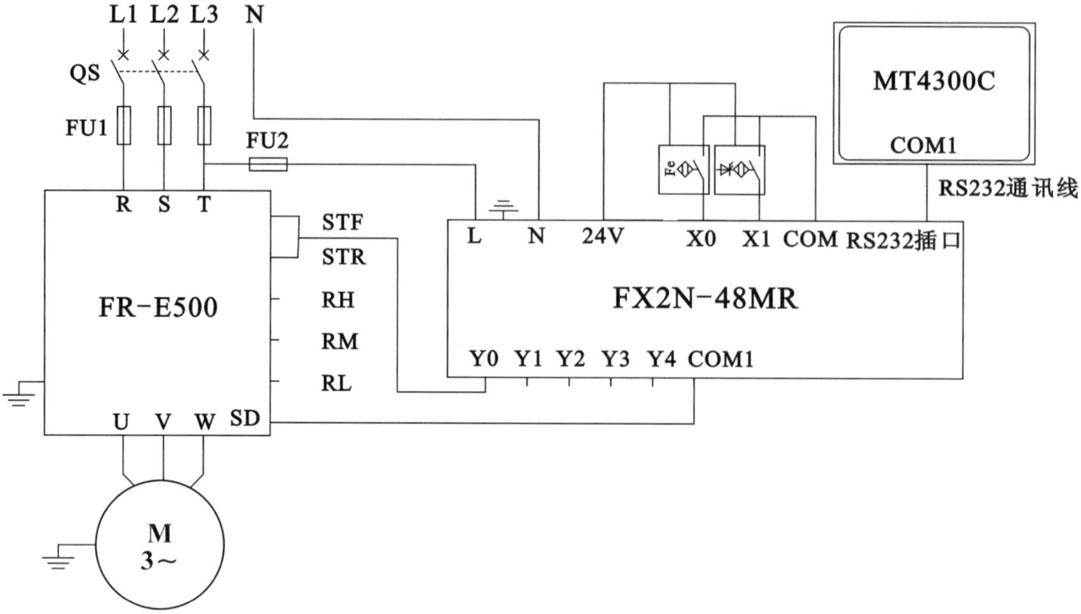

图 10-2-1　触摸屏监控工件数量电气控制原理图

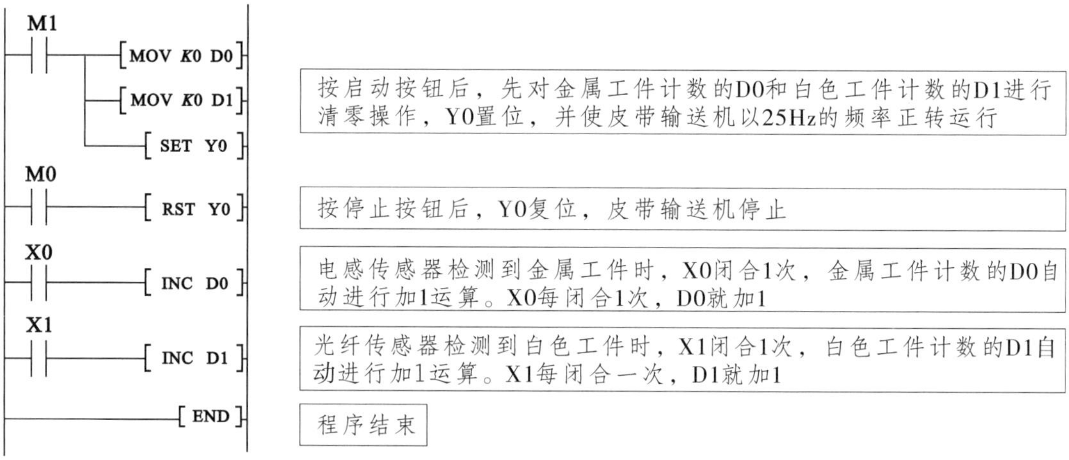

图 10-2-2

（2）将程序下载到 PLC 控制器中。

3. 进行组态画面工程的创建

（1）首先，创建一个新的工程，请参考任务一。

（2）建立 PLC 与 HMI 之间的连接，请参考任务一。

（3）进行 PLC 站号设定以及串口参数设置，请参考任务一。

（4）创建组态画面，请参考任务一。

①创建开关元件，请参考任务一。

②创建一个数值显示元件，可以按以下步骤进行。

a. 确定数值显示元件的基本属性。

在组态窗口中，在左边的 PLC 元件窗口里，选择［数值显示］图标，将其拖入组态窗口中放置，这时将弹出［数值显示元件属性］对话框，点击［基本属性］，设置数值显示元件的地址类型，如图 10－2－3 所示。

b. 确定数值显示元件的数字。鼠标右键点击［数字］，设定数据类型和整数位，这里数据类型设定为“无符号整数”，整数位的数字为“2”，如图 10－2－4 所示。

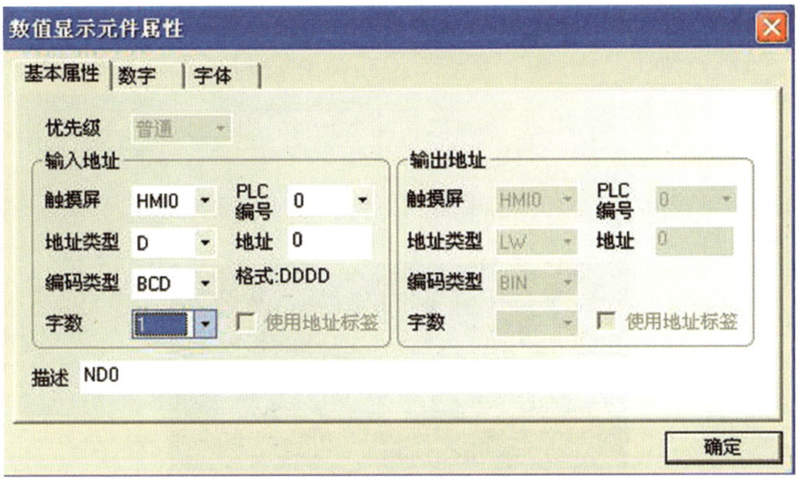

图 10－2－3 确定数值显示元件的基本属性的界面

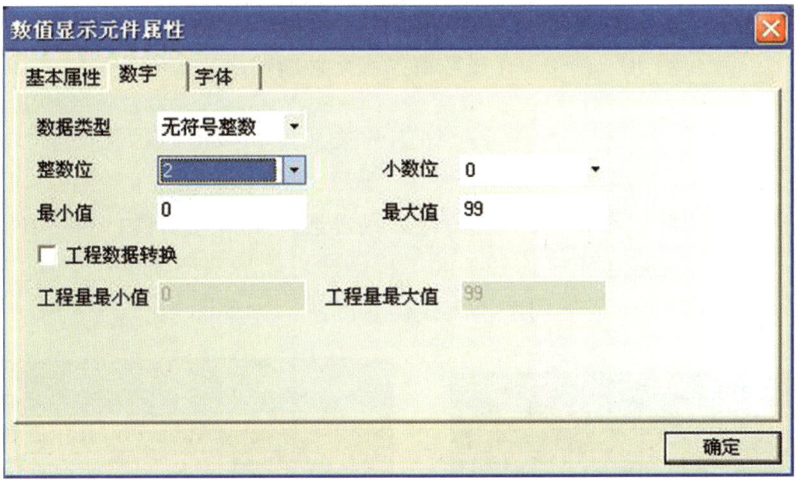

图 10－2－4 确定数值显示元件的数字的界面

c. 确定数值显示元件数字的字体。切换到［字体］页，可以对字体大小、对齐方式以及字体颜色进行设置，如图 10－2－5 所示。选择［确定］以后，组态窗口显示如图 10－2－6 所示。

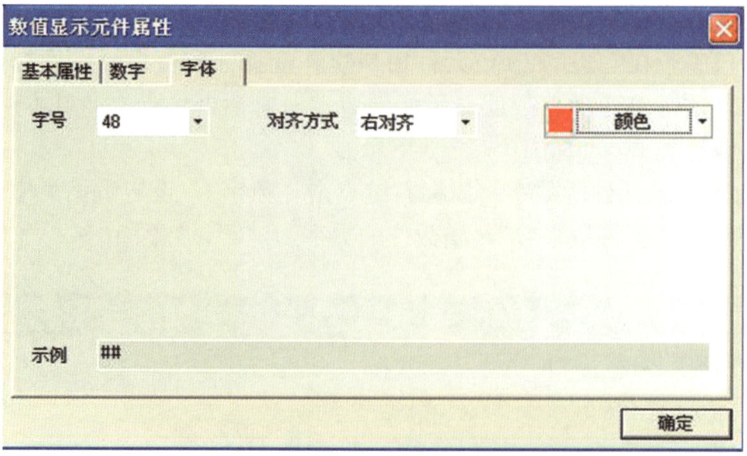

图 10-2-5　确定数值显示元件数字的字体的界面

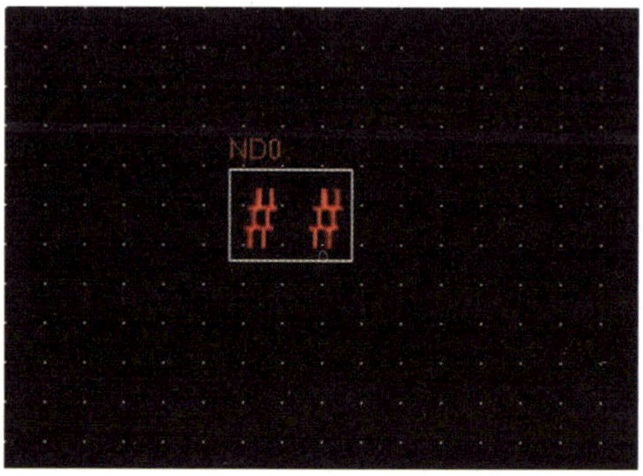

图 10-2-6　完成数值显示元件属性设定的界面

④创建一个启动按钮和一个停止按钮的开关元件和数值显示元件，如图 10-2-7 所示。

⑤保存文件。选择工具条上的［保存］，接着选择菜单［工具］→［编译］。如果编译没有错误，那么就完成了该工作任务的工程创建，然后选择菜单［工具］→［离线模拟］→［仿真］，可以看到创建的工程离线仿真的画面，如图 10-2-8 所示。

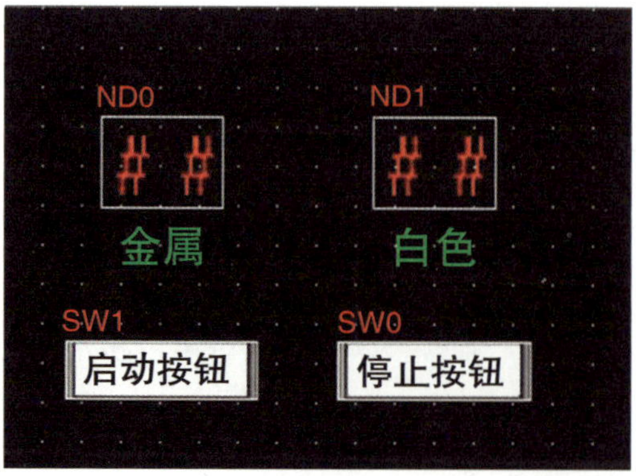

图 10-2-7　完成创建工程后的界面

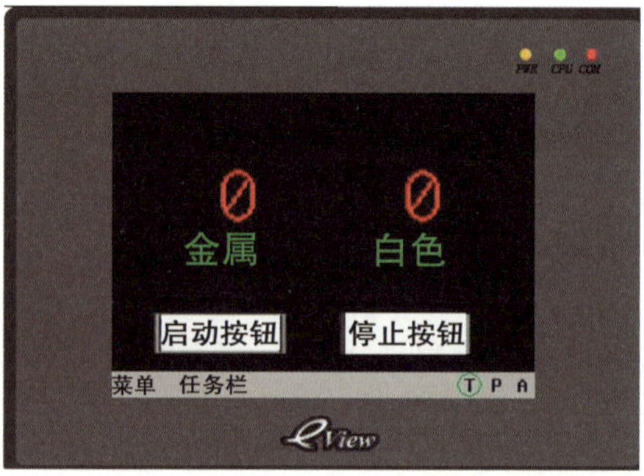

图 10-2-8　在计算机上显示的仿真画面

4. 参考任务一中计算机与触摸屏的连接，将工程下载到触摸屏中

5. 参考电气控制原理图，进行接线

6. 参考任务一，进行 PLC 与触摸屏的通讯连接

7. 根据控制要求进行变频器的参数设置

8. 确认参数设置以及连接没有错误，通电，通讯正常的情况下就可以通过触摸屏对皮带输送机进行启动、停止控制，同时也能远程监控不同工件的数量

1. 你是按怎样的步骤安装该系统的机械部分的？在安装过程中有返工现象吗？你觉得怎样安装机械部件最快、最省力？

2. 触摸屏与计算机通讯的时候是否出现过问题？是什么原因造成的？

3. 按照教材中提供的编程方法，你有没有发现输入信号没有用到？你认为这样有什么好处？

4. 触摸屏与 PLC 建立通讯的时候顺利吗？出现过什么问题？你是怎么解决的？

5. 图 10－2－1 电气控制原理图未完成，请你先画好图，然后连接线路。在通电前你做了哪些检测？检测到什么故障吗？若有，请说明是什么故障。

6. 你在编写 PLC 程序过程中有什么疑问吗？

7. 仿照工作任务描述，自编触摸屏监控三种工件数量的工作任务，并完成工作任务。

8. 请你填写完成工作任务评价表。

完成工作任务评价表

<table>
<tr><td colspan="2">前面两轴的中心距</td><td></td><td>后面两轴的中心距</td><td></td><td>不同轴度</td><td></td></tr>
<tr><td colspan="2">三相交流异步电动机处皮带的高度</td><td></td><td>进料口处皮带的高度</td><td></td><td>水平度</td><td></td></tr>
<tr><td rowspan="3">尺寸检查</td><td colspan="3">皮带输送机架离后边沿和右边沿的尺寸</td><td colspan="3"></td></tr>
<tr><td colspan="3">警示灯的高度</td><td colspan="3"></td></tr>
<tr><td colspan="3">警示灯离左边沿、后边沿的尺寸</td><td colspan="3"></td></tr>
<tr><td colspan="3">皮带输送机主轴转动是否流畅</td><td colspan="4"></td></tr>
<tr><td colspan="3">触摸屏与 PLC 建立通讯是否正常</td><td colspan="4"></td></tr>
<tr><td colspan="3">触摸屏的按钮是否能启动、停止皮带输送机</td><td colspan="4"></td></tr>
<tr><td colspan="3">触摸屏上的数据显示是否正确</td><td colspan="4"></td></tr>
<tr><td colspan="3">传感器的安装是否正确</td><td colspan="4"></td></tr>
<tr><td colspan="3">你设定的 PLC 输入/输出地址分配表：</td><td colspan="4">你安装电路的方法和步骤：</td></tr>
</table>

续表

调试结果记录（写出操作过程和观察到的控制过程）：
你完成本次工作任务的步骤：
你对完成本次工作任务的自我评价：
小组同学对你完成本次工作任务的评价（请你去找小组的同学）：
老师对你完成本次工作任务的评价（请你去找老师）：

项目十一　组装和调试机电一体化设备

机电一体化设备种类很多，自动化生产线是常见的一种。通过完成组装与调试简单的生产线设备，调试条件件启/停的生产线设备两个工作任务，学习机电一体化设备的安装与调试，学会条件启/停控制程序的编写。

任务一　组装与调试生产线工件分送装置

工作任务

生产线工件分送装置各部件、器件及其名称如图 11－1－1 所示。

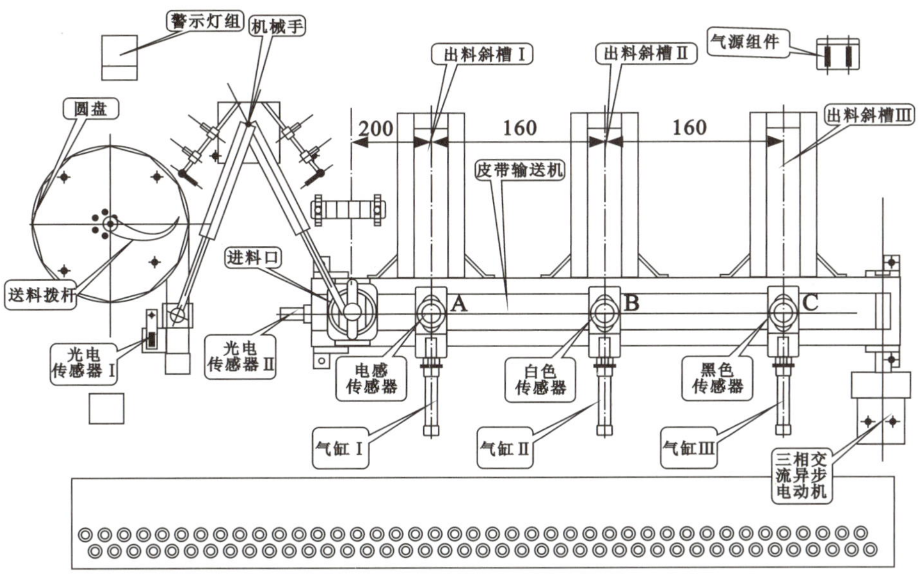

图 11－1－1　生产线分送装置各部件、器件及其名称

生产线工件分送装置的工作要求如下。

1. 设备初始位置要求

（1）机械手气爪夹紧，机械手悬臂与手臂的气缸活塞杆缩回，机械手停止在左限位。

（2）拖动皮带输送机的三相交流异步电动机停转，三个负责分送的单出杆气缸活塞杆缩回。

（3）圆盘直流电动机不转动。

2. 装置控制要求

给设备送电，指示灯 HL1 亮，指示设备电源正常。

按下启动按钮 SB5，圆盘直流电动机转动，带动送料拨杆将圆柱形工件从圆盘中送出。当工件到达抓料平台，完成工件的输送。在抓料平台的光电传感器Ⅰ检测到圆柱形工件到达，发出信号，使圆盘直流电动机停止转动的同时，机械手按悬臂伸出→气爪松开→手臂下降→气爪抓取工件→手臂上升→悬臂缩回→机械手右摆→悬臂伸出→手臂下降→气爪松开将工件放到输送皮带上→手臂上升→气爪夹紧→悬臂缩回→机械手左摆回到初始位置的顺序完成工件的搬运。

当输送皮带进料口处的光电传感器Ⅱ检测到工件后，拖动皮带输送机的三相交流异步电动机以25Hz的频率启动，加速时间为2s，输送皮带开始传送工件。若皮带输送机输送的是金属工件，在到达位置A时皮带输送机停止（三相交流异步电动机的减速时间为0），由气缸Ⅰ的活塞杆伸出，将金属工件推进出料斜槽Ⅰ，由出料斜槽Ⅰ送到金属工件加工工位。金属工件推进出料斜槽后，气缸Ⅰ的活塞杆缩回。

若皮带输送机输送的是白色塑料工件，在到达位置B时皮带输送机停止，由气缸Ⅱ的活塞杆伸出，将白色塑料工件推进出料斜槽Ⅱ，由出料斜槽Ⅱ送到白色塑料工件加工工位。白色塑料工件推进出料斜槽后，气缸Ⅱ的活塞杆缩回。

若皮带输送机输送的是黑色塑料工件，在到达位置C时皮带输送机停止，由气缸Ⅲ的活塞杆伸出，将黑色塑料工件推进出料斜槽Ⅲ，由出料斜槽Ⅲ送到黑色塑料工件加工工位。黑色塑料工件推进出料斜槽后，气缸Ⅲ的活塞杆缩回。

气缸的活塞杆缩回，装置自动停止，要分送下一个工件，需按启动按钮SB5。系统无循环功能，无停止按钮。

3. 生产线工件分送装置

生产线工件分送装置中各主要控制元器件和执行元器件及其作用如表11-1-1所示。

表11-1-1　元器件名称及其作用

序号	元器件名称	作用
1	双控电磁阀1	旋转气缸
2	双控电磁阀2	悬臂气缸
3	双控电磁阀3	手臂气缸
4	双控电磁阀4	气爪气缸
5	单控电磁阀1	气缸Ⅰ
6	单控电磁阀2	气缸Ⅱ
7	单控电磁阀3	气缸Ⅲ
8	按钮SB5	启动按钮
9	指示灯HL1	系统电源指示

请你根据以上描述，完成下列工作任务：

（1）结合前面所掌握的知识和技能，按照图11-1-2所示的安装图组装生产线工件分送装置。

（2）按照项目九图9-1-2所示的气动系统图连接生产线工件分送装置的气路。

（3）根据气动系统图和生产线工件分送装置工作要求画出电气控制原理图，并按照你所画的电气控制原理图连接电路。

（4）为生产线工件分送装置编写工作程序并完成调试，达到生产线工件分送装置的工作要求与技术要求。

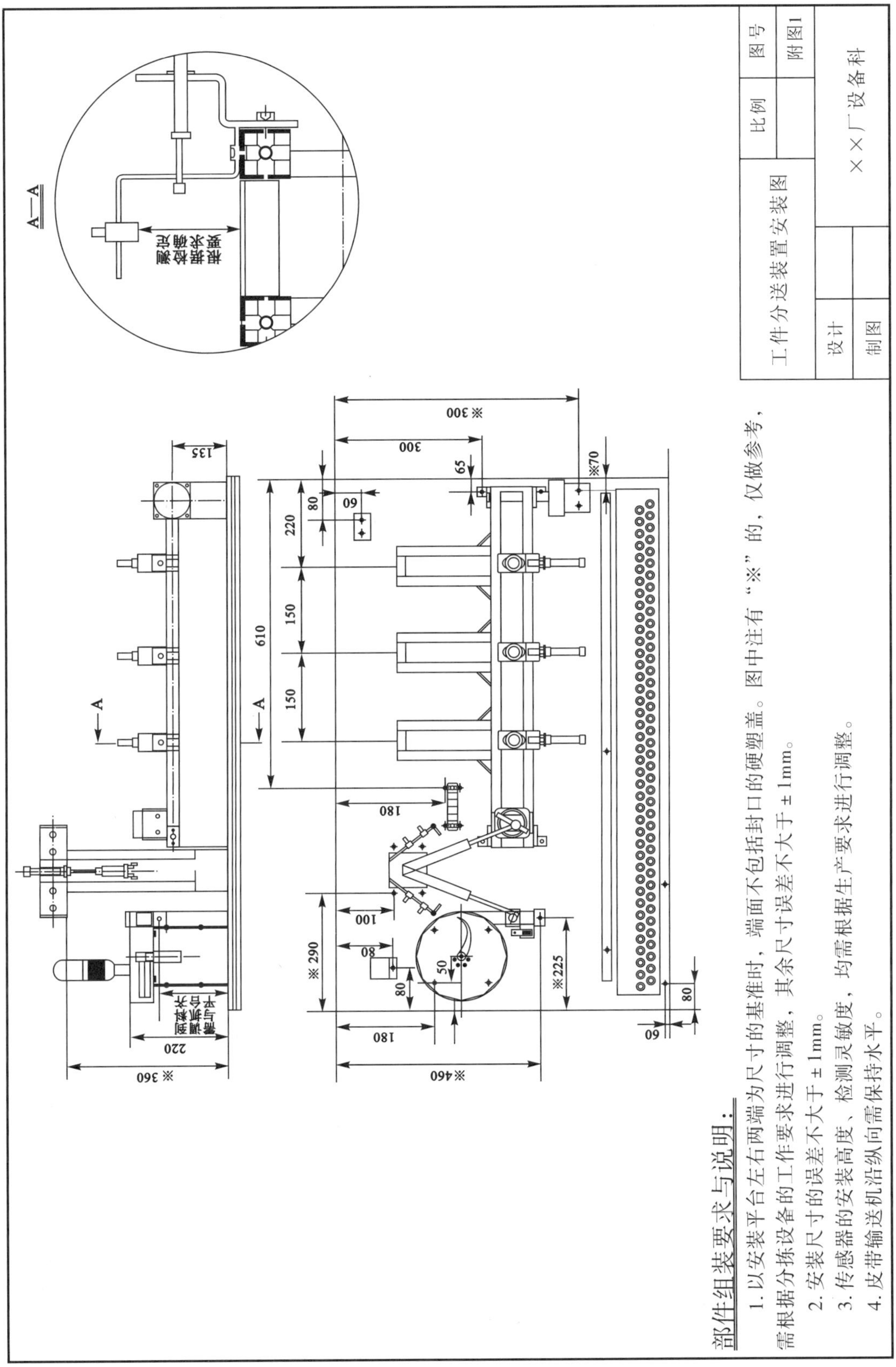

图 11-1-2　工件分送装置安装图

相关知识

一、顺序控制程序编写方法

为使系统的状态与行为按所希望的顺序变化而加给系统的一系列作用叫顺序控制，这一系列作用多是逻辑量。逻辑量也称开关量，只有两个取值，即 1 或 0、ON 或 OFF。1 和 ON，对应开关或触点闭合；0 和 OFF，对应开关或触点断开。用 PLC 进行顺序控制是 PLC 的优势，也是 PLC 最基本的应用。下面介绍两种类型的顺序控制。

1. 按顺序控制的人工干预情况分，有手动控制、半自动控制及自动控制

（1）手动控制。

如控制的实现主要靠人工，则称这种控制为手动控制。它是最常用、最基本的控制。手动控制是用主令元件，如按钮，直接向系统发送指令来实现控制。

（2）半自动控制。

半自动控制是一旦系统人工启动，系统工作过程的展开是自动实现的，工作过程结束自动停止，无需人工干预。半自动控制很常见，它是自动控制的基础。

（3）自动控制。

自动控制是一旦系统人工启动，系统工作过程的展开是自动实现的，而且可周而复始地循环进行，无需人工干预。若要使系统停止工作，则要人工另送入停止信号，或运用预设的停止信号。

一个系统往往都具有这三种控制。有时系统较复杂，可能无自动控制，或者无半自动控制，但手动控制总是有的。

2. 按顺序控制工作过程的确定性分，有确定顺序控制与随机顺序控制

（1）确定顺序控制。

控制对象工作过程或动作顺序是确定的，与其对应的控制即为确定顺序控制。多数 PLC 梯形图程序为确定顺序控制。

确定顺序控制的编写首先要弄清这个确定的过程或顺序，然后再根据过程的展开或顺序的推进情况逐步进行设计。

（2）随机顺序控制。

控制对象的工作过程或动作顺序不是确定的，其对应的控制即为随机顺序控制。

不确定也可理解为动作顺序是有分支的，它可依输入条件的不同，选择不同的分支。所以，随机顺序控制又可称为有分支的顺序控制，而确定顺序控制则可称为无分支的顺序控制。设备的各种手动操作，多是随机的。如控制电梯运行，某一时刻往第几层楼开，就是根据使用电梯的人的要求随机确定的。

二、定时控制程序编程方法

图 11－1－3 所示为定时器控制的梯形图程序示意图，电路启动后，“控制开始”元件常开触点闭合。先是定时器 T0 开始计时，计时到，其常开触点闭合，进而定时器 T1

开始计时。T1 计时一到，其常开触点闭合，进而定时器 T2 开始计时。T2 计时到，其常开触点闭合，进而定时器 T3 开始计时……

随着这一系列定时器相继工作，将分出很多时间段，即可按需要产生相应的动作。在图 11－1－3 中，“动作 0”出现时间段 1（从“控制开始”闭合，直至 T0 定时到），“动作 1”出现时间段 1（从 T1 定时开始，直至 T1 定时到）等。这里“动作”也可不这样对应，有的动作还可在多个时间段出现，这些完全可依据实际需要决定。这里的实质是各个动作都是按时间的推进逐步出现的，是由时间信号控制的。

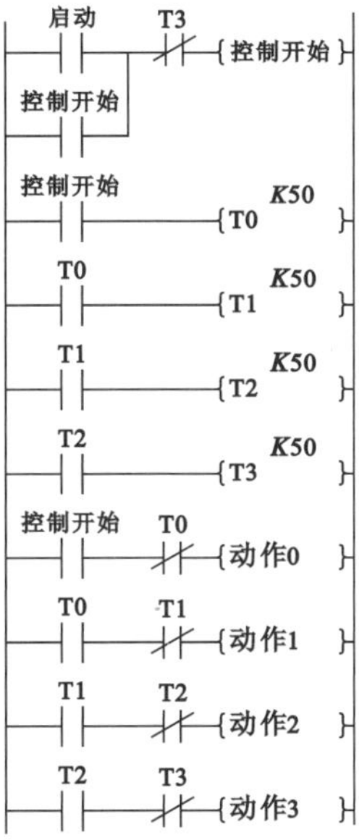

图 11－1－3　定时控制程序

三、动作控制程序编程方法

动作控制是很常见的控制逻辑，只要用这里的“动作”去控制对应的输出点，再用对应的输入点去控制这里的“动作完成”，就可实现运动部件的自动控制。

还要指出的是，动作控制也可插入定时控制。如用某个动作去控制某个输出点的同时，还去启动一个定时器，令其计时，再用这个定时器计时到的信号作为该动作完成的控制信号，则这一动作就是定时控制。这种编程方法在实际中应用也很多。

1. 半自动工作

图 11－1－4 所示为动作半自动控制工作梯形图程序。

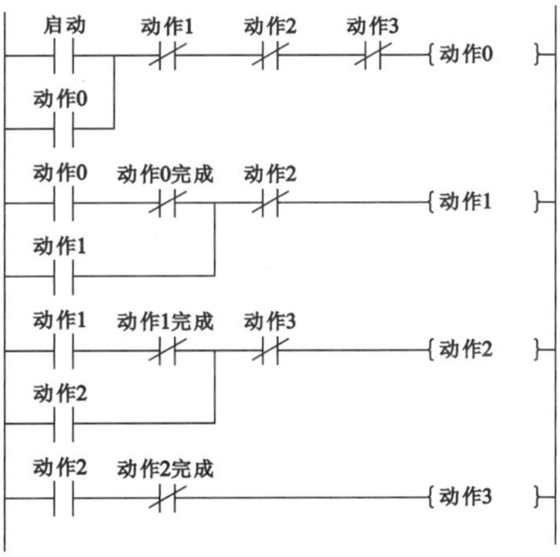

图 11－1－4　动作半自动控制程序

从图 11－1－4 可知，“启动”的常开触点闭合后，完成“动作 0”，“动作 0”常开触点闭合，保持“动作 0”。这里把“动作 1”“动作 2”“动作 3”的常闭触点串入，目的是一旦进入其他动作，而又未完成所有动作，则不允许“动作 0”再被启动。如果后面的动作太多的话也可以用“动作 0”置一个内部继电器为常开触点闭合，作为整个过程正在运作的标志，放在“动作 0”的启动回路里作为一个限制条件，这个标志在所有动作都完成后清除。“动作 0”常开触点闭合后，则执行与“动作 0”信号对应的动作，直到这个动作完成。另外，“动作 1”常开触点闭合，还使“动作 0”断开，则与“动作 0”有关的动作将停止。“动作 1”完成，也将启动“动作 2”……直到“动作 3”完成，程序回到原状态，并不再重新开始动作。由此可知，此程序实现的动作转换是半自动控制。

2. 自动工作

图 11－1－5 所示为动作自动控制工作的梯形图程序。

从图知，这里多了“自动启动”“自动停止”及有关信号。“自动启动”常开触点闭合，开始“自动工作”，使“自动工作”常开触点闭合，并自保持。如“自动工作”常开触点闭合，且“自动停止”常开触点闭合，使“自动停止”常开触点闭合并自保持。

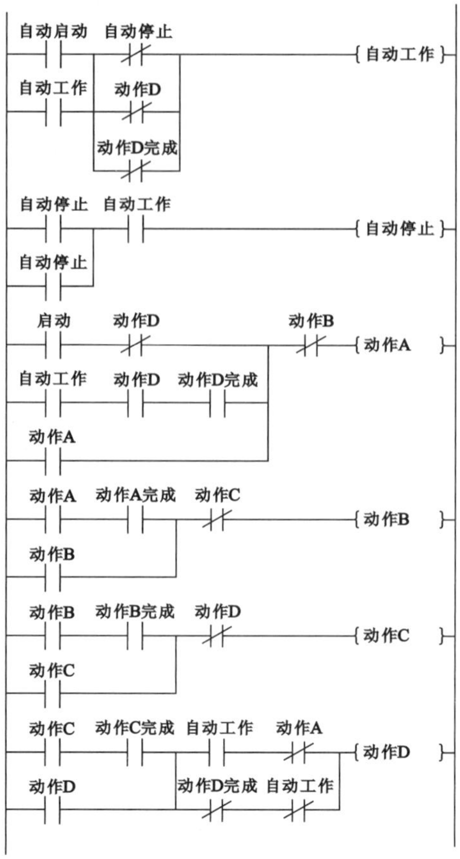

图 11－1－5　动作自动控制程序

当未启动“自动工作”时，此程序与半自动控制程序是完全相同的，只是这里的动作用了“A、B、C、D”，而图 11－1－4 程序的动作用的是“0、1、2、3”。当启动了“自动工作”时，“动作 D 完成”常开触点闭合，启动“动作 A”，再由“动作 A”的常闭触点去使“动作 D”闭合的触点断开。启动“动作 A”意味着新的循环开始。这时，若要停止工作，可使“自动停止”常开触点闭合并自保持。若如此，则在“动作 D 完成”常开触点闭合时，使“自动工作”闭合的触点断开。这意味着，这时“动作 A”不能再启动。而“自动工作”闭合的触点断开也使“自动停止”失去自保持，程序将回到原状态。可知，此程序进入“自动工作”后，动作是周而复始地自动执行着的。而要退出“自动工作”，则应使“自动停止”常开触点闭合。而且，要到所有动作完成后，即“动作 D”完成后，才能完全退出“自动工作”，并停止所有动作。这种动作控制程序使用步进指令实现也是很方便的。

四、步进控制程序编程方法

定时控制简单，而且又能完成较复杂的控制，但它没有反馈，是开环控制。即不管前一时间段的动作是否完成，下一时间段的控制命令照样发出。对工作的可靠性要求很高的场合不宜使用它。

动作控制是反馈控制，前一个动作未完成，下一个动作不会开始，这样较安全、可靠。但用它去实现较复杂的控制比较困难。

这里引入的步进程序，是靠各步的推进实现控制，而步的推进则用“步动作完成”信号激发。这种控制可用“步”进行控制输出，能实现复杂动作。同时，它又有“步动作完成”信号反馈，是闭环控制，较为可靠。实现步进控制的方法很多，这里介绍两种较简单的方法。三菱 PLC 中还可以使用专用的步进梯形图指令进行顺序控制的编程。

1. 脉冲步进

图 11－1－6 为脉冲步进梯形图程序，它是靠基本逻辑指令实现步进控制的。

从图可知，此程序主要由脉冲生成及步进两个部分组成。从脉冲生成部分可知，当

"步进开始"或"步"及相应"步动作完成"信号出现，都将产生"步进脉冲"信号。从步进部分可知，这里暂设了 4 个步："步 11""步 22""步 33""步 44"，如需要可增加。"步 11"为初始步。当所有步都未激活（其常开触点均未闭合），则"退出步控制"常开触点闭合。此时，如"步进开始"常开触点闭合，则将有"步进脉冲"常开触点闭合一个扫描周期，这将使"步 11"激活，处于常开触点闭合状态，进入工作。而其他步仍为常开触点未闭合。当"步 11"动作完成后，"步 11 动作完成"常开触点闭合，将再有"步进脉冲"常开触点闭合一个扫描周期，这将使"步 22"激活，处于常开触点闭合状态，进入工作。而使"步 11"常开触点未闭合，退出工作。其他步仍为常开触点未闭合。随着步动作完成而产生的脉冲信号，步将逐一推进，直到最后一步。最后一步完成时，如"自动控制"常开触点闭合，则又启动第一步；如"自动控制"常开触点未闭合，则退出步进控制，程序回到原状态。

提示：这里的步进程序是按倒序排列的，控制"步 44"，反而排在"步 11"之前。如不这么安排，按步推进的目的是达不到的。这说明 PLC 指令的安排顺序是有讲究的。

图 11－1－6 程序与图 11－1－7 程序相比，形式上类似，但控制思路是有差别的。

2. 移位步进

如图 11－1－7 所示为移位步进梯形图程序，它靠基本逻辑指令实现步进控制。本程序采用 SFTL 左移位指令实现，由 5 个梯级组成。

第一梯级，用以产生"移位脉冲"信号。

第二梯级，在程序初始化及步进完成时（这里设了 4 步，如需要，可增多），把"0"传给 $K1$、M11，即移位用的 M11、M12、M13 及 M14 组成的各个位。在这一梯级中，M8002 常开触点闭合的时间为 PLC 运行时的一个扫描周期。

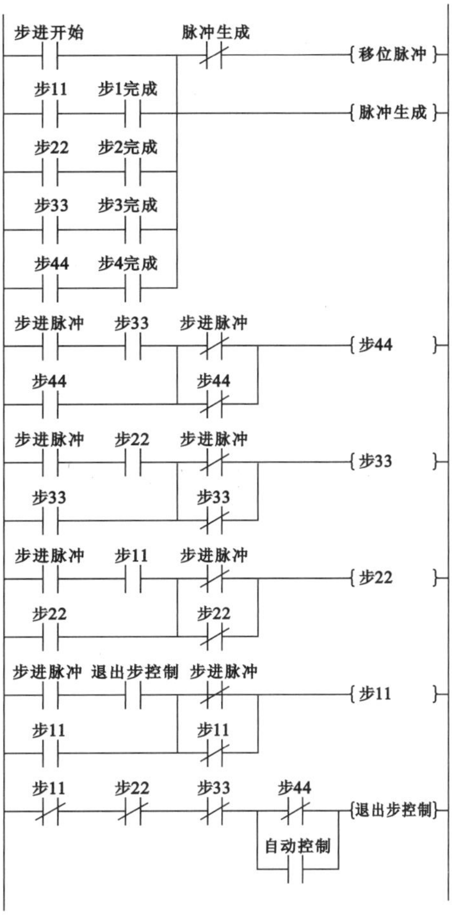

图 11－1－6　脉冲步进梯形图程序

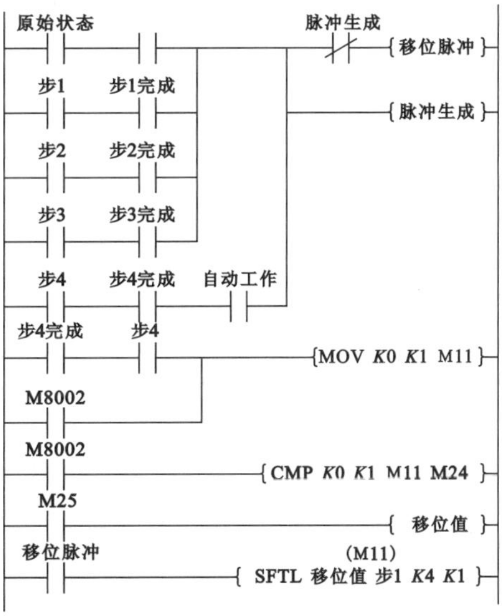

图 11－1－7　移位步进梯形图程序

第三、第四梯级，用以产生第一步工作信号。当 M11～M14 的内容为“0”时，将使“移位值”置“1”。则“开始”产生“移位脉冲”时，把为“1”的“移位值”移入 M11，以产生第一步输出。

第五梯级，用以实现移位步进。每有一个“移位脉冲”，则把“移位值”移入 M11，而 M11 位状态移给 M12……而原 M14 状态溢出。这里，只要把 M11 对应于“步 1”，M12 对应于“步 2”……则这个移位过程也就是步进过程。图中还含有“自动工作”控制。“自动工作”常开触点闭合时，将实现自动工作，即完成最后一步时，会产生“移位脉冲”，启动第一步。

完成工作任务指引

一、完成生产线工件分送装置的组装和气路连接

1. 按照以下要求完成设备的组装

（1）请你根据图 11－1－2 所示的工件分送装置安装图，按照前面学习的工艺标准安装设备机械部件，要求各部件位置准确，安装可靠。

（2）请你按照工作任务说明中表 11－1－1 的要求分配电磁阀的控制对象，并按项目九的图 9－1－2 分拣设备气动系统图连接好生产线工件分送装置的气路。

2. 按照以下流程完成对设备的调试

（1）检查机械结构安装是否到位，有无松动现象。

（2）检查机械安装位置是否准确，保证机械手准确取物、准确搬运、准确放物，保证负责分拣的三个气缸能够准确地将工件推入各自对应的出料斜槽。

（3）打开气源，通过电磁阀上的手动控制按钮检查各气缸动作是否顺畅，通过调节各气缸两端的节流阀使它们的动作平稳、速度均匀。

（4）设备调试结束后，把安装时所留下的垃圾清理干净，安装时使用的工具整理整齐，摆放在自己的工具箱内。

二、画生产线工件分送装置电气控制原理图并连接电路

1. 分配 PLC 输入/输出地址

（1）根据动作过程确定输入点数。所用检测传感器占用的输入点数为 18 个，启动、停止、复位、系统上电、急停需要输入点 5 个，共计 23 个输入点。

（2）根据工作过程和气动系统图，可以确定完成生产线工件分送系统所需要的输出点。

①圆盘直流电动机运行，需要 1 个输出点。

②机械手动作有：机械手悬臂伸出、缩回，手臂上升、下降，气爪抓紧、松开，机械手左摆、右摆，共需要 8 个输出点。

③气缸推送工件动作：气缸Ⅰ、气缸Ⅱ、气缸Ⅲ动作，共需要 3 个输出点。

④皮带输送机运行：变频器需要 1 个控制端，占 1 个输出点。

⑤指示：包括复位指示灯、启动指示灯、上电指示灯、蜂鸣器，共需要 4 个输出点。

由以上分析可知，完成生产线工件分送系统需要占用 PLC 的输出点数共 17 个。

（3）列出 PLC 输入/输出地址分配。

17 个输出中，除控制变频器运行的 4 个点不是用 DC 24V 电源外，其余都用按钮模块上的 DC 24V 电源来驱动，所以输出分为两类，控制变频器的 4 个输出点不和其他的输出点共用 COM。我们选用三菱 FX2N－48MR 为例，列出参考的 PLC 输入/输出地址分配如表 11－1－2、表 11－1－3 所示。

表 11－1－2　PLC 输入地址分配表

序号	输入地址	说明	序号	输入地址	说明
1	X0	启动	13	X14	气缸Ⅱ前限位
2	X1	停止	14	X15	气缸Ⅱ后限位
3	X2	物料检测光电传感器	15	X16	气缸Ⅲ前限位
4	X3	机械手左限位	16	X17	气缸Ⅲ后限位
5	X4	机械手右限位	17	X20	输送皮带物料检测光电传感器
6	X5	悬臂前限位	18	X21	位置Ⅰ电感传感器
7	X6	悬臂后限位	19	X22	位置Ⅱ光纤传感器
8	X7	气爪夹紧传感器	20	X23	位置Ⅲ光纤传感器
9	X10	手臂气缸下限位	21	X24	系统上电按钮
10	X11	手臂气缸上限位	22	X25	复位按钮
11	X12	气缸Ⅰ前限位	23	X26	急停开关
12	X13	气缸Ⅰ后限位			

表 11－1－3　PLC 输出地址分配表

序号	输出地址	说明	序号	输出地址	说明
1	Y0	圆盘直流电动机	10	Y11	手臂上升
2	Y1	气爪松开	11	Y12	气缸Ⅰ伸出
3	Y2	气爪夹紧	12	Y13	气缸Ⅱ伸出
4	Y3	旋转气缸左摆	13	Y14	气缸Ⅲ伸出
5	Y4	旋转气缸右摆	14	Y15	复位指示灯
6	Y5	悬臂伸出	15	Y16	启动指示灯
7	Y6	悬臂缩回	16	Y17	蜂鸣器
8	Y7	报警指示灯	17	Y20	接变频器 5
9	Y10	手臂下降			接变频器 7

2. 根据地址分配情况画生产线工件分送装置电气控制原理图

参考的电气控制原理图如图 11－1－8 所示。

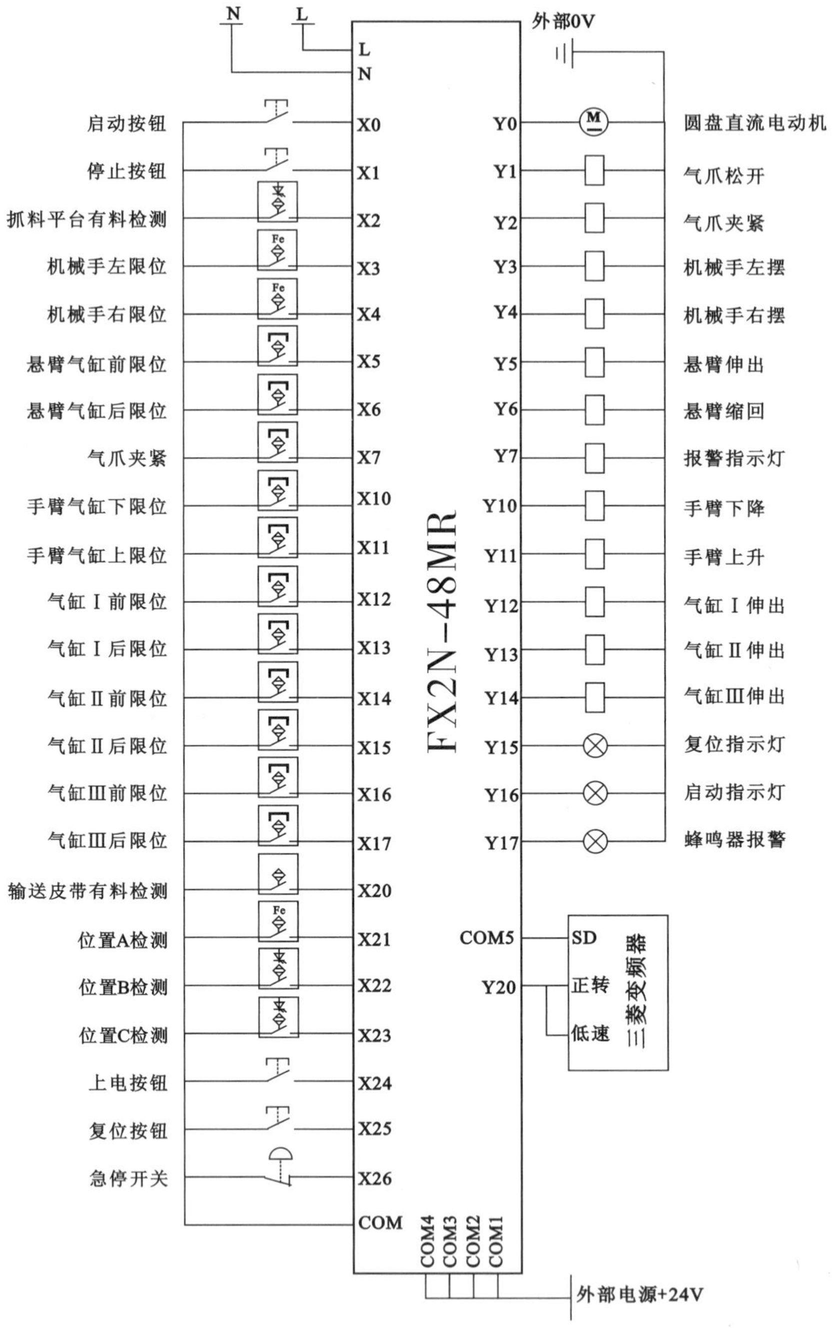

说明：为了保证图纸的完整性，在此将本项目后面任务中将要讲到的一些元器件和接线也放到了该图里。

图 11－1－8 PLC 接线图

3. 根据接线图完成电路安装

（1）选择元件。

在 YL－235A 型光机电一体化实训装置上，元件分别安装在不同模块上，完成生产线工件分送装置所需元件都在图 11－1－9 所示的模块上，请从这些模块中选择需要的元件。

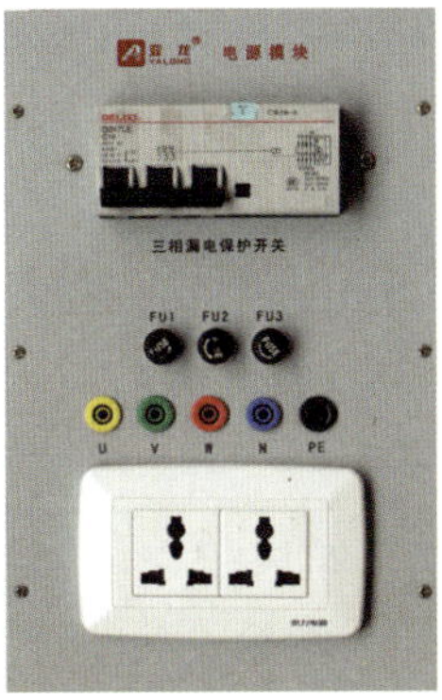

电源模块

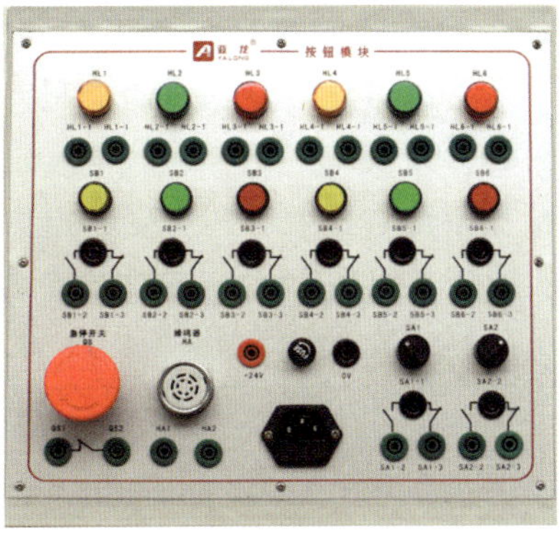

按钮模块

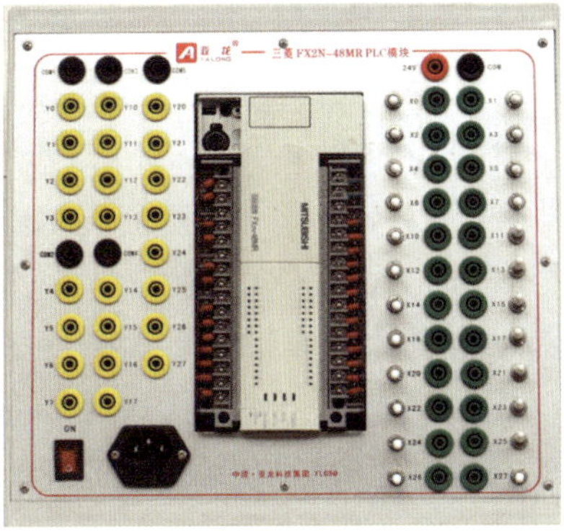

PLC 模块

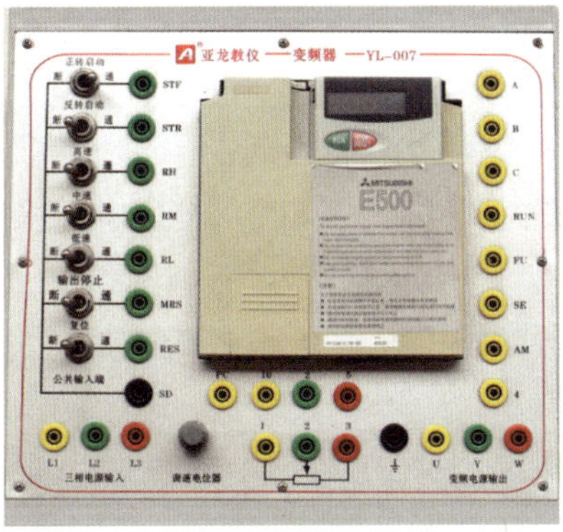

变频器模块

图 11－1－9　设备电气模块

（2）从接线的准确性、速度和美观等方面考虑，本书推荐以下接线标准和接线流程。

①接线要求：连接导线型号、颜色选用正确；电路各连接点连接可靠、牢固，外露铜丝最长不能超过 2mm；接入接线排的导线都需要编号，并套好号码管；号码管长度应一致，编号工整、方向一致；同一接线端子的连接导线最多不能超过 2 根。

②接线流程：首先从线架上取下黑色的连接线，将圆盘直流电动机蓝色接地线、信号灯上的蓝色接地线、电磁阀的黄色接地线在安装平台的接线排上通过并联方式进行连接，再引到电源接地线；磁性开关的蓝色接地线以及三线制传感器的蓝色接地线在安装平台的接线排上通过并联方式进行连接，再引出到电源接地线。将信号灯的棕色正电源线、三线制传感器上的棕色电源线通过并联的方式连接，再引到 PLC 的 DC 24V 电源接线端上。

接下来对按钮模块上需要使用的器件和 PLC 模块上的相关接线进行连接。将按钮模块上需要使用的启动按钮、复位按钮、停止按钮、急停开关等控制元件的上端黑色端子通过并联的方式连接到 PLC 输入的 COM 点上；电源指示灯、复位指示灯、启动指示灯、蜂鸣器等元器件的一端、PLC 输入点的 COM 点以及工作台上接地线并联到 0V 上，将电源指示灯一端和安装平台上的火线端、输出点的COM点并联到+24V上；然后将电源模块上的三相电连接到变频器上，变频器上的U、V、W、接地线连接到输送皮带三相交流异步电动机上；最后从线架上取下黄色和绿色的连接线，根据编程时使用的输入/输出口地址分配表分别连接好。线接好后，把多余的连接线放回线架上。

4. 设置变频器参数

根据本项目对皮带输送机的控制要求，列出需要设置的变频器参数及相应的值，并填写下面的参数表。

在设置参数时如果不知道变频器原来的参数情况，可先将参数恢复为出厂设置，然后按表所示依次设置参数，参数设置结束后再将变频器设为运行模式。

表 11-1-4　变频器参数设置

序号	参数代号	参数值	说明
1	P4	25Hz	高速
2	P7	2s	加速时间
3	P8	0	减速时间
4	P79	2	电动机控制模式（外部操作模式）

5. 电气检查与调试

步骤一：接线完成后，接通电源检查按钮模块、PLC模块以及变频器模块的电源是否正常。

步骤二：观察检测到气缸位置的二线制传感器是否有信号，检测三线制传感器是否能正常工作。

步骤三：拿出3个不同的工件，根据任务要求调节用于分拣的3个传感器的位置和灵敏度满足分拣要求。

步骤四：拨动变频器正反转手动开关，检查变频器工作是否正常，并观察安装好的输送皮带三相交流异步电动机的同轴度（若电动机或者输送皮带上负责分送的气缸晃动，说明同轴度没对好），如果同轴度不好要断电后做微调。

三、设备的功能调试与检查

1. 气路检查

（1）打开气源，调节调压阀的调节旋钮，使气压为0.4～0.6MPa。

（2）检查通气后所有气缸能否回到项目要求的初始位置。

（3）观察是否有漏气现象，若漏气，则关闭气源，查找漏气原因并排除。

（4）调节气缸运动速度，使各气缸运动平稳，无振动和冲击，推料动作可靠，且伸缩速度基本保持一致。

2. 传感器检查

（1）检查进料口的光电传感器能否可靠地检测从进料口放下来的工件。

（2）检查电感传感器能否检出所有从输送皮带上通过的金属工件，第1个光纤传感器能否检出所有从输送皮带上通过的白色工件，第2个光纤传感器能否检出所有从输送皮带上通过的黑色工件。

（3）检查各磁性开关能否在分送气缸动作到位时按要求准确发出信号。

对于工作不符合要求的传感器应及时进行位置和灵敏度调节，确保其符合设备检测的需要。

3. 皮带输送机运行检查

（1）操作变频器模块上的手动开关，检查皮带输送机的运行和变频器的参数设置是否正确。

（2）检查皮带输送机是否运行顺畅平稳、无振动和噪声，三相交流异步电动机是否无严重发热现象。

四、确定系统功能的实现方法

1. 程序设计思路

生产线工件分送装置的控制要求是最基本的控制要求，越是基本的东西我们越是应该做得最好、最可靠，同时对基本功能控制方法的掌握也是我们实现更多、更复杂的控制要求的基础。只要掌握了解决问题的方法，一切难题都将迎刃而解。

由于在 YL－235A 型光机电一体化实训装置中基本动作都是顺序控制，因此我们在设计动作的时候可以选择采用基本指令实现的动作控制法，也可以选择采用三菱 PLC 的步进梯形图指令控制法，作为我们设计动作的向导。

2. 系统的功能分析

（1）机械手部分。

保证系统的各个部件在原位时，按下启动按钮，接通一个 PLC 的内部辅助继电器（自锁）作为系统开始运行第一个动作的状态标志，此状态标志用于控制圆盘直流电动机的启/停，用这个状态标志与抓料平台的物料检测信号串联，作为下一个动作的触发条件，并用下一个动作去复位上一个动作的状态标志。依照这样的规律设计机械手的其余动作（可参看前面相关知识中介绍的动作控制法），整个机械手动作的触发信号顺序为：

按下启动按钮

第 1 步	圆盘直流电动机转动	抓料平台检测到有物料
第 2 步	手伸出	伸出到位
第 3 步	手松开	松开到位（机械手夹紧信号的常闭触点）
第 4 步	手下降	下降到位
第 5 步	手夹紧	夹紧到位
第 6 步	手上升	上升到位
第 7 步	手后退	后退到位
第 8 步	手右转	右转到位
第 9 步	手伸出	伸出到位
第 10 步	手下降	下降到位
第 11 步	手松开	松开到位
第 12 步	手上升	上升到位
第 13 步	手夹紧	夹紧到位

第 14 步　　手后退　　后退到位

第 15 步　　手左转　　左转到位

机械手动作结束

机械手的动作没有任何分支，每个动作只有一个对应信号可使其转入下一步动作。程序的编写方法和结构可以参看图 11－1－4 和图 11－1－5。系统在运行过程中，机械手的有些动作要重复两次，但每次必须用不同的状态继电器，再根据状态继电器的作用找到对应的输出点进行输出转换。

（2）输送皮带部分。

输送皮带部分的控制可与机械手动作分开，但必须有连接的环节。当第 12 步开始执行时，也就是机械手放下工件后，就可以开始输送皮带的运行。输送皮带的动作只有四步：输送皮带正转、输送皮带停止、气缸活塞杆伸出、气缸活塞杆缩回。唯一不同的是不同材质的工件由不同的气缸推入不同的出料斜槽。

输送皮带部分的控制可以利用 SET 和 RST 指令来编写程序：当进料口光电传感器检测到工件时，输送皮带正传运行。因为工件分送要求金属工件分送到出料斜槽Ⅰ，白色工件分送到出料斜槽Ⅱ，黑色工件分送到出料斜槽Ⅲ，所以把电感传感器安装在位置 A，光纤传感器安装在位置 B 和 C。调节光纤传感器的灵敏度，使位置 B 的光纤传感器检测不到黑色工件，但必须能检测到白色工件，位置 C 的光纤传感器灵敏度调节到能检测到黑色工件。当输送皮带运行并且电感传感器检测到金属工件后，输送皮带停止，位置 A 的气缸Ⅰ活塞杆伸出，伸出到位后缩回，并用气缸Ⅰ的活塞杆缩回限位传感器（磁性开关）确定输送皮带上的工件已分送结束。同样，位置 B 和 C 的工件分送方法与位置 A 的分送方法一样，所以气缸Ⅰ、气缸Ⅱ和气缸Ⅲ的动作是一个简单的分支关系。

3. 设备控制要点

程序主要包括供料、机械手、输送皮带分拣三大部分，要根据程序的要求采用合理的 PLC 编程方法。

（1）程序的主功能可以用单流程顺序控制梯形图实现。

（2）供料程序要合理，为了保证能可靠地抓到工件，当工件到抓料台时可以设置一个微调时间用以调整工件到抓料台上的准确位置。

（3）机械手动作的搬运过程设计要正确，为保证运行的流畅性和可靠性，可以在部分执行时间过短的动作上加上适当的延时，使整体动作看起来更平稳、流畅。

（4）输送皮带的分拣过程要可靠，当工件到达相应位置时，若传感器灵敏度较高，会在工件到达的边沿就检测到信号，为了保证能够准确到达位置，可以设置一个微调时间，用以调整工件到达传感器下方的准确位置。

正常工作时设备在原点，按一下启动按钮，圆盘直流电动机开始启动，机械手按规定动作搬运工件，这些动作都是常规动作，和以前要求的控制相同，可以用顺序控制编程方法实现。皮带输送机和皮带输送机上各气缸的动作根据不同的工件有不同的控制要求，所以需要用选择性分支结构。在启动时，若设备不在原点，则需要进行复位处理，所以在启动时也有一个选择性分支。指示灯部分可以单独放在顺序控制梯形图外，用经验编程法来实现。

4. 步进梯形图指令控制的状态

采用三菱 PLC 步进梯形图指令控制的系统工作状态示意图如图 11－1－10 所示。

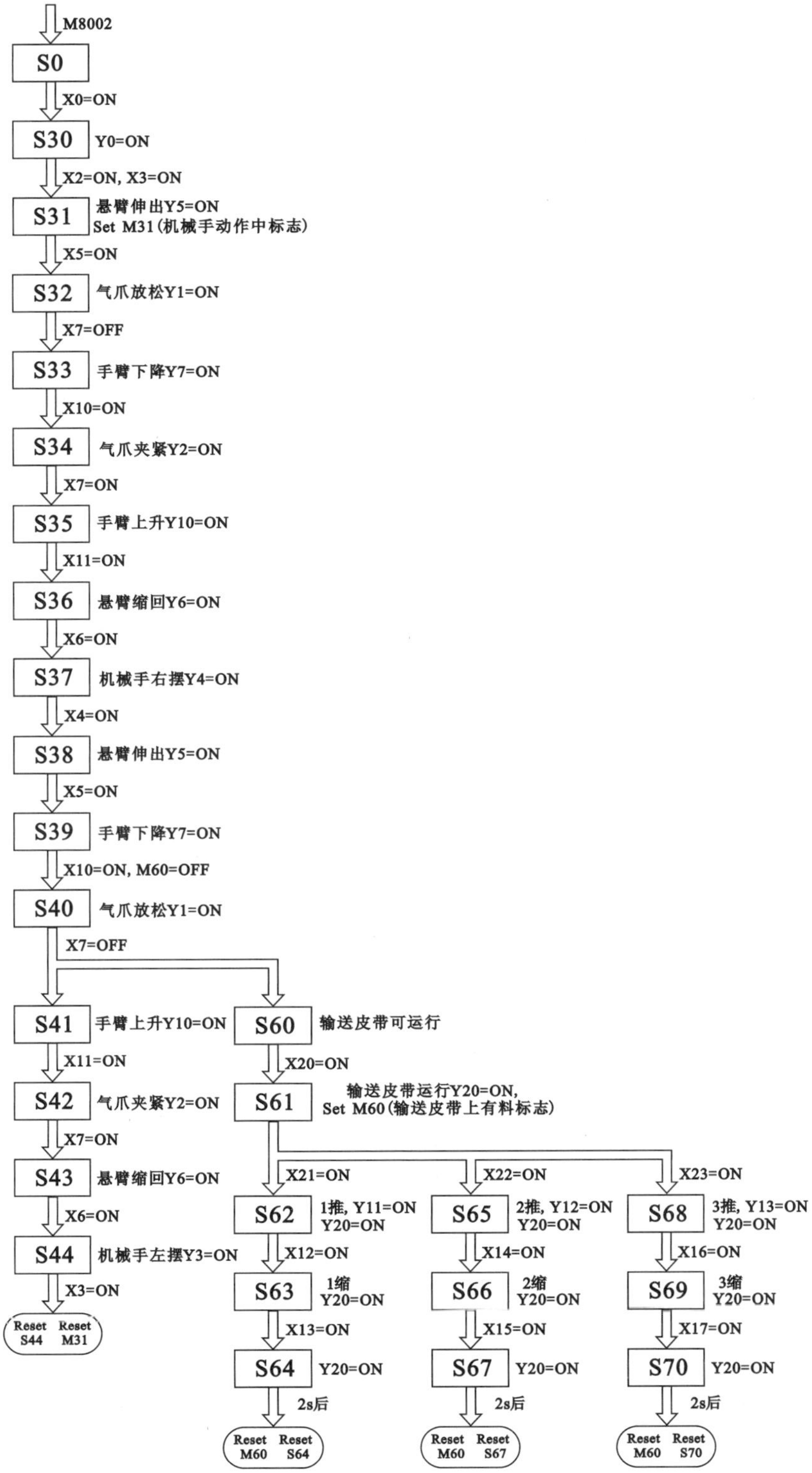

图 11－1－10　系统工作状态示意图

五、PLC 程序的编写

1. 机械手程序的编写

按图 11－1－10 所示的流程图，系统机械手的主要动作控制程序如图 11－1－11 所示，只要将控制动作的各种状态经过转换程序控制输出点动作便可完成机械手的控制。

2. 送料机构和皮带输送机控制

送料机构和皮带输送机的编程可以用经验编程法，用基本逻辑指令来完成。皮带输送机编程的具体方法在项目二中已有介绍，只要注意在本项目中皮带输送机的启动条件不是用按钮或开关控制，而是用皮带输送机上检测物料的光电传感器检测到的信号作为启动信号。

请大家参考前面介绍的方法和思路，按图 11－1－10 所示的流程图中的工作状态，将整机程序编写完成，并上机调试。

六、系统程序的调试

1. 基本工作过程的调试

程序编写结束后，将程序下载到 PLC，把 PLC 的状态转换到 RUN。按下启动按钮，观察机械手的动作顺序，看看有没有出现运行到中途停止或出现错误动作的情况。如果机械手运行到中途停止不动，应先检查输入信号是否正常，是否接错。如都正常，则查看程序中有没有写错。如果出现错误动作，此时不应立即改变 PLC 状态，而是要通过监控程序来找出程序中的错误。如机械手悬臂气缸活塞杆在不应该伸出的时候伸出了，则要先找到伸出的输出端（因为是顺序控制，所以一个动作错误后，以后的动作将全部混乱，此时应找到产生第一个错误动作的原因，待解决第一个错误动作的问题后，以后的动作会随着此问题的解决而得到解决），仔细观察是哪一个中间继电器让输出口错误动作（每一个动作输出基本都有对应的两个中间继电器来控制），找到产生错误动作的中间继电器后，再找到此中间继电器的输出端，并结合上下程序找出原因，修改程序，修改完成后重新下载调试。

输送皮带部分在调试时可能出现第一次分拣正常，而第二次分拣时出错，此时应清除 PLC 内存，重新运行一遍，在运行一次结束后观察是否所有输送皮带部分的状态都被清除，找出原因，并修改程序。

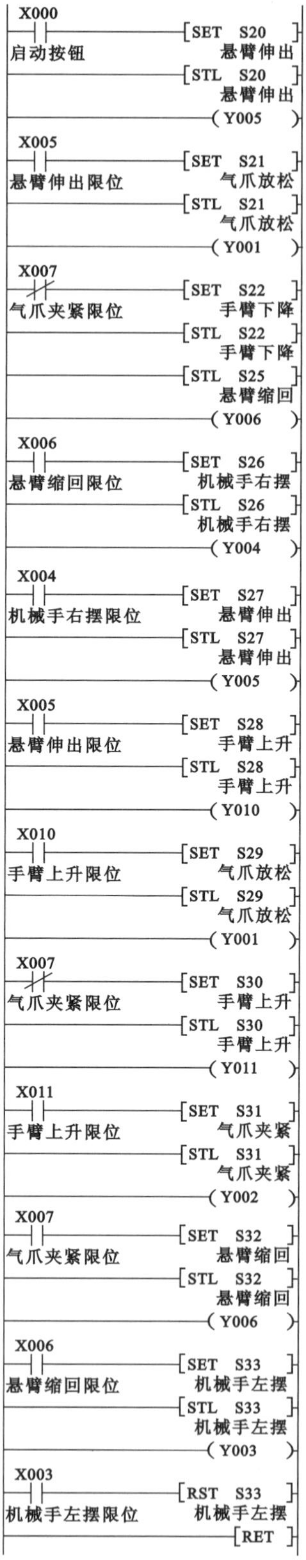

图 11－1－11　机械手主要动作控制程序

2. 控制功能检查

工作过程正常后，针对各技术要求进行以下调试：

（1）进行启动控制。

（2）设备工作时，观察皮带输送机的运行速度、启动时间和制动时间是否满足要求。

3. 整理和清扫

调试结束后，整理好调试过程中用过的工具和仪表，检查安装平台上是否有遗留的器材或其他杂物，将安装平台及周围清扫干净。

1. 请你总结在完成本次工作任务的过程中，在设备安装与调试、程序的编写与调试及操作等方面有什么体会和经验。在程序编写与调试的过程中你遇到什么困难？用什么办法克服了这些困难？

2. 在调试程序的过程中，你认为哪些问题最重要？掌握好的编程方法对程序编写有什么帮助？怎样养成良好的编程习惯？

3. 采用不同的方法实现控制要求，请老师帮你检查并比较哪一种方法你做得最好。

4. 你是怎样编写系统控制程序的？你觉得按“完成工作任务指引”中讲的步骤完成工作任务合理吗？请你尝试采用自己的方法完成本工作任务，并说出你的想法。

5. 请你填写完成工作任务评价表。

完成工作任务评价表

设备安装情况	
电气线路安装与调试情况	
供料和机械手搬运控制情况	
输送皮带分拣控制情况	
设备整体功能及运行稳定性情况	
你完成设备组装、电气线路安装和调试的步骤：	
你完成程序编写和系统功能调试的步骤：	

续表

你对完成本次工作任务的自我评价：
小组同学对你完成本次工作任务的评价（请你去找小组的同学）：
老师对你完成本次工作任务的评价（请你去找老师）：

任务二　调试条件启/停的工件分送装置

工作任务

有条件启/停的工件分送装置与生产线工件分送装置相比，初始位置要求相同。系统启动要求增设设备上电按钮和复位按钮，有电源指示灯，要求系统开机时要先按系统上电按钮，上电后复位允许指示灯 HL2 闪烁，表示此时可按系统复位按钮，按下复位按钮 SB4 后（以保证给机械手足够的复位时间，在此时间段内复位允许指示灯一直在闪烁），如果系统复位成功，各动作部件都处于复位状态，则复位允许指示灯长亮 2s 后，启动允许指示灯 HL3 闪烁，此时可按启动按钮启动系统运行，系统启动后启动允许指示灯灭；如系统因故障不能复位，则系统故障指示灯 HL6 闪烁，启动允许指示灯不亮，系统不能启动。只有故障解除后，各动作部件都处于复位状态，启动允许指示灯 HL3 闪烁时系统才可进行启动操作。正常启动后系统开始自动搬运物料，并完成系统功能。

系统停止功能要求停止物料搬运分拣，不再进行循环，但是如果在一个搬运分拣过程还没有结束时给出停止信号，系统要将本次搬运分拣过程做完，并且系统各环节回到复位状态才能停机。有条件启/停的工件分送装置与生产线工件分送装置相比，增加的元器件名称及作用如表 11－2－1 所示。

表 11-2-1

序号	元器件名称	作用	对应的 PLC 点
1	按钮 SB6	停止按钮	X1
2	按钮 SB4	复位按钮	X25
3	按钮 SB3	系统上电按钮	X24
4	指示灯 HL2	复位允许指示灯	Y15
5	指示灯 HL3	启动允许指示灯	Y16
6	指示灯 HL6	故障报警指示灯	Y7

请你根据以上描述，完成：

（1）将增加的元器件安装在前一工作任务组装的生产线工件分送装置适当位置上。

（2）编写满足启/停条件的 PLC 控制程序，使有条件启/停的工件分送装置正常工作。

相关知识

任何设备都有如何使其工作或使其停止工作的问题，处理好这个问题是保证设备正常运行的一个基本条件。下面介绍设备启/停控制的常见要求和实现这些要求的基本编程方法。

1. 单按钮启/停程序

图 11-2-1 所示为单按钮启/停梯形图程序，操作数为符号地址。从图 11-2-1（a）知，只有“按钮按”才能控制“按钮按脉冲”和“控制脉冲生成”，从而控制“工作”的启动和停止，因此将此程序称作单按钮启/停程序。

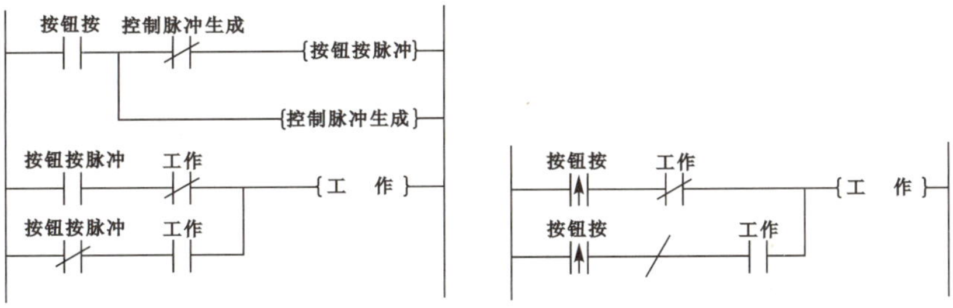

（a）　（b）

图 11-2-1　单按钮启/停程序

如果所用的 PLC 有生成脉冲的指令，则可直接用它生成脉冲。图 11-2-1（b）中的上升箭头就是三菱 PLC 中直接产生脉冲的操作。图 11-2-1（b）中的短斜线为“取反”逻辑运算。

用单按钮启/停程序可节省 PLC 的输入点与按钮，还可简化操作面板的布置，故这是目前较常用的启/停控制方法之一。

2. 多点启/停程序

如图 11-2-2 所示为多点启/停梯形图程序，图中操作数使用符号地址。

从图可知，“启动 1”和“启动 2”均可控制“工作”启动，“停止 1”和“停止 2”

均可控制“工作”停止。

由于“启动 1”“启动 2”及“停止 1”“停止 2”可布置在不同的位置，可用它们在不同的地点对“工作”作启/停控制，因此称为多点启/停控制。

3. 顺序启动程序

如图 11－2－3 所示为顺序启动梯形图程序，图中操作数使用符号地址。

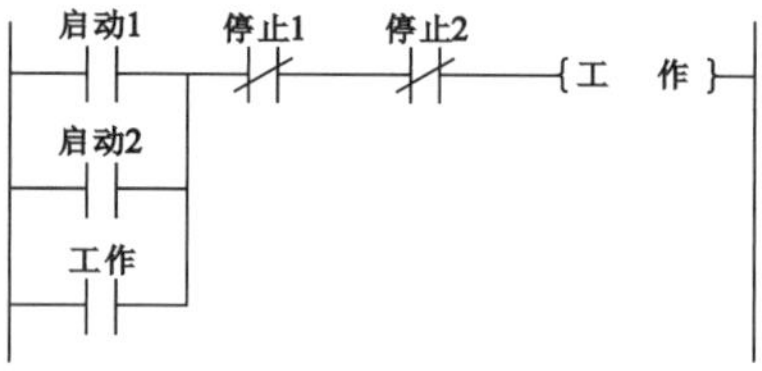

图 11－2－2　多点启/停程序

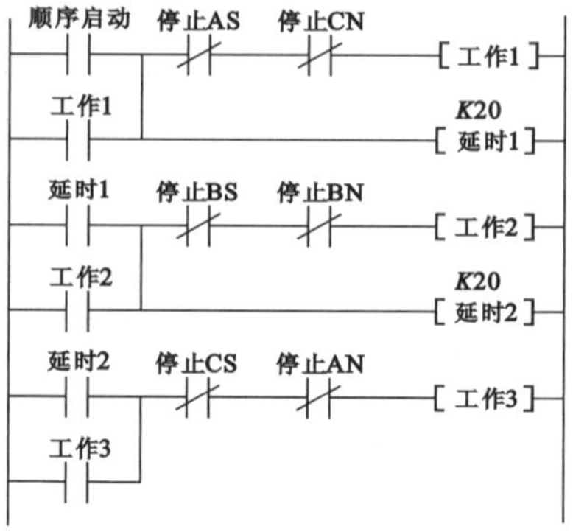

图 11－2－3　顺序启动梯形图程序

只有当“顺序启动”动作后，“工作 1”才能启动；“工作 1”启动后，“工作 2”才能启动……程序按“工作 1”→“工作 2”→“工作 3”的顺序启动，因此称顺序启动程序。

4. 顺序停止程序

如图 11－1－4 所示为顺序停止控制梯形图程序，“工作 1”“工作 2”及“工作 3 ”均已工作。它可顺序停，也可逆序停。当“顺序停止”的常开触点闭合，使“顺序停止执行”和“停止开始 1”线圈得电，常开触点闭合，并按“工作 1”→“工作 2”→“工作 3 ”停止顺序停止。同理，当“逆序停止”的常开触点闭合，则按“工作 3”→“工作 2”→“工作 1 ”停止顺序停止。

5. 启/停控制的方法

（1）启动功能。

对于启动功能，我们分为无条件启动和有条件启动两种情况来讨论。无条件启动是指不管设备在什么样的情况下，只要按下启动按钮，设备就进入运行状态。而通常来讲，机电一体化设备为了保证能够可靠运行，避免出现安全隐患，在运行之前都会进行一些如自检、测试、复位等操作，当设备的状态满足一定启动条件的时候才能够进行正常运行。

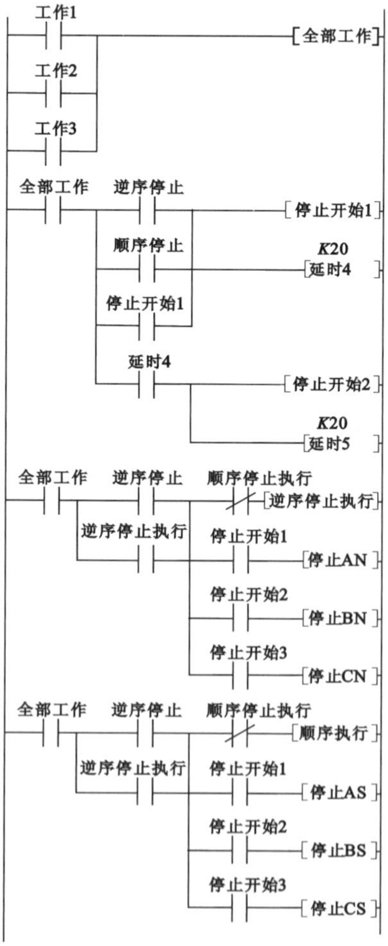

图 11－2－4　顺序停止梯形图程序

有条件启动包含的情况很多，根据设备的具体需要，不同的用途、不同的工作环境等，启动条件、启动方式都可能不一样。最常见的有：

* 设备在启动之前必须完成一定的任务或操作，并满足一定的条件才能启动。
* 设备各个环节如果不在初始状态则设备不能启动。
* 如果检测到设备出现故障，在故障排除前设备不能启动。

这些启动方式在我们实际应用的机电一体化设备中都可以找到应用的实例，如：

* 常见的各类数控机床，在上电的时候系统要进行自检，在我们写好加工程序进行工件自动加工之前要进行工作台的回参考点的操作、对刀的操作等。
* 机床中经常见到的主轴不启动，工作台就不能移动、油泵不可以启动等。
* 工业应用的一些自动线设备在启动时各个环节需要顺序启动，一些设备在上电后具有自检功能，一些设备正式启动之前要保证各环节都处于准备就绪状态等。

此外，在我们真实的机电一体化设备中，有时还要从控制方便、可操作性强、节省资源等方面去考虑启动与停止的控制方式，如在一些设备中经常出现的单按钮启/停控制、可多地启动控制等。

所以，设备的启动功能不只是按一下启动按钮让设备动作这么简单，不同的控制要求可能使我们在对设备的控制程序编写上增加很大的难度。

①按下按钮后延时启动。

PLC 接线示意图如图 11-2-5 所示，程序如图 11-2-6 所示。

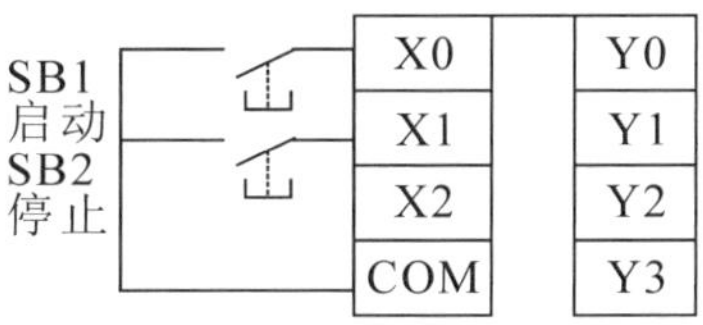

图 11-2-5　PLC 接线示意图

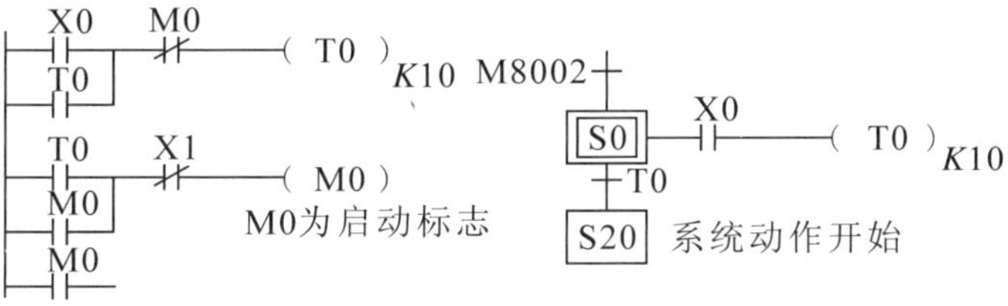

图 11-2-6　按下按钮延时启动程序

②用按钮控制进入系统待机状态（S0）。

系统通电后，按下待机控制按钮 SB1（X0），系统就进入待机状态。在各器件都处于复位状态后，绿色指示灯发光，指示可以下料。如图 11-2-7 所示。

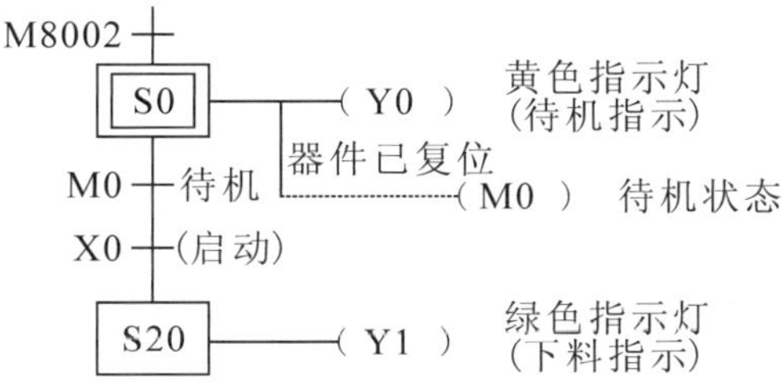

图 11-2-7　待机程序

③受设备原点限制的启动。

只有初始位置条件全部满足后，才能启动运行，如图 11-2-8 所示。

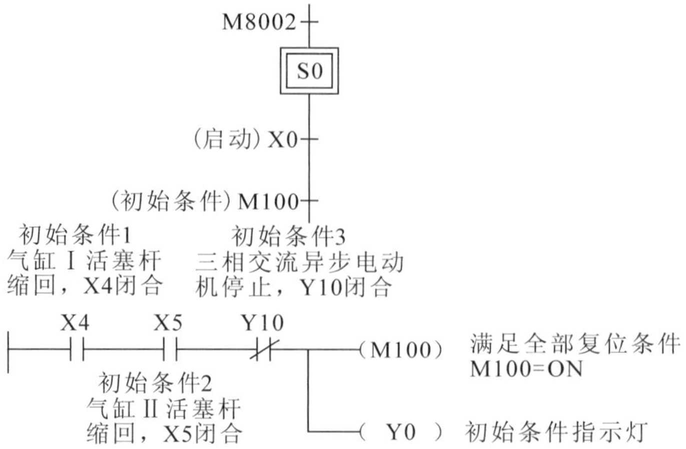

图 11-2-8　满足初始条件的启动程序

进入初始状态，若有设备满足复位条件，就强迫其自动复位。只有全部满足初始位置条件后，才能执行顺序控制程序。如图 11-2-9 所示。

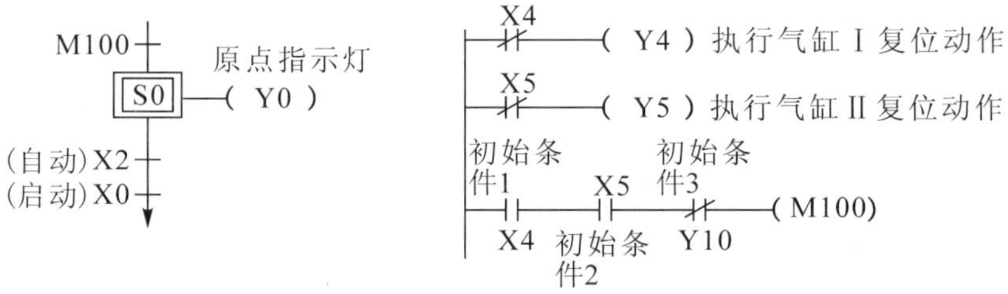

图 11-2-9　满足启动条件后执行的程序

(2) 停止功能。

关于设备的停止功能，有立即停止和有条件停止两种方式。立即停止控制方式比较简单，直接用停止按钮将各种输出信号全部清除就能够实现。而有条件停止方式则相对比较复杂，在控制的时候要讲究一定的方法，以免错误的操作导致整个系统处于混乱状态。

在机电一体化设备中，要求有条件停止的情形很多，我们主要介绍以下几种。

* 当设备接收到停止信号时要考虑设备当前的运行状态。如果是加工型设备，当设备正在加工工件的时候要求设备立即停止，要考虑工件会不会报废、加工的刀具或其他工具会不会损坏、对下次设备的重新运行会不会有影响等；如果是搬运类的机械设备，要考虑如果是正在搬运工件的半途中，那么工件会不会掉下来，搬运机构此时怎么处理，是不是就停在半空中，如果停在半空中，下次重新开始工作的时候怎么处理等。解决这些问题的方法要根据具体的工作环境和控制要求来定，我们可以举个例子，比如当设备处于工作过程的半途中接收到停止信号，设备一定要将本次工作过程完整地执行完以后才能将设备停下来。

* 当设备接收到停止信号后要按一定的要求完成动作，然后才能完全停止。

* 继续完成当时工作过程的停止运行。

* 继续完成一个工作周期的停止运行。

* 立即停止运行，启动后在停止工作状态上继续运行。

以下针对 YL－235A 型光机电一体化设备的停止控制举例分析（接线参看图 11－2－5）。

①用 FNC40 实现停止控制。

指令功能：将指令范围内的软元件全部复位（清零）。

X1 接通后，FNC40 指令将 D1～D2 的软元件全部复位（清零）。如图 11－2－10 所示。

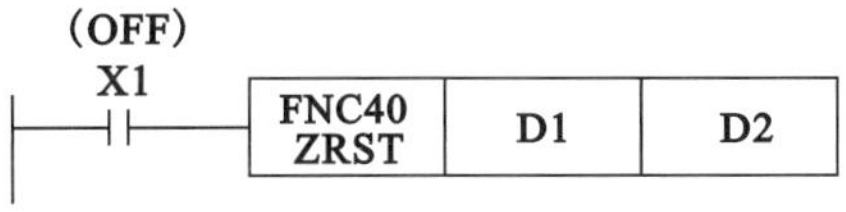

图 11－2－10

D1 与 D2 的要求：

＊指定为同一种类的软元件。如位软元件 S、M、X、Y 及字软元件 KnX、KnY、KnM、KnS、T、C、D、V、Z。

＊D1 的编号要小于 D2 的编号。

＊D1 与 D2 应同为 16 位数据或同为 32 位数据。

设备正常停止的实现，如图 11－2－11 所示。

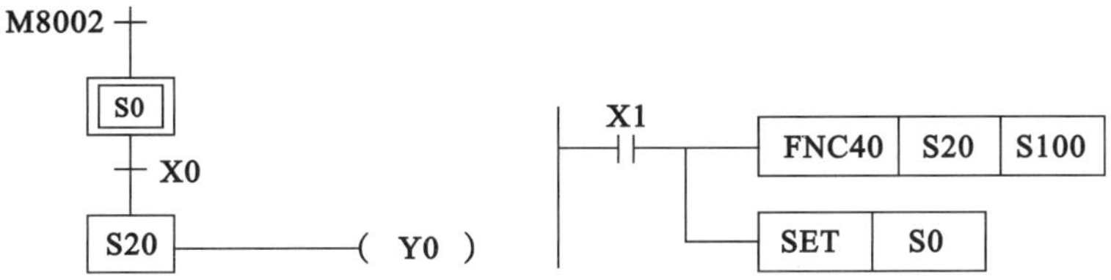

图 11－2－11　设备正常停止程序

注意：程序中若有置位的元件（Y0），停止时要同时将其复位，如图 11－2－12 所示。

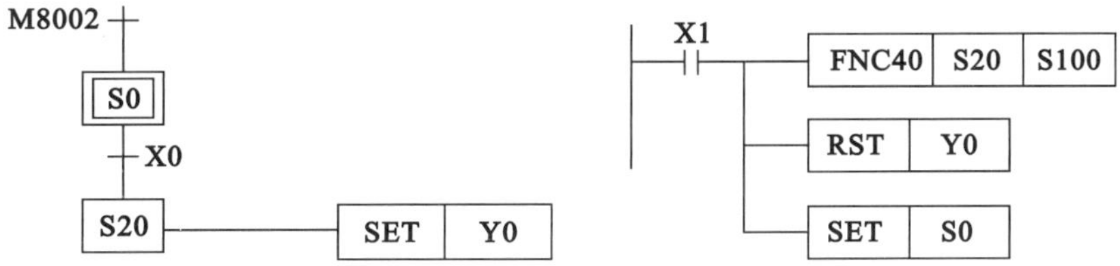

图 11－2－12　有置位的元件在停止时复位的程序

②用特殊辅助继电器 M8031 实现停止控制。

M8031 被驱动时，可清除以下元件：X、Y、M（普通）、S（普通）的 ON/OFF 影像；T、C（普通）当前值寄存器；T、C（普通）接点、计数线圈及 T 的复位线圈；D（普通）的当前值寄存器。其控制程序如图 11－2－13 所示。

X0：启动；X1：停止；X2：复位。

完成正常运行，可按 X0 重新启动运行。

运行中停止按 X1。

运行中停止后要再启动，须先按 X2 进行复位，再按 X0 才能启动运行。

如要停止后自动进入待机状态，可在 X1

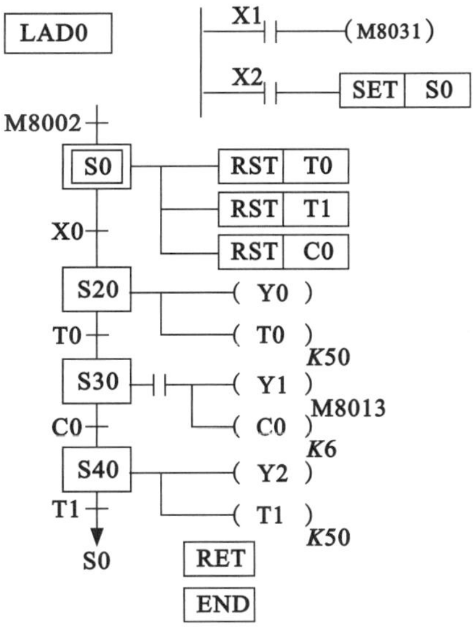

图 11－2－13　用 M8031 实现停止的程序

按下后同时置位 S0。

注意：对无保持元件的程序，可用 M8031 清零来实现停止，但同时要将程序置位 S0，以实现再次启动。

③按下停止按钮，完成一周期的工作后才停止的程序如图 11 - 2 - 14 所示。

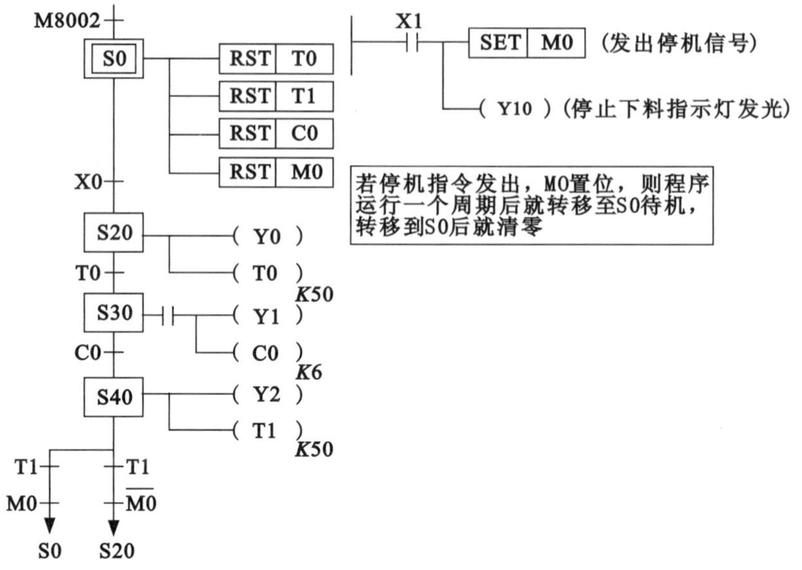

图 11 - 2 - 14　完成一周期的工作后才停止的程序

在连续循环方式的运行过程中，只要按下停止按钮 X1，系统立刻提示停止下料（红色指示灯 Y10 发光），由于停止时已置位 M0，因此，不管停止时系统正在哪个工作状态，都需要完成本周期全部工作任务后，才能通过 M0 转移到 S0 停止运行。

④按下停止按钮，完成指定工作后才停止的程序如图 11 - 2 - 15 所示。

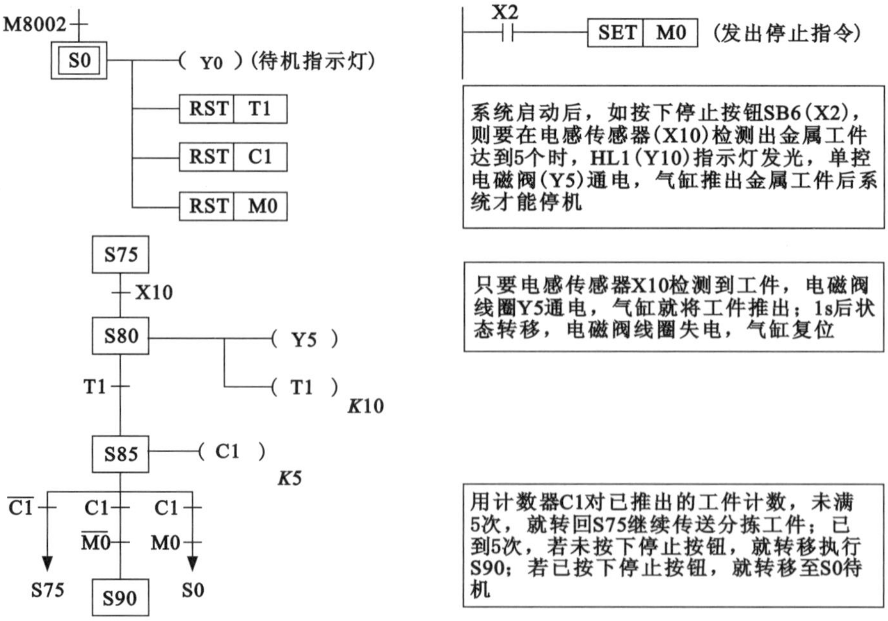

图 11 - 2 - 15　完成指定工作后才停止的程序

⑤按下停止按钮，先判断系统的工作状态，再根据工作状态选择停机方式的控制程序如图 11－2－16 所示。

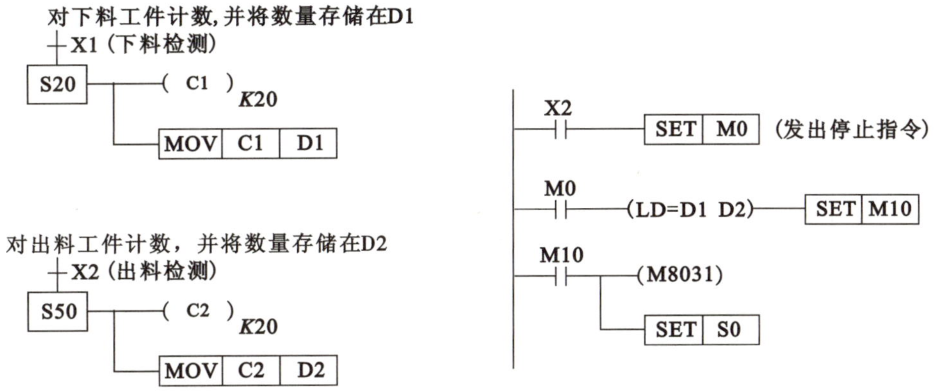

图 11－2－16　根据工作状态选择停机方式的程序

发出停止指令后，只有下料工件数（D1）与出料工件数（D2）相等，输送皮带上无工件时，才可停机。

按下按钮 SB5，发出正常停止信号，此时，若皮带输送机上尚有工件，则系统需完成工件的分拣后才停止运行；若皮带输送机上已无工件，则系统立刻停止运行。系统正常停止运行后应自动回到待机状态。

完成工作任务指引

一、条件启/停功能程序的编写

1. 启动功能

项目要求在开机时要先按系统上电按钮，也就是每有一次初始脉冲，就需要而且必须按系统上电按钮。从系统开机到复位 5s 是没有任何分支的顺序控制。在复位 5s 后，可根据现在的机械位置确定是否已回到原位。如原位要求的输入信号都接通，说明复位完成，否则作为故障处理。当复位完成，接通一个状态（复位指示灯长亮 3s），3s 后接通下一状态（启动指示灯闪烁）。如有故障，故障指示灯闪烁。当故障解除后，也要让启动指示灯闪烁。这里的闪烁可用 PLC 的特殊内部继电器来完成。

在启动指示灯闪烁的情况下，按下启动按钮，置位一个中间继电器，这个中间继电器也就是循环信号，此信号让启动指示灯闪烁停止，当此信号不断开时，系统连续运行，当此信号复位时，系统停止循环运行。因为系统要自动运行，所以在循环时驱动圆盘直流电动机旋转的信号要有两个，一个是启动时，另一个是循环动作中要求圆盘直流电动机旋转时。启动时可用循环信号的上升沿，而循环运行时可用机械手第 15 步完成的信号来驱动圆盘直流电动机旋转，当要求系统连续高效运转时，可用第 11 步完成的信号来驱动圆盘直流电动机旋转。

有条件启/停的工件分送装置的启动功能的状态功能如图 11－2－17所示，请根据该状态功能图编写控制的梯形图程序。

2. 停止功能

不论何时，按下停止按钮都要让循环信号断开，而循环信号的下降沿也要断开圆盘直流电动机旋转的状态。这样，当按下停止按钮时，只有循环信号和圆盘直流电动机直接受停止按钮的控制，其余的动作只与它的上一步有关系，所以，在搬运过程中按下停止按钮，系统会在结束此次分拣并回到原位后停止。

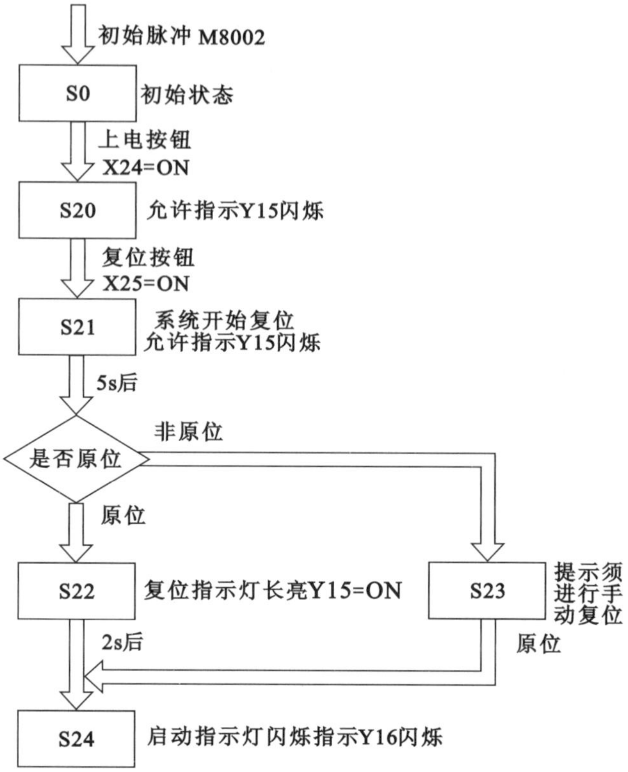

图 11－2－17　启动功能的状态功能图

有条件启/停的工件分送装置的停止功能的状态功能如图 11－2－18所示，请根据该状态功能图编写控制的梯形图程序。

图 11－2－18　停止功能的状态功能图

二、PLC 程序的编写与调试

1. 系统启动功能程序的编写

示例程序如图 11－2－19 所示。

2. 系统停止功能程序的编写

示例程序如图 11－2－20 所示。

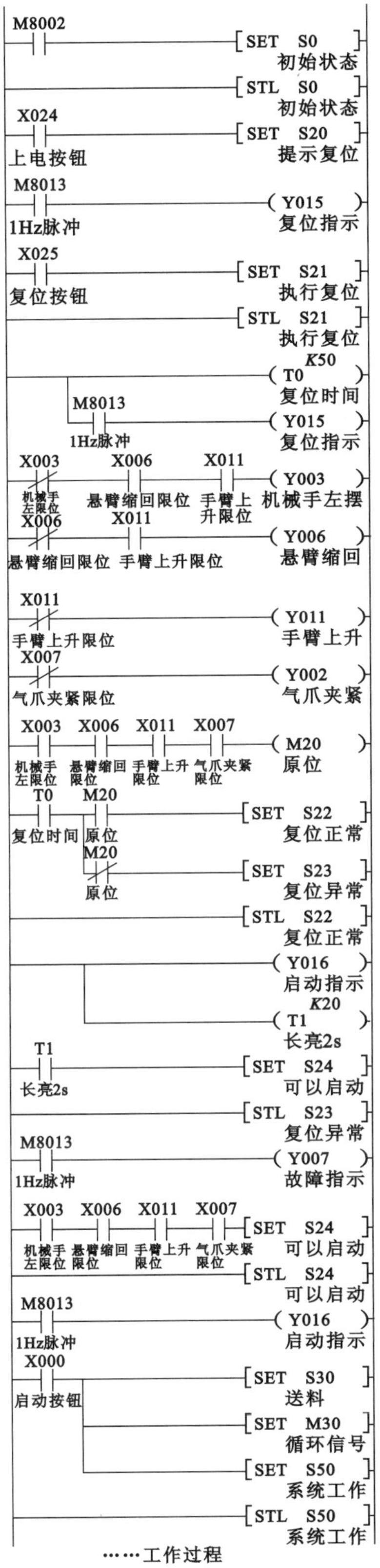

图 11-2-19 工作过程

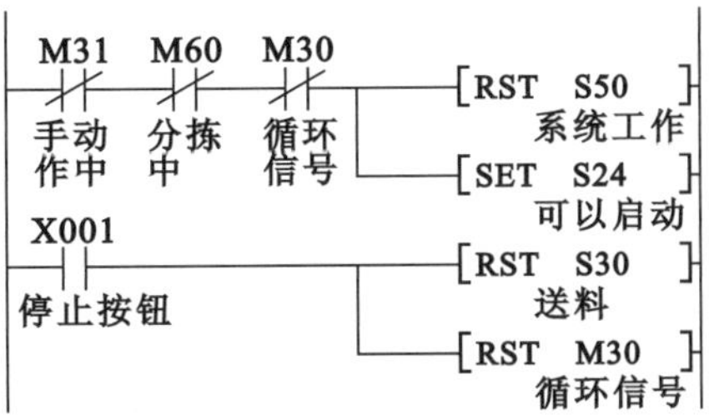

图 11-2-20 工作过程

3. 系统调试过程

在调试时先调试机械手的动作和输送皮带的分拣动作，调试系统的循环运行，这些部分的调试和任务一的调试过程一样。当系统在正常运行不出错时，即可调试停止部分。在按下停止按钮后，如系统继续循环运行，则可能是程序中循环信号没有断开。当出现系统能正常停止，但停止之后系统无法正常启动时，则可能是在停止后没有让系统进入待机状态（没有回到启动指示灯闪烁的状态），只要在停止后进入启动指示灯闪烁的状态即可。但在按下停止按钮后，并不能立即进入启动指示灯闪烁的状态，而是在机械手和输送皮带运行都结束后，才能进入启动指示灯闪烁状态，所以要特别注意启动指示灯闪烁的时间。

1. 请你总结在完成本次工作任务的过程中，在设备启/停控制程序的编写、调试、操作方面有什么体会和经验。在程序编写与调试的过程中你遇到了什么困难？用什么办法克服了这些困难？

2. 在调试程序的过程中，你认为哪些问题最重要？你掌握的编程方法对程序编写有什么帮助？怎样养成良好的编程习惯？

3. 采用不同的方法实现控制要求，请老师帮你检查并比较哪一种方法你做得更好。

4. 你觉得按“完成工作任务指引”中的步骤完成工作任务合理吗？你是怎样编写系统控制程序的？请你尝试采用自己的方法完成本工作任务并说出你的想法。

5. 请你填写完成工作任务评价表。

完成工作任务评价表

启动控制程序的编写及调试情况	
停止控制程序的编写及调试情况	
设备整体功能及运行稳定性情况	
你完成设备组装、电气线路安装和调试的步骤：	
你完成程序编写和系统功能调试的步骤：	
你对完成本次工作任务的自我评价：	
小组同学对你完成本次工作任务的评价（请你去找小组的同学）：	
老师对你完成本次工作任务的评价（请你去找老师）：	

项目十二 机电一体化设备的自检和报警功能

在生产实际中，由于生产的产品、生产过程和生产环境的不同，对机电一体化设备提出了保护功能和报警功能的要求，以实现在机电一体化设备运行的过程中能够对各种突发事件进行处理，保护生产人员及设备的安全，保障生产能够顺利、可靠地进行，同时能够让操作或维护人员在第一时间得到提示，以便能够更好地发现并解决问题。

通过完成组装与调试具有自检功能的零件加工线和编写具有报警功能的零件加工线控制程序两个工作任务，学会根据生产需要在机电一体化设备中添加自检和报警功能。

任务一 组装与调试具有自检功能的零件加工线

工作任务

某零件加工设备是将工件存储装置中的工件，通过气动机械手搬运到加工线，加工线上皮带输送机将不同材质的工件输送到相应位置进行加工，然后将加工完成的工件送到规定的位置。零件加工线各部件及其名称如图 12－1－1 所示，零件加工线的工作过程及其要求是：

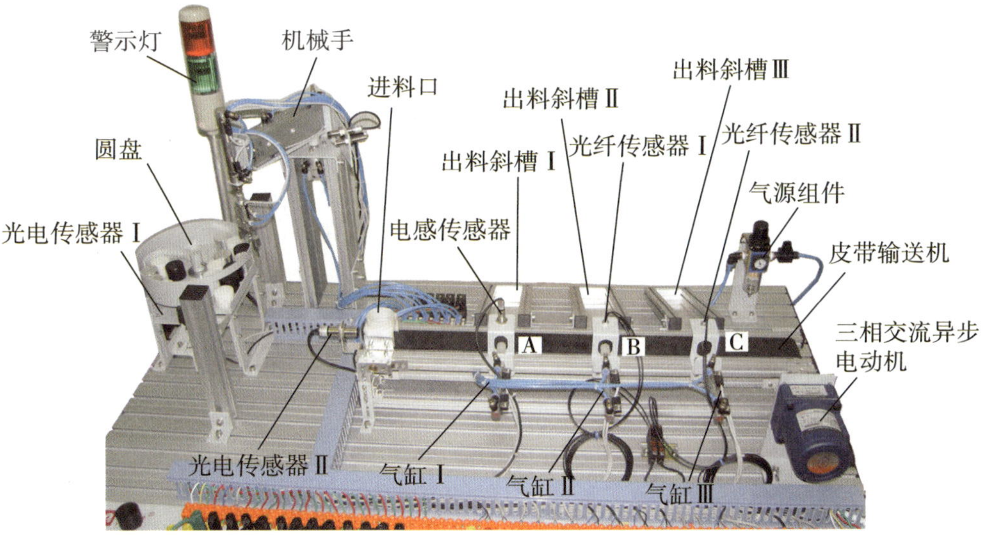

图 12－1－1 零件加工线部件和器件及其名称

1. 自检工作过程及其要求

零件加工线每一次接通电源，为保证设备能够正常可靠地运行，要先按一次自检按钮进入自检模式，对设备各环节的功能进行检测。自检过程按照机械手悬臂伸出→悬臂缩回→手臂下降→手臂上升→机械手向右旋转到位→机械手向左旋转到位→气缸Ⅰ活塞杆伸出→气缸Ⅰ活塞杆缩回→气缸Ⅱ活塞杆伸出→气缸Ⅱ活塞杆缩回→气缸Ⅲ活塞杆伸出→气缸Ⅲ活塞杆缩回的顺序动作。气缸Ⅲ活塞杆缩回到位后，三相交流异步电动机以15Hz的频率反转，拖动皮带输送机向后运行4s停止，再以30Hz的频率正转2s，完成设备的自检。

在自检过程中，自检指示灯要求常亮，如果在30s内不能完成所有自检环节，则自检指示灯以2Hz的频率闪烁的同时停止自检，向操作者指示需对设备进行调整或维修。在正常工作过程中，自检指示灯不亮。

2. 初始位置及其要求

（1）机械手气爪夹紧，机械手悬臂、手臂气缸活塞杆缩回，机械手停止在左限位。

（2）拖动皮带输送机的三相交流异步电动机停转，皮带输送机上的3个气缸的活塞杆缩回。

（3）圆盘直流电动机不转动。

3. 启动、停止与复位要求

设备启动前必须保证各相关部件处在初始位置，才能在得到启动信号后启动运行。

停止：按下停止按钮后，零件加工线不再进行循环工作。按下停止按钮时，如果机械手已经抓取工件，并且搬运、加工、分拣过程还没有结束，零件加工线要将本次搬运、加工、分拣过程全部完成后才能停止。

复位：按下复位按钮后，零件加工线各环节回到初始状态，同时PLC内部各寄存器、继电器状态回到初始状态。系统处于循环工作状态时复位按钮不起作用，其他时候按下复位按钮系统立即复位。

4. 正常工作过程及其要求

零件加工线开始工作后，圆盘直流电动机转动，驱动拨杆将圆柱形工件从圆盘中送出。当抓料平台的光电传感器检测到工件到达，发出信号使机械手按悬臂伸出→气爪松开→手臂下降→气爪夹紧工件（抓紧后停1s）→手臂上升→悬臂缩回→机械手右摆→悬臂伸出→手臂下降（下降到位后停1s，如果输送皮带上有工件还没有分拣完，则要继续等待，不能放工件，必须等输送皮带上没有工件时才可以松开气爪）→气爪松开将工件放到输送皮带上→手臂上升→悬臂缩回→机械手左摆的动作顺序完成工件搬运。机械手返回到左限位后，圆盘送出下一个工件。

当皮带输送机进料口的光电传感器检测到工件后，根据工件的材质（金属、白色塑料、黑色塑料）及技术要求，对工件进行加工并分拣。

若皮带输送机传送的工件为金属工件，在位置A，皮带输送机停止3s进行加工，然后由气缸Ⅰ的活塞杆伸出，将金属工件推进出料斜槽Ⅰ。金属工件被推进出料斜槽后，气缸Ⅰ的活塞杆缩回。若皮带输送机传送的工件为白色塑料工件，则在位置B，皮带输送机停止3s进行加工，然后由气缸Ⅱ的活塞杆伸出，将白色塑料工件推进出料斜槽Ⅱ，白色塑料工件被推进出料斜槽后，气缸Ⅱ的活塞杆缩回。若皮带输送机输送的工件为黑色塑料工件，则在位置C，皮带输送机停止3s进行加工，然后由气缸Ⅲ的活塞杆伸出，将黑色塑料工件推进出料斜槽Ⅲ，黑色塑料工件被推进出料斜槽后，气缸Ⅲ的活塞杆缩回。在分拣过程中气缸的活塞杆缩回后，表示完成一个工作周期。输送皮带具体的速度及运行要求见变频器控制要求。

零件加工线正常运行后（不包括自检），当输送皮带上有工件并且正在运行时，输送皮带运行指示灯常亮，否则输送皮带运行指示灯以1Hz的频率闪烁，指示等待放料。

5. 变频器控制要求

系统启动后，若输送皮带上没有工件，则三相交流异步电动机以15Hz的频率运行，若输送皮带上有工件，则三相交流异步电动机以30Hz的频率运行。三相交流异步电动机启动时加速时间为1s，停止时须立刻准确停止（减速时间为0s）。

零件加工线使用的主要控制元器件和执行元器件的作用如表12－1－1所示。

表12－1－1　元器件名称及其作用

序号	元器件名称	作　用
1	双控电磁阀1	机械手旋转气缸
2	双控电磁阀2	机械手悬臂气缸
3	双控电磁阀3	机械手手臂气缸
4	双控电磁阀4	机械手气爪气缸
5	单控电磁阀1	单出杆气缸Ⅰ
6	单控电磁阀2	单出杆气缸Ⅱ
7	单控电磁阀3	单出杆气缸Ⅲ
8	按钮SB1	过载开关
9	按钮SB3	上电自检按钮
10	按钮SB4	复位按钮
11	按钮SB5	启动按钮
12	按钮SB6	停止按钮
13	指示灯HL1	系统电源指示灯
14	指示灯HL2	自检指示灯
15	指示灯HL3	输送皮带运行指示灯

请你根据零件加工线的工作过程及要求，完成下列工作任务：

（1）按照项目十一中图11－1－2所示的安装图，对照图12－1－1，完成零件加工设备的组装。

（2）按照项目九图9－1－2所示的气动系统图连接零件加工线的气路。

（3）根据气动系统图及零件加工线的工作要求画出电气控制原理图，并按照你所画的电气控制原理图连接电路。

（4）为零件加工线编写具有自检功能和基本启动功能的单周期工作程序（即按下一次启动按钮，设备按要求完成一个工作周期的动作，不循环）并完成调试，达到零件加工线的工作要求与技术要求。

相关知识

一、PLC控制系统的自检功能

PLC控制系统的一切操作是按设计者所规定的顺序一步一步地去执行程序的，采用万用表、示波器等常规仪器很难确定 PLC 现在执行到程序哪一步；若系统没有自检功能，即使其外部设备出现如开关失灵、显示器不显示、灯不亮、执行器件不能动作等一般故障，操作者也很难快速找出故障的部位。因此，在 PLC 控制系统中的自检是提高系统可靠性的一个有效手段。下面举例说明 PLC 控制系统中常见的对输入、输出器件的自检及首发故障的自检。

1. 按钮故障自检

（1）短路检测。

按钮短路是指操作者没有按下按钮，其常开触点自行闭合。这种情况下系统不应该执行这个指令。发生这种故障时，只要加入简单的检测程序就可判断出来。如发现按钮自行短路，可用键短路故障指示灯来显示按钮自行短路，以提醒操作者注意按钮接口有故障。操作者根据指示灯亮，很容易找到故障器件。

（2）开路检测。

按钮开路故障可直接通过操作者的观察得知，也可以加入一组 LED 作为按钮状态指示。刚开始通电时，不按按钮，PLC 反复执行 LED 显示程序，可观察到全部 LED 各段点亮。按了按钮，PLC 执行按钮的输入指令，LED 熄灭。若按钮具有开路故障，尽管按了按钮，PLC 接收不到按钮的指令，此时 LED 仍全部点亮。

（3）接触不良检测。

按钮触点接触不良只会产生两种情况：一种是按下后与没按的状态相同，相当于按钮开路，可按开路故障处理；另一种是按下后触点闭合，这时可按正常情况处理。

2. 显示故障自检

显示设备的自检比较简单，可结合上面所说的按钮检测进行自检。一般根据开机后显示器全亮和按钮按下时显示器全熄，可大致判断显示器工作是否正常。

3. 指示灯故障自检

在 PLC 控制系统中，由于指示灯常会发生故障，因此会使操作人员对所指示的状态产生错觉。可在系统中增加一个 PLC 输入点来实现指示灯故障的自检功能，该输入点与操作台上的一个按钮连接。当按钮按下时，这个点得到输入信号，点亮所有的指示灯，若某指示灯不亮，则说明该指示灯出现了故障，所以称这个按钮为指示灯故障测试按钮，相应的输入点为指示灯故障测试输入点。其编程方法为：在每个指示灯输出继电器支路中，并联一个常开触点，此常开触点为指示灯故障测试输入信号。

4. 首发故障信号的自检

在 PLC 控制系统中，一个故障发生，随之会引起多个故障发生。如果能找出第一个故障，将给现场调试和故障排除带来很大方便。所以我们设计 PLC 控制程序时可以设计首发故障的自检程序。图 12－1－2 所示为某 PLC 控制系统首发故障自检示意程序。设此系统共有 8 个故障信号，分别为 X0，X1，X2，X3，X4，X5，X6，X7，它们的常开触点闭合时为故障，M0～M7 为与故障信号数量相同的中间继电器。一旦有故障发生，就在 M0～M7 中记录该故障。如与 X1 相连接的元件第一个发生故障，X1 常开触点闭合，M1 的常开触点闭合后，其余中间继电器将不会动作，这样就由 M1 记录了首发故障。

二、PLC输入程序可靠性

虽然PLC有很高的可靠性，但如果输入信号出错，模拟量输入偏差较大等，都可能使控制出错，造成损失。自控系统的错误来源90%以上都是此原因。

1. 输入信号出错

输入出错常与输入元器件、接线及信号受干扰有关，如：开关或继电器机械触点接触不良或抖动；变送器不能正常工作或偏差大；传输信号线短路或断路，现场信号无法传送给PLC；现场干扰严重，信号失真等。

2. 防输入出错处理方法

(1) 防止输入出错，有很多硬件的处理办法，如果输入受干扰严重，可采取以下措施：

①变频器和PLC分别接地。

②动力线和信号线分开接。

③把变频器的载波频率设低些。

④在输入侧COM端接一个0.1 μF的电容。

(2) 软件上的主要措施：

有防抖动、数字滤波、非法输入防止、输入冗余及输入容错等方法。

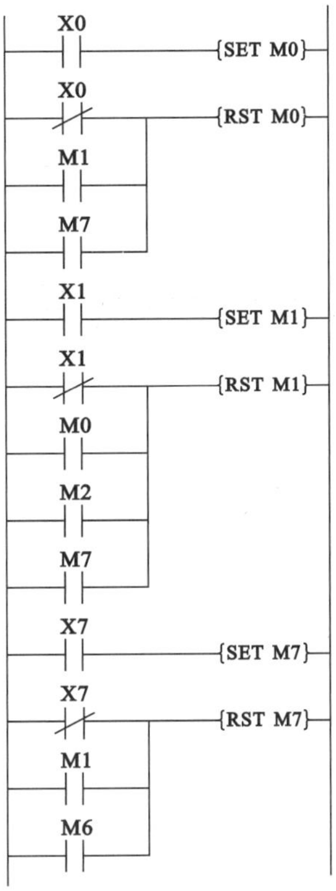

图12-1-2　首发故障自检示意程序

三、PLC输出程序可靠性

虽然PLC输入信号没有错，模拟量输入偏差也不大，PLC处理后，得出控制输出也正确，但执行机构没有按要求动作，也会使系统出现错误。为此，在提高输入可靠性的同时，也要提高输出执行动作的可靠性。一旦出现错误，PLC应及时发现并报警。

1. 输出执行错误

输出执行错误与系统的执行机构有关。如：

(1) 控制负载的接触器不能可靠动作，虽然PLC发出了动作指令，但执行机构并没按要求动作。

(2) 由于变频器自身错误，变频器控制电动机并没有按要求工作。

(3) 各种电动阀、电磁阀该开的没能打开，该关的没能关到位。

2. 处理输出执行错误方法

硬件的办法也很多，而在软件上，有输出监控及错误输出避免。输出监控对执行元件监控有两种方法：一是用“看门狗”；另一是用动作反应检测。“看门狗”是看在给定的时间内动作完成了没有；动作反应检测不太考虑延时，看动作执行了没有。

3. 误动作避免

有时，在特定的情况下，出现某种输出是不允许的。这时，可把这种输出视为误输出。误输出在逻辑上应该禁止，避免出现，这叫做“误动作避免”。

完成工作任务指引

一、完成零件加工线组装与调试

按照项目十一的工艺要求以及前面所学的知识，将设备机械结构和气动回路安装完成，并经过手动测试保证可以稳定运行。

1. 按照要求完成零件加工线的组装

（1）按图 11－1－2 的要求组装，组装零件加工线时要注意各部件的安装尺寸，各部件位置准确，安装可靠。

（2）按照表 12－1－1 的要求分配电磁阀的控制对象，并连接好如图 9－1－2 所示的气动系统回路。

（3）完成对设备的调试，要求设备各环节安装位置准确，动作平稳、流畅。

2. 按照流程完成对设备的调试

（1）检查机械结构安装是否到位，有无松动现象。

（2）检查机械安装位置是否准确，保证机械手准确取物、准确搬运、准确放物，保证三个气缸能够准确地将工件推入各自对应的出料斜槽。

（3）打开气源，通过电磁阀上的手动控制按钮来检查各气缸动作是否顺畅，通过调节各气缸两端的节流阀使它们的动作平稳、速度适中。

（4）设备调试结束后，把安装时所留下的垃圾清理干净，安装时使用的工具整理整齐，摆放在自己的工具箱内。

二、完成零件加工线电路的设计和连接

1. 分配 PLC 输入/输出地址

（1）确定输入点数。

根据动作过程，所用检测传感器占用的输入点数为 18 个，启动、停止、复位、自检需要 4 个，共需要使用 PLC 的 22 个输入点。

（2）根据工作过程和气动系统图，我们可以确定完成零件加工线所需要的输出有：

①圆盘直流电动机运行，需要 1 个输出点。

②机械手动作：机械手悬臂伸出、缩回，手臂上升、下降，气爪夹紧、松开，机械手左摆、右摆。共需要 8 个输出点。

③气缸动作：气缸Ⅰ、气缸Ⅱ、气缸Ⅲ动作，共需要 3 个输出点。

④皮带输送机运行：根据技术要求，皮带输送机由变频器控制，要求有两种速度，正转、反转运行，所以变频器共需要 4 个控制端，占 4 个输出点。

⑤指示：包括自检运行指示灯、输送皮带运行指示灯，共需要 2 个输出点。

由以上分析可知，完成零件加工线共需要占用 PLC 的输出点数共计 18 个。

（3）列出 PLC 输入/输出地址分配表。

18 个输出中，除控制变频器运行的 4 个点不是用 DC 24V 电源外，其余都用按钮模块上的 DC 24V 电源来驱动，所以输出分为两类，控制变频器的 4 个输出点不和其他的输出点共用 COM。我们以三菱 FX2N－48MR 为例，列出参考的 PLC 输入/输出地址分配如表 12－1－2 和表 12－1－3 所示。

表 12－1－2　PLC 输入地址分配表

序号	输入地址	说明	序号	输入地址	说明
1	X0	启动	12	X13	气缸Ⅰ后限位
2	X1	停止	13	X14	气缸Ⅱ前限位
3	X2	抓料平台物料检测（光电）	14	X15	气缸Ⅱ后限位
4	X3	机械手左限位	15	X16	气缸Ⅲ前限位
5	X4	机械手右限位	16	X17	气缸Ⅲ后限位
6	X5	悬臂气缸前限位	17	X20	进料口输送皮带物料检测
7	X6	悬臂气缸后限位	18	X21	电感传感器
8	X7	气爪夹紧	19	X22	光纤传感器Ⅰ
9	X10	手臂气缸上限位	20	X23	光纤传感器Ⅱ
10	X11	手臂气缸下限位	21	X24	自检按钮
11	X12	气缸Ⅰ前限位	22	X25	复位按钮

表 12－1－3　PLC 输出地址分配表

序号	输出地址	说明	序号	输出地址	说明
1	Y0	圆盘直流电动机	10	Y11	手臂上升
2	Y1	气爪松开	11	Y12	气缸Ⅰ伸出
3	Y2	气爪夹紧	12	Y13	气缸Ⅱ伸出
4	Y3	机械手左转	13	Y14	气缸Ⅲ伸出
5	Y4	机械手右转	14	Y17	输送皮带运行指示灯
6	Y5	悬臂伸出	15	Y20	变频器正转
7	Y6	悬臂缩回	16	Y21	变频器反转
8	Y7	自检指示灯	17	Y22	变频器高速
9	Y10	手臂下降	18	Y23	变频器中速

2. 根据地址分配情况画出零件加工线的电气控制原理图

参考的 PLC 接线图如图 12－1－4 所示。

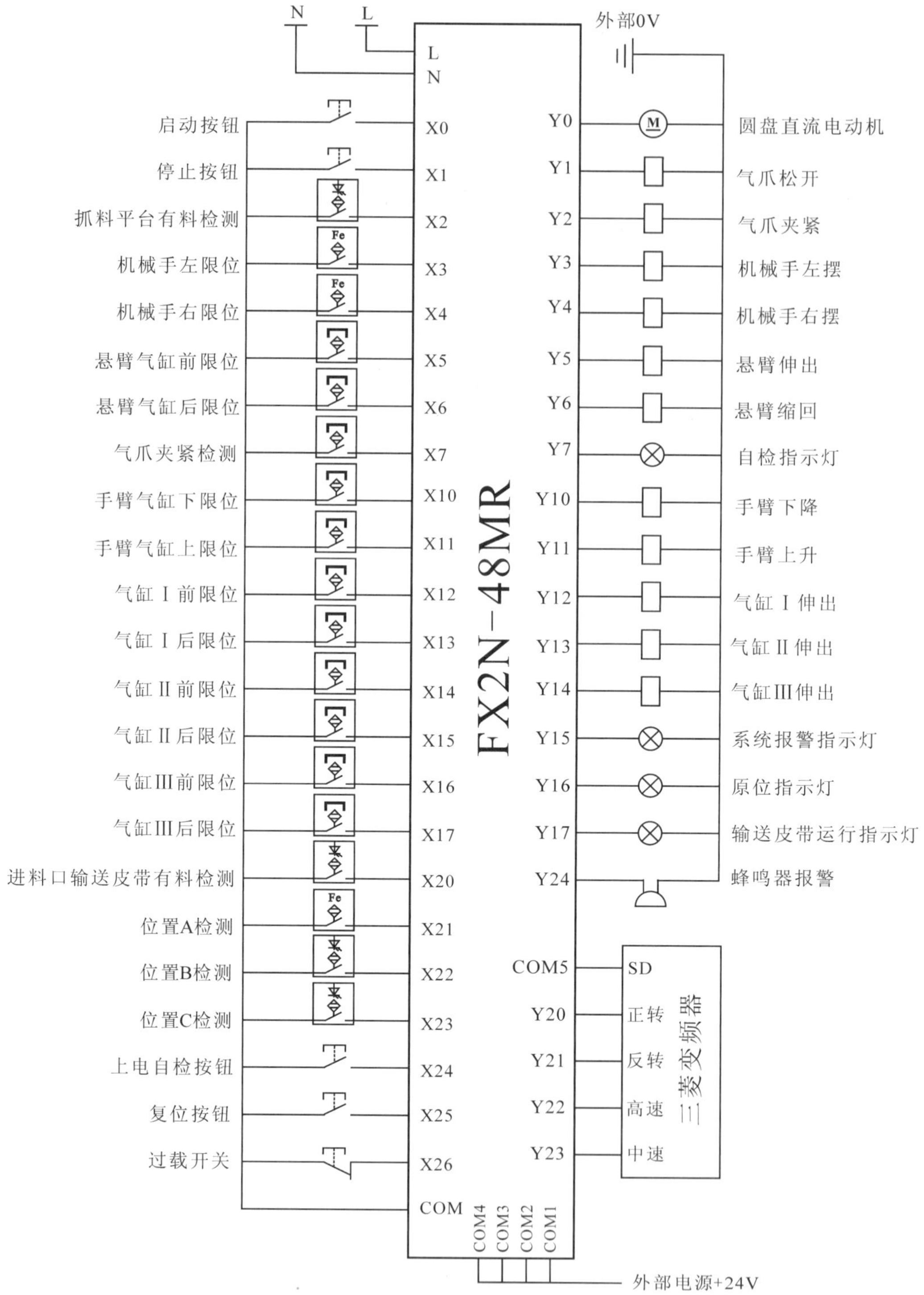

说明：为了保证图纸的完整性，在此图中将本项目后面任务中要讲到的一些元器件和接线也放到图里。

图 12－1－4　零件加工线电气控制原理图

3. 完成电气安装

按零件加工线电气控制原理图连接线路，完成电气安装。

4. 变频器参数设置

在设置参数时如果不知道变频器原来的参数情况，可先将参数恢复为出厂设置，然后按表 12－1－4 所示依次设置参数，参数设置结束后再将变频器设为运行模式。

表 12－1－4 变频器参数设置表

序号	参数代号	参数值	说明
1	P4	30Hz	高速
2	P5	15Hz	中速
3	P7	2s	加速时间
4	P8	1s	减速时间
5	P79	2	电动机控制模式（外部操作模式）

5. 电气检查与调试

步骤一：接线完成后，接通电源，检查按钮模块、PLC 模块以及变频器模块电源是否正常。

步骤二：观察检测到气缸位置的两线制传感器是否有信号，检测三线制传感器是否能正常工作。

步骤三：拿出 3 个不同的工件，根据任务要求调节用于工件分拣的 3 个传感器的位置和灵敏度，满足分拣要求。

步骤四：拨动变频器正反转手动开关，检查变频器工作是否正常，并观察安装好的三相交流异步电动机的同轴度（若电动机或者输送皮带上的气缸晃动，说明同轴度没调好），如果同轴度不好则要断电后作微调。

三、编写 PLC 控制程序

1. 程序编写思路

仍以动作控制法为基本思路，可参照项目十一的供料系统、机械手、分拣系统的主要功能及动作，配合经验编程法完成整体程序的编写。

2. 功能分析

零件加工线包含“自检”和“正常运行”两种工作状态，从动作上看，两种状态完全独立，没有交叉的工作过程，且都是按一定的顺序一步一步地完成动作的。所以整个设备的动作过程可选用顺序控制编程法，利用三菱 PLC 的步进指令或前面学习的自动控制法实现设备功能；指示和报警是在一定条件下发生的，所以可以用经验编程法实现。

（1）设备的自检。

在每一次上电时要求按下自检按钮进行自检，使用 PLC 的上电初始化脉冲可以执行此功能。设备自检应特别注意自检时的动作顺序，以及自检时的保护功能。

（2）设备的主功能。

设备的主功能包括供料、机械手动作、输送皮带、工件分拣在内。机械手动作可参照项目十一中的编程方法进行编程。在输送皮带部分需要注意的是，在循环工作时，按下启动按钮就开始待料运行，同时有待料指示，分拣结束后在没有按下停止按钮的条件下设备继续待料运行。

（3）设备的复位功能。

此功能要求只要设备不是在循环状态下便无条件执行复位。

设备的基本动作只有在自检正常后才可运行，复位动作不在循环运行时有效。所以编写程序时，先编写设备的自检功能，再编写设备的主功能部分，最后编写复位功能。在自检时，根据项目要求的动作顺序编写动作。在自检动作完成后，设备回到初始位置，可以进入允许启动的状态。

3. 设备控制要点

设备有两种工作状态，且两种工作状态彼此独立，所以我们用两个选择性分支来分别实现“自检”和“正常工作”。

（1）自检。当第一次上电后，按一下自检按钮，设备按要求的动作一步一步完成，完成最后一个动作就自动停止，可以用单流程顺序控制梯形图实现。

（2）正常工作：设备在初始位置，按一下启动按钮，圆盘直流电动机开始运送工件，机械手按规定动作搬运工件，这些动作都是常规动作，和以前要求的控制相同，可以用顺序控制编程方法实现。皮带输送机和皮带输送机上各气缸的动作根据不同的工件有不同的控制要求，所以需要用选择性分支结构。在启动时，若设备不在初始位置，则需要进行复位处理，所以在启动时也有一个选择性分支。指示灯部分可以单独放在顺序控制梯形图外，用经验编程法来实现。

4. 自检功能及正常工作两种状态的实现

我们通过前面的分析知道，两种工作状态可以用两个选择性分支来实现。设置自检过程的第一个状态为 S20，状态若连续编号，则用到的最后一个状态是 S35；正常工作过程的状态可以从 S40 开始。自检功能状态如图 12－1－5 所示。具有自检功能及正常工作两种状态的参考梯形图程序如图 12－1－6 所示。

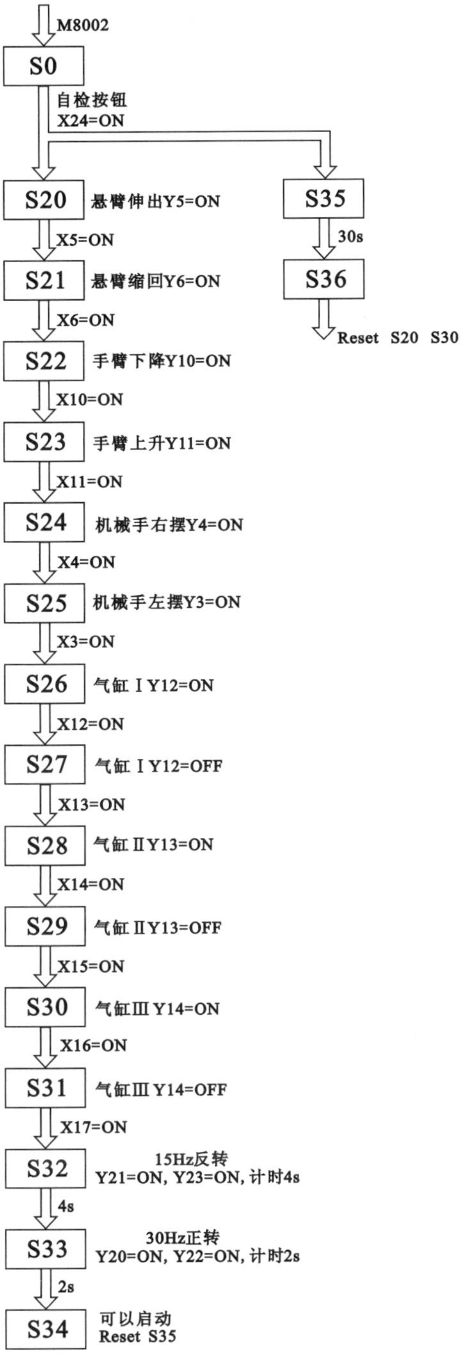

图 12-1-5 自检功能状态

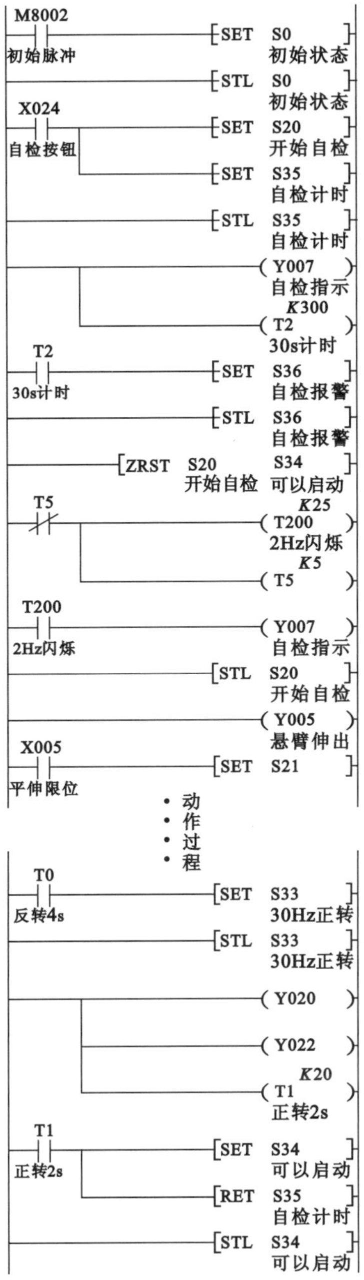

图 12-1-6 自检与正常运行程序

5. 系统主要功能的程序

（1）系统主功能开始的处理和机械手动作控制。

系统主功能开始的处理和机械手动作控制程序都采用步进梯形图来编写，只要根据前面画出的工作流程图和输入/输出地址分配表，用步进梯形图的基本编程方法就可以实现。机械手的动作是单流程的，所以用单流程步进梯形图结构。如图 12－1－7 所示，图中画出了前部分的参考梯形图程序，后面部分的编程方法完全一样。

（2）皮带输送机的控制和分拣过程的实现。

皮带输送机的控制程序可以用经验编程法，使用基本逻辑指令来完成，也可以用步进指令编写。需要注意的是，在零件加工线中加入了简单的加工要求，所以我们选择采用步进梯形图的方法实现，如图 12－1－8 所示。请你根据给出的参考程序加以完善，并完成调试。

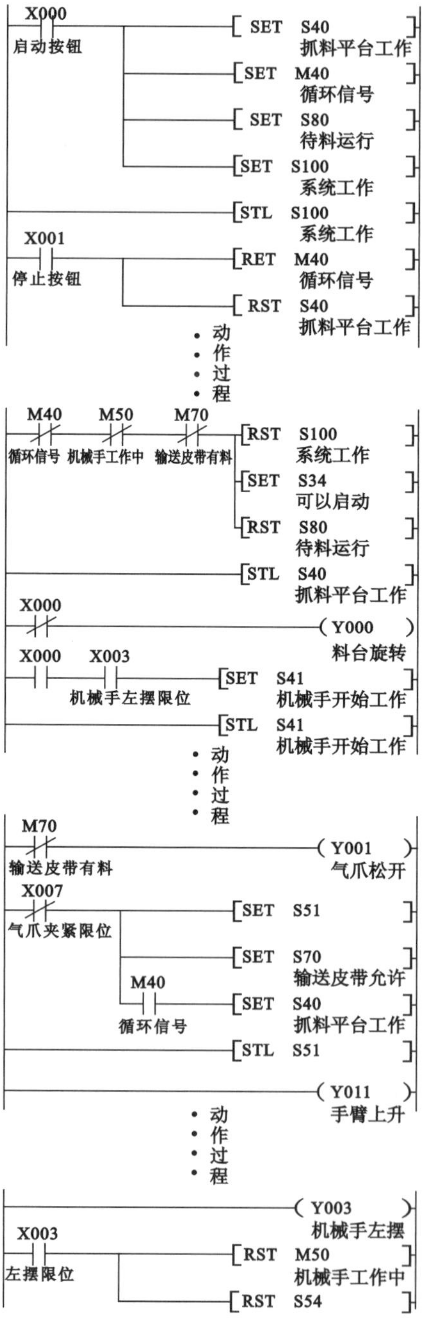

图 12－1－7　设备开始与机械手动作程序

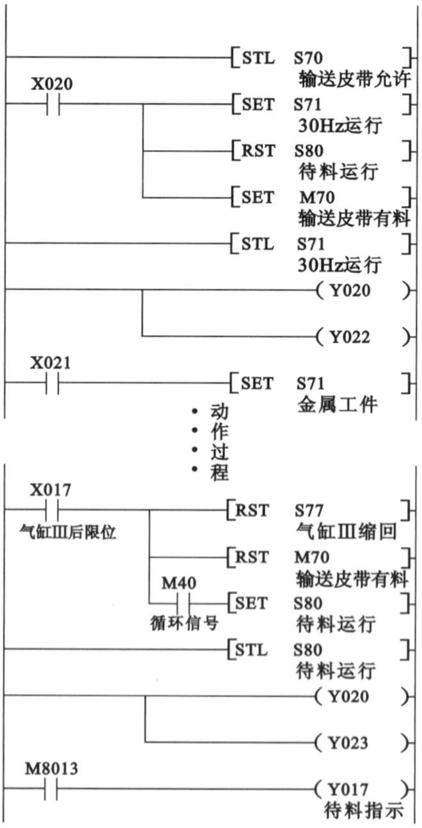

图 12－1－8　加工与分拣控制程序

6. 复位程序的编写

复位程序采用独立的梯形图程序段进行编写，如图 12-1-9 所示。需要注意的是，在进行复位过程之前，一定要先将系统正在运行的其他部分的功能清除，以免出现两个过程同时动作的混乱现象，这也是实现可靠复位尤其重要的一点。

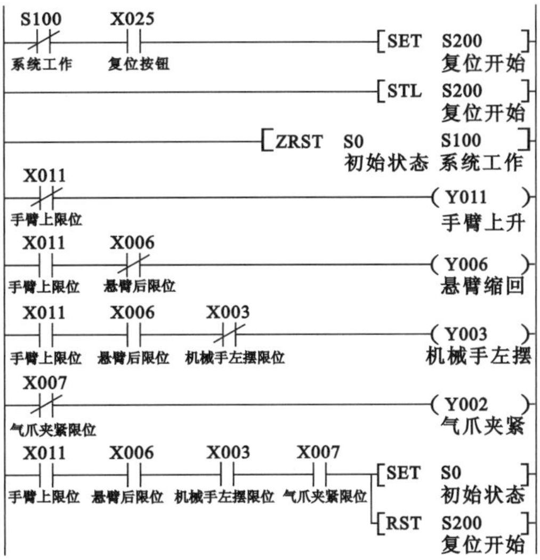

图 12-1-9　复位程序

7. 指示灯程序的编写

技术要求中，共用两盏指示灯 HL2（Y20）和 HL3（Y21），根据控制要求写出程序。

（1）指示灯 HL2：如果在 30s 内系统不能完成所有自检过程，则系统停机，同时自检指示灯 HL2 以 2Hz 的频率闪烁；在正常工作过程中，自检指示灯 HL2 不亮。

（2）指示灯 HL3：系统正常运行后（不包括自检），当输送皮带上有工件并且正在运行时指示灯 HL3 常亮，否则输送皮带指示灯 HL3 以 1Hz 的频率闪烁。

指示灯的功能很简单，完全可以用经验编程法单独实现，这里只给出上述的分析，不再给出程序，请大家自行完成并调试。

请大家参考步进指令的编程方法，按照流程图中的工作状态，参考各部分的程序段，将整机程序编写完成，并上机调试。

四、系统调试

完成程序编写，将编写的程序下载到 PLC，将 PLC 的状态转换到“RUN”，进行调试。

1. 自检过程的调试

按下自检按钮，观察 HL2 是否以 1Hz 的频率闪烁，若不是，则检查 HL2 的电路接线和 PLC 是否有 HL2 的输出，若没有则检查 HL2 的控制程序，同时观察设备是否按“自检”过程要求的步骤进行，是否出现动作顺序不对、中途停止工作或缺少动作等现象。如有不正常现象，则首先应检查接线是否有误。如果是缺少动作，可以进行第二遍操作，再观察第二遍的过程是否还是缺少动作，因为在第一次“自检”过程中，也可能机械手不在初始位置，有的气缸动作在启动前就达到了，那一步动作就观察不到动作过程了；如果第二遍还是缺少动作，那可能就是程序中漏了步骤。如果是中途停止，不能完成整个工作过程，则不一定是程序出错，也可能是输入信号接触不好或输入信号接错，还有可能是输出连接线接触不好，应观察 PLC 当前状态下的输入信号是否完全正确，是否有下一步的输出信号。只有当输入正确而输出不正确时才去检查 PLC 程序。若 PLC 程序错误，则修改程序后重新下载到 PLC 中，再重新进行调试。

2. 正常工作的调试

（1）基本工作过程的调试。

按下启动按钮，观察机械手的动作顺序，有没有出现运行到中途停止或出现错误动作的情况。如果机械手运行到中途停止不动时，应先检查输入信号是否正常，电路连接是否出错，如都正常则查看程序中有没有写错。如果出现错误动作，不应立即改变 PLC 状态，而是要通过监控程序来找出程序中的错误。如机械手悬臂不该伸出的时候伸出了，则要先找到悬臂不该伸出的输出端（因为是顺序控制，所以一个动作错误后，以后的动作将全部混乱，此时应找到产生第一个错误动作的原因，待解决第一个错误动作的问题后，以后的动作会随着此问题的解决而得到解决），仔细观察是哪一个中间继电器让输出口错误动作（每一个动作输出基本都有两个对应的中间继电器来控制），找到产生错误动作的中间继电器后，再找到此中间继电器的输出端，并结合上下程序找出原因，修改程序，修改完成后重新下载调试。

输送皮带部分在调试时可能出现第一次分拣正常，而第二次分拣时出错。此时应清除 PLC 内存，重新运行一遍，在运行一次结束后观察是否所有输送皮带部分的状态都被清除，找出原因，并修改程序。

（2）功能检查。

工作过程正常后，针对各技术要求进行以下调试：

①进行启/停控制，检查第一次按下启动按钮启动后，再按停止按钮，看完成一个周期后是否能停止。若不能，则检查启/停控制程序。

②复位功能检查。

③工件加工功能的检查。

3. 整理和清扫

调试结束后，整理好调试过程中使用的工具和仪表，检查安装平台上是否有遗留的器材或其他杂物，将安装平台及其周围清扫干净。

1. 请你总结在完成本次工作任务的过程中，在设备安装与调试、程序的编写与调试等方面有什么体会和经验；在程序编写与调试的过程中你遇到了什么困难，用什么办法克服了这些困难。

2. 在调试程序的过程中，你认为哪些问题最重要？掌握好的编程方法对程序编写有什么帮助？怎样养成良好的编程习惯？

3. 采用不同的方法实现控制要求，请老师帮你检查并比较哪一种方法你做得最好。

4. 你觉得按“完成工作任务指引”中的步骤完成工作任务合理吗？你是怎样编写系统控制程序的？请你尝试采用自己的方法完成本工作任务并说出你的想法。

5. 请你填写完成工作任务评价表。

完成工作任务评价表

设备安装情况	
电气线路安装与调试情况	
供料和机械手搬运控制情况	
输送皮带分拣控制情况	
设备整体功能及运行稳定性情况	
你完成设备组装、电气线路安装和调试的步骤：	
你完成程序编写和系统功能调试的步骤：	
你对完成本次工作任务的自我评价：	
小组同学对你完成本次工作任务的评价（请你去找小组的同学）：	
老师对你完成本次工作任务的评价（请你去找老师）：	

任务二　编写具有报警功能的零件加工线控制程序

工作任务

请你在零件加工线上增添以下报警功能，具体要求为：

（1）复位异常报警。

系统进行复位操作时，如系统无法回到初始位置，报警指示灯常亮报警。系统应断电进行故障排除后，重新上电进行复位操作，使系统回到初始位置后该报警信号解除。

（2）无料报警。

圆盘直流电动机转动 15s，抓料平台处的物料检测传感器仍未检测到工件到来，表明圆盘中无料，则报警指示灯按 2.5Hz 的频率闪烁 2 次、常亮 2s 的方式闪烁报警，系统不能启动，提醒操作人员加料。加料后设备需重新启动，启动后报警灯灭。

（3）工作过程异常报警。

从抓料平台的物料传感器检测到工件，到该工件被推入出料斜槽，总时间如超过30s，则报警指示灯以1Hz的频率闪烁报警，系统照常工作。如下一工件所用时间少于30s，则报警灯自动灭；如下一工件所用时间超过30s，则报警灯继续以1Hz的频率闪烁。在运行过程中，如一个工件所用的总时间超过40s，则设备立即停机，报警指示灯以2.5Hz的频率闪烁3次、常亮2s的方式报警，提示对设备进行检测或调整，重新启动后该指示灯灭。

（4）机械手动作超时报警。

设机械手每一步动作不超过5s，如任何一步动作超过5s没有完成，报警指示灯以2.5Hz的频率闪烁4次、常亮2s的方式闪烁报警，如果报警5s后动作还没有完成则系统立即停机。

（5）输送皮带双（多）工件报警。

为了保证设备的正常工作，只允许一个工件在皮带输送机上传送与加工。因此当由于传送错误造成输送皮带上出现两个工件（如手动放一个工件上去）时，报警指示灯以2.5Hz的频率闪烁5次、常亮2s的方式闪烁报警，同时系统停机，输送皮带上的工件全部作为废品，操作人员将输送皮带上的工件取走，按下复位按钮后解除报警，设备复位后可以重新启动。

在本任务中增加指示灯HL6，作为设备报警指示灯，其分配PLC输出点的Y15。

相关知识

PLC控制系统应有异常处理程序，用来作为PLC的种种异常情况及出错处理。具体处理有：错误报警、错误控制、状态记录、标志位使用、故障预测与预防、故障或错误诊断。此外，为了更加可靠，有的还可作冗余或容错配置或处理。

1. 出现错误时报警

在有的PLC控制系统中，使用了3级错误报警系统。1级错误报警设置在控制现场各控制柜面板。采用信号指示灯指示设备正常运行和错误情况，当设备正常运行时对应指示灯亮，当该设备运行有故障时，指示灯闪烁。2级错误报警设置在中心控制室大屏幕监示器上，当设备出现错误时，有共享显示错误标志，工艺流程图上对应设备的指示灯闪烁，历史事件表中将记录出现过的2级错误。3级错误报警在中心控制室信号箱内，当设备出现错误时，信号箱将用声、光报警方式提示工作人员及时处理错误。在故障或出错报警的同时，做好故障记录是必要的，也可与状态记录一起编程。

2. 出现错误时的控制

一旦系统出错，除了报警、记录，马上要考虑的是对出错或故障性质、严重程度的判断。一旦确认是严重故障，应有应急处理机制或程序去处理故障，以确保人身及设备安全，特别是人身安全。

一般而言，可将与机器有关的危险隔离，主动或被动地将它封住，或者在探测到危险时终止过程。这是唯一能把握并尽量避免伤亡、同时优化生产过程的机会。这里最简单的方法是设备紧急停止，或使 PLC 禁止输出等。总之，应在程序中考虑这些措施，确保出现故障时能及时得以控制。

3. 状态记录

飞机失事，第一件事是想方设法找到“黑匣子”，因为它记录着飞机的飞行数据，有了它就容易查找、判断出事的原因。PLC 运行也可有自己的“黑匣子”，那就是 PLC 的数据区。而且这个数据区现在已相当大，只要编有相应的 PLC 运行情况数据记录，就可把它存储在这个数据区中。

注意：这里讲的状态不仅是故障，还可以是系统运行负荷情况，以及在不同负荷下的运行时间、系统的重要性能特性等。一旦 PLC 控制系统出现故障，就可找出这个记录，分析这个记录。这对故障判断、定位都将有很大的帮助。

4. 故障预测与预防

设备修理，最原始的方法是坏了修，不坏不修。但对重要设备来说，长期不修，一旦突然坏了，给生产带来的损失将是很大的。为此，采用了计划预修。使用时间长了，不管坏不坏，都强迫修理。这可减少突然损坏给生产带来的损失。但这样一来，资源却不能得到充分利用。最好的办法是故障预测与预防。用传感器不断监测设备的工作状态参数，并记入 PLC 的数据区。再由 PLC 实时判断，可视情况对可能的故障进行预测或提示维护，或提示停机修理，以作必要预防。对机械设备，一般检查轴承噪声及润滑油变脏的时间。一般来说，噪声变大、滑油变脏时间缩短，是需要维修的征兆。事实上，只要做了有关配置，用 PLC 程序完全有可能实现这种故障预测及预防。这样既可充分利用资源，又不会因设备突然损坏给生产带来损失。

5. 故障或错误诊断

故障或错误诊断是对已出故障或错误的定性与定位，为排除故障、纠正错误提供依据。为此，需在计算机上建立故障或错误诊断知识库、运行系统监示与诊断程序。PLC 在现场监示系统工作，实时监测系统状态，采集与存储有关数据。必要时，两者联机、通讯，PLC 把采集及存储的有关数据传送给计算机，计算机处理这些数据，并存入数据库。一旦系统出现故障，知识库即可根据数据库的规则及推理机制，对故障进行实时诊断。

完成工作任务指引

一、报警功能控制程序的编写

报警控制不宜将其放在步进状态中，可以根据工作的要求和设备的具体工作情况，采用经验编程法或者使用独立的步进过程编写专用的报警程序。

注意：如果采用经验法处理程序，则要避免出现双线圈输出（如要解决同一个灯又发光、又闪烁，同一个灯在不同情况下的控制问题）。

1. 指示灯

作为一种信号指示，指示灯在机电一体化设备中应用非常多。指示灯可以用作各种工作状态或工作方式的指示，可以用作设备保护的报警指示，可以作为皮带输送机允许下料或禁止下料的指示，可以作为时间间隔的指示，还可以作为各种异常情况的指示等，并且通常一盏指示灯可以有多种指示功能，这就要通过不同的闪烁方式来实现，所以指示灯程序的编写很重要。指示灯闪烁的程序，前面已经实践过了。这里要用指示灯来显示检测到的工件数量。

（1）当工件通过接近开关 S1 时，接近开关给 PLC 一个计数的信号，如图 12－2－1 所示。

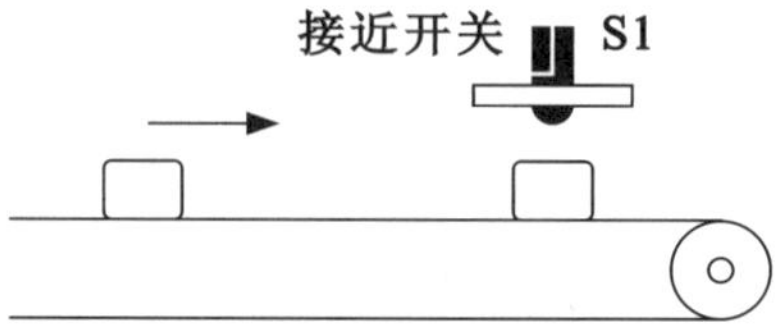

图 12－2－1　用接近开关产生计数的信号

（2）接近开关与 PLC 的连接。PLC 的输入/输出点分配如图 12－2－2 所示。

（3）用指示灯闪烁计数的程序。用指示灯闪烁计数的控制程序如图 12－2－3 所示。

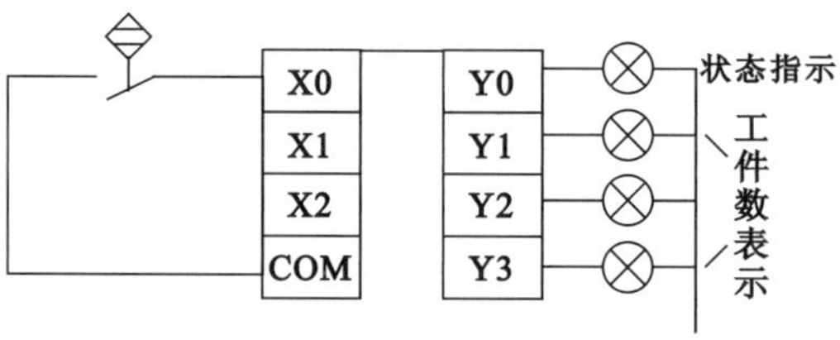

图 12－2－2　接近开关与 PLC 的连接

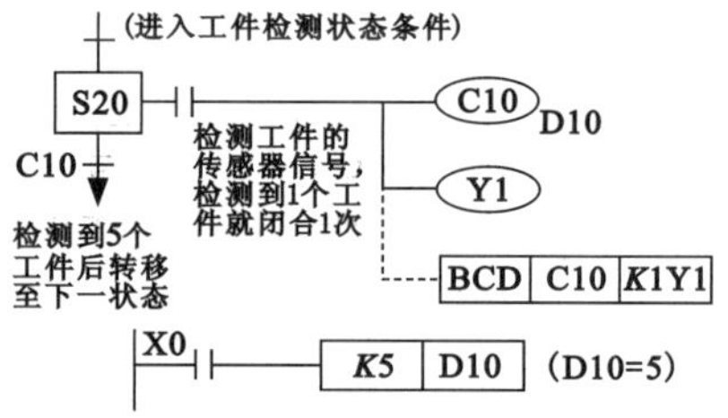

图 12－2－3　用指示灯闪烁计数的控制程序

说明：用指示灯的闪烁来表示工件检测的数量有两种方法可以实现，一是可以使用 Y0 指示灯的发光次数表示工件数量，向使用者指示，使其有一个大概的了解；二是可以通过 Y1、Y2、Y3 指示灯用 BCD 码的形式表示工件数量，这种方式更加可靠，具有一定的实用性，输出的 BCD 码还可能传送给其他设备处理使用。

2. **蜂鸣器的报警程序**

（1）蜂鸣器长鸣 5s，停 1s，重复作工作状态提示或报警的控制程序如图 12－2－4 所示。

X0 闭合，Y10 接通 5s 后，T10 动作，T10 常闭触点断开，Y10 断开。同时 T10 常开触点闭合，T11 接通，T11 接通 1s 后，T11 动作，T11 常闭触点断开，T10 断电并复位，Y10 又接通。如此重复。

（2）蜂鸣器短促鸣 3 声，停 0.5s，重复作工作状态提示或报警的控制程序如图 12－2－5 所示。

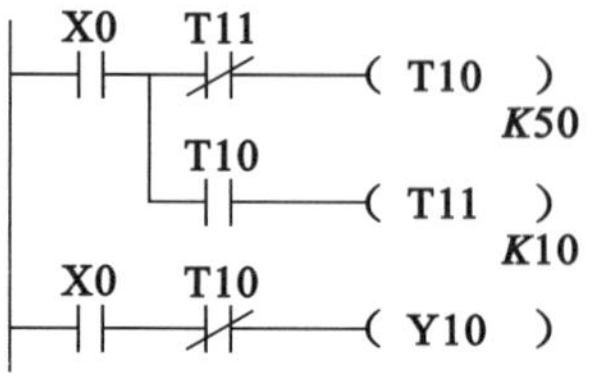

图 12－2－4　蜂鸣器提示程序（一）

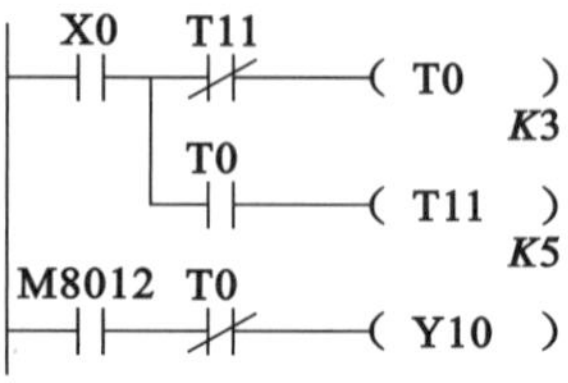

图 12－2－5　蜂鸣器提示程序（二）

二、确定完成工作任务的方法

有报警功能的零件加工线列出了5种报警功能，如果在同一个程序中做完所有的功能工作量太大或完成起来有困难，也可以选做2～3个报警功能。在完成工作任务的过程中，重在理解机电一体化设备报警功能的作用和实现方法。完成本工作任务将重点放在两个方面。

（1）充分理解用单个指示灯表示多种不同报警信号的方法，掌握任务要求中两短一长至五短一长的声光报警信号的产生方法。

（2）仔细分析每一种报警功能的控制要求，总结出控制要点，编程方法可以采用经验编程法，也可以使用步进指令。由于每种报警功能都有自己产生报警和解除报警的独立条件，因此程序上也相对独立。但要注意的是，编写报警程序不能影响其他程序的正常功能，特别是系统主功能的程序，同时报警功能之间要避免相互影响。

三、PLC程序的编写与调试

1. 复位异常报警程序

编写复位异常报警程序时，需要加入一个时间继电器，作为判断是否返回原位的判定条件之一。时间到，开始判断，如图12-2-6所示。

2. 无料报警程序

编写无料报警程序时需要注意的是：无料的条件是圆盘直流电动机转动15s，抓料平台传感器没有发出工件到达的信号。报警时停止的是圆盘直流电动机和循环信号，动作不受影响的是分拣及搬运。2.5Hz即0.4s闪亮一次，因为是固定频率的闪烁，所以闪亮两次可用定时器。当然也可用计数器，用计数器时需要用报警灯信号的下降沿作计数。无料报警程序如图12-2-7所示。

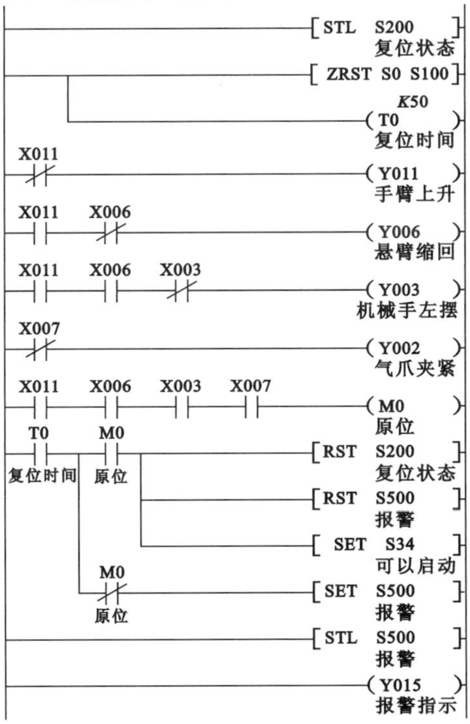

图12-2-6 复位异常报警程序

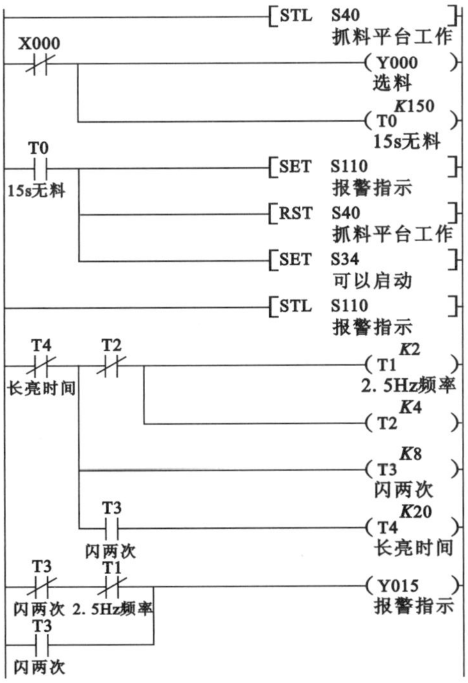

图12-2-7 无料报警程序

3. 工作过程异常报警程序

编写工作异常报警程序的关键是要清楚整套设备在循环工作中最多有两个工件，应对每一个工件跟踪计时，而最难的一点是：在一个工件未分拣完成时，另一个工件已经在搬运过程中。所以最主要的是分清楚什么时候开始第一次计时，什么时候结束第一次计时；什么时候开始第二次计时，什么时候结束第二次计时。分别用第一次、第二次的时间来判断当前设备所处的状态。工作异常报警程序如图 12-2-8 所示。

4. 机械手动作的超时报警程序

机械手动作的超时报警程序可以利用 PLC 扫描周期的时间差来完成，将这段计时程序放在输出程序的上方，这样机械手每一步动作可以切断一次超时时间，如果任何一步动作完成没有来得及切断这个时间，则证明此步动作超时，T0 的触点将动作输出报警信号。报警指示灯程序的实现方法与工作异常报警一样，只是闪烁的次数有所变化，这里不再重述。机械手超时报警程序如图 12-2-9 所示。

5. 输送皮带多工件报警程序

在做多工件判断时，要防止干扰信号的产生。在工件刚放到进料口时，容易产生多个 X20 的上升沿，可以用延时来解决。报警解除只需进入复位状态即可。如果系统判断到输送皮带上有工件正在被处理时，进料口检测到有工件放入的话，S140 被置位，开始双工件报警处理。报警指示灯程序的实现方法与工作异常报警一样，只是闪烁的次数有所变化。输送皮带多工件报警程序如图 12-2-10 所示。

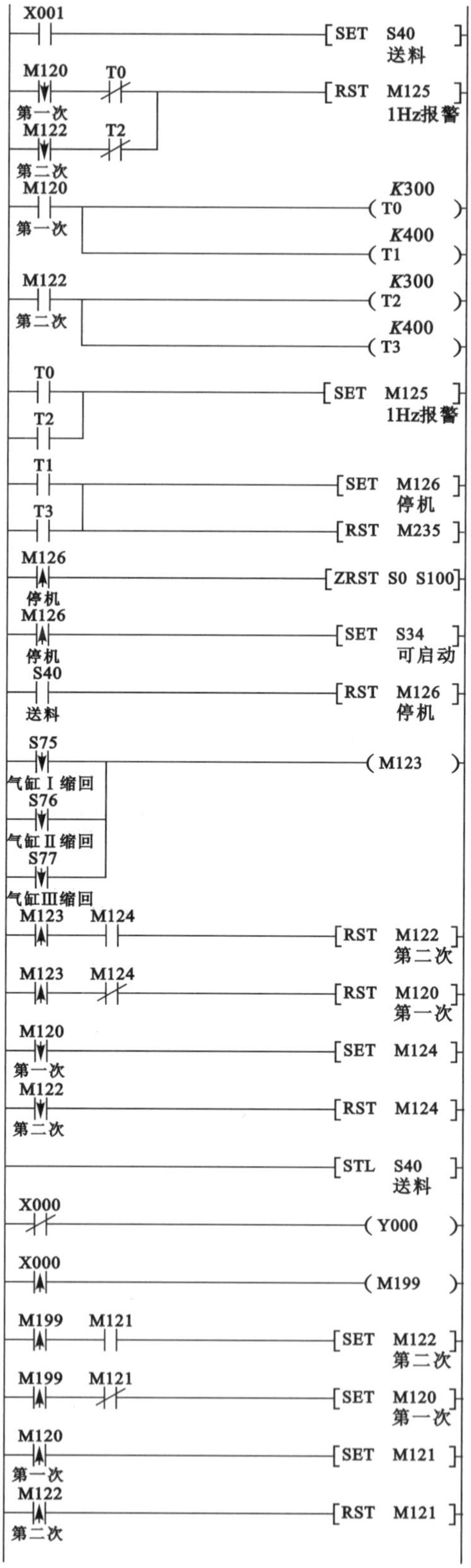

图 12-2-8 工作过程异常报警程序

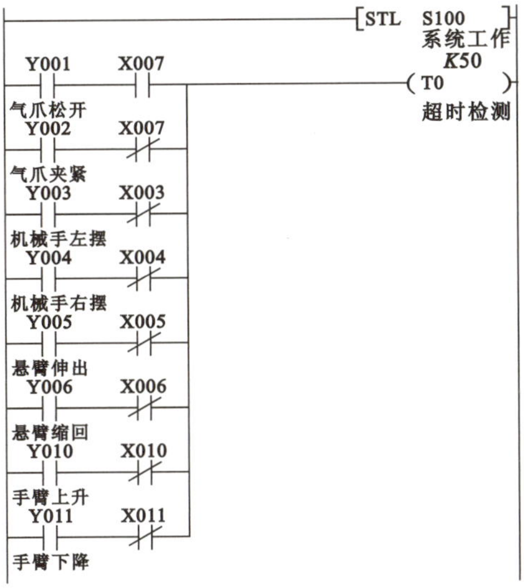

图 12-2-9　机械手动作的超时报警程序

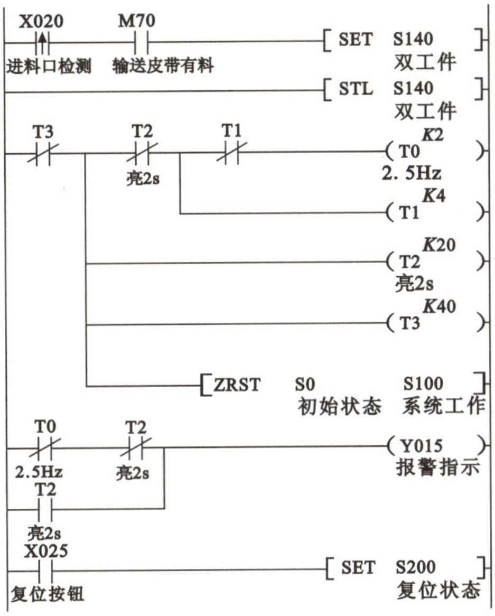

图 12-2-10　输送皮带多工件报警程序

1. 请你总结在完成本次工作任务的过程中，在设备报警程序的编写与调试操作方面有什么体会和经验；在程序编写与调试的过程中你遇到了什么困难，用什么办法克服了这些困难。

2. 在调试程序的过程中，你认为哪些问题最重要？你掌握的编程方法对程序编写有什么帮助？怎样养成良好的编程习惯？

3. 采用不同的方法实现控制要求，请老师帮你检查并比较哪一种方法你做得最好。

4. 你觉得按"完成工作任务指引"中的步骤完成工作任务合理吗？你是怎样编写系统控制程序的？请你尝试采用自己的方法完成本工作任务并说出你的想法。

5. 请你填写完成工作任务评价表。

完成工作任务评价表

复位异常报警程序的编写及调试情况	
无料报警程序的编写及调试情况	
工作过程异常报警程序的编写及调试情况	
机械手动作超时报警程序的编写及调试情况	
输送皮带双（多）工件报警程序的编写及调试情况	
设备整体功能及运行稳定性情况	
你完成设备组装、电气线路安装和调试的步骤：	

续表

你完成程序编写和系统功能调试的步骤：
你对完成本次工作任务的自我评价：
小组同学对你完成本次工作任务的评价（请你去找小组的同学）：
老师对你完成本次工作任务的评价（请你去找老师）：

项目十三　机电一体化设备多种工作方式

为适应生产的需要，机电一体化设备有时需要单周期运行，有时需要连续运行，有时需要手动控制，有时又需要自动控制，因此这些设备可能有多种工作方式。通过完成调试有两种分拣方式的分拣设备和调试多种运行方式的生产设备两个工作任务，学会具有多种工作方式的机电一体化设备的组装与调试。

任务一　调试有两种分拣方式的分拣设备

工作任务

有一零件加工和分拣设备，其工作过程及要求如下。

1. 设备的初始位置

启动前，设备的运动部件必须在规定的位置，这些位置称作初始位置。有关部件的初始位置是：

①机械手的悬臂在左限位，手臂气缸的活塞杆缩回，气爪松开。

②所有气缸活塞杆缩回。

③圆盘直流电动机、皮带输送机的三相交流异步电动机不转动。

上述部件在初始位置时，指示灯 HL1 长亮。只有上述部件在初始位置时，设备才能启动。若上述部件不在初始位置，指示灯 HL1 不亮，请自行选择一种复位方式进行复位。

2. 正常工作过程

接通设备的工作电源，安装平台上的红色警示灯闪亮，指示电源正常。

(1) 启动、工作。

若设备在初始位置，按下启动按钮 SB4，设备开始工作，圆盘直流电动机驱动拨杆转动，工件从圆盘中被推到抓料平台；当抓料平台的光电传感器检测到有工件，发出信号，圆盘直流电动机停止，同时机械手悬臂伸出→手臂下降→气爪合拢抓取工件→手臂上升→悬臂缩回→机械手向右转动→悬臂伸出→手臂下降→气爪松开，工件被放入皮带输送机进料口内→手臂上升→悬臂缩回→机械手转回原位后再重复上述过程。

设备在工作过程中，HL1 以 1Hz 的频率闪烁。

工件被放到皮带输送机上后，有两种分拣方式，这两种分拣方式只有在设备停止时才能转换。

①分拣方式一。当转换开关 SA1 置于“左”位置，启动分拣方式一。若皮带输送机上无工件，则输送皮带以 20Hz 的频率运行；若皮带输送机上有工件，则输送皮带以 30Hz 的频率运行，根据工件的材质，分别控制相应气缸动作，对工件进行分拣。分拣顺序为出料斜槽Ⅰ放金属工件，出料斜槽Ⅱ放白色工件，出料斜槽Ⅲ放黑色工件。

无论皮带输送机上是否有工件，机械手搬运过来的工件都可以从进料口放入。

②分拣方式二。当转换开关 SA1 置于“右”位置，启动分拣方式二。启动后，在出料斜槽Ⅰ实现“金属/白色塑料”装配，不符合装配要求的金属工件和白色塑料工件被推入出料斜槽Ⅱ，黑色塑料工件被推入出料斜槽Ⅲ。若输送皮带上有工件，则输送皮带以 25Hz 的频率前进，若输送皮带上无工件，则输送皮带以 20Hz 的频率运行。

只有当输送皮带上无工件时，机械手才能将工件放入进料口。

（2）停止。

按下停止按钮 SB5 时，应将当前工件推入出料斜槽，并且回到初始位置后，设备才能停止。设备在重新启动之前，应将出料斜槽中的工件取走。

3. 设备的意外情况

（1）圆盘无工件报警。

当圆盘直流电动机旋转 8s 后，圆盘处的物料检测传感器仍未检测到工件，则绿色警示灯闪烁，提示尽快放入工件。若提示 10s 后，还未检测到工件，则设备在分拣完当前工件后停止在初始位置。

（2）输送皮带工作异常报警。

在分拣方式二工作时，工件到达皮带输送机上 10s 内没有被推入出料斜槽，说明皮带输送机运行有故障，则设备停止工作，蜂鸣器鸣叫报警，此时按下复位按钮后，蜂鸣器报警解除，解除报警 20s 内，按下任何操作按钮都无效，只有在 20s 后（表示故障排除后），才能操作设备。

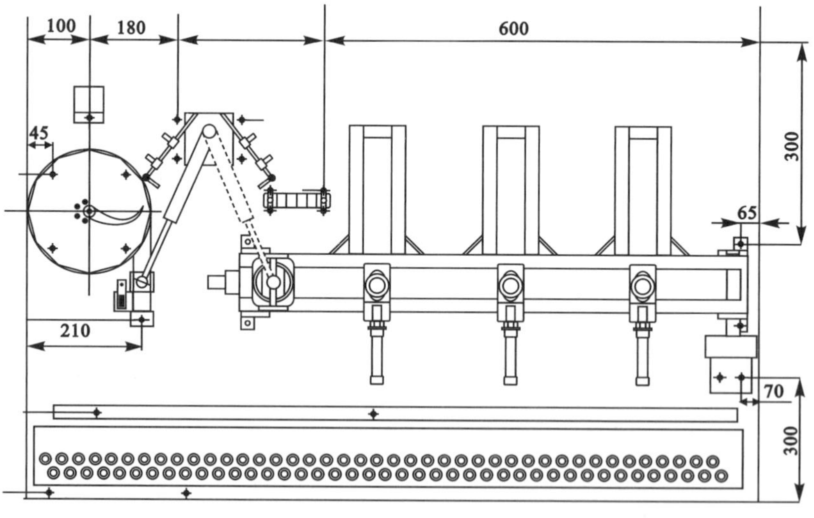

图 13-1-1　实现两种分拣方式的机械部件安装示意图

请你根据零件加工和分拣设备的工作要求，完成下列工作任务：

（1）按图 13-1-1 在安装平台上安装机电一体化设备的机械部件。

（2）按照图 13-1-2 所示气动系统图连接气路。

（3）根据气动系统图和工作任务的控制要求，画出零件加工和分拣设备实现两种分拣方式的电气控制原理图。

(4) 按照电气控制原理图连接好电路。

(5) 根据控制要求编写 PLC 程序，设置变频器参数。

(6) 调试设备的 PLC 程序以达到工作过程要求。

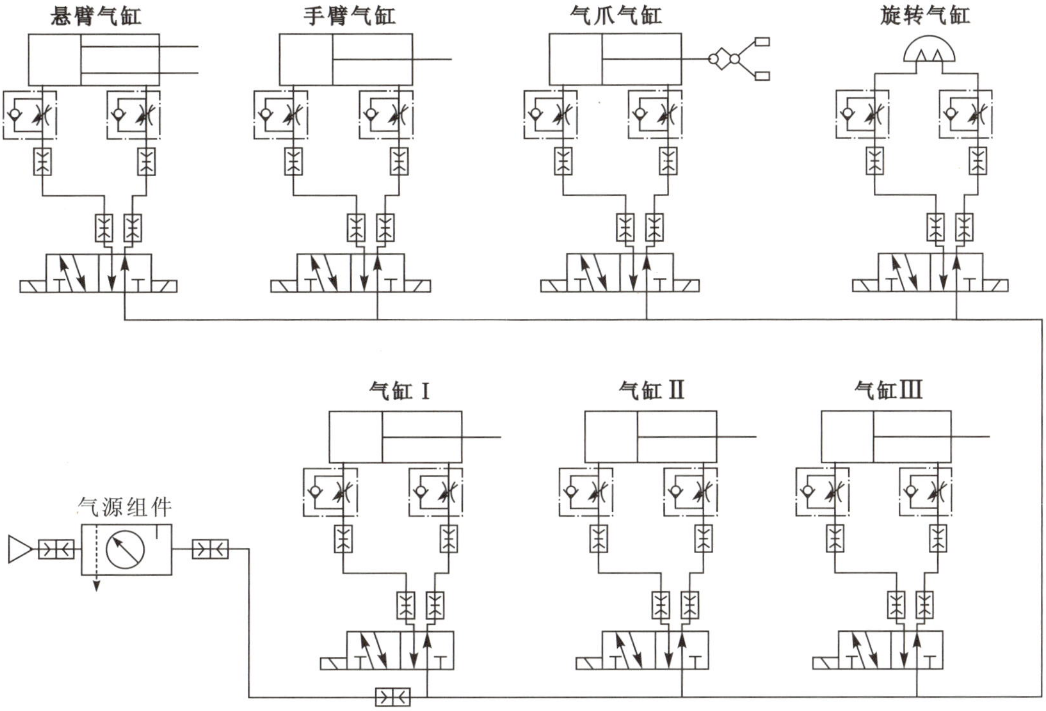

图 13-1-2　气动系统图

一、电气控制原理图

1. 确定输入/输出点数

(1) 确定输入点数。

根据控制要求，共需要 18 个传感器检测信号，还需要转换开关、启动、停止和复位 4 个开关信号，所以一共有 22 个输入信号，即输入点数为 22 个。

(2) 确定输出点数。

根据控制要求，皮带输送机需要三段速正转运行，变频器需要 4 个控制信号，电磁阀控制信号 11 个，圆盘直流电动机 1 个，指示灯 HL1、绿色警示灯、蜂鸣器各 1 个，所以共需 19 个输出端子。

2. 列出 PLC 输入/输出地址分配表

根据输入/输出点数和输出量的工作电压与工作电流要求分配输入/输出地址。参考的输入/输出地址分配如表 13-1-1 所示。

表 13-1-1 PLC 输入/输出地址分配表

输入			输出		
序号	地址	说明	序号	地址	说明
1	X0	启动按钮 SB4	1	Y0	圆盘直流电动机
2	X1	停止按钮 SB5	2	Y1	指示灯 HL1
3	X2	复位按钮 SB6	3	Y2	绿色警示灯
4	X3	转换开关 SA1	4	Y3	蜂鸣器
5	X4	抓料平台光电传感器	5	Y4	手臂上升
6	X5	气爪夹紧限位	6	Y5	手臂下降
7	X6	手臂下限位	7	Y6	悬臂伸出
8	X7	手臂上限位	8	Y7	悬臂缩回
9	X10	悬臂前限位	9	Y10	气爪夹紧
10	X11	悬臂后限位	10	Y11	气爪松开
11	X12	机械手左限位	11	Y12	机械手左摆
12	X13	机械手右限位	12	Y13	机械手右摆
13	X14	输送皮带物料检测传感器	13	Y14	气缸Ⅰ
14	X15	电感传感器	14	Y15	气缸Ⅱ
15	X16	光纤传感器Ⅰ	15	Y16	气缸Ⅲ
16	X17	光纤传感器Ⅱ	16	Y20	变频器 STF
17	X20	气缸Ⅰ前限位	17	Y21	变频器 STR
18	X21	气缸Ⅰ后限位	18	Y22	变频器 RH
19	X22	气缸Ⅱ前限位	19	Y23	变频器 RM
20	X23	气缸Ⅱ后限位	20	Y24	变频器 RL
21	X24	气缸Ⅲ前限位			
22	X25	气缸Ⅲ后限位			

3. 绘制电气控制原理图

根据控制要求和列出的 PLC 输入/输出地址分配表，绘制电气控制原理图（参考电路如图 13-1-3 所示）。

二、安装设备

按照图 13-1-1 所示机械部件安装图安装各机械部件，根据图 13-1-2 所示气动系统图连接气路，具体安装方法和步骤可参考前面各个项目。

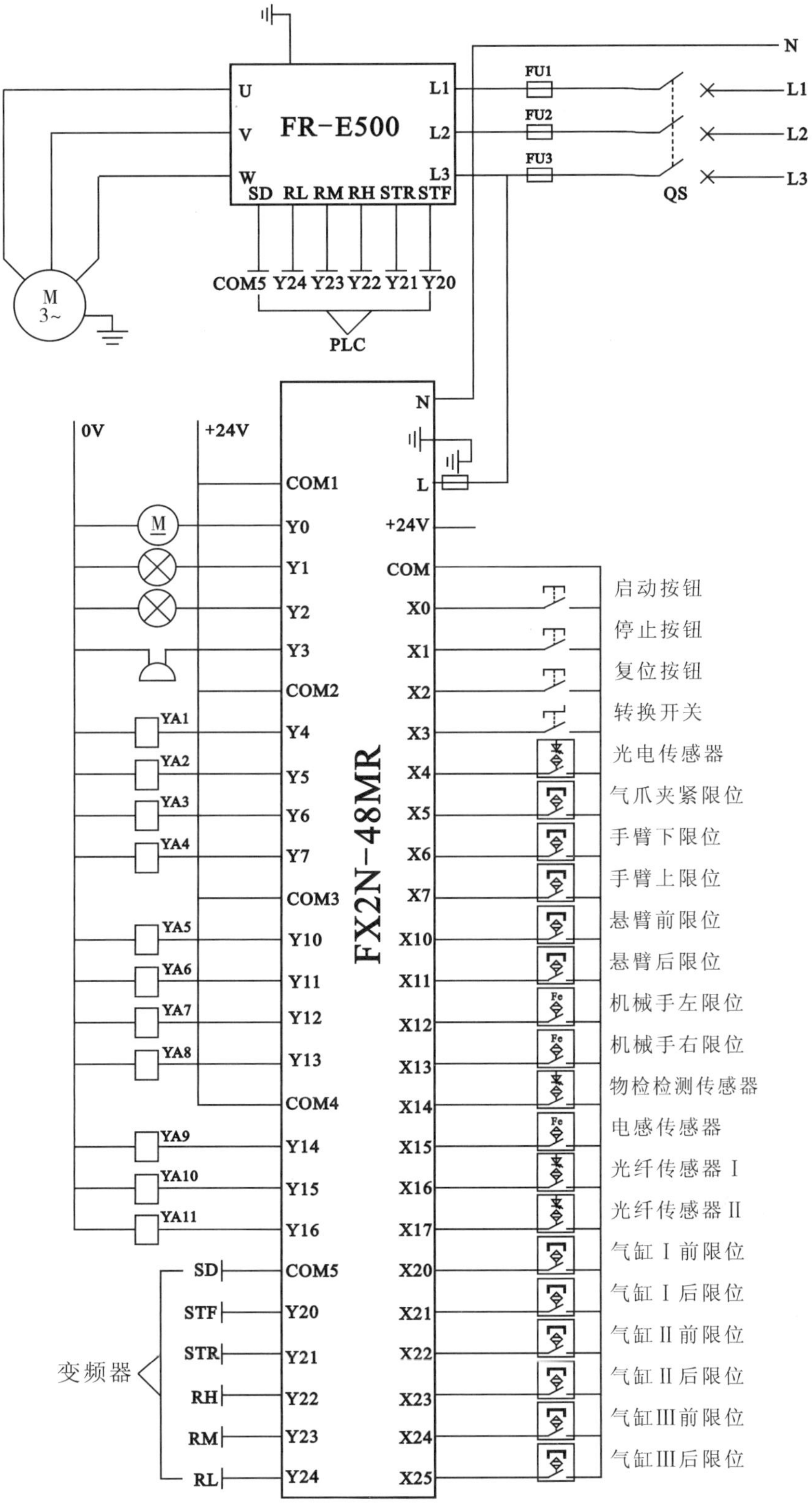

图 13-1-3　电气控制原理图

三、设置变频器参数

1. 列出要设置的变频器参数

根据皮带输送机能以 20Hz、25Hz、30Hz 三种频率正转运行，需要设定三种速度，所以需要设定的变频器参数及相应的参数值如表 13-1-2 所示。

表 13-1-2　需要设置的变频器参数

序号	参数代号	参数值	说明
1	P4	30Hz	高速
2	P5	25Hz	中速
3	P6	20Hz	低速
4	P79	2	电动机控制模式（外部操作模式）

2. 设置变频器参数

先将变频器模块上的各控制开关置于断开位置，接通变频器电源，将变频器参数恢复为出厂设置，再依次设置表 13-1-2 所列出的参数，最后恢复到频率监示模式，操作各控制开关，检查各参数设置是否正确。

四、根据控制要求编写 PLC 自动控制程序

在编写 PLC 程序前，先要分析工作过程要求，理清编程思路，然后再编写程序。

1. 设备的初始位置、复位和正常启动控制

（1）设备的初始位置、复位。

设备的初始位置是设备启动的必备条件，并且要有初始位置的指示，因此在编写控制程序时可以用一个辅助继电器来表示初始条件，避免复杂条件的重复出现。

若设备在启动前不在初始位置，则要求自行选择一种方式复位。机电一体化设备的复位方式很多，有 PLC 上电自动复位、通过操作一个按钮使设备自动复位、通过手动操作每个动作使设备一步一步复位等。为了使设备在出现任何意外情况时都能复位，我们选用复位按钮 SB6。当设备不在正常工作过程中时，按 SB6 就能安全地复位。而在设备正常工作过程中按复位按钮无效。

（2）设备的正常启动。

设备在启动时选定了工作方式，在工作过程中这种工作方式不能改变；另外只有当设备在初始位置时才能启动，启动后圆盘和皮带输送机要同时工作，所以要同时启动两种状态。

设备有两种分拣方式，并且两种方式只有在设备停止时才能转换，所以在开始工作时，需要记住转换开关的状态。在工作过程中，即使改变转换开关的位置也不会转换分拣方式。

根据以上分析，可编写出设备的初始位置、复位和正常启动控制的 PLC 程序。参考程序如图 13-1-4 所示。

2. 圆盘和机械手的控制

（1）圆盘控制。

启动后，圆盘直流电动机带动拨杆开始送料，当抓料平台处的光电传感器检测到工

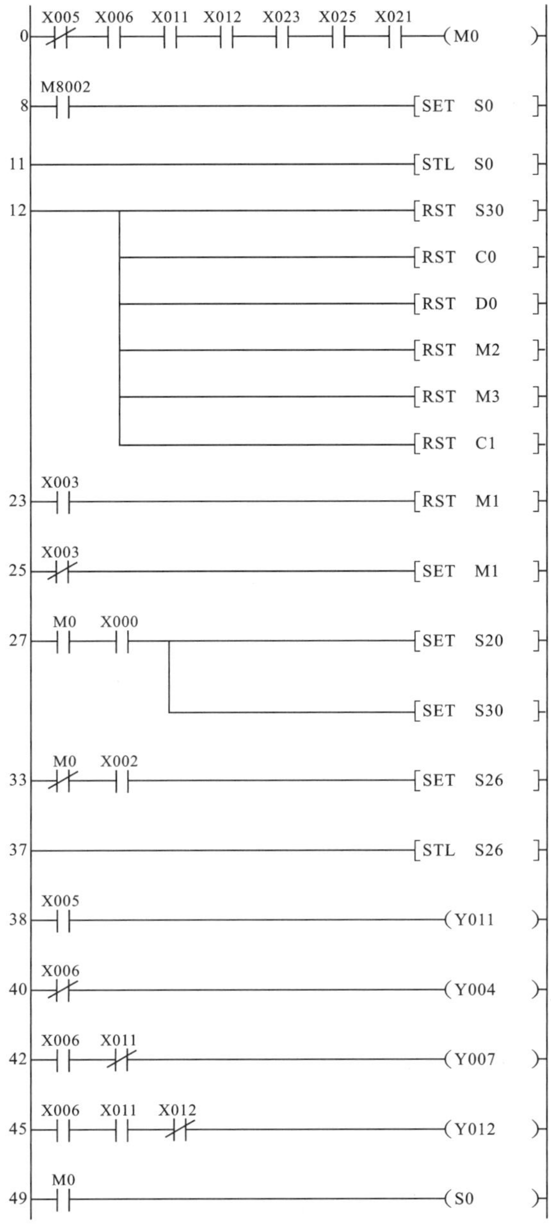

图 13-1-4 初始位置、复位、启动控制程序

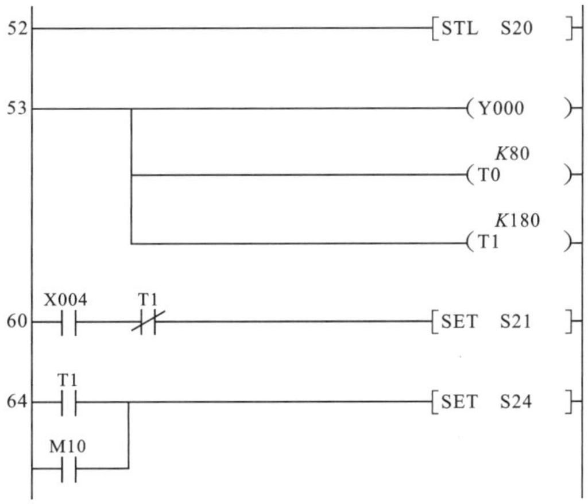

图 13-1-5 送料电动机控制程序

件时圆盘直流电动机停止运行。当圆盘直流电动机旋转 8s 后，若抓料平台处的物料检测传感器仍未检测到工件，则绿色警示灯闪烁，提示尽快放入工件。若提示 10s 后，还未检测到工件，则设备在分拣完当前工件后停止在初始位置（即圆盘直流电动机不再转动，机械手不再搬运，相当于正常停止）。因此在送料状态中要定时。参考的 PLC 控制程序如图 13-1-5 所示。

（2）机械手控制。

两种分拣方式中机械手的动作完全相同，可以用同一控制程序。但是两种分拣方式对机械手的动作条件有细微差别：在分拣方式一，机械手可以连续从进料口往皮带输送机上放工件。而在分拣方式二工作时，只有当皮带输送机上的工件处理完成后，才能放工件。因此机械手抓取工件在右侧手臂下降到下限位时，若是分拣方式一，则机械手气爪可松开放工件；若是分拣方式二，则只有当皮带输送机上无工件时才能放工件。所以在以分拣方式二工作时，要判断皮带输送机上是否有工件，可以用辅助继电器 M3 接通来记录皮带输送机上无工件。参考的机械手控制程序如图 13－1－6 所示。

3. 皮带输送机的控制

(1) 皮带输送机上无工件时的控制。

两种分拣方式比较，当皮带输送机上无工件时，两种分拣方式的皮带输送机的运行要求完全一样，所以可以共用一个状态步。但是有工件后，皮带输送机的运行要求和分拣要求完全不同，所以皮带输送机有工件的控制要分开编程。无工件时，皮带输送机的 PLC 控制程序可参考图 13－1－7。

(2) 分拣方式一。

分拣方式一是完成工件的分类，要求皮带输送机可以同时运送多个工件。根据分拣要求，工件的识别可以直接利用皮带输送机上的电感传感器和两个光纤传感器来完成，所以可以将分拣过程放在一个状态步里。参考的 PLC 控制程序如图 13－1－8 所示。

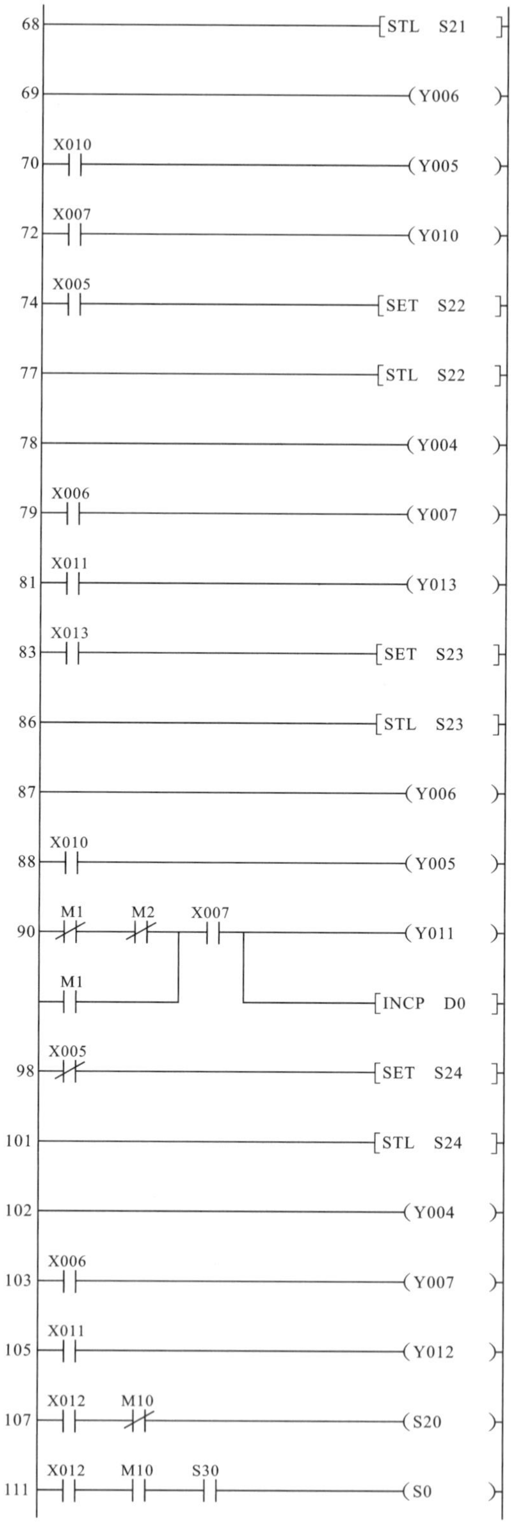

图 13－1－6 机械手控制程序

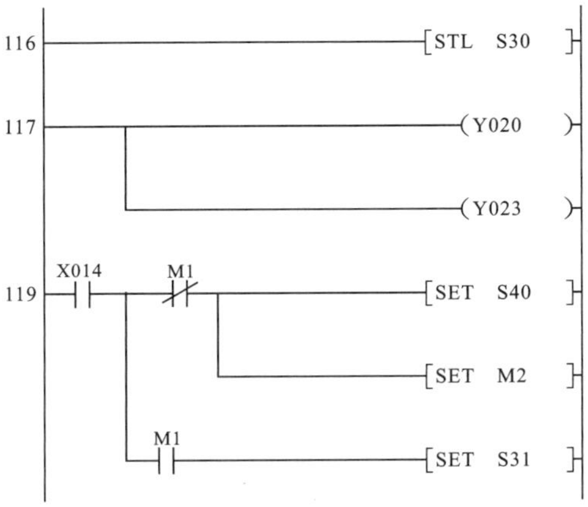

图 13－1－7　皮带输送机无工件时的控制程序

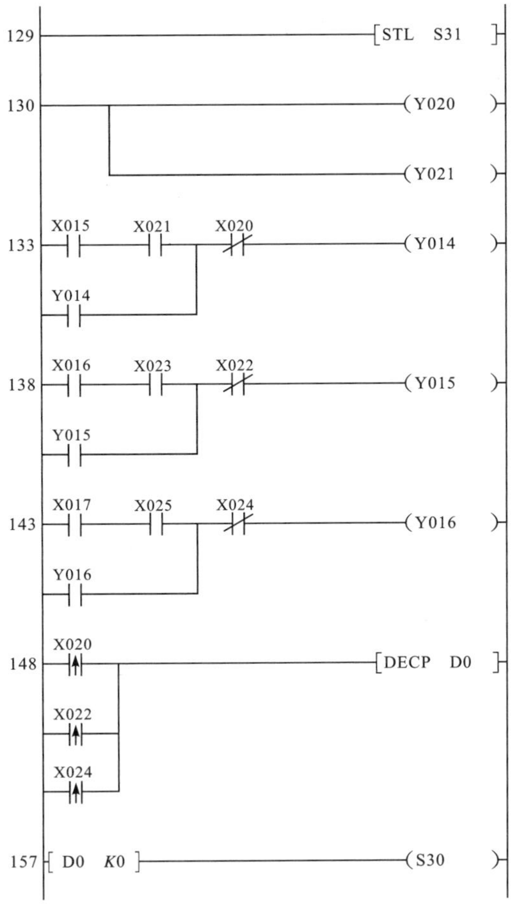

图 13－1－8　分拣方式一中皮带输送机有工件时的控制程序

（3）分拣方式二。

要求启动后，在出料斜槽Ⅰ实现“金属/白色塑料”装配，不符合装配要求的金属工件和白色塑料工件被推入出料斜槽Ⅱ，黑色塑料工件被推入出料斜槽Ⅲ，所以当输送皮带上有工件后，就要先判断出是什么材质。由于在第一个传感器处就要区分出工件的材质，因此要利用进料口的光电传感器对不同材质的工件的检测时间长短不同来区分出黑色塑料工件，而金属工件和白色塑料工件可以在电感传感器处区分。材质区分好后，只要按照符合条件的“金属/白色塑料”工件推入出料斜槽Ⅰ，黑色塑料工件推入出料斜槽Ⅲ，其余的推入出料斜槽Ⅱ即可。具体的控制程序可参考图 13－1－9。

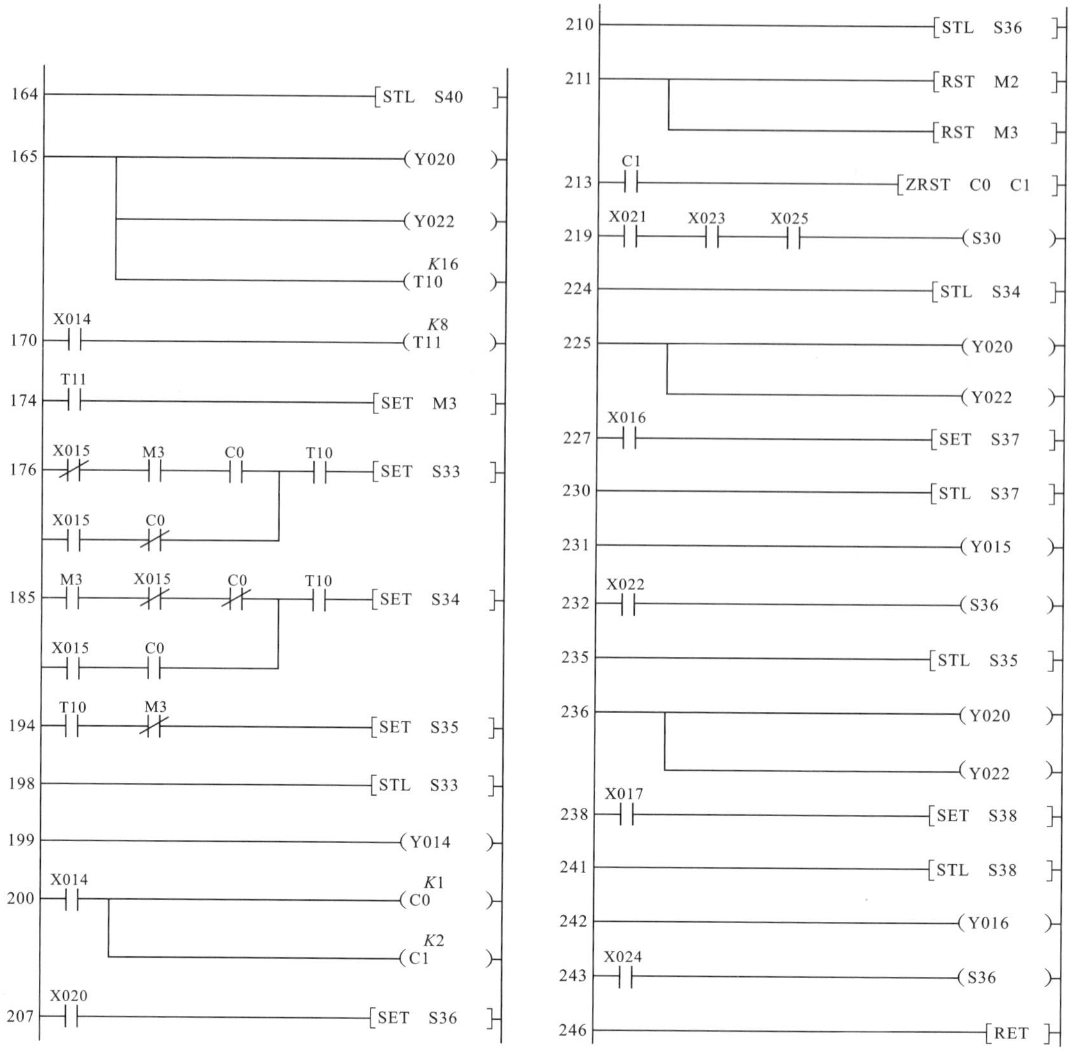

图 13-1-9　分拣方式二中皮带输送机有工件时的控制程序

五、调试检查设备是否达到规定的控制要求

电路和变频器的参数在前面已经调试过，所以重点是 PLC 控制功能的调试。我们可以按工作过程操作相应的按钮，检查各项功能要求是否和工作任务描述相符。

如果每一步都满足要求，则说明程序完全符合工作过程要求。如果发现任一部分不能按规定要求动作，则及时加以调整或修改，并将情况记录在表 13-1-3 所示的调试情况记录表中。

表 13-1-3　调试情况记录表

序号	问题现象	原因	解决方法
1			
2			
3			
4			

思考与练习

1. 列出三种工件可能的组合方式。

2. 在安装机械部件的过程中，你遇到哪些问题？是怎样解决的？

3. 安装电路后，你做过哪些检测？检测到什么故障？通过什么方法排除故障？

4. 在调试过程中出现过哪些问题？是什么原因造成的？你是怎样解决这些问题的？

5. 如果工作任务改成在出料斜槽Ⅱ实现“金属/白色塑料”装配，而把不满足装配条件的金属工件和白色塑料工件推入出料斜槽Ⅰ，黑色塑料工件仍然推入出料斜槽Ⅲ，你认为编程的方法和思路需要怎样变化？请编写出满足上述要求的程序，并调试程序。

6. 请你填写完成工作任务评价表。

完成工作任务评价表

<table>
<tr><td>前面两轴的中心距</td><td></td><td>后面两轴的中心距</td><td></td><td>不同轴度</td><td></td></tr>
<tr><td>三相交流异步电动机处皮带的高度</td><td></td><td>进料口处皮带的高度</td><td></td><td>水平度</td><td></td></tr>
<tr><td rowspan="4">平面尺寸检查</td><td colspan="3">皮带输送机离后边沿尺寸</td><td colspan="2"></td></tr>
<tr><td colspan="3">皮带输送机离右边沿尺寸</td><td colspan="2"></td></tr>
<tr><td colspan="3">出料斜槽Ⅰ和出料斜槽Ⅱ之间的距离</td><td colspan="2"></td></tr>
<tr><td colspan="3">出料斜槽Ⅱ和出料斜槽Ⅲ之间的距离</td><td colspan="2"></td></tr>
<tr><td colspan="4">皮带输送机主轴转动是否流畅</td><td colspan="2"></td></tr>
<tr><td colspan="4">电路连接所选元件是否有问题</td><td colspan="2"></td></tr>
<tr><td colspan="4">电路连接有无不牢或外露铜丝是否超过 2mm</td><td colspan="2"></td></tr>
<tr><td colspan="4">同一接线端子上连接的导线是否超过 2 条</td><td colspan="2"></td></tr>
<tr><td colspan="4">接线排上的连接有无未套号码管的现象</td><td colspan="2"></td></tr>
<tr><td colspan="4">电磁阀、气缸的选用是否和图纸相符</td><td colspan="2"></td></tr>
<tr><td colspan="4">气路是否有漏接、脱落、漏气、零乱、长度不合理等现象</td><td colspan="2"></td></tr>
<tr><td colspan="6">你的编程思路：</td></tr>
<tr><td colspan="6">调试的方法和步骤：</td></tr>
</table>

续表

你完成本次工作任务的步骤：
你对完成本次工作任务的自我评价：
小组同学对你完成本次工作任务的评价（请你去找小组的同学）：
老师对你完成本次工作任务的评价（请你去找老师）：

任务二　调试多种运行方式的生产设备

工作任务

某零件加工和分拣设备的工作过程及其要求如下。

1. 设备启/停控制

①启动。按下启动按钮，设备启动。皮带输送机按由位置 A 向位置 D 的方向高速运行，拖动皮带输送机的三相交流异步电动机的运行频率为 35Hz。指示灯 HL1 由闪亮变为长亮。

②停止。按下停止按钮，应将当前工件送到规定位置并使相应的部件复位后，设备才能停止。设备在重新启动之前，应将出料斜槽和处理盘中的工件拿走。

③复位。按下启动按钮，系统得到启动信号后并不立即开始工作过程，而是先判断系统当前状态。如果系统各环节处在复位状态，则开始执行工作过程；如果不在复位状态，则按要求先进行复位。

④方式选择。状态一开关 SA1 置于“左”位置时为循环运行（各工作步骤连续运行），状态二开关 SA1 置于“右”位置时为单次循环（系统单周期运行）。

2. 系统控制要求

接通设备的工作电源，指示电源正常。按下启动按钮后，执行启动程序，系统进入运行状态，当工件从进料口放上皮带输送机时，皮带输送机由高速运行变为中速运行，此时拖动皮带输送机的三相交流异步电动机的运行频率为 25Hz。皮带输送机上的工件到达位置 C 时停止 3s 再进行加工。

工件在位置 C 完成加工后，皮带输送机以中速将工件输送到下面要求的规定位置：

①若完成加工的是金属工件，则加工完成后送达位置 A，皮带输送机停止，由位置 A 的气缸活塞杆伸出将金属工件推进出料斜槽Ⅰ，然后气缸活塞杆自动缩回复位。

②若完成加工的是白色塑料工件，则加工完成后送达位置 B，皮带输送机停止，由

位置 B 的气缸活塞杆伸出将白色塑料工件推进出料斜槽Ⅱ，然后气缸活塞杆自动缩回复位。

③若加工的工件是黑色塑料工件，则加工完成后送达位置 D，皮带输送机停止。机械手悬臂伸出→手臂下降→气爪合拢抓取工件→手臂上升→悬臂缩回→机械手向左转动→悬臂伸出→气爪松开，工件掉在处理盘内→悬臂缩回→机械手右转回原位后停止。工件掉入处理盘后，直流电动机启动，转动 3s 后停止。

在位置 A 与位置 B 的气缸活塞杆复位和位置 D 的工件搬走后，三相交流异步电动机的运行频率改变为以 35Hz 的频率转动拖动皮带输送机由位置 A 向位置 D 运行，这时才可向皮带输送机上放入下一个待加工工件。

请你根据上述要求，完成以下工作任务：

（1）根据控制要求，画出零件加工和分拣设备实现多种运行方式的电气控制原理图。

（2）根据控制要求编写 PLC 程序，设置变频器参数。

（3）调试设备的 PLC 程序以达到工作过程要求。

相关知识

PLC 程序的调试可以分为模拟调试和现场调试两个调试过程，在此之前要先对 PLC 外部接线做仔细检查，这一环节很重要。外部接线一定要准确无误。也可以用事先编写好的试验程序对外部接线做扫描通电检查来查找接线故障。为了保证安全，应将主电路断开。当确认接线无误后再连接主电路，将模拟调试好的程序送入用户存储器进行调试，直到各部分的功能都正常，并能协调一致地完成整体的控制功能为止。

1. 程序的模拟调试

将设计好的程序写入 PLC 后，首先逐条仔细检查，并改正写入时出现的错误。用户程序一般先在实验室模拟调试，实际的输入信号可以用钮子开关和按钮来模拟，各输出量的通/断状态用 PLC 上有关的发光二极管来显示，一般不用接 PLC 实际的负载（如接触器、电磁阀等）。可以根据功能表图，在适当的时候用开关或按钮来模拟实际的反馈信号，如限位开关触点的接通和断开。对于顺序控制程序，调试程序的主要任务是检查程序的运行是否符合功能表图的规定，即在某一转换条件实现时，是否发生步的活动状态的正确变化，即该转换所有的前级步是否变为不活动步，所有的后续步是否变为活动步，以及各步被驱动的负载是否发生相应的变化。

在调试时应充分考虑各种可能的情况，对系统各种不同的工作方式、有选择序列的功能表图中的每一条支路、各种可能的进展路线，都应逐一检查，不能遗漏。发现问题后应及时修改梯形图和 PLC 中的程序，直到在各种可能的情况下输入量与输出量之间的关系完全符合要求。

如果程序中某些定时器或计数器的设定值过大，为缩短调试时间，可以在调试时将它们减小，模拟调试结束后再写入它们的实际设定值。

在设计和模拟调试程序的同时，可以设计、制作控制台或控制柜，PLC 之外的其他硬件的安装、接线工作也可以同时进行。

2. 程序的现场调试

完成上述工作后，将 PLC 安装在控制现场进行联机总调试，在调试过程中将暴露出系统中可能存在的传感器、执行器和硬接线等方面的问题，以及 PLC 的外部接线图和梯形图程序设计中的问题，应及时加以解决。如果调试达不到指标要求，则对相应硬件和软件部分作适当调整，通常只需要修改程序就可能达到调整的目的。全部调试通过后，经过一段时间的考验，系统就可以投入实际的运行了。

完成工作任务指引

一、完成多种运行方式系统的组装和气路连接

任何软件都是建立在硬件的基础上的，在开始讨论本工作任务的主要内容之前，必须先建立一个硬件平台，以便我们很好地完成工作任务。请你按照项目十一的工艺要求以及前面所学的知识将设备机械结构和气动回路安装完成，并经过手动测试保证可以稳定运行。

1. 连接好气动回路

气路连接要满足以下要求：

（1）元件选择。气缸使用的电磁阀要与图纸相符。

（2）气路连接。不可以出现漏接、脱落、漏气等现象。

（3）气路工艺。布局要合理，长度要合理，绑扎要美观（每间隔 8～10cm 绑一道）。

2. 按照以下流程，完成对设备的调试

（1）检查机械结构安装是否到位，有无松动现象。

（2）检查机械安装位置是否准确，保证机械手准确取物、准确搬运、准确放物，保证三个气缸能够准确地将工件推入各自对应的出料斜槽。

（3）打开气源，通过电磁阀上的手动控制按钮来检查各气缸动作是否顺畅，通过调节各气缸两端的节流阀使它们的动作平稳、速度适中。

（4）按照工艺要求检查设备电气线路安装情况，注意细节上的规范。

（5）设备调试结束后，把安装时所留下的垃圾清理干净，安装时使用的工具整理整齐，摆放在自己的工具箱内。

二、完成设备电气回路的设计和连接

1. 分配 PLC 输入/输出点

（1）确定输入点数。根据动作过程，所用检测传感器占用的输入点数为 18 个，启动、停止、两种循环方式各需要 1 个，共计 22 个输入点。

（2）根据工作过程和气动系统图，我们可以确定完成自动搬运分拣系统所需要的输

出有：

①圆盘直流电动机运行需要 1 个输出点，运行指示灯需要 1 个输出点，共 2 个输出点。

②机械手动作中，悬臂前伸、后缩，手臂上升、下降，气爪夹紧、松开，机械手左摆、右摆，共需要 8 个输出点。

③气缸动作：气缸Ⅰ、气缸Ⅱ、气缸Ⅲ动作，共需要 3 个输出点。

④皮带输送机运行：根据技术要求，皮带输送机由变频器控制，要求以两种速度，正转、反转运行，所以变频器共需要 4 个控制端，占 4 个输出点。

由以上分析可知，完成多种运行方式系统共需要占用 PLC 的输出点数为 17 个。

（3）列出 PLC 输入/输出地址分配表。

17 个输出中，除控制变频器运行的 4 个点不是用 DC24V 电源外，其余都用按钮模块上的 DC24V 电源来驱动，所以输出需要分为两类，控制变频器的 4 个输出点不和其他的输出点共用 COM。列出参考的 PLC 输入/输出地址分配如表 13-2-1、表 13-2-2 所示。

表 13-2-1　PLC 输入地址分配表

序号	输入地址	说明	序号	输入地址	说明
1	X0	启动按钮	12	X13	气缸Ⅰ后限位
2	X1	停止按钮	13	X14	气缸Ⅱ前限位
3	X2	抓料平台物料检测（光电）	14	X15	气缸Ⅱ后限位
4	X3	旋转气缸左限位	15	X16	气缸Ⅲ前限位
5	X4	旋转气缸右限位	16	X17	气缸Ⅲ后限位
6	X5	悬臂气缸前限位	17	X20	输送皮带物料检测传感器
7	X6	悬臂气缸后限位	18	X21	电感传感器
8	X7	气爪夹紧传感器	19	X22	光纤传感器Ⅰ
9	X10	手臂气缸下限位	20	X23	光纤传感器Ⅱ
10	X11	手臂气缸上限位	21	X24	循环方式一
11	X12	气缸Ⅰ前限位	22	X25	循环方式二

表 13-2-2　PLC 输出地址分配表

序号	输出地址	说明	序号	输出地址	说明
1	Y0	圆盘直流电动机	10	Y12	气缸Ⅰ伸出
2	Y1	气爪松开	11	Y13	气缸Ⅱ伸出
3	Y2	气爪夹紧	12	Y14	气缸Ⅲ伸出
4	Y3	机械手左转	13	Y17	运行指示灯
5	Y4	机械手右转	14	Y20	接变频器正转
6	Y5	悬臂伸出	15	Y21	接变频器反转
7	Y6	悬臂缩回	16	Y22	接变频器高速
8	Y10	手臂下降	17	Y23	接变频器中速
9	Y11	手臂上升			

2. 根据地址分配情况设计出设备 PLC 接线图

参考的电气控制原理图如图 13－2－1 所示。

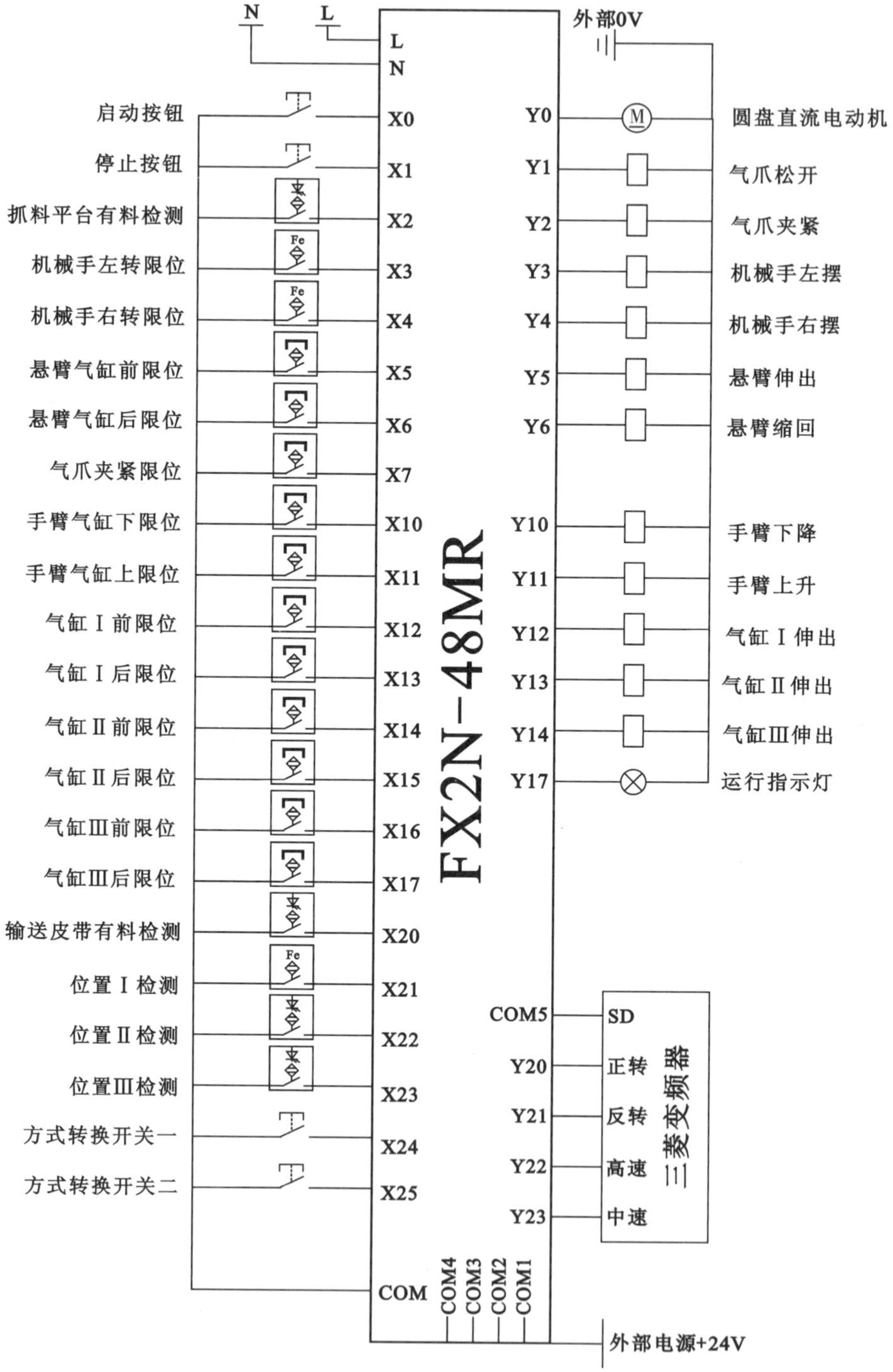

说明：为了保证图纸的完整性，在图中将其他项目工作任务中要用到的一些元器件和接线也放到图里。

图 13－2－1　电气控制原理图

3. 根据接线图完成对设备的电路连接

电路连接要满足以下条件：

（1）元件选择。元件选择要与要求相符。

（2）连接工艺。线路连接要牢固，不可出现外露铜丝超过 2mm，同一接线端子上连接导线不能超过 2 条。

（3）编号管。自己连接的导线要套好编号管，并自行设计合理的标号。

4. 变频器参数

根据本项目对皮带输送机的控制要求，列出需要设置的变频器参数及相应的值，并填写变频器参数设置表，如表 13－2－3。在设置参数时如果不知道变频器原来的参数情况，可先将参数恢复为出厂设置，然后按表所示依次设置参数，参数设置结束后再将变频器设为运行模式。

表 13－2－3　变频器参数设置表

序号	参数代号	参数值	说明
1	P4	35Hz	高速
2	P5	25Hz	中速
3	P7	2s	加速时间
4	P8	1s	减速时间
5	P79	2	电动机控制模式（外部操作模式）

5. 电气检查与调试

步骤一：接线完成后，接通电源，检查按钮模块、PLC 模块以及变频器模块电源是否正常。

步骤二：观察检测到气缸位置的两线制传感器是否有信号，检测三线制传感器是否能正常工作。

步骤三：拿出 3 个不同的工件，根据任务要求调节用于物料分拣的 3 个传感器的位置和灵敏度满足分拣要求。

步骤四：拨动变频器正反转手动开关，检查变频器工作是否正常，并观察安装好的三相交流异步电动机的同轴度，若电动机或者输送皮带上的气缸晃动，说明同轴度没对好，应断电后进行调节。

三、设备的功能调试与检查

1. 气路检查

（1）打开气源，调节调压阀的调节旋钮，使气压为 0.4～0.6MPa。

（2）检查通气后所有气缸能否回到项目要求的初始位置。

（3）观察是否有漏气现象，若漏气，则关闭气源，查找漏气原因并排除。

（4）调节气缸运动速度，使各气缸运动平稳，无振动和冲击，推料动作可靠，且伸缩速度基本保持一致。

2. 传感器检查

（1）检查进料口的光电传感器能否可靠检测从进料口放下来的工件。

（2）检查电感传感器能否检出所有从输送皮带上通过的金属工件；第 1 个光纤传感

器能否检出所有从输送皮带上通过的白色工件；第 2 个光纤传感器能否检出所有从输送皮带上通过的黑色工件。

（3）检查各磁性开关能否在气缸动作到位时按要求准确发出信号。

对于工作不符合要求的传感器应及时进行位置和灵敏度调节，确保其符合设备检测的需要。

3. 皮带输送机运行检查

（1）操作变频器模块上的手动开关，检查皮带输送机的运行和变频器的参数设置是否正确。

（2）检查皮带输送机运行是否顺畅平稳、无振动和噪声，电动机是否无严重发热现象。

四、确定系统功能的实现方法

1. 程序设计思路

本工作任务从系统功能上看与前面所讲的内容有所区别，首先从安装方式上是完全反装结构，动作方式也一改常规思路，直接通过手动放工件，先在输送皮带上根据任务要求对不同的工件进行不同的处理，然后将满足条件的工件由机械手搬走放入圆盘进行处理，如此作为一个工作周期。虽然设备的结构和动作都是反向的，但是从动作功能上看主流程还是顺序控制，所以我们在设计动作的时候仍可以选择采用基本指令实现的动作控制法（用时间控制法来实现动作控制不是很可靠，在真正的工业应用中很少使用，而且设备上每个动作都有对应的位置检测传感器，所以不采用时间控制法），也可以选择采用三菱 PLC 的步进梯形图指令控制法，作为我们设计动作的向导。

2. 系统的功能分析

（1）输送皮带部分。

输送皮带部分的程序通过分析，可分为以下 5 个部分：

①待料运行。

②从进料口检测到工件到运行到位置 C，在这段时间内区分材质。

③金属工件的处理。

④白色工件的处理。

⑤黑色工件的处理。

金属工件、白色工件、黑色工件的处理是第 2 部分的 3 个分支。在每个分支里，都是顺序控制。需要注意在每个分支执行结束时要执行第 1 部分，才能让系统继续运行。

（2）机械手部分。

机械手的动作需要与输送皮带部分执行的结果相结合，在系统正常工作时，黑色工件到位置 D，机械手开始执行第一个动作。利用步进指令编写机械手程序，需要注意机械手动作顺序和每一步的执行条件。依照这样的规律设计机械手的其余动作（可参看前面相关知识中介绍的动作控制法），整个机械手动作的触发信号顺序为：

按下启动按钮

第 1 步	手伸出	伸出到位
第 2 步	手下降	下降到位

第 3 步	手夹紧	夹紧到位
第 4 步	手上升	上升到位
第 5 步	手缩回	缩回到位
第 6 步	手左转	左转到位
第 7 步	手伸出	伸出到位
第 8 步	手松开	松开到位（机械手夹紧信号的常闭触点）
第 9 步	手缩回	缩回到位
第 10 步	手右转	右转到位

机械手动作结束

机械手的动作没有任何分支，每个动作只有一个对应信号可使其转入下一步动作。程序的编写方法和结构可以参考项目十二。

（3）控制功能。

①启动。按下启动按钮，设备启动。皮带输送机按由位置 A 向位置 D 的方向高速运行，拖动皮带输送机的三相交流异步电动机的运行频率为 35Hz。注意设备启动后输送皮带就开始运行，检测到工件后变速，同时指示灯 HL1 由闪亮变为长亮。

②停止。要注意，按下停止按钮，应将当前工件送到规定位置并使相应的部件复位后，设备才能停止。设备在重新启动之前，应将出料斜槽和圆盘中的工件拿走。

③复位。按下启动按钮，系统得到启动信号后并不立即开始工作过程，要先判断系统当前状态。如果系统各环节处在复位状态，则开始执行工作过程；如果不在复位状态，则按要求先进行复位。

④方式选择。状态一开关 SA1 置于“左”位置时为循环运行（各工作步骤连续运行），状态二开关 SA1 置于“右”位置时为单次循环（系统单周期运行）。

3. 设备控制要点

程序主要包括输送皮带分拣、机械手、圆盘控制三大部分，动作顺序是反过来的，即手动放料进入输送皮带，最后将符合一定条件的工件放到圆盘中进行处理。要根据程序的要求采用合理的 PLC 编程方法。

（1）输送皮带的控制及加工处理程序。

可以结合前面学习的输送皮带分拣控制方法用顺序控制梯形图或经验编程法实现，不过这里建议大家采用进料口光电传感器先将黑、白工件分出，然后结合第一个位置的电感传感器将三种工件全部分出。三种工件都分拣完后还是采用步进指令进行编程，这样更快、更可靠，逻辑也很清楚。如果对于复杂的分拣加工功能，采用经验编程法做也可以做出来，但是有一定的难度。输送皮带的分拣过程要可靠，当工件到达相应位置时，传感器灵敏度较高，会在工件的边沿到达时传感器就检测到信号。为了保证能够准确到达位置，可以设置一个微调时间用以调整工件到达传感器下方的准确位置。

（2）机械手动作的搬运过程设计要正确。

为保证运行的流畅性和可靠性，可以在部分执行时间过短的动作上加上适当的延时，使整体动作看起来更平稳、流畅。

4. 步进控制

采用三菱 PLC 的步进梯形图指令控制的状态示意图如图 13-2-2 所示。

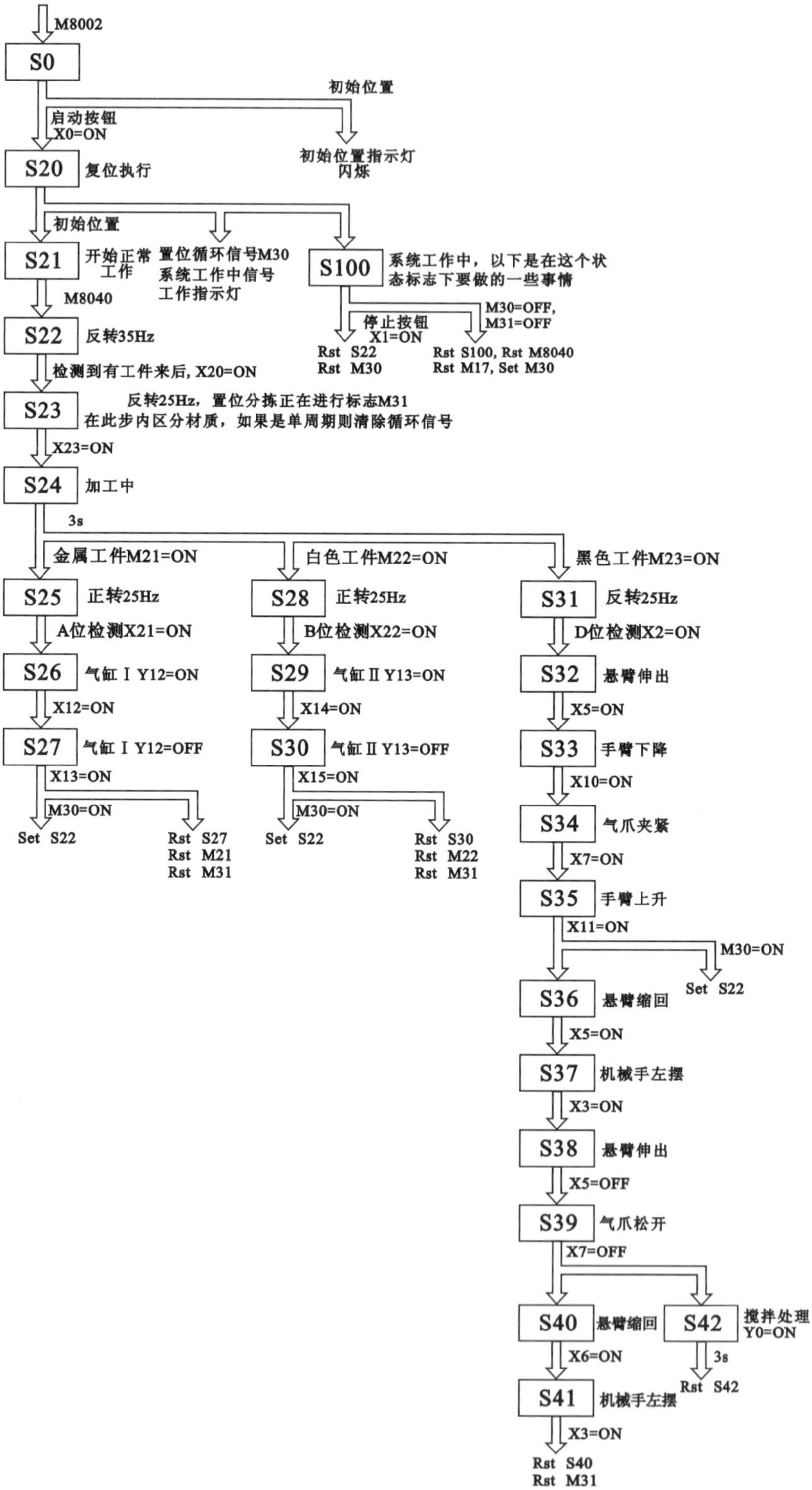

图 13-2-2 步进控制状态图

五、PLC程序的编写与系统调试

1. 程序的编写

如图13－2－3所示，这段程序主要是写系统在开始正常工作前按下启动按钮后的设备复位，设备在原位时的指示，设备的停止功能。

如图13－2－4所示程序主要写了设备正常工作后的待料运行。在循环工作方式下，设备在处理完一个工件后，应可以进入此状态，以确保设备的正常工作。

单周期工作状态和连续工作状态的区别是：单周期工作状态在完成最后一步动作后就停止工作，在程序中就可以回到初始状态；而连续工作状态在完成最后一步动作时还要重复前一过程的动作，在程序中就可以回到工作步的第一步来实现。可见，两种工作状态只在最后一步动作完成后转入的状态不同。如图13－2－5所示程序采用一个单周期转换开关，如果处于单周期工作状态时X024闭合将循环标志清除，系统执行完一个周期后不再循环。

如图13－2－6所示程序写了从进料口检测到工件到位置C加工处的加工及加工完成后按不同材质分不同情况的处理方法，在到位置C时加了延时，这样可以让工件停的位置更加准确。

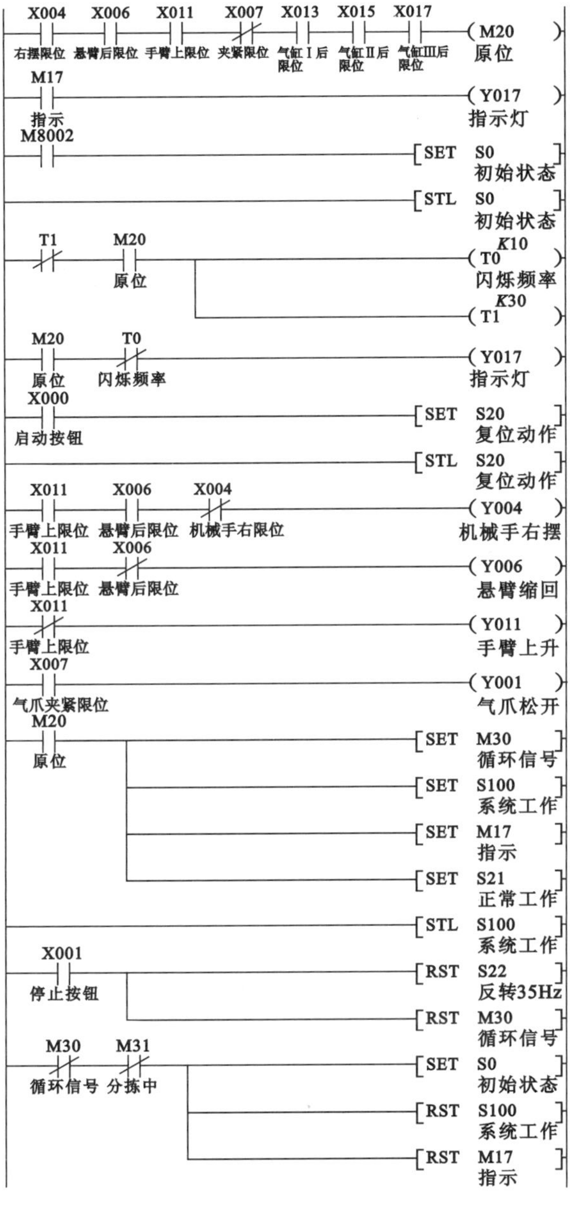

图 13－2－3

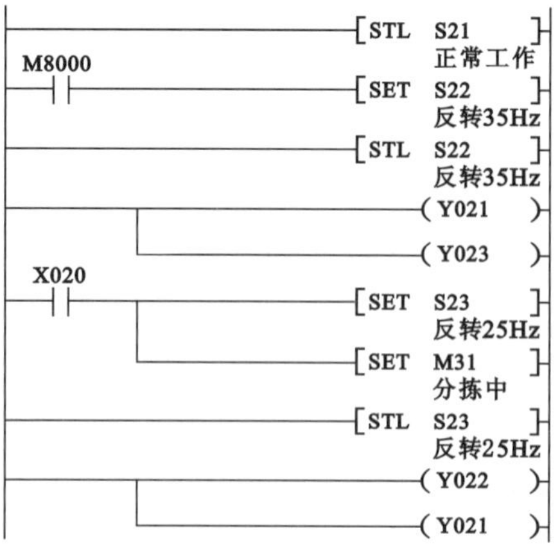

图 13-2-4

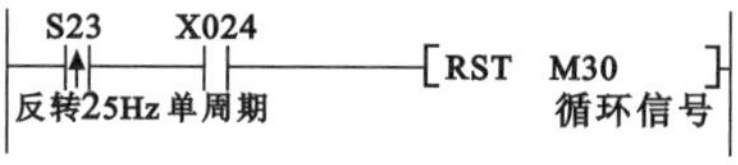

图 13-2-5

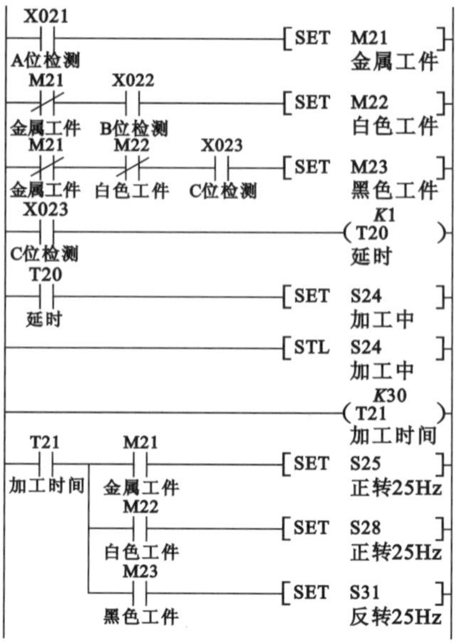

图 13-2-6

图 13-2-7、图 13-2-8 分别是金属工件和白色工件的处理程序，它们采用的处理方法一样，同时为了保证能准确地推入出料斜槽，可在位置 A、位置 B 的传感器信号都加入延时，用延时后的信号驱动电磁阀。

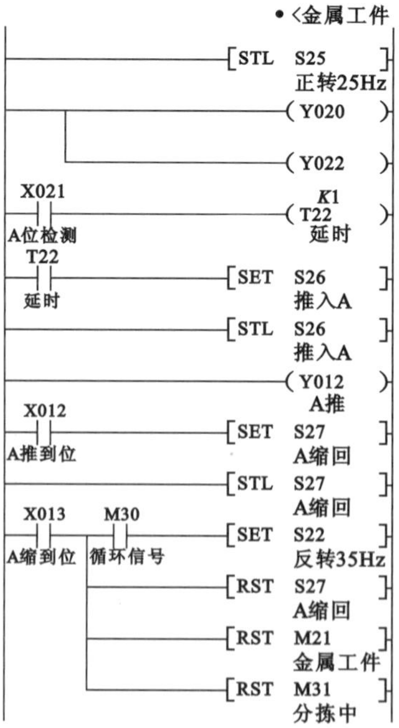

图 13-2-7　金属工件的处理程序

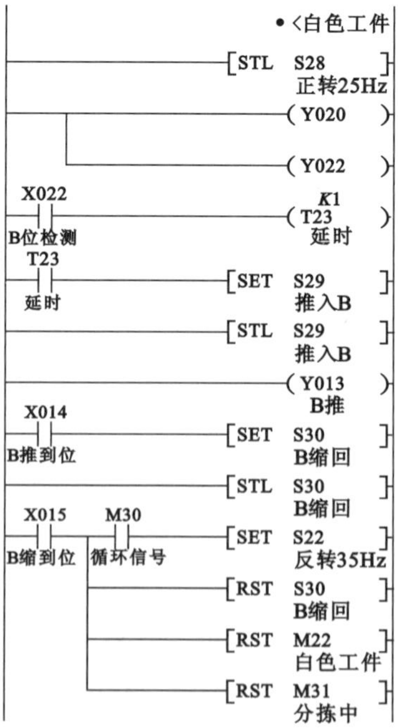

图 13-2-8　白色工件的处理程序

黑色工件的处理涉及机械手的动作，如图 13-2-9。在循环信号没有断开时，工件搬离输送皮带后就开始待料运行，接通 S22。

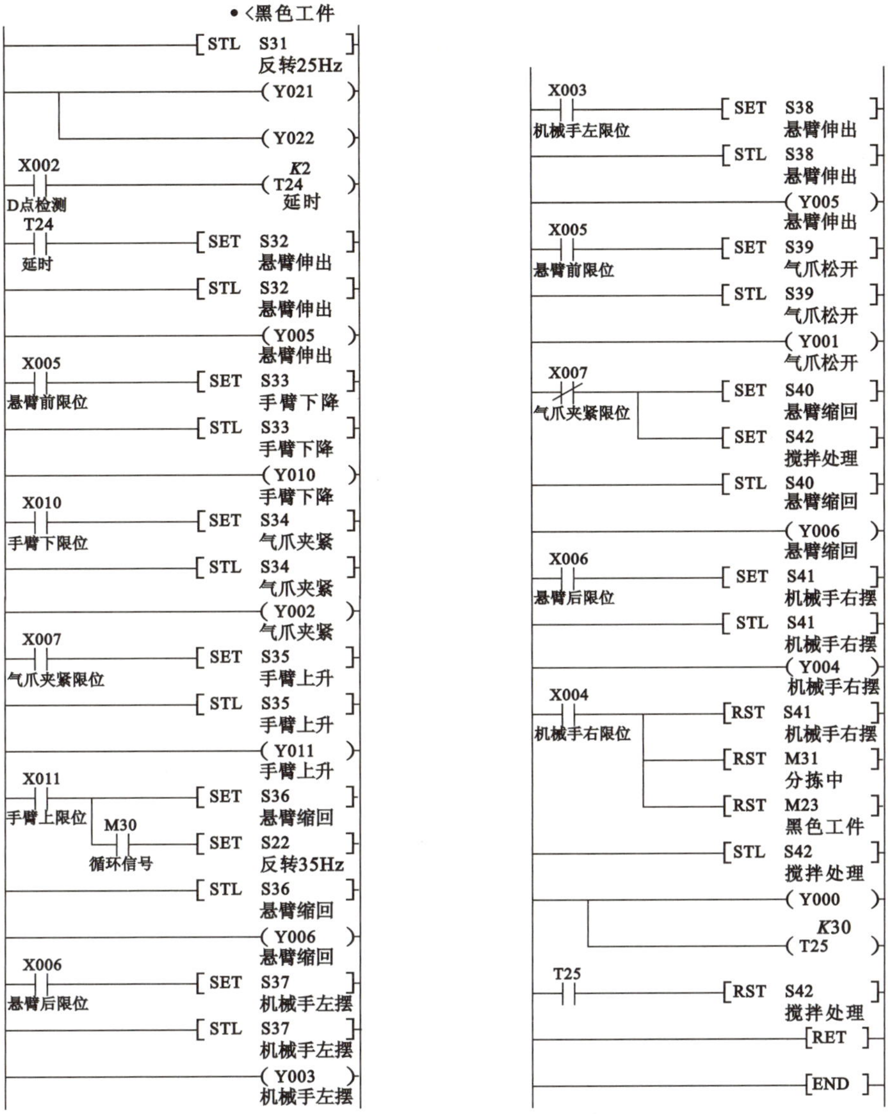

图 13－2－9 黑色工件的处理程序

1. 请你总结在完成本次工作任务的过程中，在设备安装与调试、程序的编写与调试操作等方面有什么体会和经验；在程序编写与调试的过程中你遇到了什么困难，用什么办法克服了这些困难。

2. 在调试程序的过程中，你认为哪些问题最重要？掌握好的编程方法对程序编写有什么帮助？怎样养成良好的编程习惯？

3. 采用不同的方法实现控制要求，请老师帮你检查并比较哪一种方法你做得最好。

4. 你觉得按“完成工作任务指引”中讲的步骤完成工作任务合理吗？你是怎样编

写系统控制程序的？请你尝试采用自己的方法完成本工作任务并说出你的想法。

5. 请你填写完成工作任务评价表。

完成工作任务评价表

设备安装情况	
电气线路安装与调试情况	
输送皮带分拣控制情况	
圆盘和机械手搬运控制情况	
工作方式的控制情况	
设备整体功能及运行稳定性情况	
你完成设备组装、电气线路安装和调试的步骤：	
你完成程序编写和系统功能调试的步骤：	
你对完成本次工作任务的自我评价：	
小组同学对你完成本次工作任务的评价（请你去找小组的同学）：	
老师对你完成本次工作任务的评价（请你去找老师）：	

附录

××市（地级市）中等职业学校技能竞赛
机电一体化设备组装与调试竞赛试题

垃圾分类装置组装与调试工作任务书

一、工作任务与要求

1. 按《垃圾分类装置皮带输送机组装图》（图号 01）组装皮带输送机；按《垃圾分类装置组装图》（图号 02）并实现该设备的生产功能。

2. 按《垃圾分类装置电气原理图》（图号 03）连接垃圾分类装置的控制电路，你连接的电路应符合工艺规范要求。

3. 按《垃圾分类装置气动系统图》（图号 04）安装气动系统的执行元件、控制元件，连接气路，调节气动系统的工作压力、执行元件的进气量，使气动系统能按要求实现功能，气路的布局、走向、绑扎应符合工艺规范要求。

4. 请你正确理解垃圾分类装置的分拣过程和工艺要求、意外情况的处理等，制作触摸屏的界面，编写垃圾分类装置的 PLC 控制程序和设置变频器的参数。

在使用计算机编写程序时，请你随时在计算机 E 盘保存已编好的程序，保存文件名为工位号加 A（如 03 号工位文件名为“03A”）。

5. 请你安装传感器，并调整传感器的位置和灵敏度，调整机械部件的位置，完成垃圾分类装置的整机调试，使垃圾分类装置能按要求进行垃圾的分拣。

6. 请你填写组装与调试记录中的有关内容。

注意：

本次组装与调试的垃圾分类装置，请按电路图接线。如果你觉得需要添加器件（如按钮模块上的按钮、开关、传感器等），请在电路图上画出，并说明用途。

二、垃圾分类装置说明

（一）装置概述

垃圾分类装置主要部件及其安装位置如图附录 1－1 所示。该装置按要求进行垃圾的分拣。

垃圾分类装置在工作过程中，皮带输送机的三相交流异步电动机正转（传送带由传感器组到机械手的方向为正转）时，变频器的输出频率为 30Hz，皮带输送机的三相交流异步电动机反转时，变频器的输出频率为 20Hz。

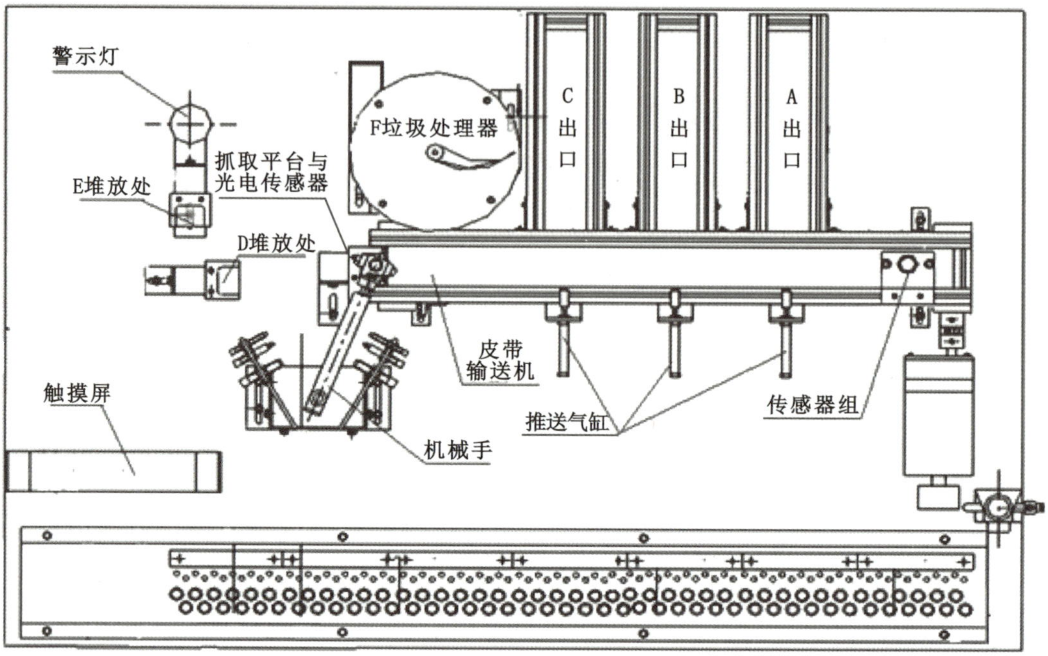

图附录 1－1

在分拣过程中，A 类垃圾送到 A 出口，B 类垃圾送到 B 出口，C 类垃圾送到 C 出口，D 类垃圾由机械手搬运到 D 堆放处，E 类垃圾由机械手搬运到 E 堆放处，F 类垃圾由机械手搬运到 F 垃圾处理器。

（二）设备工作过程及控制要求

垃圾分类装置在接通电源时，PLC 通电，绿色警示灯亮，显示装置电源正常。装置的触摸屏首页显示如图附录 1－2 所示。

1. 垃圾装置自检

图附录 1－2

在垃圾分类装置的触摸屏首页界面中，按下设备检查按钮，弹出“管理员编号”和“密码”的对话框如图附录 1－3 所示。输入正确的管理员编号和密码，出现设备运行按钮且“管理员编号”和“密码”的对话框消失，如图附录 1－4 所示。若输入不正确，则弹出“请重新输入!”的提示，如图附录 1－5 所示，输入正确后进入下一界面；若第二次输入错误，则弹出“你不能使用，请离开!”的警告，如图附录 1－6 所示。警告提示出现 2s 后恢复到如图附录 1－2 所示的界面。这时需要断开垃圾分类装置电源后，重新接通电源，才能按下设备检查按钮。

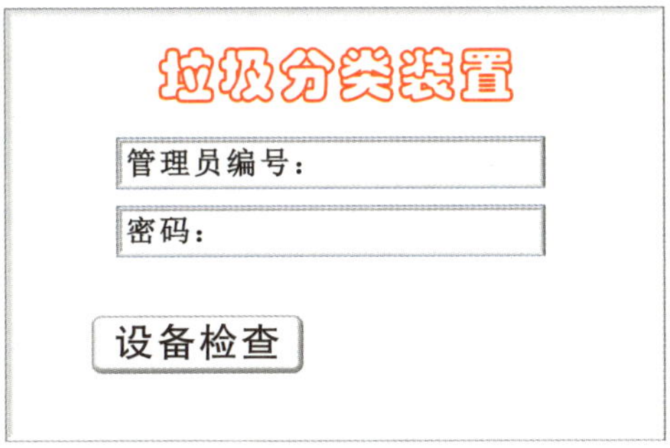

图附录 1－3

图附录 1－4

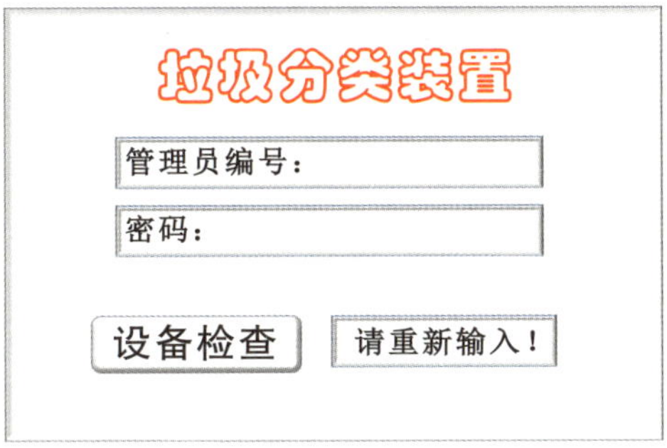

图附录 1－5

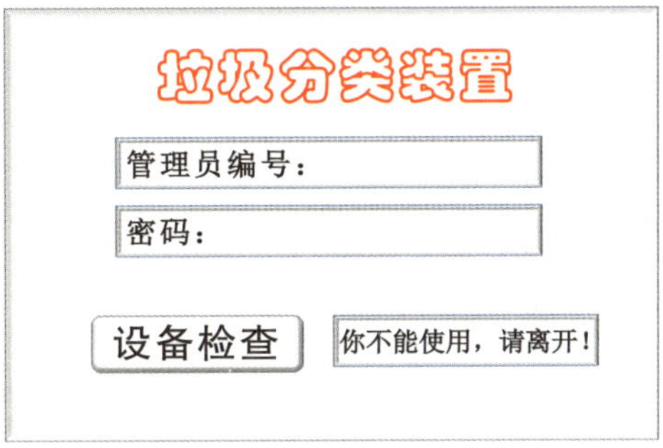

图附录 1－6

按下图附录 1－4 所示界面上的设备运行按钮，出现如图附录 1－7 所示的界面。按下启动按钮，指示灯变为绿色的同时装置开始自检如图附录 1－8 所示。

装置自检时，首先垃圾处理器的直流电动机转动，皮带输送机的三相交流异步电动机正转，3s 后直流电动机和皮带输送机的三相交流异步电动机停止转动；然后皮带输送机的三相交流异步电动机反转 3s 停止，停止的同时，机械手悬臂伸出→手臂下降→手爪合拢→手爪张开→手臂上升→悬臂缩回→机械手转动→停留在抓取平台上方；最后，A 出口处推送气缸活塞杆伸出→缩回，B 出口处推送气缸活塞杆伸出→缩回，C 出口处推送气缸活塞杆伸出→缩回。

图附录 1－7

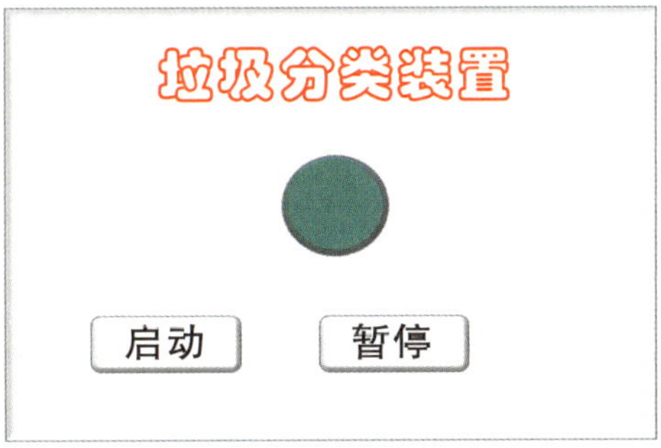

图附录 1－8

在自检过程中，发现装置出现问题可按暂停按钮。按下暂停按钮时，暂停按钮变为红色，指示灯变长亮为闪烁，装置正在运动的部件停止并保持在当前位置。调整和处理装置后，再次按下暂停按钮，暂停按钮恢复原色，指示灯变闪烁为长亮，暂停时停止的部件从当前位置按原定的程序运动。

自检完成后，垃圾处理器的直流电动机、皮带输送机的三相交流异步电动机处于停止状态；各出口推送气缸的活塞杆缩回，机械手停留在抓取平台上方。

自检完成后，垃圾分类装置的触摸屏页面如图附录 1－9 所示。运行指示灯为绿色，表示装置正常；等待指示灯为黄色，表示可以放入垃圾；报警指示灯为原色。

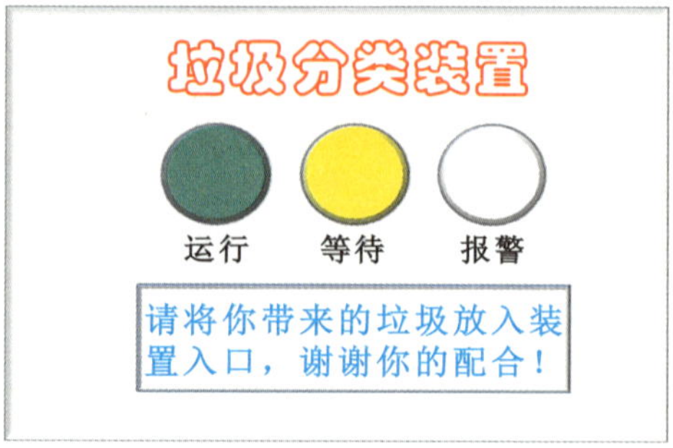

图附录 1－9

2. 垃圾分类与分拣

放入垃圾时，等待指示灯变为绿色，由传感器组对垃圾种类进行识别。

本次调试，用金属元件、白色塑料元件和黑色塑料元件模拟垃圾。当放入两个金属元件时，模拟 A 类垃圾；当放入两个白色塑料元件时，模拟 B 类垃圾；当放入两个黑色塑料元件时，模拟 C 类垃圾；当放入一个金属元件、一个白色塑料元件时，模拟 D 类垃圾；当放入一个金属元件、一个黑色塑料元件时，模拟 E 类垃圾；当放入一个黑色塑料元件、一个白色塑料元件时，模拟 F 类垃圾。

垃圾放上皮带输送机时，触摸屏界面上的黄色指示灯变为绿色，皮带输送机正转，由传感器组识别垃圾的种类后，A 类垃圾由推送气缸送入 A 出口，B 类垃圾由推送气缸送入 B 出口，C 类垃圾由推送气缸送入 C 出口。A、B、C 类垃圾送入对应出口后，皮带输送机停止运行。

如果垃圾为 D、E、F 类，则将垃圾送到抓取平台后，皮带输送机停止运行。D 类垃圾由机械手搬运到 D 堆放处，E 类垃圾由机械手搬运到 E 堆放处，F 类垃圾由机械手搬运到 F 垃圾处理器。F 类垃圾放入处理器时，直流电动机转动 3s，对垃圾进行处理。

将皮带输送机上的垃圾处理完毕后，装置等待下一批垃圾放入。这时装置处于自检完成后的状态，即垃圾处理器的直流电动机、皮带输送机的三相交流异步电动机都停止运行；各出口推送气缸的活塞杆缩回，机械手停留在抓取平台上方。触摸屏界面运行指示灯为绿色，表示装置正常，等待指示灯为黄色，表示可以放入垃圾，报警指示灯为原色。

3. 意外情况

本次调试只处理下列意外情况。

（1）垃圾在出口卡住，不能进入出口槽。气缸活塞杆伸出 3s 不能缩回，则判别为垃圾在出口卡住。

（2）垃圾堆放位置堆满垃圾。机械手手臂气缸活塞杆下降 3s 不能上升，则判别为垃圾堆放处堆满垃圾。

出现意外情况时，装置立即停止运行，触摸屏上运行指示灯、等待指示灯变为红色长亮，报警指示灯变为红色闪烁。并出现“请停止投放垃圾!”的提示，如图附录 1－10 所示。(装置通过物联网告知管理部门，本次调试不考虑物联网的问题)

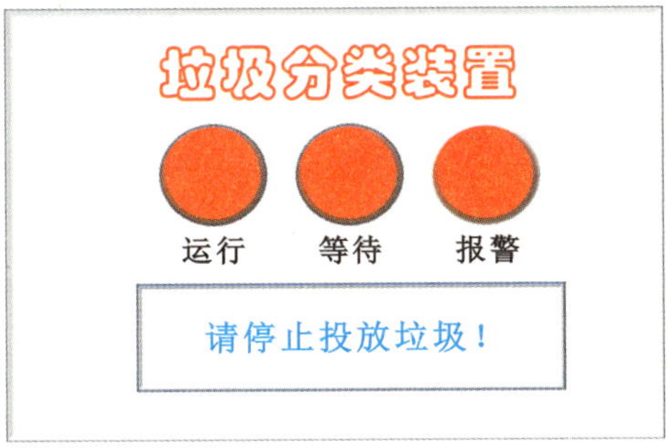

图附录 1－10

三、组装与调试记录

1. 本次组装与调试的元件配送装置，机械手手臂气缸的型号为______________，机械手悬臂气缸的型号为______________。(1 分)

2. 拖动皮带输送机的三相交流异步电动机的型号为______________，该电动机的磁极对数为________。根据 $n_0=\dfrac{60f}{P}$（其中 n_0 为旋转磁场的转速，f 为三相交流电源的频率，P 为实现交流异步电动机的磁极对数），当该电动机的三相交流电源频率为 50Hz 时，其旋转磁场的转速 n_0 为________r/min；当该电动机的三相交流电源频率为 30Hz 时，其旋转磁场的转速 n_0 为________r/min。(2 分)

3. 在元件储存盘出口附近，安装的电感传感器型号为____________，当元件储存盘中的____________________元件经过这个电感传感器时，能使该传感器的________触点闭合。(1.5 分)

4. 本次组装与调试的元件配送装置，使用磁性开关（接近开关）检测气缸中活塞杆的位置，在电路图中，磁性开关的图形符号为________；磁性开关的工作原理是：当________物质接近开关时，开关的常开触点__________。(1.5 分)

5. 元件配送装置的推送气缸为双作用单出杆气缸，其中双作用的意思是活塞的________均进入压缩空气，单出杆的意思是活塞杆从气缸的______的伸出。在气动系统图中，双作用单出杆气缸的图形符号为______________。(1.5 分)

6. 本次组装与调试的元件配送装置，使用的变频器输出的额定功率为________，输出的频率范围为______________。(1 分)

7. 将输入继电器 X5 的常闭触点串联在某一支路上，使用的指令是____________；将输出继电器 Y5 的常开触点并联在某一支路上，使用的指令是______________。(1 分)

8. 驱动计时器 T2 开始计时且设定计时时间为 0.5s 的指令为__________。(0.5 分)

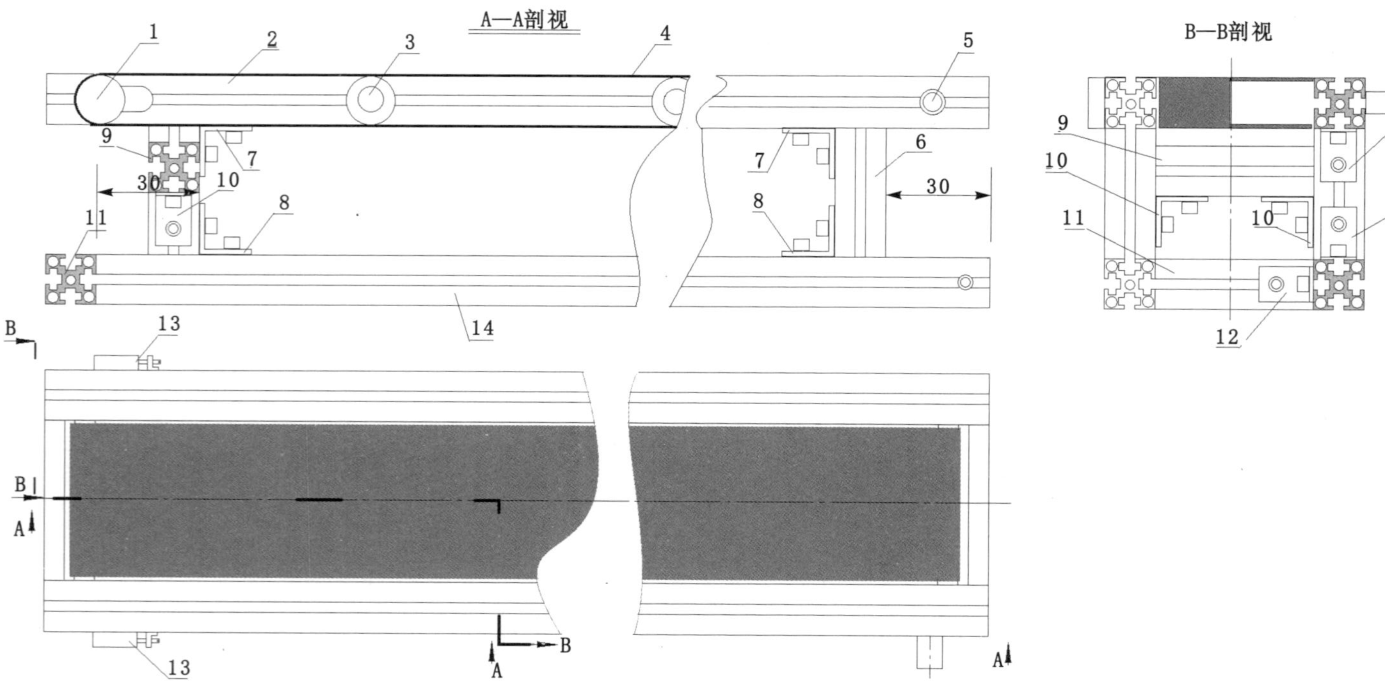

9	支架上横柱	2 条	20mm×20mm 铝合金型材	14	支架下横梁	2 条	20mm×20mm 铝合金型材
8	支架下横梁 L 型连接块	4 块	固定螺钉 M4 内六角螺钉	13	传送带松紧调节装置	2 套	调节支架及螺钉
7	支架上横梁 L 型连接块	4 块	固定螺钉 M4 内六角螺钉	12	支架下横柱 L 型连接块	4 块	固定螺钉 M4 内六角螺钉
6	支架立柱	4 条	20mm×20mm 铝合金型材	11	支架下横柱	2 条	20mm×20mm 铝合金型材
5	主辊部件	1 套	包括主辊轴及轴承	10	支架上横柱 L 型连接块	4 块	固定螺钉 M4 内六角螺钉
4	传送带	1 条	橡胶带	序号	部件名称	数量	备注
3	托辊	3 支	包括托辊轴	垃圾分类装置皮带输送机组装图		图号 01	比例
2	支架上横梁	2 条	20mm×20mm 铝合金型材				
1	副辊部件	1 套	包括副辊轴及轴承	设计		机电一体化设备组装与调试赛项专家组	
序号	部件名称	数量	备注	制图			

图附录 1－11　垃圾分类装置皮带输送机组装图

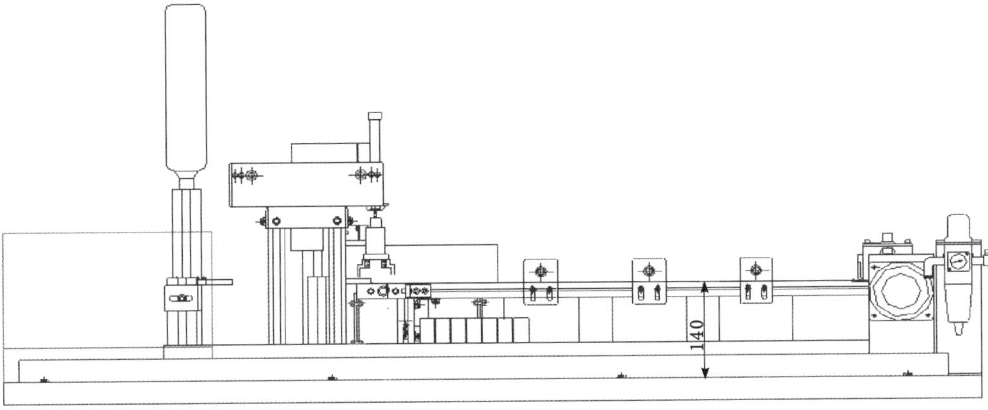

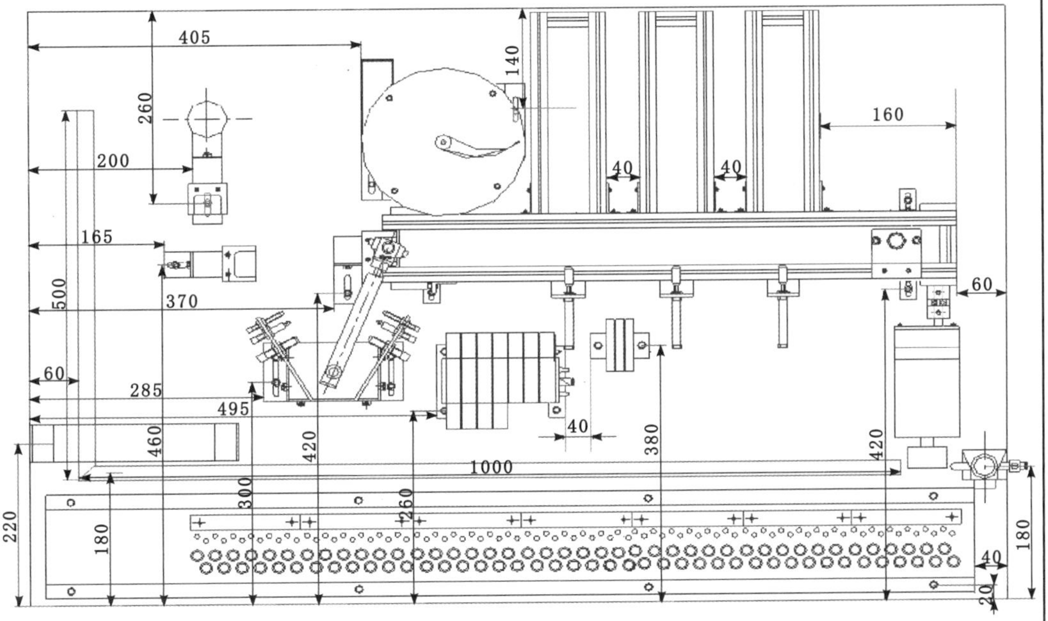

要求与说明：

1. 将各部件按部件组装图组装后，再将有关部件按本图安装。

2. 尺寸标注，不包括塑料封端。与标注尺寸相差±1mm 安装，将视为不合格。

3. 机械手的安装高度，以能从各料台抓取物件，放入样品库/加工机构/成品库时不碰触底盘为合格。

垃圾分类装置组装图			图　号	比　例
			02	
设　计		机电一体化设备组装与赛项专家组		
制　图				

图附录 1－12　垃圾分类装置组装图

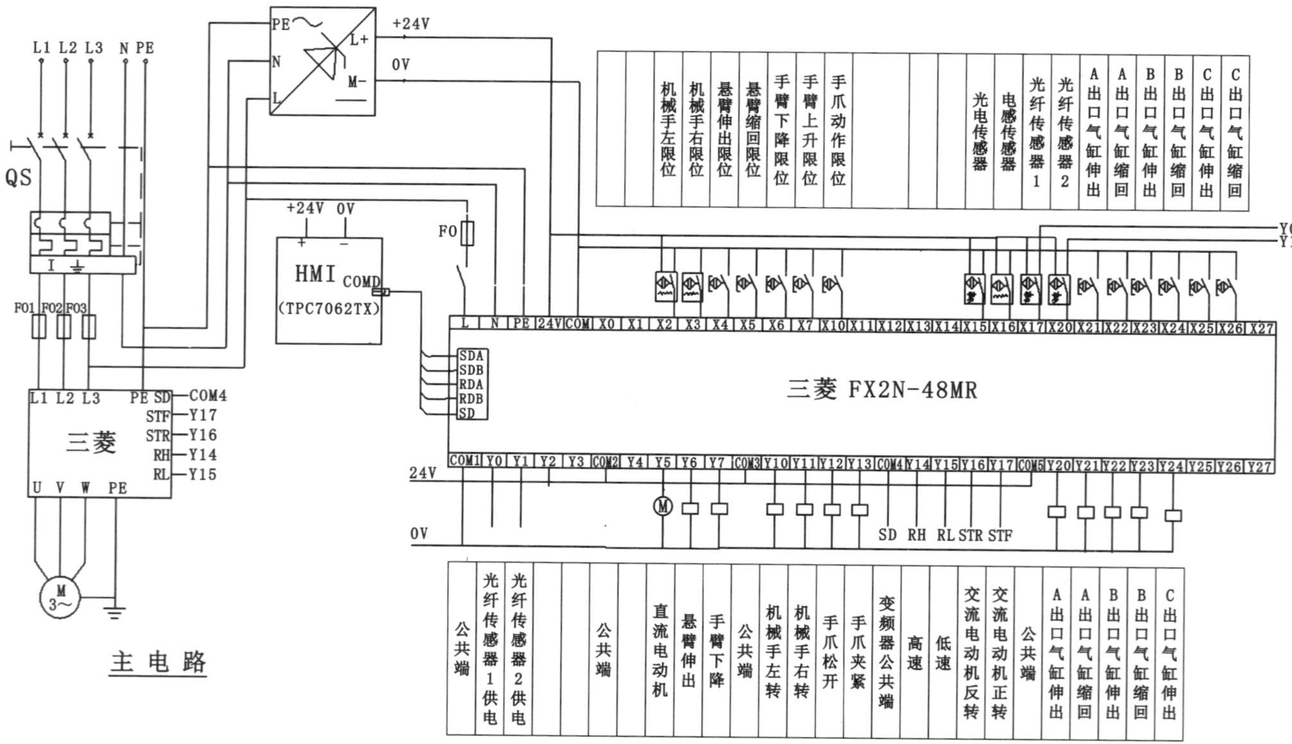

要求与说明：

1. 为防止直流电动机正、反转出现短路，请在编写的控制程序中设置正、反转的互锁程序。
2. 皮带输送机、机械手、样品库/加工机构/成品库等要接地，图中未画出，请自行确定接地位置并按工艺规范安装其接地线。

垃圾分类装置电气原理图（FX2N-48MR）		图号	比例
		03	
设计		机电一体化设备组装与调试赛项专家组	
制图			

图附录 1-13　垃圾分类装置电气原理图

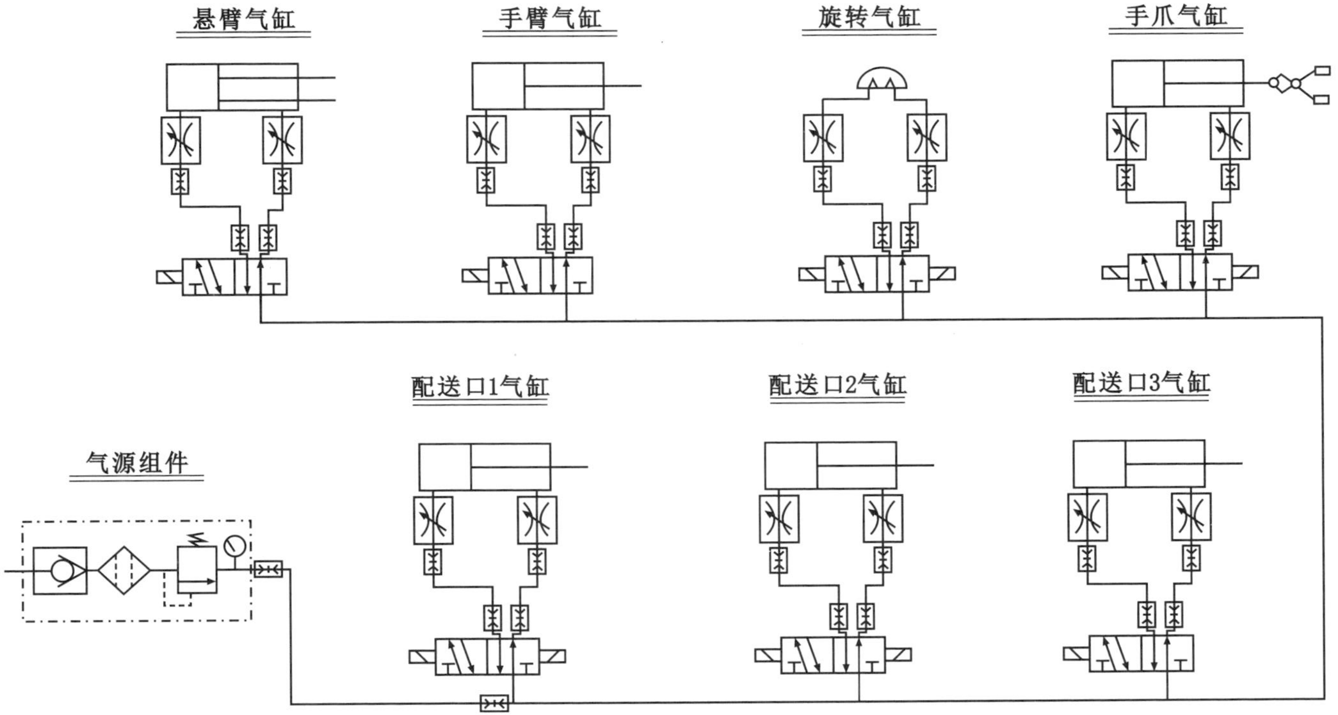

说明与要求：

请按气动系统图选择元件，气路走向合理，做到横平竖直；气管绑扎间距符合要求，在安装台面上的固定符合要求。

垃圾分类装置气动系统图		图　号	比　例
		04	
设　计		机电一体化设备组装与调试赛项专家组	
制　图			

图附录 1－14　垃圾分类装置气动系统图

垃圾分类装置组装与调试安装评分表

工位号：__________　　　　　　　　得分：__________

项目	内容	分值	得分与扣分标准	配分	得分	项目得分
部件组装（10分）	皮带输送机组装	6	零件齐全，零件安装部位正确，组装为完整的皮带输送机1分；缺少零件，零件安装部位不正确，每个扣0.1分，最多扣1分	1		
			上下横梁、左右横梁都与立柱垂直，0.8分；不成直角，每个扣0.1分，最多扣0.8分	0.8		
			立柱间连接支架的固定螺钉紧固，无松动，1分；固定螺钉松动，每个扣0.2分，最多扣1分	1		
			紧固螺钉垫片，1分；缺垫片，每个扣0.1分，最多扣1分	1		
			主辊轴与副辊轴平行，皮带松紧符合要求，各0.5分	1		
			左右两边立柱到输送机构末端的距离均为30mm，共1.2分	1.2		
	机械手组装	4	零件齐全，零件安装部位正确，组装为完整的机械手，1分；缺少零件，零件安装部位不正确，每个扣0.1分，最多扣1分	1		
			立柱与悬臂垂直，悬臂与手臂垂直，各0.5分	1		
			悬臂定位检测的电感式传感器、定位螺钉及缓冲阀安装正确（能实现其功能），每个0.2分，共1分	1		
			固定螺钉紧固，无松动，0.5分；固定螺钉松动，每个扣0.1分，最多扣0.5分	0.5		
			紧固螺钉垫片，0.5分；缺垫片，每个扣0.1分，最多扣0.5分	0.5		
垃圾分类装置组装（10分）	皮带输送机安装位置及工艺	4	距离台面右端60mm，距离台面前端420mm，高度140mm，四角高度差不超过1mm，每个0.2分，共0.8分	0.8		
			皮带输送机安装支架竖直且与台面垂直，支架与立柱固定螺钉距离符合要求，每个0.1分，共0.4分；连接支架与台面、立柱的固定螺钉紧固，垫片齐全，每个0.05分，共0.4分	0.8		
			包装槽右边缘距离皮带机右端160mm，相邻两条斜槽间隔距离均为40mm，每个0.2分，共0.6分	0.6		
			推送气缸推送头中心与推送孔中心一致，推送气缸不倾斜每个0.3分，共0.9分	0.9		
			三相电动机安装位置正确，0.5分；电动机轴与皮带输送机主辊轴同轴度符合要求，0.4分	0.9		
	机械手	1	距离台面左端285mm，距离台面前端300mm，每个0.2分	0.4		
			支架与台面、立柱连接的固定螺钉紧固，每个0.05分，共0.2分；垫片齐全，每个0.05分，共0.4分	0.6		
	其他部件安装位置及工艺	5	E堆放平台距离台面左端200mm，距离台面后端260mm，每个0.2分，共0.4分；警示灯高度符合要求，0.2分；连接支架与台面的固定螺钉不松动、垫片齐全，每个0.05分，共0.2分	0.8		
			D堆放平台距离台面左端165mm，距离台面前端460mm，料台高度符合要求，每个0.2分，共0.6分；连接支架与台面的固定螺钉不松动、垫片齐全，每个0.05分，共0.2分	0.8		

续表

项目	内容	分值	得分与扣分标准	配分	得分	项目得分
垃圾分类装置组装	其他部件安装位置及工艺		抓取平台距离台面左端 370mm，距离台面前端 420mm，料台高度符合要求，每个 0.2 分，共 0.6 分；连接支架与台面的固定螺钉不松动、垫片齐全，每个 0.05 分，共 0.2 分	0.8		
			处理器距离平台左端 405mm、距离平台后端 140mm、高度符合要求，共 0.6 分；支架的固定螺钉不松动、垫片齐全，每个 0.05 分，共 0.2 分	0.8		
			电磁阀组距离平台右端 495mm、距离平台前端 260mm、每个 0.2 分，共 0.4 分；支架的固定螺钉不松动、垫片齐全，每个 0.05 分，共 0.1 分	0.5		
			触摸屏距离平台前端 220mm，0.1 分；支架的固定螺钉不松动、垫片齐全，每个 0.05 分，共 0.1 分	0.2		
			气源组件距离平台前端 180mm，0.1 分；支架的固定螺钉不松动、垫片齐全，每个 0.05 分，共 0.1 分	0.2		
			端子排接线距离平台右端 40mm、距离平台前端 20mm、每个 0.1 分，共 0.2 分；支架的固定螺钉不松动、垫片齐全，每个 0.05 分，共 0.1 分	0.3		
			左边行线槽距离平台左端 60mm、长度为 500mm，每个 0.1 分，共 0.2 分；前面行线槽固定点距离平台前端 180mm、长度为 1000mm，每个 0.1 分，共 0.2 分；安装牢固，两线槽接口为 45 度角，每个 0.1 分，共 0.2 分	0.6		
电路安装（10分）	电路连接与走向	5	按电路图连接电路，只要有一条导线没有按电路图连接、添加或减少元器件的，扣 1 分	2		
			设备通电，但 PLC 处于 STOP 状态时，2 只光纤传感器指示灯应该不亮，如果指示灯亮，每个扣 0.5 分，最多扣 1 分	1		
			电动机外壳、皮带输送机机架、机械手、样品库接地线，每处 0.5 分，共 2 分	2		
	电路连接工艺	5	导线进入行线槽，每个进线口不得超过 2 根导线，导线不从皮带输送机、机械手内部穿过，错误每处扣 0.1 分，最多扣 0.4 分	0.4		
			每根导线对应一位接线端子，并用冷压端子压牢，错误每处扣 0.1 分，最多扣 0.4 分	0.4		
			端子进线部分，每根导线必须用号码管，错误每处扣 0.1 分，最多扣 0.8 分	0.8		
			每个号码管必须合理编号，错误每处扣 0.1 分，最多扣 0.4 分	0.4		
			导线捆扎间隔距离为 60～80mm，错误每处扣 0.1 分，最多扣 0.6 分	0.6		
			每个插线孔上不得超过 2 个插线，错误每处扣 0.1 分，最多扣 0.6 分	0.6		
			接线端露铜不能超过 2mm，错误每处扣 0.1 分，最多扣 0.6 分	0.6		

续表

项目	内容	分值	得分与扣分标准	配分	得分	项目得分
电路安装	电路连接工艺		台面的导线不悬空，线槽固定点距离两端不超过 50mm、中间间距不超过 500mm，错误每处扣 0.1 分，最多扣 0.6 分	0.6		
			固定线夹子间距 100～160mm，错误每处扣 0.1 分，最多扣 0.6 分	0.6		
气路安装（7分）	气路连接与走向	3	按照气动原理图选取的气动元件错误，每个扣 0.5 分，最多扣 1.5 分	1.5		
			走向合理，横平竖直，1.5 分；从设备穿过、非同一个活动机构的气路、电路捆扎在一起、气管放入线槽或平台凹槽，每处扣 0.3 分，最多扣 1.5 分	1.5		
	气路连接工艺	4	气管绑扎间隔为 50～80mm，每处扣 0.1 分；气管过长或过短，每根扣 0.2 分；最多扣 1 分	1.0		
			不用线夹子固定气管，扣 1 分；绑扎间隔为 100～160mm，错误每处扣 0.1 分，最多扣 1 分	1.0		
			气缸进/出气节流阀锁紧，错误每处扣 0.2 分；最多扣 1 分	1.0		
			出现漏气情况，每处扣 0.5 分，最多扣 1 分	1.0		

垃圾分类装置组装与调试功能评分表

工位号：______________ 得分：______________

项目	内容	分值	得分与扣分标准	配分	得分	项目得分
开始（3分）	警示灯	2	接通电源、PLC 通电，绿色警示灯亮，1 分；出现触摸屏首页，1 分	2		
	首页界面	1	在初始位置，触摸屏出现首页界面（图附录 1-2），共 2 个部件，每个得 0.5 分，共 1 分	1		
自检（19分）	进入自检	4	按 设备检查 键，弹出管理员编号和密码界面（图附录 1-3），共 4 个部件，得 0.8 分；每缺一个部件扣 0.2 分；有错字或缺字每个扣 0.1 分	0.8		
			输入管理员编号或密码有错误，弹出请重新输入对话框（图附录 1-5），1 分；有错字或缺字，每个扣 0.1 分	1		
			再次输入管理员编号或密码有错误，弹出你不能使用，请离开的对话框（图附录 1-6），1 分，有缺部件、缺字或错字，每个扣 0.1 分；2 秒后自动返回图附录 1-2 界面，0.2 分，不能返回不得分	1.2		
			输入管理员编号或密码正确，出现 设备运行 按钮且“管理员编号”和“密码”的对话框消失如图附录 1-4，1 分	1		
	装置自检	15	在图附录 1-4 界面，按 设备运行 键后，出现图附录 1-7 所示界面，1 分	1		
			在图附录 1-7 所示界面按 启动 键，指示灯变绿色，同时装置开始运行，1 分	1		

续表

项目	内容	分值	得分与扣分标准	配分	得分	项目得分
自检	装置自检		首先垃圾处理器的直流电动机转动，皮带输送机的三相交流异步电动机正转，各1分，共2分；交流电动机频率正确，3s后直流电动机和皮带输送机的三相交流异步电动机停止转动，各0.5分，共1.5分；然后皮带输送机的三相交流异步电动机反转3s停止，1分；本项共4.5分	4.5		
			皮带输送机的三相交流异步电动机停止反转后，机械手悬臂伸出→手臂下降→手爪合拢→手爪张开→手臂上升→悬臂缩回→机械手转动→停留在抓取平台上方。不符合上述要求，每处扣0.3分，最多扣2分	2		
			A出口处推送气缸活塞杆伸出→缩回，B出口处推送气缸活塞杆伸出→缩回，C出口处推送气缸活塞杆伸出→缩回。每个0.5分，共1.5分	1.5		
			在自检过程中，按 暂停 按钮时， 暂停 按钮变为红色、指示灯变长亮为闪烁，装置正在运动的部件停止并保持在当前位置。再次按下 暂停 按钮， 暂停 按钮恢复原色、指示灯变闪烁为长亮，暂停时停止的部件从当前位置按原定的程序运动，每个0.5分，共3分	3		
			自检完成后，部件处在初始位置，装置的触摸屏页面如图附录1-9所示。运行指示灯为绿色，表示装置正常，等待指示灯为黄色，表示可以放入垃圾，报警指示灯为原色。本项共2分，每错1处扣0.2分，最多扣2分	2		
垃圾分类与分拣（21分）	A、B、C类垃圾分拣	8.5	放入两个金属元件为A类垃圾，A类垃圾由推送气缸送入A出口，2.5分。气缸活塞杆动作不合要求、送入出口后皮带机不停止、垃圾不能送入A出口各扣0.5分	2.5		
			放入垃圾时，等待指示灯变为绿色；垃圾分拣完毕，等待指示灯恢复原色，各0.5分	1		
			放入两个白色塑料元件为B类垃圾，B类垃圾由推送气缸送入B出口，2.5分。气缸活塞杆动作不合要求、送入出口后皮带机不停止、垃圾不能送入B出口各扣0.5分	2.5		
			放入两个黑色塑料元件为C类垃圾，C类垃圾由推送气缸送入C出口，2.5分。气缸活塞杆动作不合要求、送入出口后皮带机不停止、垃圾不能送入C出口各扣0.5分	2.5		
	D、E、F类垃圾分拣	8.5	放入一个金属、一个白色塑料元件为D类垃圾。D类垃圾到抓取平台、交流电动机停止，0.5分；机械手搬运到D堆放处，1分；两个元件都搬运到D堆放处，0.5分；搬运后机械手能回原位，0.5分	2.5		
			放入一个金属、一个黑色塑料元件为E类垃圾。E类垃圾到抓取平台、交流电动机停止，0.5分；机械手搬运到E堆放处，1分；两个元件都搬运到E堆放处，0.5分；搬运后机械手能回原位，0.5分	2.5		

续表

项目	内容	分值	得分与扣分标准	配分	得分	项目得分
垃圾分类与分拣	D、E、F类垃圾分拣		放入一个白色塑料元件、一个黑色塑料元件为F类垃圾。F类垃圾到抓取平台、交流电动机停止，0.5分；机械手搬运到处理器，1分；两个元件都搬运到处理器，0.5分；搬运后机械手能回原位，0.5分。放入垃圾后直流电动机转动，0.5分，3s后直流电动机停止，0.5分	3.5		
	意外情况处理	4	气缸活塞杆伸出3s不能缩回、手臂气缸活塞杆下降3s不能上升，装置停止运行，各1分	2		
			触摸屏运行指示灯、等待指示灯变为红色长亮，报警指示灯变为红色闪烁，并出现“请停止投放垃圾!”的提示，各0.5分	2		

垃圾分类装置组装与调试过程及组装调试记录评分表

工位号：________________ 得分：________________

项目	内容	分值	得分与扣分标准	得分	项目得分
工作过程(10分)	着装	1	穿工作服、绝缘鞋，符合职业岗位要求		
	安全	1	不带电连接、改接电路，通电调试电路前经裁判同意		
		1	操作符合规范，未损坏零件		
		1	设备通电、调试过程中未发生熔断器熔断、漏电和安装台带电		
		1	注意操作安全，未发生工伤事故		
	素养	1	工具、量具和零部件摆放符合规范，不影响操作		
		1	导线线头、其他废弃物堆放在指定位置		
		1	申领赛场提供的材料		
	更换元件	2	更换的元器件，经裁判检测，确为损坏元件		
组装调试记录(10分)	1	1	CXSM15-100 0.5分；CDJ2KB16-75-B 0.5分		
	2	2	80YS25GY38 0.5分；2 0.5分；1500 0.5分；900 0.5分		
	3	1.5	E3Z-L563 0.5分；金属 0.5分；常开 0.5分		
	4	1.5	 0.5分；铁磁 0.5分；闭合 0.5分		
	5	1.5	两侧 0.5分；一端 0.5分；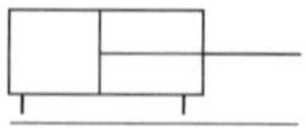 0.5分		
	6	1	0.75kW 0.5分；0～400Hz 0.5分		
	7	1	ANI X005 0.5分；OR Y005 0.5分		
	8	0.5	OUT T2 K5 0.5分		

××省职业院校学生技能竞赛
中职组机电一体化设备组装与调试竞赛试题

物流配送装置组装与调试工作任务书

一、工作任务与要求

1. 按《物流配送装置组装图》（图号 01）组装机电一体化设备，并使该装置能按要求配送货物。

2. 按《物流配送装置电气原理图》（图号为 02）连接物流配送装置的控制电路，连接的电路应符合工艺规范要求。

3. 按《物流配送装置气动系统图》（图号 03）安装气动系统的执行元件、控制元件，连接气路，调节气动系统的工作压力、执行元件的进气量。使气动系统能按要求实现功能，气路的布局、走向、绑扎应符合工艺规范要求。

4. 请你正确理解物流配送装置的工作过程和动作要求、意外情况的处理等，制作触摸屏的界面，编写物流配送装置的 PLC 控制程序和设置变频器的参数。

注意：

在使用计算机编写程序时，请你随时在计算机 E 盘保存已编好的程序，保存文件名为工位号加 B（如 03 号工位文件名为“03B”）。

5. 请你安装传感器，并调整传感器的位置和灵敏度，调整机械部件的位置，完成物流配送装置的整体调试，使物流配送装置能按客户订单配送货物。

6. 请你填写组装与调试记录中的有关内容。

注意：

本次组装与调试的物流配送装置，用触摸屏控制。

你可以同时使用触摸屏和按钮模块上的按钮、开关控制，但没有加分。

你也可以单独使用按钮模块上的按钮、开关控制。这时，你需要在《物流配送装置电气原理图》上画出增加的电路，但原电路不能改动。单独使用按钮模块上的按钮、开关控制不能得触摸屏的相关分。

二、物流配送装置说明

物流配送装置按照顾客的订单，将客户需要的货物配送到配送口。该装置各部件名称及其安装位置如图附录 2－1 所示。

配送装置通电，若装置的气动机械手在中转台上方且手爪张开，各配送口推送气缸的活塞杆在缩回位置，货仓的直流电动机、皮带输送机的三相交流异步电动机处于停止的初始状态，则触摸屏显示首页如图附录 2－2 所示。若物流配送装置不在初始状态，则需手动复位，复位后出现触摸屏首页。

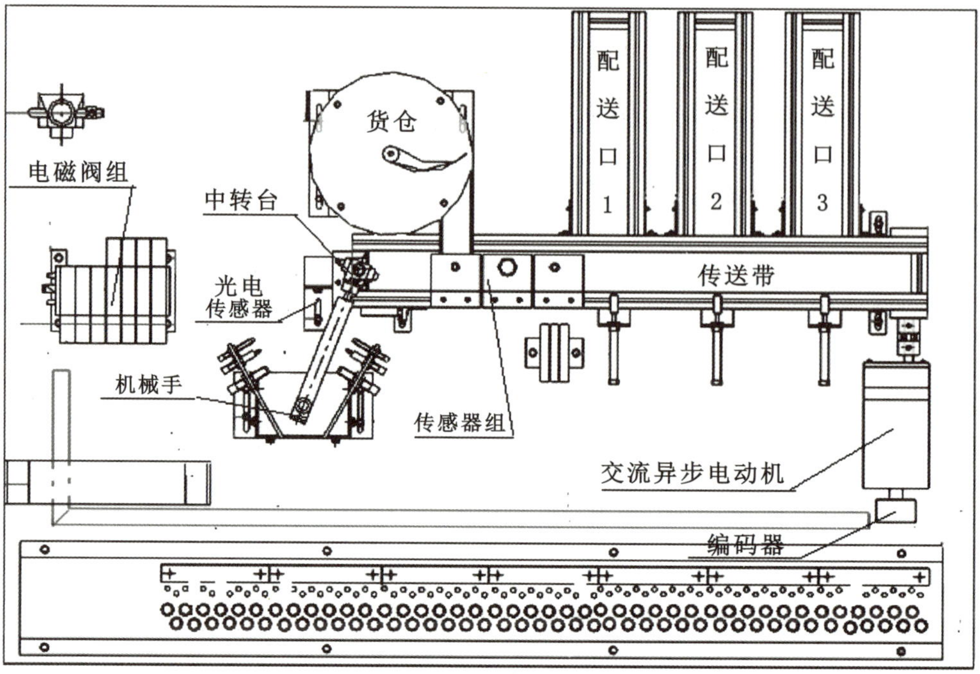

图附录 2－1　物流配送装置主要部件及其名称

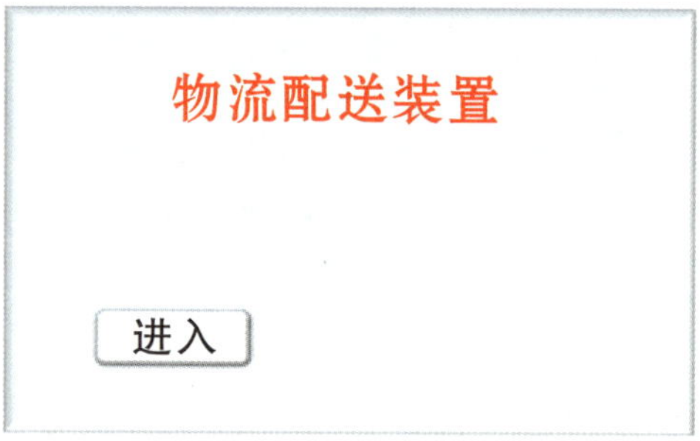

图附录 2－2

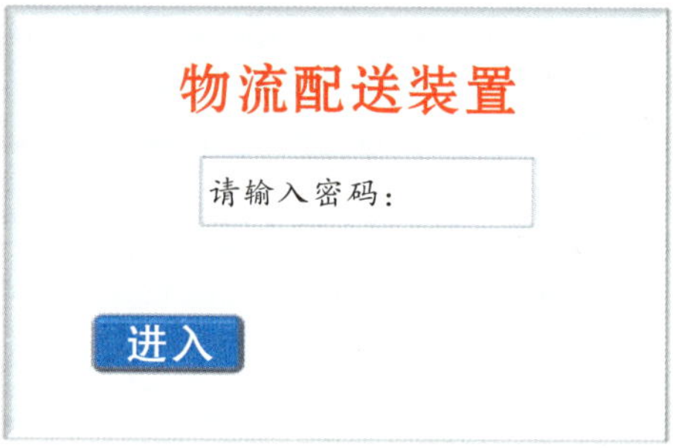

图附录 2－3

按[进入]按钮，[进入]按钮变色且页面弹出“请输入密码：”对话框如图附录 2－3 所示，输入密码（235A），可进入触摸屏的下一页面。若输入密码错误，弹出“请重新输入密码：”对话框如图附录 2－4 所示，输入正确密码可进入下一页面；若重新输入密码错误，则出现“你不能使用该装置，请离开！”的警告如图附录 2－5 所示，[进入]按钮闪烁 5s 后熄灭，返回如图附录 2－2 所示的页面后，可再次按[进入]按钮。

输入正确密码后进入配送设置页面如图附录 2－6 所示。按下页面中的[填写]键，[填写]键变色，根据下达订单的货物配送信息（验收时，由裁判下达订单）将本次配送的订单号、货物种类及排列、配送口填写在触摸屏上的配送设置表中。表附录 2－1 为下达订单的样式及货物配送信息示例。物流配送装置将按配送设置表，将货物送到指定的配送口。物流配送装置一次只能为三个订单配送货物，所以一次只能填写 3 个订单信息，余下的订单，需再次填写配送设置表。本次配送的订单号由验收裁判指定。

在填写配送设置表格时，若填写有误，可按下页面中的修改键，修改键变色，可对配送设置表中已填写的数据进行修改。设置完成后按下页面中的确认键，确认键变色，填写键和修改键恢复原色，配送设置表设置数据不能修改且生效。填写配送设置及完成配送设置的触摸屏页面分别如图附录 2－6、图附录 2－7 所示。

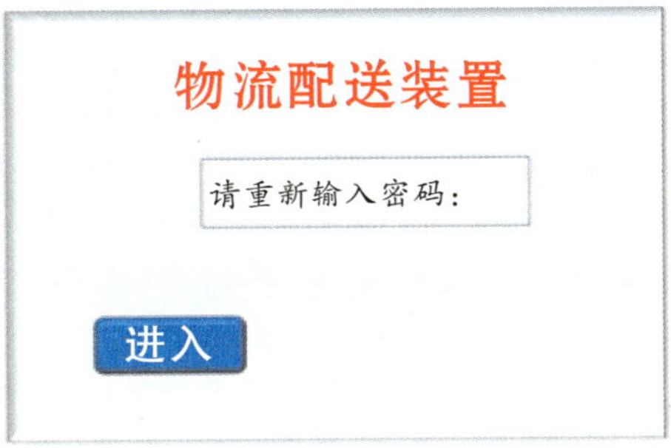

图附录 2－4

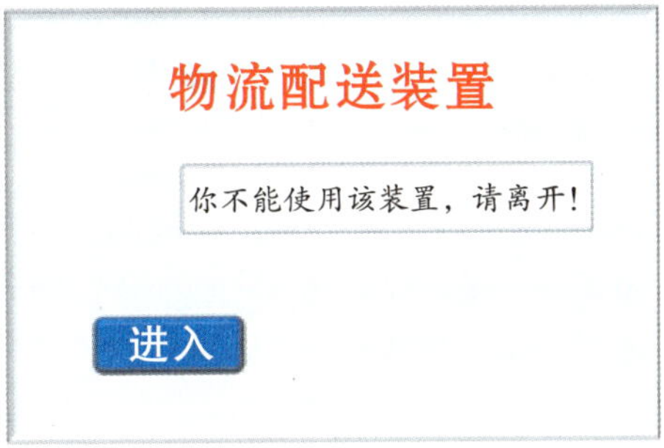

图附录 2－5

表附录 2－1　货物配送信息

订单号	货物 A 数量	货物 B 数量	货物 C 数量	货物排列
001	2	1	1	●●○●
…	…	…	…	…
005	1	0	2	●○○
…	…	…	…	…
…	…	…	…	…

●表示货物 A，由黑色塑料元件模拟；●表示货物 B，由金属元件模拟；○表示货物 C，由白色塑料元件模拟。

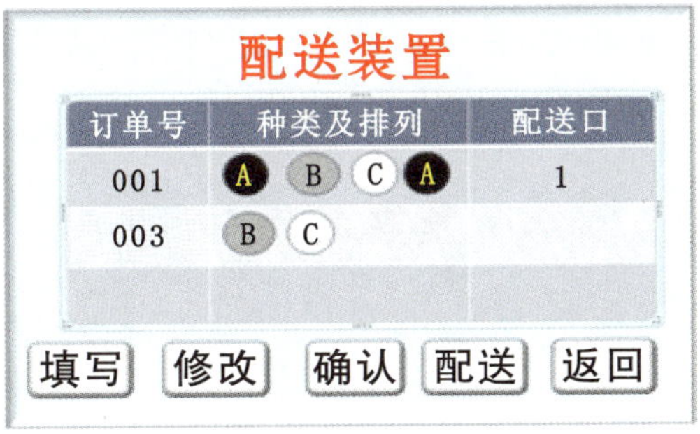

图附录 2－6

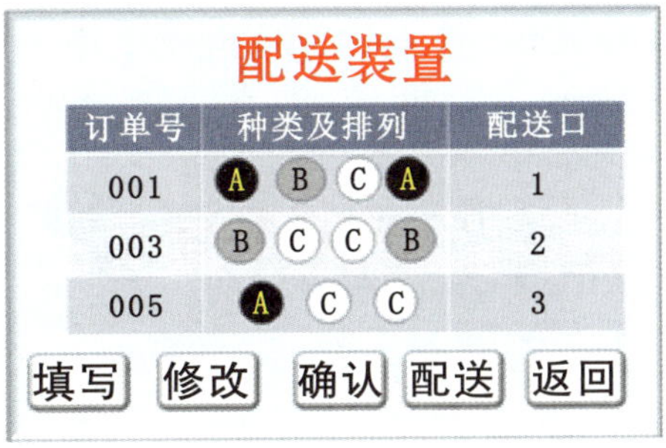

图附录 2－7

按下确认键后按配送键，物流配送装置的触摸屏进入货物配送页面如图附录 2－8 所示。按下页面中的启动键，启动键变色的同时，指示灯变为绿色，表示物流配送装置正在配送货物。物流配送装置配送货物时，可不分订单号先后顺序，只要是配送设置中所列的货物并且符合当前的排列要求，均可配送到相应的配送口。

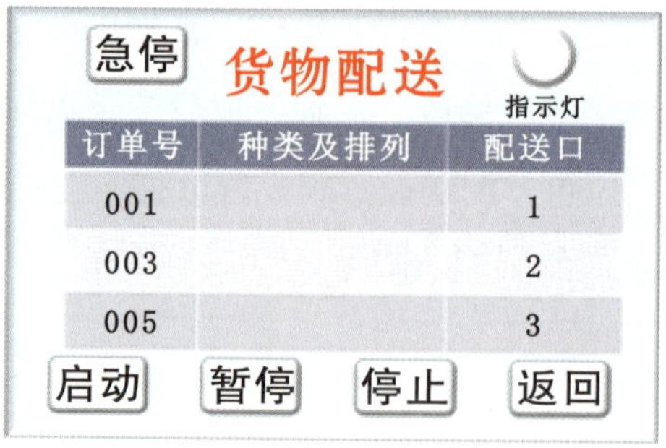

图附录 2－8

配送货物时，变频器输出频率为 25Hz 的三相交流电源使传送带三相交流异步电动机正转，货仓直流电动机转动送出货物。当送出货物到达传送带上时，货仓直流电动机停止转动。到达传送带上的货物，是配送设置中所列货物并且符合排列要求，则送到配送口，由配送口的推送气缸将货物推入配送槽，活塞杆缩回后，货仓直流电动机转动，送出下一个货物；若到达传送带上的货物不能送到配送口，则变频器输出频率为 35Hz 的三相交流电源使传送带三相交流异步电动机反转，将货物送到中转台，由机械手搬运回货仓，变频器输出频率为 25Hz 的三相交流电源使传送带三相交流异步电动机正转，货仓直流电动机转动送出货物。货物进入配送槽后，触摸屏页面上“种类及排列”栏中应显示进入配送口货物的种类和排列位置。配送过程中，为订单号“001”配送了 3 种货物，为订单号“003”配送了 1 种货物，没有为订单号“005”配送货物，触摸屏页面如图附录 2－9 所示。在配送过程中可按暂停键，暂停键变色、启动键恢复原色如图附录 2－10 所示，物流配送装置停止运行并保持当前状态。当再次按下暂停键，暂停键恢复原色、启动键变色，物流配送装置接着暂停时的状态继续运行。完成本次配送设置的全部配送后，物流配送装置自动停止，停止键变色、启动键恢复原色；在配送过程中按下停止键，停止键变色、启动键恢复原色，配送装置需完成当前配送设置的全部配送后停止。完成本次配送的触摸屏页面如图附录 2－11 所示。

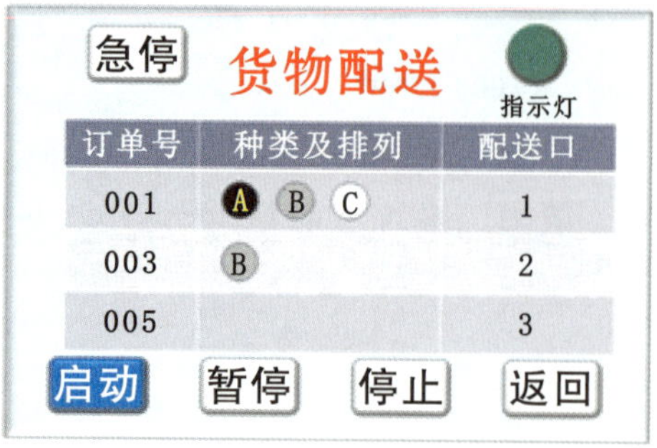

图附录 2－9

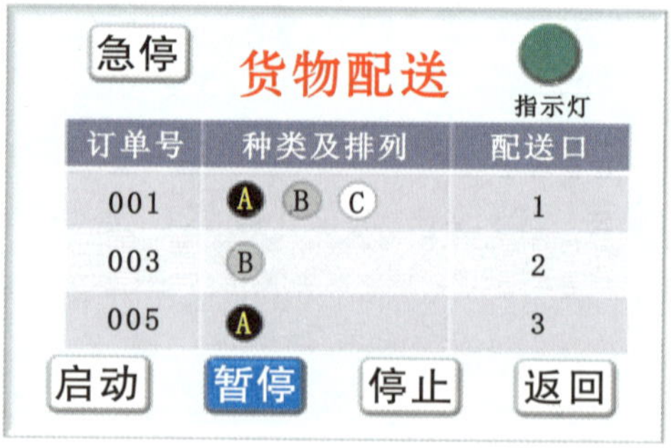

图附录 2－10

完成配送设置中设置的全部货物后，物流配送装置自动停止，这时可按返回键，到“配送设置”页面进行下一次配送设置；也可按停止键，回到触摸屏首页页面，再按下进入键并输入正确密码，方可进行配送设置和货物配送。

在配送过程中，若遇意外情况可按下货物配送页面中的急停键，急停键变色的同时，指示灯变为红色，物流配送装置立即停止运行并保持当前状态，如图附录 2－12 所示。待意外情况处理后，再次按下急停键，急停键恢复原色的同时，指示灯变为绿色，物流配送装置接着急停时的状态继续运行。

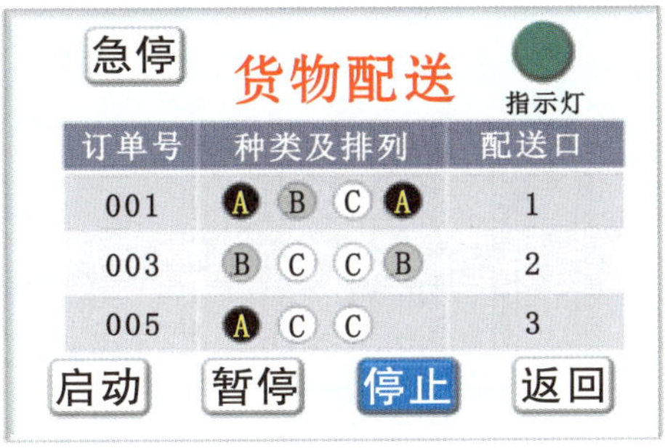

图附录 2－11

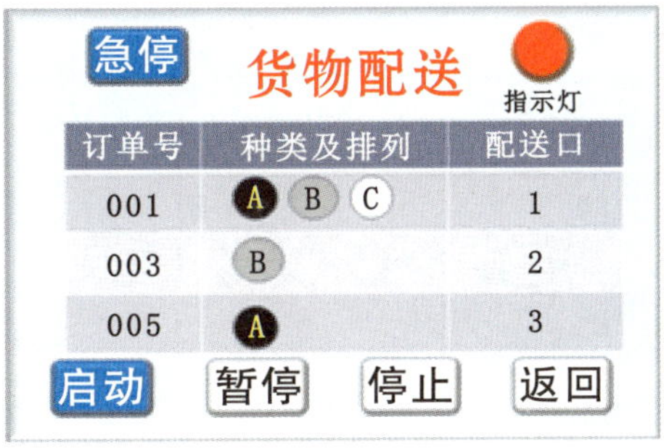

图附录 2－12

三、组装与调试记录

1. 节流阀用来控制进入气缸中压缩空气的__________，本次使用的节流阀的型号是__________，它在气动系统图中的图形符号是：__________。(1.5 分)

2. 在货仓出口位置，安装了由两种传感器组成的传感器组，这两种传感器的名称分别是________传感器、__________传感器。(1.0 分)

3. 为本次组装与调试的物流配送装置供电的电源，采用的是__________制供电方式，其中 PE 线为__________线。(1.5 分)

4. 在电路图中，图形符号表示________，表示______，直流电动机则用符号________表示。(1.5 分)

5. 本次组装与调试物流配送装置时，要将编辑的 PLC 程序保存在计算机存储器中的方法是：打开____________菜单，选择__________命令；或点击工具栏中的图标，确定____________后，即可将程序保存在存储器中的确定位置。(1.5 分)

6. 本次使用的 PLC，将输入继电器 X_5 的常开触点串联在某一支路上，使用的指令是______；将输出继电器 Y_5 的常闭触点并联在某一支路上，使用的指令是________。(1 分)

7. 组装与调试插装机器人过程，在绑扎未进线槽的导线时，扎带绑扎的间距为__________mm，在安装台面上线夹子安装间距为____________mm。(1 分)

8. 本次安装与调试物流配送装置过程中，使用的触摸屏型号为________，设置触摸屏与 PLC 之间的通信参数时，设置的通信类型为_______，PLC 类型为________。(1.5 分)

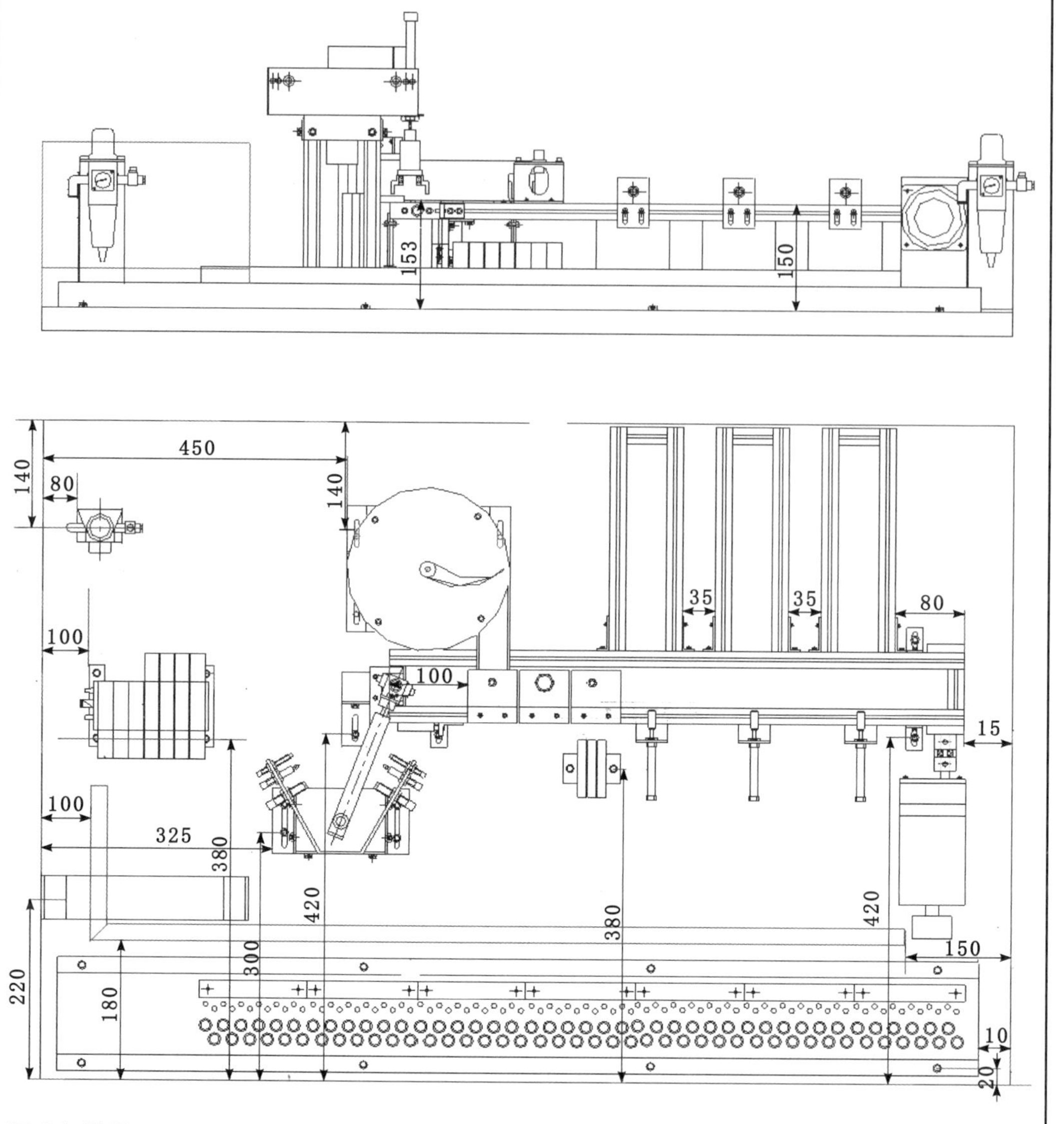

要求与说明：

1. 将各部件按部件组装图组装后，再将有关部件按本图安装。

2. 尺寸标注，不包括塑料封端。与标注尺寸相差±0.5mm 的安装，将视为不合格。

3. 机械手的安装高度，以能从各料台抓取物件，放入样品库/加工机构/成品库时不碰触底盘为合格。

			图号	比例
物流配送装置组装图			01	
设计		机电一体化设备组装与调试赛项专家组		
制图				

图附录 2-13　物流配送装置组装图

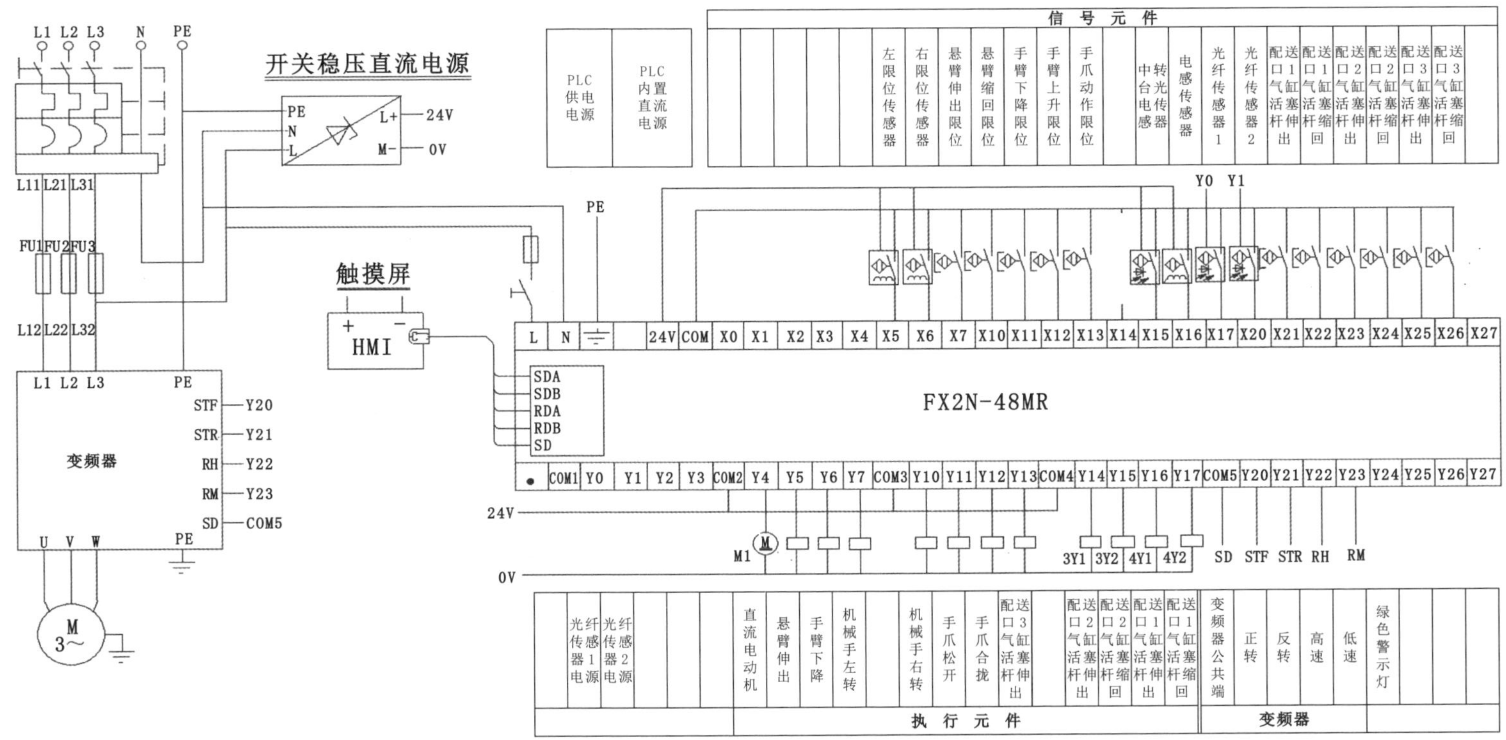

要求与说明：

1. 为防止直流电动机正、反转出现短路，请在编写的控制程序中设置正、反转的互锁程序。
2. 皮带输送机、机械手、样品库/加工机构/成品库等要接地，图中未画出，请自行确定接地位置并按工艺规范安装其接地线。

物流配送装置电气原理图		图号	比例
		02	
设计		机电一体化设备组装与调试赛项专家组	
制图			

图附录 2-14　物流配送装置电气原理图

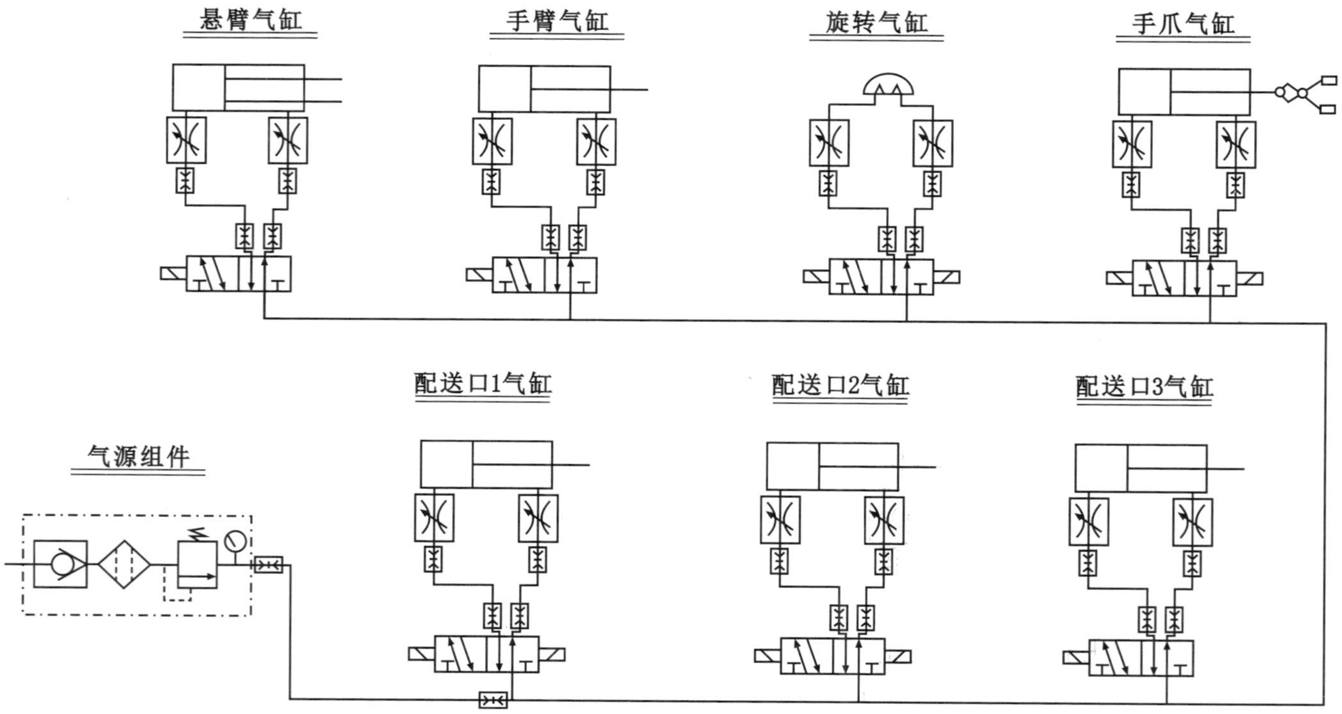

要求与说明：

请按气动系统图选择元件，气路走向合理，做到横平竖直；气管绑扎间距符合要求，在安装台面上的固定符合要求。

物流配送装置气动系统图		图　号	比　例
		03	
设　计		机电一体化设备组装与调试赛项专家组	
制　图			

图附录 2－15　物流配送装置气动系统图

物流配送装置组装与调试安装评分表

工位号：________________　　　　得分：________________

项目	内容	分值	得分与扣分标准	配分	得分	项目得分
配送装置部件组装（9分）	皮带输送机组装	5	零件齐全，零件安装部位正确，组装为完整的皮带输送机1分；缺少零件，零件安装部位不正确，每个扣0.1分，最多扣1分	1.0		
			上下横梁、左右横梁都与立柱垂直，1分；不成直角，每个扣0.1分，最多扣1分	1.0		
			立柱间连接支架的固定螺钉紧固，无松动，1分；固定螺钉松动，每个扣0.2分，最多扣1分	1.0		
			紧固螺钉垫片，1分；缺垫片，每个扣0.1分，最多扣1分	1.0		
			主辊轴与副辊轴平行，皮带松紧符合要求，各0.5分	1.0		
	机械手组装	4	零件齐全，零件安装部位正确，组装为完整的机械手，1分；缺少零件，零件安装部位不正确，每个扣0.1分，最多扣1分	1.0		
			立柱与悬臂垂直，悬臂与手臂垂直，各0.5分	1.0		
			悬臂定位检测的电感式传感器、定位螺钉及缓冲阀安装正确（能实现其功能），每个0.2分，最多扣1分	1.0		
			固定螺钉紧固，无松动，0.5分；固定螺钉松动，每个扣0.1分，最多扣0.5分	0.5		
			紧固螺钉垫片，0.5分；缺垫片，每个扣0.1分，最多扣0.5分	0.5		
配送装置组装（13.7分）	皮带输送机安装位置及工艺	6	距离台面右端15mm，距离台面前端420mm，高度150mm，四角高度差不超过1mm，每个0.25分，共1.0分	1.0		
			皮带输送机安装支架竖直且与台面垂直，每个0.1分，共0.4分；支架与立柱固定螺钉距离符合要求，每处0.1分，共0.4分；支架与台面、立柱的固定螺钉紧固，符合工艺要求，1.2分。固定螺钉松动，每个扣0.05分，最多扣0.6分；缺垫片，每个扣0.05分，最多扣0.6分	2.0		
			配送槽3右边缘距离皮带机右端80mm，相邻两条斜槽间隔距离均为35mm，传感器组左边缘距离皮带机左端100mm，每个0.25分，共1.0分	1.0		
			配送口推送气缸位置在配送槽中心，每个0.2分，高度符合工艺规范，每个0.2分，共1.2分	1.2		
			三相电动机固定螺钉紧固、有垫片，0.4分，松动或缺垫片，每个扣0.05分，最多扣0.4分；电动机轴与皮带输送机主辊轴同轴度符合要求，0.4分	0.8		
	机械手安装位置及工艺	1.7	距离台面左端325mm，距离台面前端300mm，每个0.25分	0.5		
			支架与台面、立柱连接的固定螺钉紧固，每个0.05分，共0.6分；垫片齐全，每个0.05分，共0.6分	1.2		

续表

项目	内容	分值	得分与扣分标准	配分	得分	项目得分
配送装置组装	其他部件安装位置及工艺	6	距离台面前端420mm，料台高度137mm，每个0.25分，共0.5分；其上光电传感器安装正确，0.5分；料台与支架、支架与台面固定螺钉不松动、垫片齐全，每个0.05分，共0.5分	1.5		
			货仓距离台面后端140mm，高度153mm，四角高度相差不超过1mm，每个0.25分，共0.75分；支架的固定螺钉不松动、垫片齐全，每个0.1分，共1.0分	1.75		
			电磁阀组距离台面左端100mm，距离台面前端380mm，方向正确，每个0.25分，共0.75分。固定螺钉不松动、垫片齐全，每个0.05分，共0.2分	0.95		
			触摸屏距离台面前端220mm，0.25分。支架的固定螺钉不松动、垫片齐全，每个0.05分，共0.25分	0.5		
			气源组件距离台面后端140mm，距离台面左端80mm，每个0.25分，共0.5分。支架的固定螺钉不松动、垫片齐全，每个0.05分，共0.1分	0.6		
			端子排接线距离台面右端10mm，距离台面前端20mm，每个0.25分，共0.5分。支架的固定螺钉不松动、垫片齐全，每个0.05分，共0.2分	0.7		
电路安装（10分）	电路连接与走向	6	左边竖行线槽距离台面左端100mm，横行线槽距离台面右端150mm，每个0.25分，共0.5分。行线槽固定点5个，每个0.1分，共0.5分。安装牢固，两线槽接口为45度角，0.2分	1.2		
			按电路图连接电路，只要有一条导线没有按电路图连接、添加或减少元器件的，扣1分；设备通电，但PLC未运行，2只光纤传感器指示灯应该不亮，如果指示灯亮，每个扣1分，最多扣2分	3.0		
			皮带输送机机架、机械手、货舱接地线，每处0.5分，共1.5分；接地符合要求，每处0.1分，共0.3分	1.8		
	电路连接工艺	4	导线进入行线槽，每个进线口不得超过2根导线，导线不从皮带输送机、机械手内部穿过，错误每处扣0.1分，最多扣0.4分	0.4		
			每根导线对应一位接线端子，并用冷压端子压牢，错误每处扣0.1分，最多扣0.4分	0.4		
			端子进线部分，每根导线必须用号码管，错误每处扣0.1分，最多扣0.8分	0.8		
			每个号码管必须合理编号，错误每处扣0.1分，最多扣0.4分	0.4		
			导线捆扎间隔距离为60～80mm，错误每处扣0.1分，最多扣0.4分	0.4		
			每个插线孔上不得超过2根插线，错误每处扣0.1分，最多扣0.4分	0.4		

续表

项目	内容	分值	得分与扣分标准	配分	得分	项目得分
电路安装	电路连接工艺		接线端露铜不能超过 2mm，错误每处扣 0.1 分，最多扣 0.4 分	0.4		
			台面的导线不悬空，线槽固定点距离两端不超过 50mm，中间间距不超过 500mm，错误每处扣 0.1 分，最多扣 0.4 分	0.4		
			固定线夹子间距 100～160mm，错误每处扣 0.1 分，最多扣 0.4 分	0.4		
气路安装(7.3分)	气路连接与走向	3.5	按照气动原理图选取的气动元件错误，每个扣 0.5 分，最多扣 2 分（三个单作用电磁阀分别是用于悬臂气缸、手臂气缸、配送口 3 气缸）	2.0		
			走向合理，横平竖直，1.5 分；从设备穿过，非同一个活动机构的气路、电路捆扎在一起，气管放入线槽或平台凹槽，错误每处扣 0.3 分，最多扣 1.5 分	1.5		
	气路连接工艺	3.8	气管绑扎间隔为 50～80mm，错误每处扣 0.1 分；气管过长或过短，每根扣 0.2 分，最多扣 1 分	1.0		
			不用线夹子固定气管，扣 1 分；固定间隔为 100～160mm，错误每处扣 0.1 分，最多扣 1 分	1.0		
			气缸进/出气节流阀锁紧，错误每处扣 0.2 分，最多扣 1 分	1.0		
			出现漏气情况，每处扣 0.4 分，最多扣 0.8 分	0.8		

物流配送装置组装与调试功能评分表

工位号：________________ 得分：________________

项目	内容	分值	得分与扣分标准	配分	得分	项目得分
开始(3.6分)	设备通电	2	设备通电，部件为初始状态，出现触摸屏首页	1.0		
			使应为初始状态的一个部件不在初始位置，触摸屏首页消失，复位后出现触摸屏首页	1.0		
	首页界面	1.6	在初始位置，触摸屏出现首页界面（图附录 2-2），共 2 个部件，共 0.4 分；每缺一个部件扣 0.2 分，有错字或缺字扣 0.1 分	0.4		
			按[进入]键，按键变色，0.2 分；出现输入密码对话框，0.2 分；输入错误密码，弹出重新输入对话框，0.2 分	0.6		
			再次输入错误密码，弹出“你不能使用该装置，请离开!”的警告，0.2 分；输入正确密码，进入第二页面，0.2 分	0.4		
			第一次输入正确密码，进入第二页面，0.2 分	0.2		
第一次配送(29.4分)	第一次配送设置	5.4	配送设置界面，共 6 个部件，每个 0.2 分，共 1.2 分；一个表格，行、列及其文字，0.8 分；每缺一个部件扣 0.2 分，有错字或缺字扣 0.1 分	2.0		
			按[填写]键，该键变色，0.2 分；能在单元格中输入数据（数字、符号或图形），共 1.8 分	2.0		

续表

项目	内容	分值	得分与扣分标准	配分	得分	项目得分
第一次配送（29.4分）	第一次配送设置		在配送设置过程中，按修改键，该键变色，0.2分；能对表格中的数据进行修改，0.2分	0.4		
			按确认键，该键变色，填写、修改键恢复原色，每个0.2分，共0.6分	0.6		
			按下确认键后按配送键，进入货物配送页面0.2分；按返回键，回到首页0.2分	0.4		
	第一次货物配送	20.3	货物配送界面，共7个部件，每个0.2分，共1.4分；一个表格，单元格中显示的数据与设置要求对应，每处0.2分，共1.2分；每缺一个部件或单元格显示错误，扣0.2分；有错字或缺字扣0.1分	2.6		
			按下启动键，该键变色、指示灯变绿色，直流电动机转动、交流电动机转动，各0.2分，共0.8分。送出一个货物，直流电动机停转，0.2分，处理完送出货物，直流电动机又转动，0.3分。交流电动机正转频率为25Hz，反转频率为35Hz，各0.5分，共1分	2.3		
			推送气缸活塞杆伸出、缩回正确，货物配送准确，共0.9分	0.9		
			不符合配送要求的物品，到达中转台，交流电动机停止反转，0.2分；机械手运回货仓后，以正确频率正转，0.3分	0.5		
			机械手手臂下降、手爪抓取物品、手臂上升、悬臂伸出、手臂下降、手爪松开，再按上述逆序返回初始位置，每个动作0.1分，共1.2分。机械手抓取物品准确，气缸动作表明气压、进气量调节正确，旋转、悬臂、手臂、手爪4个气缸，每个气缸0.2分，共0.8分	2.0		
			按配送设置要求，将货物配送到对应配送口，每个配送口3分，共9分。在各配送口中，每错1个，扣1分，一个配送口最多扣3分	9.0		
			触摸屏页面的表格中，显示的送达货物与配送口配送货物对应，每个配送口1分，共3分；每错一个，扣0.3分，每个配送口最多扣1分	3.0		
	第一次配送过程问题处理	3.7	按暂停键，该键变色、启动键恢复原色，装置保持当前状态，第二次按暂停键，启动键变色、暂停键恢复原色，装置按当前状态继续运行，各0.2分，共1.2分	1.2		
			完成配送，智能配送装置自动停止，启动键恢复原色、停止键变色，0.5分；按停止键，停止键变色、启动键恢复原色，能完成当前设置的配送后停止，0.5分	1.0		
			在配送过程中，按急停键，急停键变色，指示灯由绿色变红色，设备立即停止运行并保持当前状态；再次按急停键，急停键恢复原色，指示灯由红色变绿色	1.5		

续表

项目	内容	分值	得分与扣分标准	配分	得分	项目得分
第二次配送（7分）	第二次配送设置	2	在停止的情况下，按货物配送页面上的[返回]键，回到配送设置页面，0.2分，能按要求进行配送设置，修改、确认，1.6分；按[配送]键，能进入货物配送页面，0.2分	2.0		
	第二次配送	5	能按配送设置将货物送到配送口，每个配送口0.8分，共2.4分。不符合配送要求的货物，能送回货仓，0.6分	3.0		
			货物配送页面的表格中，显示的送达货物与配送口配送的货物对应，2分	2.0		

物流配送装置组装与调试过程及组装调试记录评分表

工位号：________________ 得分：________________

项目	内容	分值	得分与扣分标准	得分	项目得分
工作过程（10分）	着装	1	穿工作服、绝缘鞋，符合职业岗位要求		
	安全	1	不带电连接、改接电路，通电调试电路前经裁判同意		
		1	操作符合规范，未损坏零件		
		1	设备通电、调试过程中未发生熔断器熔断、漏电和安装台带电		
		1	注意操作安全，未发生工伤事故		
	素养	1	工具、量具和零部件摆放符合规范，不影响操作		
		1	导线线头、其他废弃物堆放在指定位置		
		1	申领赛场提供的材料		
	更换元件	2	更换的元器件，经裁判检测，确为损坏元件		
组装调试记录（10分）	1	1.5	流量，ESL4－M5，		
	2	1.0	光纤 0.5分；电感 0.5分（不按顺序，只要填出是这两种传感器可得分）		
	3	1.0	三相五线 0.5分；保护 0.5分		
	4	1.5	接近开关（磁性开关）0.5分；线圈 0.5分； 0.5分		
	5	1.5	文件（或工程）0.5分；保存 0.5分；保存路径 0.5分		
	6	1	AND X5 0.5分；ORI Y5 0.5分		
	7	1	50～80 0.5分；100～160 0.5分		
	8	1.5	TPC7062KS（MT4300C）0.5分；RS485 0.5分；FX2N 0.5分		

全国职业院校技能大赛
中职组机电一体化设备组装与调试竞赛试题

××智能生产设备组装与调试工作任务书

一、工作任务与要求

1. 按《××智能生产设备皮带输送机组装图》（图号 01）组装皮带输送机；按《××智能生产设备立柱组装图》（图号 02）组装各立柱；按《××智能生产设备组装图》（图号 03）组装设备，并实现该设备的生产功能。

2. 按《××智能生产设备电气原理图》（图号 04）连接××智能生产设备的控制电路，你连接的电路应符合工艺规范要求。

3. 按《××智能生产设备气动系统图》（图号 05）安装气动系统的执行元件、控制元件和连接气路，调节气动系统的工作压力、执行元件的进气量。使气动系统能按要求实现功能，气路的布局、走向、绑扎应符合工艺规范要求。

4. 请你正确理解××智能生产设备的生产过程和工艺要求、意外情况的处理等，制作触摸屏的界面，编写××智能生产设备的 PLC 控制程序和设置变频器的参数。

> **注意：**
> 在使用计算机编写程序时，请你随时在计算机 E 盘保存已编好的程序，保存文件名为工位号加 C（如 03 号工位文件名为“03C”）。

5. 请你安装传感器，并调整传感器的位置和灵敏度，调整机械部件的位置，完成××智能生产设备的整机调试，使××智能生产设备能按提交的订单及要求完成原料配置、产品加工和分拣包装。

6. 请你填写组装与调试记录中的有关内容。

> **注意：**
> 本次组装与调试的××智能生产设备，用触摸屏控制。
> 可以同时使用触摸屏和按钮模块上按钮、开关控制，但没有加分。
> 你也可以单独使用按钮模块上的按钮、开关控制，但需要在《××智能生产设备电气原理图》上画出增加的电路，但原电路不能改动。单独使用按钮模块上的按钮、开关控制，不能得触摸屏的相关分。

二、××智能生产设备说明

（一）××智能生产设备概述

××智能生产设备主要部件及其安装位置如图附录 3－1 所示。该设备按提交的订单及要求进行配料、加工和包装。

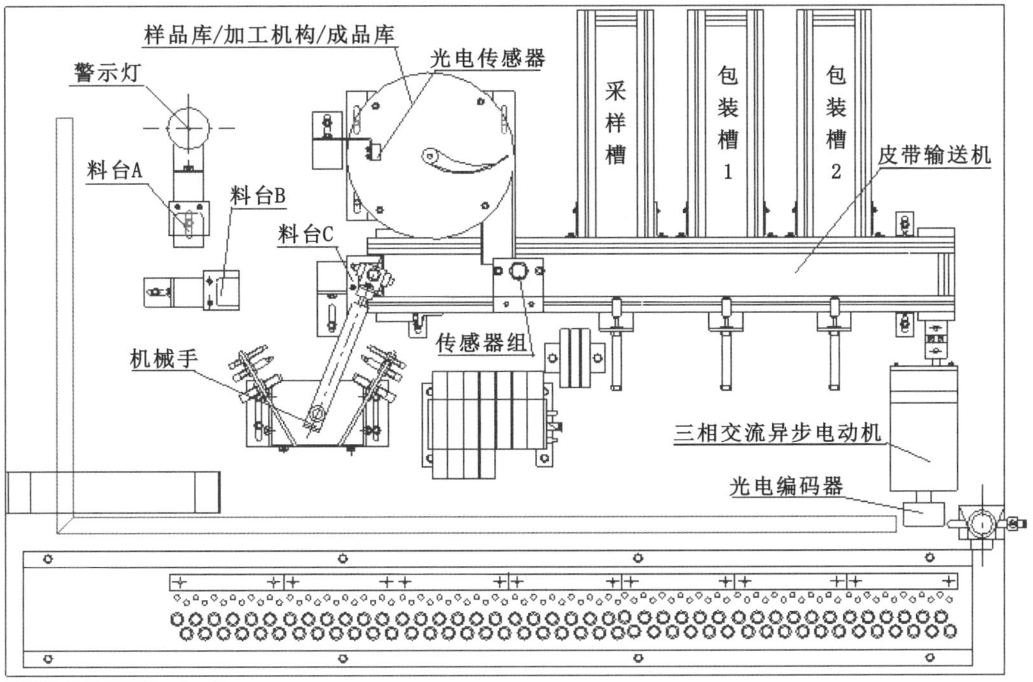

图附录 3-1

××智能生产设备在调试过程中，样品 A、原料 A、半成品 A、成品 A 均用黑色塑料元件模拟；样品 B、原料 B、半成品 B、成品 B 均用白色塑料元件模拟；样品 C、原料 C、半成品 C、成品 C 均用金属元件模拟。

该设备在工作过程中，按完成一个订单后再完成下一个订单的模式工作；同一订单如果有两套产品，则在完成一套产品的配料、生产和包装后再进行下一套产品的配料、生产和包装。

××智能生产设备工作时，皮带输送机的三相交流异步电动机正转（传送带由机械手到三相交流异步电动机的方向），变频器的输出频率为 20Hz；皮带输送机的三相交流异步电动机反转，变频器的输出频率为 30Hz。

（二）设备工作过程及控制要求

××智能生产设备的生产流程分为：提交订单、配料、加工、分拣包装四个环节。

1. 提交订单

××智能生产设备有关部件的初始状态：机械手位于料台 C 的正上方、悬臂和手臂缩回、手爪张开；采样槽、包装槽入口处的推料气缸活塞杆均处于缩回状态，所有电动机停止转动。不在初始状态的部件，手动复位。设备通电且各部件在初始状态，绿色警示灯亮；有部件不在初始状态，复位后绿色警示灯才亮。

（1）进入订单界面

设备通电时，触摸屏显示首页界面如图附录 3-2 所示，按界面上的订单键，弹出“订单号”和“验证码”的对话框如图附录 3-3 所示。输入正确的订单号和验证码，进入订单界面。若订单号或验证码输入不正确，则弹出“请重新输入!”的提示，如图附录3-4所示，重新输入正确订单号和验证码后进入订单界面；若第二次输入错误，则弹出“请与销售部门联系!”的警告如图附录3-5所示。出现警告提示2s后恢复到如图附录3-2所示的界面。

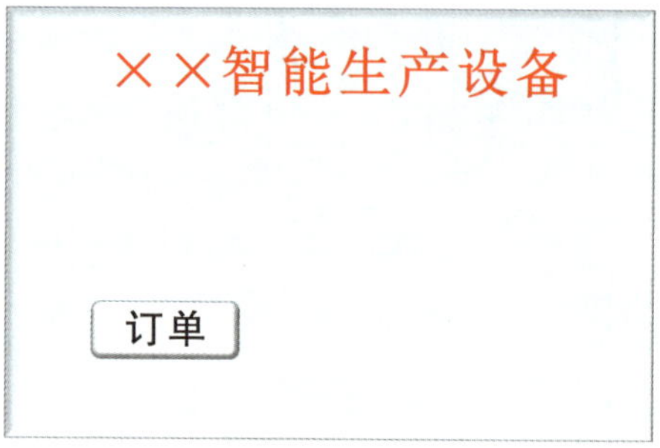

图附录3-2

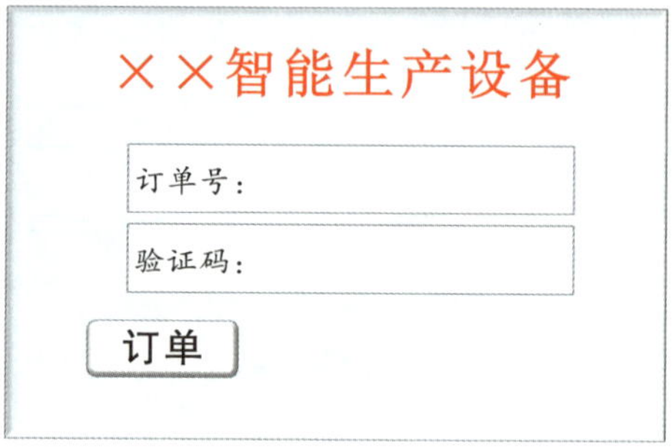

图附录3-3

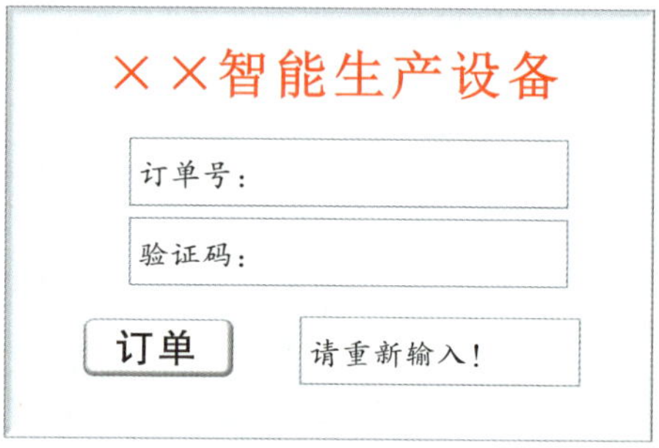

图附录3-4

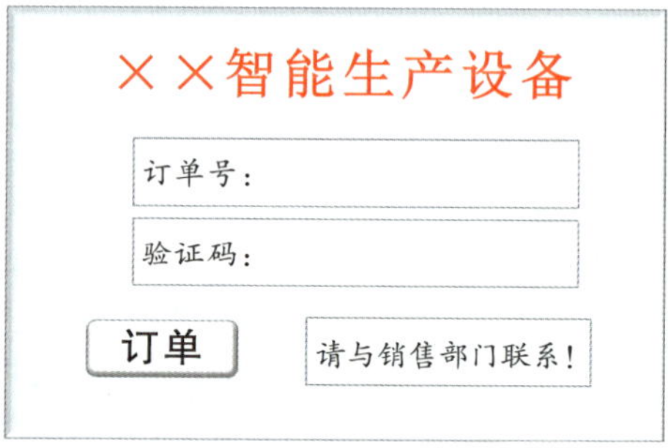

图附录3-5

订单号和验证码从设备拥有单位的销售部门获取，本次共需完成两个订单：一个订单的订单号为20160602001，验证码为235a；另一个订单的订单号为20160602002，验证码为235b。先进行第一个订单号的输入、采样、配料、加工与分拣包装；再进行第二个订单号的输入、采样、配料、加工与分拣包装。

(2) 订单输入

触摸屏的订单界面如图附录3-6所示。(注意：图示为举例用，界面应按现场采样的实际情况显示。下面各图均应按此理解)

订单号在进入订单界面时自动显示，显示的订单号与进入订单界面时输入的订单号相同。

根据订单采样结果，按样品的品种和数量的一定关系生产出来的产品为1套。所需套数为该订单在销售合同中确定的套数。

图附录3-6

订单号为20160602001的订单，需要套数为2套；订单号为20160602002的订单，需要套数为1套。需要套数在进入订单界面时自动显示。

“采样显示”框中显示的是将进入采样槽中的样品。

(3) 采样

进入样品槽的样品个数，也在销售合同中约定。订单号为 20160602001 的订单，约定进入样品槽中样品个数为 3 个，3 个品种齐全；订单号为 20160602002 的订单，约定进入样品槽中样品个数为 4 个，3 个品种齐全。

放入样品库中的样品要求是：样品 A 为 2 个，样品 B 为 2 个，样品 C 为 3 个。

按界面上的采样键，采样键变为绿色的同时，样品库的直流电动机转动将样品送出，三相交流异步电动机正转。样品库送出一个样品，直流电动机停止，判断该样品的品种后，将符合采样要求的样品送到采样槽，将不符合采样要求的样品送到料台 C 暂存或由机械手搬运到料台 A 或料台 B 暂存。样品送入采样槽或暂存完成后，直流电动机转动，样品库再次送出一个样品……如此循环，直到满足采样要求。

订单号为 20160602001 的订单在某次采样过程中的触摸屏的订单界面如图附录 3－7 所示。

采样结束，采样键恢复为原来的颜色，“采样显示”框显示进入采样槽中样品的种类、数量和排列顺序。订单号为 20160602001 的订单在某次采样结束后的触摸屏的订单界面如图附录 3－8 所示。

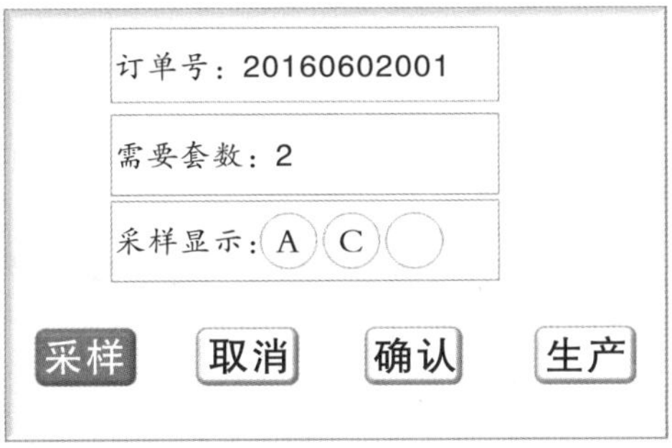

图附录 3－7

图附录 3－8

采样后，没有按确认键前，可按取消键重新采样。按下取消键后，界面中采样显示消失，需要按采样键重新采样，完成后按确认键提交订单。按确认键后，再按取消键无效。

按确认键后，再按生产键，××智能生产设备将进行配料、加工、分拣包装。

2. 配料

(1) 配料要求

调试时，所有订单按样品 A 对应原料 A、样品 B 对应原料 B、样品 C 对应原料 C，且均按 1∶2 的比例进行原料配置。例如采样时，有 1 个样品 A，就配 2 份原料 A，以此类推。

(2) 配料过程及要求

在提交订单后按下生产键，触摸屏自动进入如图附录 3－9 所示的界面。机械手搬运原料前，手动操作使拨杆处于光电传感器正下方，否则启动键无效。按触摸屏界面的启动键，设备开始运行，“运行指示灯”变为绿色、“配料”框由白色变为绿色，××智能生产设备开始配料，机械手按配料要求分别从料台 A 抓取原料 A、料台 B 抓取原料 B、料台 C 抓取原料 C 到加工机构。在“配料”框下方，按“从左到右，先第一行，再第二行”的顺序显示送入加工机构的原料种类和顺序。20160602001 订单配料时的界面如图附录 3－10 所示。

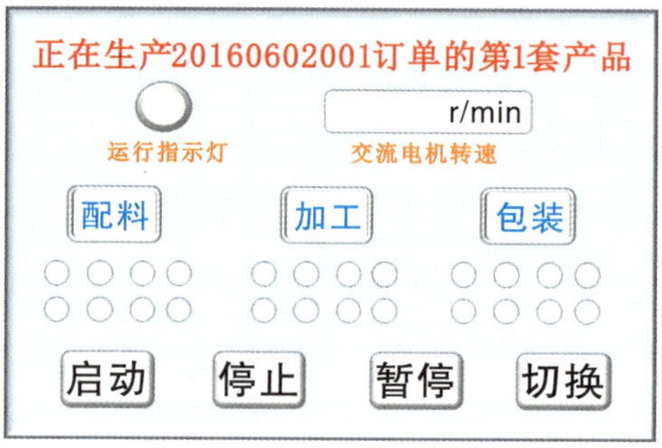

图附录 3－9

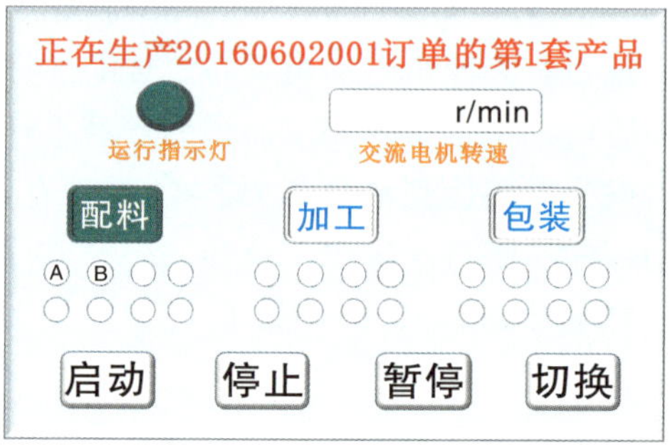

图附录 3－10

机械手把第一个原料送到加工机构后，加工机构的拨杆逆时针转一个角度（角度的大小自行确定）将原料拨离放料位置；第二个原料送到加工机构后，加工机构的拨杆顺时针转一个角度（角度的大小自行确定）将原料拨离放料位置。按这种方式将原料拨离放料位置，只有在放料位置空置的情况下，机械手才能搬运原料到加工机构。

完成配料后，“配料”框变为黄色，“配料”框下显示送入加工机构原料的种类及其先后顺序，完成 20160602001 订单配料的触摸屏界面如图附录 3－11 所示。此时设备暂停运行，等待用户操作。

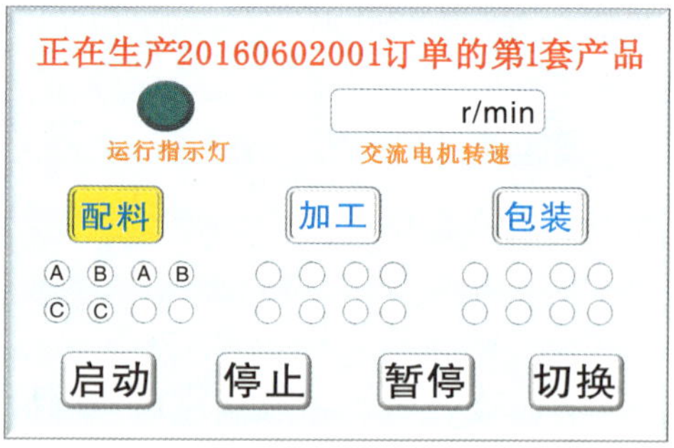

图附录 3－11

3. 加工

完成配料后按切换键，××智能生产设备进入加工环节，此时触摸屏上“加工”框由白色变为绿色。

（1）产品的品种与数量

产品的品种与采样采得的品种对应，产品的数量为采样采得数量的 2 倍，即产品 A 对应采样采得的样品 A，产品 A 的个数为采样采得样品 A 个数的 2 倍；产品 B 对应采样采得的样品 B，产品 B 的个数为采样采得样品 B 个数的 2 倍；产品 C 对应采样采得的样品 C，产品 C 的个数为采样采得样品 C 个数的 2 倍。

（2）加工过程及要求

配料完成后，加工机构将送入的原料混合后加工成半成品，半成品的种类和数量与产品的种类和数量相符（此环节无需考虑与调试）。将半成品加工成型为产品，按以下过程进行。

①首先成型 3 个产品：加工机构送出第一个半成品，经检测种类后送到料台 C，机械手在料台 C 上方张开手爪，手臂下降到位停止 3s，将半成品成型为成品，手爪合拢抓取成品送到料台 A 暂存，放下成品后机械手复位。机械手复位后，加工机构送出第二个半成品到料台 C，半成品成型后送至料台 B 暂存。机械手复位后，加工机构再送出第三个半成品到料台 C，半成品成型后送至料台 C 暂存。

②前 3 个成品暂存后，将加工机构中剩余的半成品按一定间距（间距大小自行确定）送到传送带上。

半成品全部送到传送带上后，手动操作使拨杆处于光电传感器正下方。然后，机械手将暂存在料台上的成品放进成品库（放入顺序自行设定）。所有暂存的成品放入成品库后，将传送带的半成品依次送到料台 C，半成品成型后送进成品库。完成加工后，触摸屏上的“加工”框由绿色变为黄色。

③成品库中拨杆拨离送入成品的方式与配料时的方式相同。

在加工过程中触摸屏界面和完成加工触摸屏界面如图附录 3－12 和图附录 3－13 所示。此时设备暂停，等待用户操作。

“交流电机转速”栏实时显示交流电动机正转或反转的转速，反转转速的数字前有负号“－”。

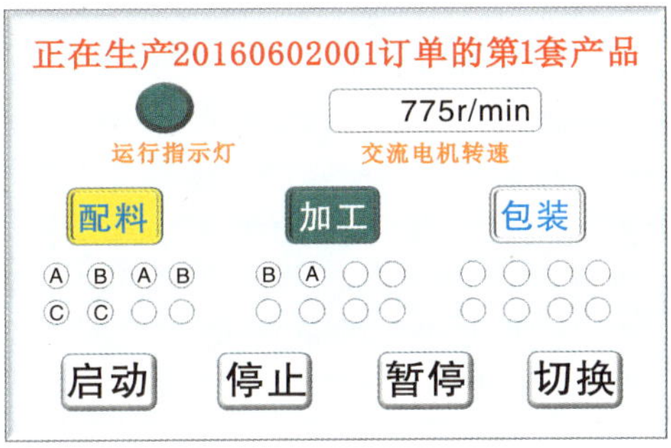

图附录 3－12

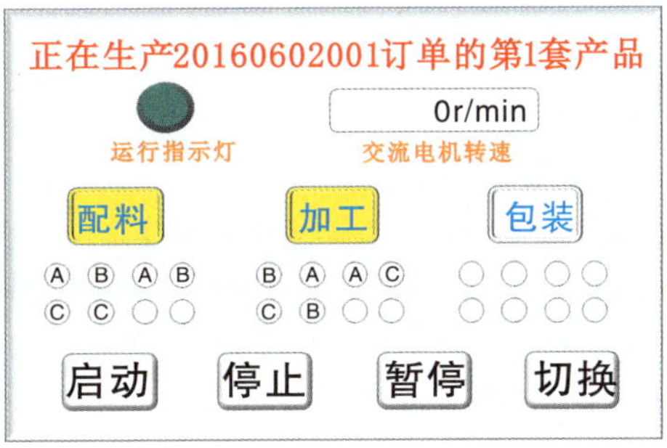

图附录 3－13

4. 分拣包装

将所有半成品加工成成品后按切换键，××智能生产设备进入对成品库的成品进行分拣包装环节，此时触摸屏界面上的“包装”框由白色变为绿色。

根据采样槽中的样品及其排列顺序，将成品库中的成品送到包装槽 1 和包装槽 2 中的要求如图附录 3－14 所示。包装槽 1 中送入的成品及其排列顺序与采样槽中样品及其排列顺序完全相同，包装槽 2 中成品的排列顺序则按样品槽中的排列顺序，原来第一次放入的变为最后放入，其余的前移一位。

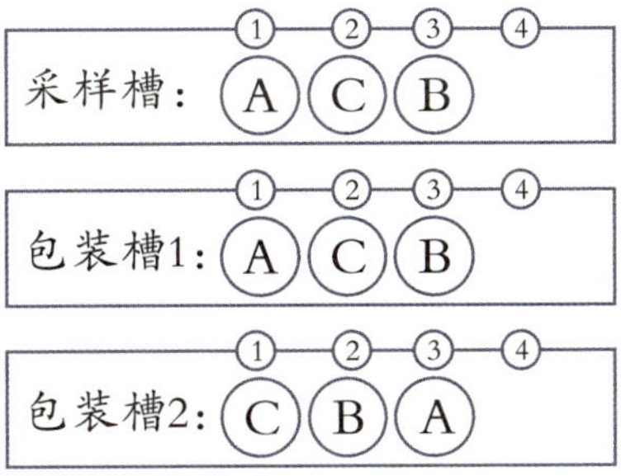

图附录 3－14

分拣包装时，同时符合进入两个包装槽的成品，自行确定先送到哪个包装槽。都不符合两个包装槽的成品，送到料台 C 后由机械手搬运回成品库（放料位置处于空置状态时才能放入料)。正在包装的触摸屏界面如图附录 3－15 所示，完成包装的触摸屏界面如图附录 3－16 所示。此时设备暂停运行，等待用户操作。

图附录 3－15

图附录 3－16

进入包装槽中，按要求进行后，本套产品的生产完成。按[切换]键，返回图附录 3－9 界面，手动操作使拨杆处于光电传感器正下方，按[启动]键，进行该订单的下一套产品生产，生产流程与上述相同。同时，界面中的“配料”“加工”“包装”框恢复为白色，各框下方的品种显示清空。

××智能生产设备完成当前订单的生产后停止运行，“运行指示灯”熄灭，按[切换]键回到触摸屏首页界面。

5. 设备的暂停

在××智能生产设备运行过程中，按下界面上的[暂停]键，设备立刻停止运行，并保持当前状态，当再次按下[暂停]键，则设备接着暂停时的状态继续工作。

6. 意外情况处理

在××智能生产设备运行中，本次工作任务仅考虑以下几种意外：

(1) ××智能生产设备样品库/加工机构/成品库的拨杆被原料/半成品/成品卡住不能转动，或最后的几个原料/半成品/成品不能被拨杆送出，被视为意外。请设备操作员手动处理。

(2) 机械手在搬运过程中，被搬运的物件从手爪中脱落（视为意外），设备立即停止运行并保持当前状态。这时，按下按钮模块上的“急停”按钮，工作台上红色警示灯亮。手动将物件拿到目标位置后，松开“急停”按钮，设备接着停止时的状态继续运行，工作台上红色警示灯熄灭。

三、××智能生产设备组装与调试记录

1. 本次组装与调试××智能生产设备时，使用的光电编码器的型号为________，该光电编码器的分辨率为________线，在编码器工作过程中，每转动一圈，输出的脉冲个数为________个。(1.5 分)

2. ××智能生产设备使用带减速器的三相交流异步电动机，当电源的频率为 50Hz 时，电动机额定的转速为________r/min，经减速器减速后输出的转速为________r/min。(1 分)

3. 在组装与调试××智能生产设备的气动系统时，使用了二位五通电磁换向阀，这些电磁阀的阀芯有________个位置，______个进出气口；这些电磁阀的电磁线圈的工作电压是直流________V。连接电磁阀与各个气缸之间的气管的规格是__________。(2 分)

4. 本次组装与调试××智能生产设备时，为使样品库/加工机构/成品库的直流电动机实现正转、反转，采用的接线图（请选手在下面空白处画出）为：(1 分)

5. 本次安装与调试的××智能生产设备时，为检测悬臂位置，在机械手左右限止挡板上安装了 2 个______________传感器；在样品库/加工机构/成品库的出口处安装了 1 个____________传感器，用以识别金属物件，在此位置还安装了 2 个____________传感器。(1.5 分)

6. 本次安装与调试××智能生产设备过程中，设置触摸屏与 PLC 之间的通信参数时，设置的通信类型为________，PLC 类型为______________________________。(1 分)

7. 本次安装与调试的××智能生产设备使用的变频器，其作用是将输入的频率为________Hz 的三相交流电改变为输出频率可以调节的三相________电。(1 分)

8. 编写 PLC 控制程序时，驱动输出的指令是__________，程序结束使用的指令是__________。(1 分)

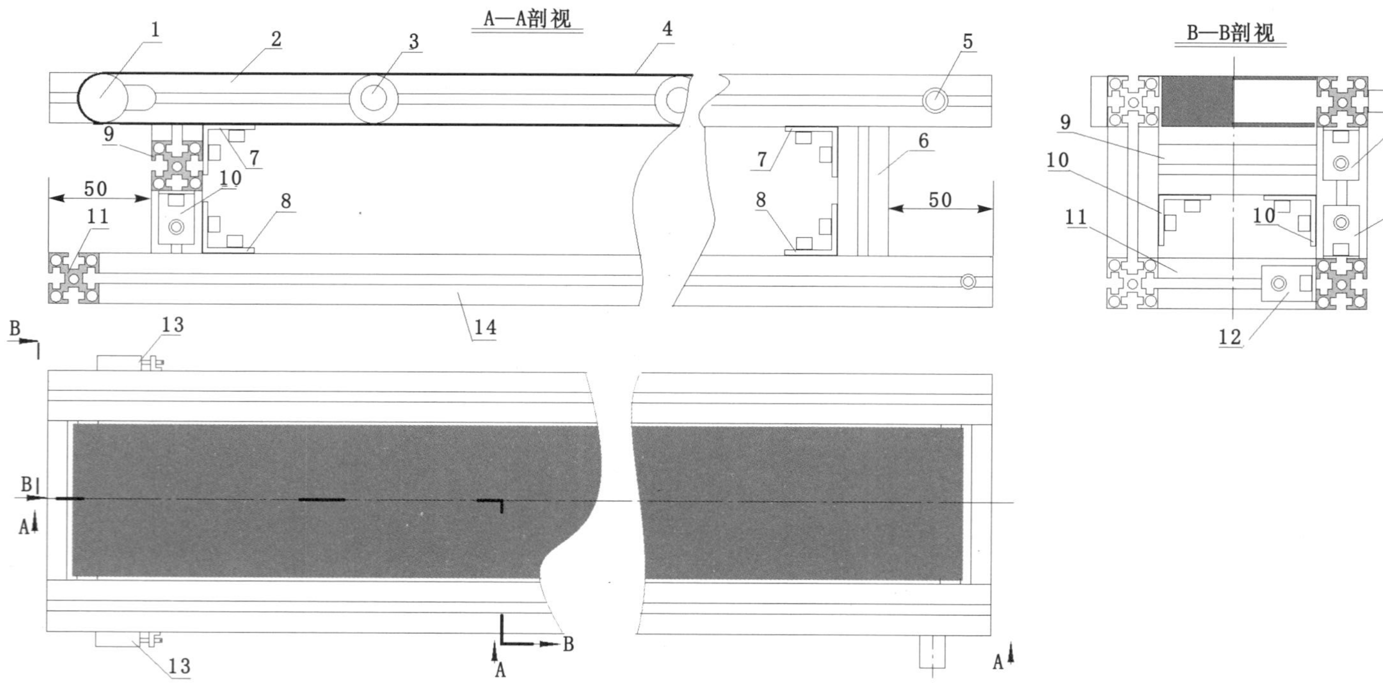

序号	部件名称	数量	备注	序号	部件名称	数量	备注
9	支架上横柱	2 条	20mm×20mm 铝合金型材	14	支架下横梁	2 条	20mm×20mm 铝合金型材
8	支架下横梁 L 型连接块	4 块	固定螺钉 M4 内六角螺钉	13	传送带松紧调节装置	2 套	调节支架及螺钉
7	支架上横梁 L 型连接块	4 块	固定螺钉 M4 内六角螺钉	12	支架下横柱 L 型连接块	4 块	固定螺钉 M4 内六角螺钉
6	支架立柱	4 条	20mm×20mm 铝合金型材	11	支架下横柱	2 条	20mm×20mm 铝合金型材
5	主辊部件	1 套	包括主辊轴及轴承	10	支架上横柱 L 型连接块	4 块	固定螺钉 M4 内六角螺钉
4	传送带	1 条	橡胶带	序号	部件名称	数量	备注
3	托辊	3 支	包括托辊轴	××智能生产设备皮带输送机组装图		图号 01	比例
2	支架上横梁	2 条	20mm×20mm 铝合金型材				
1	副辊部件	1 套	包括副辊轴及轴承	设计		机电一体化设备组装与调试赛项专家组	
序号	部件名称	数量	备注	制图			

图附录 3－17　××智能生产设备皮带输送机组装图

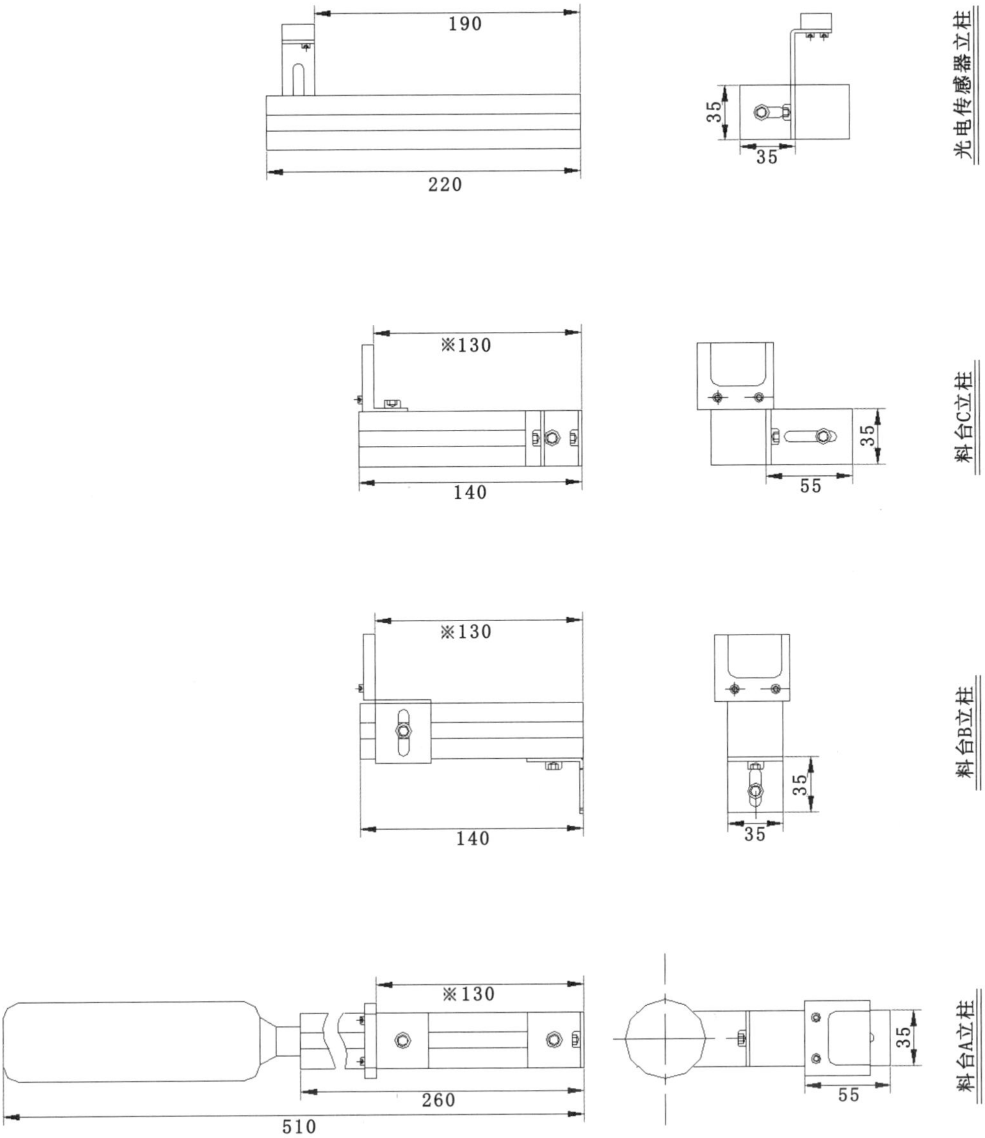

说明：

图中带※的尺寸为参考尺寸，请根据实际需要调整。

			图　号	比　例
××智能生产设备立柱组装图			02	
设　计		机电一体化设备组装调试赛项专家组		
制　图				

图附录 3－18　××智能生产设备立柱组装图

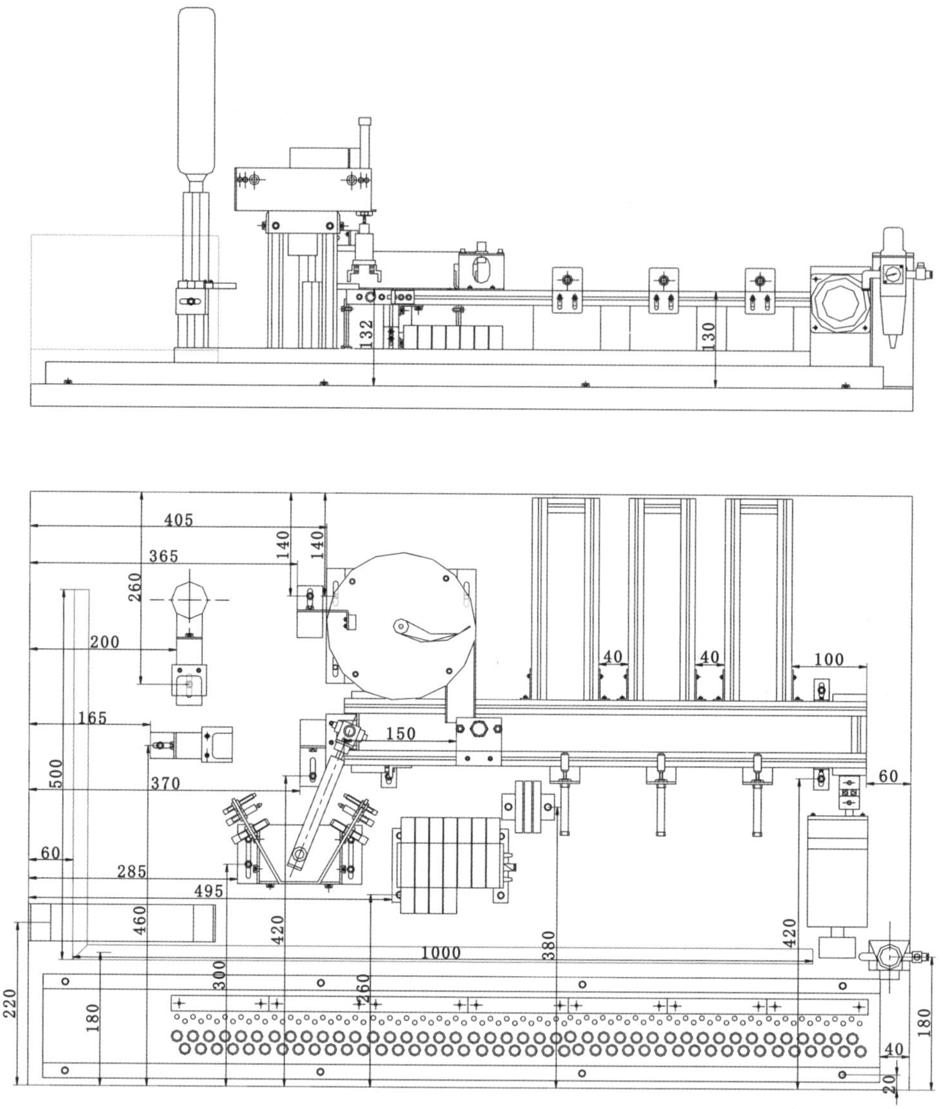

要求与说明：

1. 将各部件按部件组装图组装后，再将有关部件按本图安装。

2. 尺寸标注，不包括塑料封端。与标注尺寸相差±1mm安装，将视为不合格。

3. 机械手的安装高度，以能从各料台抓取物件，放入样品库/加工机构/成品库时不碰触底盘为合格。

			图　号	比　例
××智能生产设备组装图			03	
设　计		机电一体化设备组装与赛项专家组		
制　图				

图附录3－19　××智能生产设备组装图

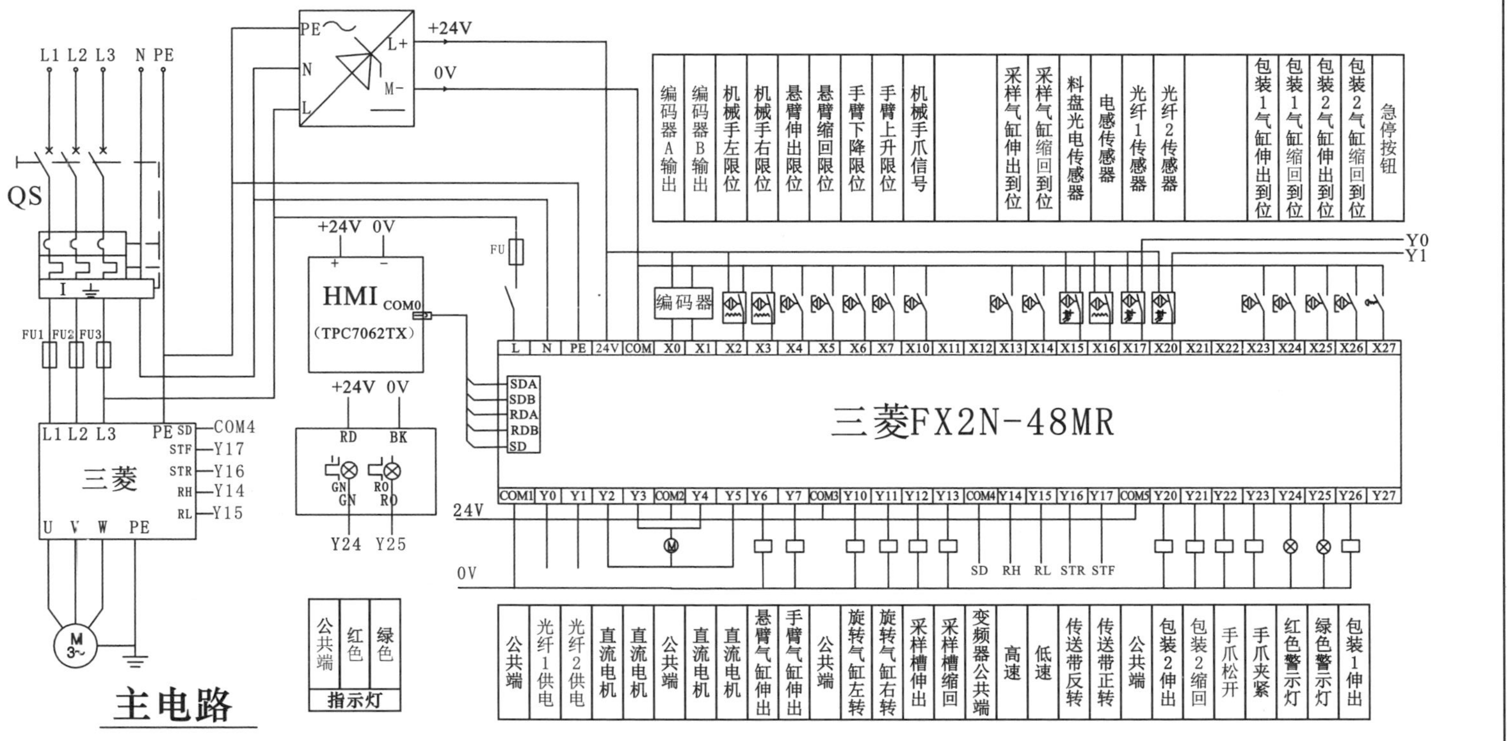

要求与说明：

1. 为防止直流电动机正、反转出现短路，请在编写的控制程序中设置正、反转的互锁程序。
2. 带输送机、机械手、样品库/加工机构/成品库等要接地，图中未画出，请自行确定接地位置并按工艺规范安装其接地线。

××智能生产设备电气原理图（FX2N－48MR）			图　号	比　例
			04	
设　计		机电一体化设备组装与调试赛项专家组		
制　图				

图附录3－20　××智能生产设备电气原理图

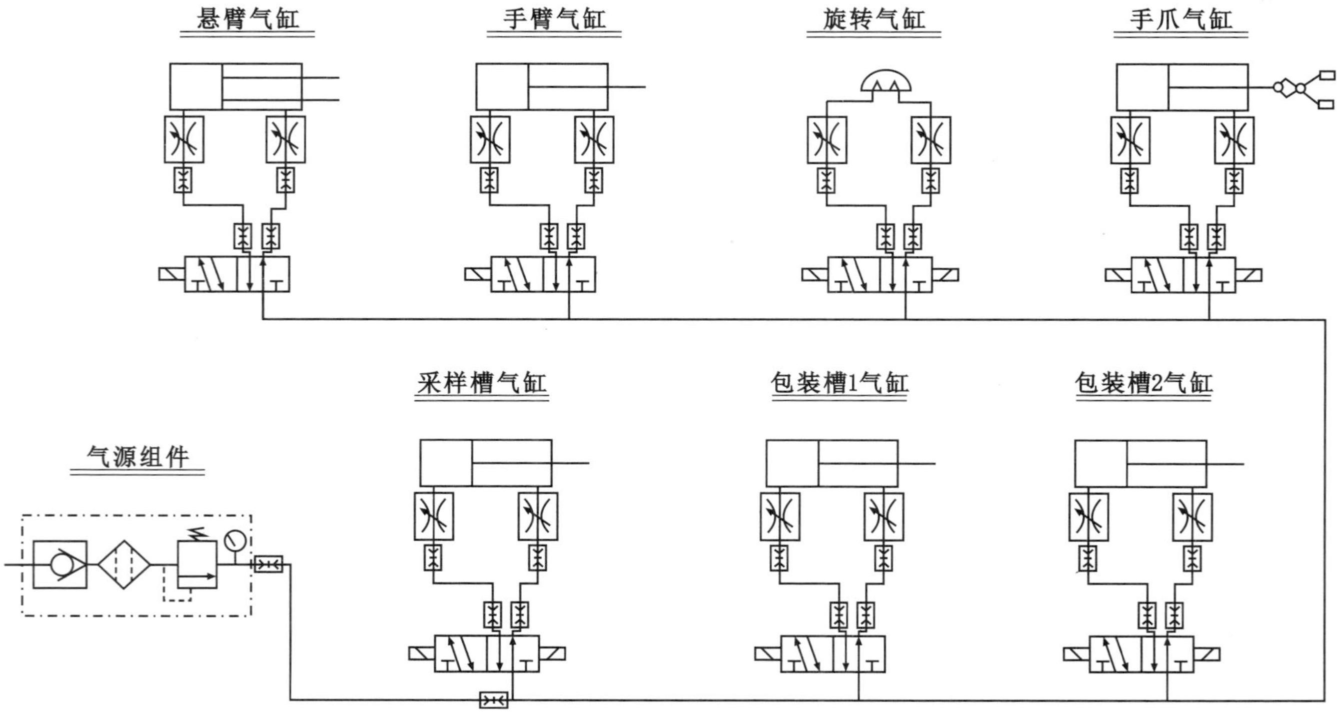

要求与说明：

请按气动系统图选择元件，气路走向合理，做到横平竖直；气管绑扎间距符合要求，在安装台面上的固定符合要求。

××智能生产设备气动系统图		图号	比例
		05	
设计		机电一体化设备组装与调试赛项专家组	
制图			

图附录 3-21　××智能生产设备气动系统图

××智能生产设备组装与调试安装评分表

工位号：________________　　　　得分：________________

项目	内容	分值	得分与扣分标准	配分	得分	项目得分
××智能生产设备部件组装（12分）	皮带输送机组装	5	零件齐全，零件安装部位正确，组装为完整的皮带输送机，1分；缺少零件，零件安装部位不正确，每个扣0.1分，最多扣1分	1.0		
			上下横梁、左右横梁都与立柱垂直，1分；不成直角，每个扣0.1分，最多扣0.8分	0.8		
			立柱间连接支架的固定螺钉紧固，无松动，1分；固定螺钉松动，每个扣0.2分，最多扣1分	1.0		
			紧固螺钉垫片，1分；缺垫片，每个扣0.1分，最多扣1分	1.0		
			主辊轴与副辊轴平行，皮带松紧符合要求，各0.4分	0.8		
			左右两边立柱到输送机末端的距离均为50mm，共0.4分	0.4		
	机械手组装	3.6	零件齐全，零件安装部位正确，组装为完整的机械手，1分；缺少零件，零件安装部位不正确，每个扣0.1分，最多扣1分	1.0		
			立柱与悬臂垂直，悬臂与手臂垂直，各0.5分	1.0		
			悬臂定位检测的电感式传感器、定位螺钉及缓冲阀安装正确（能实现其功能），每个0.1分，共0.6分	0.6		
			固定螺钉紧固，无松动，0.5分；固定螺钉松动，每个扣0.1分，最多扣0.5分	0.5		
			紧固螺钉垫片，0.5分；缺垫片，每个扣0.1分，最多扣0.5分	0.5		
	立柱及样品库	3.4	三个料台、传感器支架组装零件齐全、安装正确，每个0.5分，共2分；缺少零件，安装柱子、固定L型连接块选取不正确，每个扣0.1分，最多扣2分	2.0		
			样品库按要求组装，零件齐全、安装正确，0.4分；缺少零件，零件安装部位不正确，每个扣0.1分，最多扣0.4分	0.4		
			固定螺钉紧固，无松动，0.5分；固定螺钉松动，每个扣0.1分，最多扣0.5分	0.5		
			紧固螺钉垫片，0.5分；缺垫片，每个扣0.1分，最多扣0.5分	0.5		
××智能生产设备组装（11分）	皮带输送机安装位置及工艺	4	距离台面右端60mm，距离台面前端420mm，高度130mm，四角高度差不超过1mm，每个0.2分，共0.8分	0.8		
			皮带输送机安装支架竖直且与台面垂直，每个0.1分，共0.4分；支架与立柱固定螺钉距离正确，每处0.1分，共0.4分；连接支架与台面、与立柱的固定螺钉紧固，每个0.05分，共0.5分；垫片，每个0.05分，共0.5分	1.8		

续表

项目	内容	分值	得分与扣分标准	配分	得分	项目得分
××智能生产设备组装	皮带输送机安装位置及工艺		包装槽 2 右边缘距离皮带输送机右端 100mm，相邻两条斜槽间隔均为 40mm，传感器组左边缘距离皮带输送机左端 150mm，每个 0.2 分，共 0.8 分	0.8		
			三相交流异步电动机安装位置正确，0.2 分；电动机轴与皮带输送机主辊轴同轴度符合要求，0.4 分	0.6		
	机械手安装位置及工艺	1	距离台面左端 285mm，距离台面前端 300mm，每个 0.2 分	0.4		
			支架与台面、立柱连接的固定螺钉紧固，每个 0.05 分，共 0.2 分；垫片，每个 0.05 分，共 0.4 分	0.6		
	其他部件安装位置及工艺	6	料台 A 距离台面左端 200mm，距离台面后端 260mm，料台高度 130mm，每个 0.2 分，共 0.6 分；警示灯高度 510mm，0.2 分；连接支架与台面的固定螺钉不松动、垫片齐全，每个 0.05 分，共 0.2 分	1.0		
			料台 B 距离台面左端 165mm，距离台面前端 460mm，料台高度 130mm，每个 0.2 分，共 0.6 分；连接支架与台面的固定螺钉不松动、垫片齐全，每个 0.05 分，共 0.2 分	0.8		
			料台 C 距离台面左端 370mm，距离台面前端 420mm，料台高度 130mm，每个 0.2 分，共 0.6 分；连接支架与台面的固定螺钉不松动、垫片齐全，每个 0.05 分，共 0.2 分	0.8		
			传感器支架距离台面左端 365mm，距离台面前端 420mm，料台高度 130mm，每个 0.2 分，共 0.6 分；连接支架与台面的固定螺钉不松动、垫片齐全，每个 0.05 分，共 0.2 分	0.8		
			样品库距离台面左端 405mm，距离台面后端 140mm，高度 132mm，每个 0.2 分，共 0.6 分；支架的固定螺钉不松动、垫片齐全，每个 0.05 分，共 0.2 分	0.8		
			电磁阀组距离台面右端 495mm，距离台面前端 260mm，每个 0.2 分，共 0.4 分；支架的固定螺钉不松动、垫片齐全，每个 0.05 分，共 0.1 分	0.5		
			触摸屏距离台面前端 220mm，0.1 分；支架的固定螺钉不松动、垫片齐全，每个 0.05 分，共 0.1 分	0.2		
			气源组件距离台面前端 180mm，0.1 分；支架的固定螺钉不松动、垫片齐全，每个 0.05 分，共 0.1 分	0.2		
			端子排接线距离台面右端 40mm，距离台面前端 20mm，每个 0.1 分，共 0.2 分；支架的固定螺钉不松动、垫片齐全，每个 0.05 分，共 0.1 分	0.3		
			左边行线槽距离台面左端 60mm，长度 500mm，每个 0.1 分，共 0.2 分；前面行线槽固定点距离台面前端 180mm，长度 1000mm，每个 0.1 分，共 0.2 分；安装牢固，两线槽接口为 45 度角，每个 0.1 分，共 0.2 分	0.6		

续表

项目	内容	分值	得分与扣分标准	配分	得分	项目得分
电路安装（10分）	电路连接与走向	6	按电路图连接电路，只要有一条导线没有按电路图连接、添加或减少元器件的，扣1分	1.0		
			设备通电，但PLC处于STOP时，2只光纤传感器指示灯应该不亮，如果指示灯亮，每个扣1分，最多扣2分	2.0		
			三个单作用电磁阀分别是用于悬臂气缸、手臂气缸、包装槽1气缸，每个0.5分，共1.5分	1.5		
			电动机外壳、皮带输送机机架、机械手、样品库要接地线，每处0.25分，共1分	1.0		
			直流电动机的正转、反转接线正确，0.5分	0.5		
	电路连接工艺	4	导线进入行线槽，每个进线口不得超过2根导线，导线不从皮带输送机、机械手内部穿过，错误每处扣0.1分，最多扣0.4分	0.4		
			每根导线对应一位接线端子，并用冷压端子压牢，错误每处扣0.1分，最多扣0.4分	0.4		
			端子进线部分，每根导线必须用号码管，错误每处扣0.1分，最多扣0.8分	0.8		
			每个号码管必须合理编号，错误每处扣0.1分，最多扣0.4分	0.4		
			导线捆扎间隔为60～80mm，错误每处扣0.1分，最多扣0.4分	0.4		
			每个插线孔上不得超过2根插线，错误每处扣0.1分，最多扣0.4分	0.4		
			接线端露铜不能超过2mm，错误每处扣0.1分，最多扣0.4分	0.4		
			台面的导线不悬空，线槽固定点距离两端不超过50mm、中间间距不超过500mm，错误每处扣0.1分，最多扣0.4分	0.4		
			固定线夹子间距100～160mm，每处扣0.1分，最多扣0.4分	0.4		
气路安装（7分）	气路连接与走向	3	按照电气原理图选取的气动元件错误，每个扣0.5分，最多扣1.5分	1.5		
			走向合理，横平竖直，1.5分；从设备穿过、非同一个活动机构的气路、电路捆扎在一起、气管放入线槽或平台凹槽，错误每处扣0.3分，最多扣1.5分	1.5		
	气路连接工艺	4	气管绑扎间隔为50～80mm，错误每处扣0.1分；气管过长或过短，每根扣0.2分，最多扣1分	1.0		
			不用线夹子固定气管，扣1分；绑扎间隔为100～160mm，错误每处扣0.1分，最多扣1分	1.0		
			气缸进/出气节流阀锁紧，错误每处扣0.2分，最多扣1分	1.0		
			出现漏气情况，每处扣0.5分，最多扣1分	1.0		

××智能生产设备组装与调试功能评分表

工位号：__________________　　　　　　　　　　得分：__________________

项目	内容	分值	得分与扣分标准	配分	得分	项目得分
开始（1.4分）	警示灯	1	接通电源、PLC 通电，在初始位，绿色警示灯亮，得 0.5 分	0.5		
			使机械手一个部件不在初始位置，绿色警示灯不亮，得 0.5 分	0.5		
	首页界面	0.4	在初始位置，触摸屏出现首页界面如图附录 3-2，共 2 个部件，得 0.4 分；每缺一个部件扣 0.2 分；有错字或缺字扣 0.1 分	0.4		
第一订单处理（28.6分）	第一订单输入	2.0	按 订单 键，弹出订单号和验证码界面如图附录 3-3，共 4 个部件，得 0.8 分；每缺一个部件扣 0.2 分；有错字或缺字扣 0.1 分	0.8		
			输入订单号或验证码错误，弹出请重新输入对话框如图附录 3-4，0.4 分；有错字或缺字，扣 0.1 分	0.4		
			再次输入订单号或验证码错误，弹出“请与销售部门联系!”话框图附录 3-5，得 0.2 分；有缺部件或缺字或错字，扣 0.1 分；2 秒后自动返回如图附录 3-2 界面，0.2 分，不能返回不得分	0.4		
			由图附录 3-2 界面，按 订单 键后，输入正确订单号 20160602001 和正确验证码（235a），弹出订单界面如图附录 3-6，显示出正确订单号和需要套数 2，0.4 分；有缺部件或显示字样不正确，扣 0.1 分	0.4		
	第一订单采样	5.2	在图附录 3-6 界面，按 采样 键后，直流电动机转动，得 0.2 分；皮带输送机运行频率 20Hz，得 0.4 分，频率不对扣 0.2 分；采样 键变绿色，得 0.2 分，不变色不得分	0.8		
			将白色样品送出，直流电动机停止，得 0.2 分，否则不得分；将白色样品送到采样槽口，得 0.2 分；被推入槽，得 0.2 分；界面如图附录 3-7 显示正确，得 0.2 分，不合要求不得分	0.8		
			将黑色样品送出，直流电动机停止，得 0.2 分，否则不得分；将黑色样品送到采样槽口，得 0.2 分；被推入槽，得 0.2 分；界面如图附录 3-7 显示正确，得 0.2 分，显示错误不得分	0.8		
			将第二个黑色样品送出，直流电动机停止，得 0.2 分，否则不得分；第二个黑色样品被送到料台 C（或再由机械手送到料台 A 或料台 B），得 0.4 分	0.6		
			将金属样品送出，直流电动机停止，得 0.2 分，否则不得分；将金属样品送到采样槽口，得 0.2 分；被推入槽，得 0.2 分；采样 键恢复原色，得 0.2 分；界面中采样显示正确，得 0.2 分，不正确不得分	1.0		
			在如图附录 3-8 界面，按 取消 键，界面中“采样显示”消失，得 0.2 分，不合要求不得分	0.2		
			样品库再依次送出黑色、白色和金属样品，依次送入样品槽，得 0.6 分，不合要求不得分；采样显示正确，得 0.2 分，不合要求不得分；按 确认 键，再按 取消 键无效，得 0.2 分，不合要求不得分	1.0		

续表

项目	内容	分值	得分与扣分标准	配分	得分	项目得分
第一订单处理(28.6分)	第一套配料	3.4	先将加工机构清空，在如图附录 3－8 界面，按 生产 键，界面变成图附录 3－9，得 0.2 分；手动使拨杆偏离光电传感器，按 启动 键，启动无效，得 0.4 分，不合要求不得分	0.6		
			手动使拨杆处于光电传感器正下方，按 启动 键，设备运行，得 0.4 分；运行指示灯变为绿色，如图附录 3－10 界面，得 0.2 分，不合要求不得分	0.6		
			机械手从料台 A 抓取 2 个黑色样品送到加工机构，从料台 B 抓取 2 个白色样品送到加工机构，从料台 C 抓取 2 个金属样品送到加工机构（抓取顺序也可由选手自定），得 1.2 分，每缺 1 个扣 0.2 分，机械手抓不住物件，每次扣 0.1 分，机械手放料时与料盘碰撞，扣 0.2 分；加工机构拨杆动作符合要求，得 0.2 分，不合要求不得分	1.6		
			6 个配料送入加工机构后，界面变为图附录 3－11，得 0.2 分；图附录 3－11 界面显示的配料数量显示正确，得 0.2 分，不合要求不得分；显示排列顺序正确，得 0.2 分，不合要求不得分	0.6		
	第一套加工	8.2	在图附录 3－11 界面，按 切换 键，“加工”框由白色变为绿色，得 0.2 分	0.2		
			在料台暂存三个成品：加工机构送出的第一个半成品经检测后送往料台 C，得 0.2 分；在料台 C 上方，机械手手爪张开，手臂下降到位后停止 3s（半成品成为成品），得 0.2 分；手爪将成品搬往料台 A 暂存，得 0.2 分；加工机构送出的第二个半成品到料台 C 成型，成型后搬到料台 B 暂存，得 0.6 分；加工机构送出的第三个半成品到料台 C 成型，成型后搬到料台 C 暂存，得 0.6 分；机械手抓不住物件，每次扣 0.1 分	1.8		
			界面变成图附录 3－12，得 0.2 分，不合要求不得分	0.2		
			以后的三个半成品：加工机构依次送出三个半成品（料盘最后的两个料允许选手手动从料盘口推出到输送带），输送带运行，使三个半成品按适当的间距排列在输送带上，得 0.6 分，排列每少一个扣 0.2 分	0.6		
			手动使拨杆处于光电传感器正下方，机械手依次将料台暂存的三个成品送往成品库，共 1.2 分，每少一个扣 0.4 分；机械手抓不住物件，每次扣 0.1 分	1.2		
			输送带上的三个半成品将被依次送往料台 C 成型，成型为成品后，由机械手依次将三个成品送入成品库，得 1.2 分，每少一个扣 0.4 分；成品入库时拨杆拨离放入成品的方式与配料时的方式相同，得 0.4 分，不合要求不得分；机械手抓不住物件，每次扣 0.1 分	1.6		
			完成加工后，“加工”框由绿色变为黄色，界面变为图附录 3－13，得 0.2 分；设备能暂停等待用户操作，得 0.4 分	0.6		

续表

项目	内容	分值	得分与扣分标准	配分	得分	项目得分
第一订单处理	第一套加工		皮带输送机运行期间，观察界面如图附录 3－12（或界面如图附录 3－13）的交流电动机转速显示：当频率为 20Hz（正转）时显示为“510 至 570r/min 之间”，得 0.6 分，显示不对不得分；当频率为 30Hz（反转）时显示为“－750 至－810r/min 之间”，得 0.6 分，显示不对不得分	1.2		
			如图附录 3－13 界面“加工”框下的显示数量正确（是采样槽数量的 2 倍），得 0.4 分，显示不对不得分；排列正确（左→右，先第一行，再第二行），得 0.4 分，排列不对不得分	0.8		
	第一套分拣包装	4.2	在触摸屏界面如图附录 3－13，按 切换 键，“包装”框由白色变为绿色，触摸屏界面变成图附录 3－15，得 0.2 分	0.2		
			使成品库连续将 2 个黑色成品依次送出，第 1 个进到包装槽 1，得 0.4 分，不能进不得分；第 2 个能被机械手送回到成品库，得 0.4 分，不能送回不得分；机械手抓不住物件，每次扣 0.1 分	0.8		
			在第 2 个成品被送到成品库过程中，按下按 暂停 键，设备立刻停止在当前状态，得 0.2 分，设备不停止不得分；再次按 暂停 键，设备由当前状态继续运行，得 0.2 分，不能继续运行不得分	0.4		
			皮带输送机将成品库送出的 6 个成品按要求依次送到包装槽 1 口或包装槽 2 口，推出气缸按照要求依次将每 3 个成品推入包装槽 1 或包装槽 2，得 0.6 分，每缺 1 个扣 0.2 分；出现推不准现象扣 0.1 分	0.6		
			包装槽 1 的排列顺序与样品槽排列顺序一致，得 0.2 分，不合要求不得分；包装槽 2 的排列顺序与样品槽排列顺序相反，得 0.2 分，不合要求不得分	0.4		
			第一套产品包装后，触摸屏界面变成图附录 3－16，得 0.2 分；设备自动暂停，得 0.4 分，不合要求不得分	0.6		
			查看图附录 3－16 界面“包装”框下的显示数量正确，得 0.4 分，不合要求不得分；排列正确（左→右，先第一行，再第二行）正确，得 0.6 分，不合要求不得分	1.0		
			在如图附录 3－15 界面，按 切换 键，设备开始第二套产品生产，触摸屏变换到配料界面如图附录 3－8，得 0.2 分，不合要求不得分	0.2		
	第二套生产	5.6	在图附录 3－8 界面，按 生产 键进入下一界面后按 启动 键，设备按要求完成配料，得 1.2 分，每缺 1 个配料扣 0.4 分；界面变成图附录 3－11，得 0.2 分，不合要求不得分	1.4		
			在如图附录 3－11 界面，按 切换 键，设备按要求完成 6 个产品的加工，得 1.8 分，加工每缺 1 个扣 0.3 分；界面变成图附录 3－13，得 0.2 分，不合要求不得分	2.0		

续表

项目	内容	分值	得分与扣分标准	配分	得分	项目得分
第一订单处理	第二套生产		在图附录3-13界面，按切换键，设备按要求完成6个产品的包装，得1.8分，包装每缺1个扣0.3分；界面变成图附录3-13，得0.2分，不合要求不得分	2.0		
			完成包装后，运行指示灯熄灭，界面变成图附录3-16，得0.1分，不合要求不得分；在图附录3-13界面按切换键，触摸屏返回到首页界面图附录3-2，得0.1分，不合要求不得分	0.2		
第二订单处理(9.4分)	第二订单输入	0.4	输入第二个正确订单号20160602002和正确验证码（235b），显示出正确订单号和需要套数，得0.4分；有缺部件或显示字样不正确，扣0.1分	0.4		
	第二订单采样	1.4	在界面如图附录3-6，按采样键后，样品库再依次送出一个白色样品、一个黑色样品和两个金属样品，四个样品均能进入样品槽，得1.2分，每缺一个扣0.3分；第二订单采样显示正确，得0.2分	1.4		
	第二订单配料	3.6	先将加工机构清空，在图附录3-8界面，按生产键，界面变成图附录3-9，得0.2分；按启动键，运行指示灯变为绿色，得0.2分	0.4		
			机械手由料台A抓取2个黑色样品送到加工机构，得0.8分，每缺一个扣0.4分；由料台B抓取2个白色样品送到加工机构，得0.8分，每缺一个扣0.4分；由料台C抓取4个金属样品送到加工机构，得1.2分，每缺一个扣0.3分；加工机构拨杆动作符合要求，得0.2分，不合要求不得分	3.0		
			触摸屏界面变成图附录3-9，第二订单配料排列顺序显示正确，得0.2分，不合要求不得分	0.2		
	第二订单加工和分拣包装	4.0	在类似图附录3-11界面，按切换键，设备按要求完成8个产品的加工，得1.6分，每出现1处不合要求，扣0.2分；界面变成类似图附录3-13，显示正确，得0.4分，不合要求不得分	2.0		
			在类似图附录3-13界面，按切换键，设备按要求完成8个产品的包装，得1.6分，每出现1处不合要求，扣0.2分；界面变成类似图附录3-16，显示正确，得0.4分，不合要求不得分	2.0		
意外(0.6分)	零件脱落	0.6	在运行期间，机械手搬运中发生物件脱落时（用手取下物件），设备停止在当前状态，得0.2分，不合要求不得分；按急停键，红色警示灯亮，释放急停键，红色警示灯灭，得0.2分；设备由当前状态继续运行（脱落的物件由人工送到目的位置）得0.2分，不合要求不得分	0.6		

××智能生产设备组装与调试过程及组装调试记录评分表

工位号：＿＿＿＿＿＿＿＿　　　　　　　　得分：＿＿＿＿＿＿＿＿

项目	内容	分值	得分与扣分标准	得分	项目得分
工作过程（10分）	着装	1	穿工作服、绝缘鞋，符合职业岗位要求		
	安全	1	不带电连接、改接电路，通电调试电路并经裁判同意		
		1	操作符合规范，未损坏零件		
		1	设备通电、调试过程中未发生熔断器熔断、漏电和安装台带电		
		1	注意操作安全，未发生工伤事故		
	素养	1	工具、量具的零部件摆放符合规范，不影响操作		
		1	导线线头、其他废弃物堆放在指定位置		
		1	申领赛场提供的材料		
	更换元件	2	更换的元器件，经裁判检测，确为损坏元件		
组装调试记录（10分）	1	1.5	ZKT4808－001G－500BZ3－12－24C 0.5分；500 0.5分；500 0.5分		
	2	1	1300 0.5分；130 0.5分		
	3	2	2 0.5分；5 0.5分；24 0.5分；φ4 0.5分		
	4	1	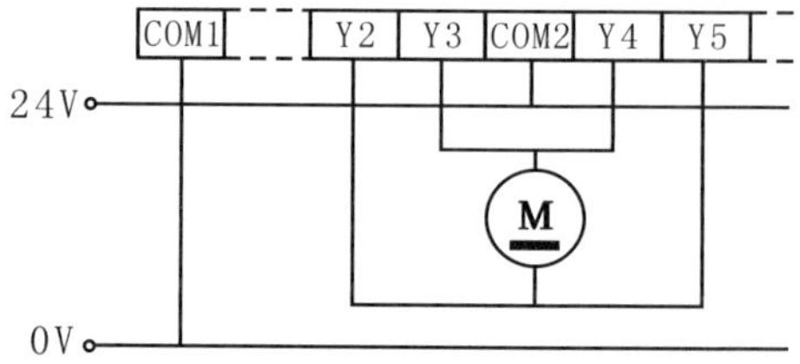		
	5	1.5	电感 0.5分；电感 0.5分；光纤 0.5分		
	6	1	RS485 0.5分；FX2N（FX3U）（S7－200）（S7－SMART）0.5分		
	7	1	50 0.5分；交流 0.5分		
	8	1	OUT 0.5分；END 0.5分		

图书在版编目（CIP）数据

机电一体化设备的组装与调试／杨少光主编．—南宁：广西教育出版社，2009.4（2024.1 重印）
ISBN 978-7-5435-6693-4

Ⅰ.①机… Ⅱ.①杨… Ⅲ.①机电一体化—设备—组装—专业学校—教材 ②机电一体化—设备—调试—专业学校—教材 Ⅳ.①TH-39

中国版本图书馆 CIP 数据核字（2009）第 044747 号

总 策 划◎石立民
策划编辑◎石立民
责任编辑◎张大胤
美术设计◎鲍 翰
责任校对◎杨红斌 潘姿汝 何 云
插 图◎吴左平

出 版 人◎石立民
出版发行◎广西教育出版社
地 址◎广西南宁市鲤湾路 8 号
邮政编码◎530022
电 话◎0771-5865797
本社网址◎http://www.gxeph.com
电子邮箱◎gxeph@vip.163.com
印 刷◎广西万泰印务有限公司
开 本◎787mm×1092mm 1/16
印 张◎20.75
字 数◎463 千字
版 次◎2009 年 5 月第 1 版 2012 年 4 月第 2 版
印 次◎2024 年 1 月第 19 次印刷
书 号◎ISBN 978-7-5435-6693-4
定 价◎59.60 元